CALCUL DIFFÉRENTIEL
ET
INTÉGRAL II

POUR L'ÉTUDIANT AVANT TOUT

Première édition

SUZANNE WILDI

Professeur au Collège François-Xavier-Garneau
Département de Mathématiques

LES ÉDITIONS
PYTHAGORE

C.P. 38006 (Québec), G1S 4W8
Télécopieur: (418) 527-8285
Téléphone: (418) 682-3813
1994

Couverture:

Conception graphique: Denis Michaud

Photographie arrière:

Chicoine Photographe

Montage:

Karl Wildi

Données de catalogage avant publication (Canada)

Wildi, Suzanne, 1957–

Calcul différentiel et intégral II: pour l'étudiant
avant tout
   2e éd.
   Comprend un index,

  ISBN 2-922019-00-4

   1. Calcul différentiel.   2. Calcul intégral.
3. Suites (Mathématiques).   4. Calcul différentiel – Problèmes et exercices.   5. Calcul intégral
– Problèmes et exercices.   6. Suites (Mathématiques) – Problèmes et exercices.   T. Titre.

QA303.W54 1995   515   C95–941775–3

Première édition publiée en 1994

Imprimé au Canada

ISBN 2-922019-00-4

Dépôt légal - Bibliothèque nationale du Québec, 1995
Dépôt légal - Bibliothèque nationale du Canada, 1995

Merci à mon père
qui m'a tant donné.

PRÉFACE POUR LA SECONDE ÉDITION

La première édition de mon livre *Calcul différentiel et intégral II, pour l'étudiant avant tout* était publiée à l'automne 1994.

Les commentaires obtenus des étudiants et professeurs qui l'utilisent sont très encourageants, mais j'ai quand même choisi d'apporter certaines modifications qui m'ont été suggérées. Certaines d'entre elles le sont au niveau du texte et l'utilisateur remarquera que le changement le plus significatif porte sur les exercices qui sont maintenant présentés rigoureusement par ordre de difficulté et regroupés selon les différentes sections des chapitres.

Je suis reconnaissante à tous les professeurs qui ont commenté mon livre. Ils m'ont été d'une précieuse aide. Particulièrement, je remercie très chaleureusement une de mes collègues au département de mathématiques, Marie Joncas, qui a consacré du temps et de l'énergie pour me conseiller et ainsi m'aider grandement dans la réalisation de ce livre.

Je suis convaincue que vous apprécierez beaucoup cette deuxième édition.

Suzanne Wildi

REMERCIEMENTS

Tout comme un acteur qui ne peut s'approprier de toute la gloire, car il a été guidé par un maître de scène, je ne peux pas prendre tout le mérite du succès de ce livre. Je me dois de remercier tous ceux qui ont travaillé en coulisse.

Tout d'abord, je ne saurai jamais assez remercier mon frère Karl, car, sans lui, jamais ce livre n'aurait vu le jour. Il est responsable du montage entier du livre, de la majeure partie du traitement de texte, ainsi que de plusieurs dessins.

Je tiens aussi à souligner la contribution de mon père, Théodore Wildi, auteur réputé de livres scientifiques, qui a su me conseiller et m'encourager dans mon projet.

Je suis vraiment reconnaissante à ma chère amie et compagne de classe de l'université, Rose-Marie Kerwin, qui a méticuleusement vérifié tout le texte afin d'y apporter de précieuses modifications. Au même plan, je suis redevable à Claire Trudel, enseignante à l'Université Laval, qui a aussi intégralement révisé le manuscrit. Toutes deux m'ont judicieusement conseillée.

Je remercie Charles Gingras et Gilles Gagné pour leur aide inestimable. Ils m'ont été d'un grand secours pour régler mes difficultés avec les ordinateurs, sans oublier que Charles a fait plusieurs dessins.

Je désire souligner l'encouragement constant de ma mère et de mes deux admirables jeunes garçons, Philippe et Maxime, qui m'ont soutenue tout au long de mon travail. Je réitère mon appréciation à Éric, mon très cher mari, qui a complètement relu le manuscrit pour en faire un texte encore plus facile à lire.

Je tiens à mentionner la contribution indirecte du Collège François-Xavier-Garneau auquel je suis très attachée. Il me permet de poursuivre la profession qui me tient le plus à coeur.

Enfin, je ne peux passer sous silence la contribution de mes étudiants qui n'ont cessé de me témoigner de la reconnaissance, ce qui m'a donné la motivation nécessaire pour écrire ce livre.

PRÉFACE

Si le devoir de l'étudiant est d'assimiler certaines notions, celui du professeur est de les lui montrer. Le professeur s'attarde à tous les jours à intéresser l'étudiant. Il cerne les incompréhensions de celui-ci afin de l'éclairer.

Souvent, et cela est regrettable, l'étudiant croit qu'il doit apprendre par coeur la façon de résoudre un problème, alors qu'une réflexion judicieuse lui ferait découvrir une solution.

Nous pouvons améliorer la performance de l'étudiant en le conscientisant sur ses possibilités d'élaborer lui-même ses propres solutions. C'est pourquoi tous les exemples ont été écrits pour entraîner une réflexion.

Le calcul différentiel et intégral est un sujet passionnant. Ce livre, grâce à son approche pédagogique centrée essentiellement sur celui qui veut comprendre, deviendra un outil de travail agréable à utiliser. J'espère aussi faciliter, en partie, le travail du professeur qui verra l'intérêt d'amener l'étudiant à se référer au livre.

J'ai voulu démontrer ici qu'il est toujours possible de simplifier les concepts de façon à les rendre concrets, compréhensibles et clairs.

J'ai pris un soin particulier à répondre aux interrogations que l'étudiant pouvait éventuellement se poser à l'étude d'une notion aussi simple ou élaborée qu'elle soit.

L'étudiant aura un intérêt particulier à solutionner les exercices qui sont gradués selon trois niveaux de difficulté. Le premier demande une connaissance de base; le second, une habileté un peu plus aiguisée et une compréhension approfondie principalement au niveau de l'algèbre. Enfin, le troisième niveau exige de l'étudiant qu'il se souvienne de notions antérieures pour les fusionner et rédiger une solution parfois assez élaborée.

Avec ce livre, je souhaite que les mathématiques représenteront un défi intéressant et stimulant pour l'étudiant.

Suzanne Wildi

TABLE DES MATIÈRES

1

C'EST UN DÉPART!

Dans ce chapitre, ne figurent que des exercices de niveau 1, exercices qui doivent absolument être maîtrisés pour bien cheminer à travers le cours de *Calcul différentiel et intégral II*.

Au travers de ceux-ci, il y a les notions absolument fondamentales qui doivent être connues et comprises pour espérer une compréhension du cours que nous entreprenons aujourd'hui.

Tous les exercices font intervenir des notions de base qui seront utilisées dans les chapitres ultérieurs.

À la fin de ce chapitre, là où figurent les réponses, nous trouvons parfois des éléments de solution ou certaines notions sous-jacentes devant être comprises pour répondre correctement à la question.

Malgré que certains exercices demandent un peu plus de travail et d'attention, il est essentiel qu'ils soient faits et compris, car ils permettent une révision en profondeur de certaines notions fondamentales d'algèbre tout en nous rafraîchissant la mémoire sur nos formules de dérivées.

EXERCICES – CHAPITRE 1

1-1 a) Dessiner la courbe d'équation $x^2 + y^2 = 25$.

b) Déterminer x si la valeur de y est 4.

1-2 Après avoir dessiné le cercle d'équation $x^2 + y^2 = 25$, tracer la portion du cercle pour laquelle:

    i) x est positif ou nul.

    ii) y est positif ou nul.

1-3 Écrire l'équation correspondant à tous les points (*et seulement ceux-là*) tracés au numéro:

    a) 1-2-*i*

    b) 1-2-*ii*

1-4 Tracer un arc de courbe au voisinage d'un point d'abscisse "*s*" qui remplit les conditions énumérées.

a) $y' < 0$; $y'' > 0$ e) $y' > 0$; $y'' < 0$; $y(s) = 0$

b) $y' > 0$; $y'' < 0$ f) $y' < 0$; $y'' < 0$; $y(s) < 0$

c) $y' < 0$; $y'' < 0$ g) $y' < 0$; $y'' < 0$; $y(s) > 0$

d) $y' > 0$; $y'' > 0$

1-5 Déterminer les valeurs que peuvent prendre a, b, c, d pour que $g(f(x)) = f(g(x))$ lorsque:

$$f(x) = ax + b$$
$$g(x) = cx + d$$

1-6 Trouver l'erreur.

$$\text{Soit } x = 1$$
$$\text{donc } x^2 = 1$$

Parce que x est égal à 1, nous pouvons retrancher 1 au membre de gauche et x au membre de droite tout en conservant l'égalité. Ainsi:

$$x^2 - 1 = 1 - x$$

Factorisons le membre de gauche et mettons -1 en évidence dans le membre de droite:

$$(x + 1)(x - 1) = -(x - 1)$$

Après avoir simplifié par $(x - 1)$ des deux côtés, nous avons:

$$x + 1 = -1$$

Ce qui entraîne:

$$x = -2.$$

Pourtant, nous avions choisi x égal à 1...

Où est donc l'erreur ?

1-7 Donner, si elle existe, la valeur de:

a) e^0 b) e^{-1} c) $ln\ 1$ d) $ln\ 0$

e) $ln\ (-1)$ f) arctg 0   g) arcsin 1   h) arccos 1

i) $\arcsin\left(\dfrac{-\sqrt{3}}{2}\right)$ j) arcsec 2

1-8 Si $ln\ 2 = 0{,}69315$ et que $ln\ 5 = 1{,}60944$, déterminer à l'aide d'une calculatrice, en utilisant uniquement les opérations d'addition, de soustraction, de multiplication ou de division, les valeurs suivantes:

    a) $ln\ 10$ b) $ln\ 20$ c) $ln\ 1000$

    d) $ln\ 2{,}5$ e) $ln\ 50$

1-9 Tracer les fonctions suivantes:

    a) $y = (-x + 4)(2x + 7)$ b) $y = x^2 + 7x - 60$

c) $y = ln\ x$ d) $y = ln\ (-2x + 6)$

e) $y = e^{-x}$ f) $y = e^{x/2} + 3$

g) $y = e^x - 4$ h) $y = \sin x$

i) $y = \cos x$

1-10 Déterminer les dérivées de y si:

a) $y = e^{x^x}$ d) $y = \dfrac{e^x + e^{-x}}{e^x - e^{-x}}$

b) $y = e^{2^x}$ e) $y = \dfrac{e^x}{e^x + 1}$

c) $y = e^{x^2}$

1-11 Trouver les dérivées des fonctions suivantes après avoir fait, si requis, un changement adéquat.

a) $f(x) = \sqrt{1 - \cos^2 x}$

b) $f(x) = (1 - \sin^2 x)^8$

c) $f(x) = 14\ \text{tg}^2 x$

d) $f(x) = 2 \sin x \cos x$

e) $f(x) = \sqrt[3]{\sec^2 x}$

f) $f(x) = \text{tg}\ (\text{arctg}\ x)$

g) $f(x) = \sin\ (\arcsin\ (x^2 - 5))$

h) $f(x) = \dfrac{\sin x\ \text{cosec}\ x\ \sqrt{1 - \cos^2 x}}{\cos^2 x\ \sec x}$

1-12 Déterminer la valeur de m pour que la droite $y = mx - 16$ soit tangente à la courbe $y = x^2$. Quel est alors le point de tangence ?

1-13 Déterminer la valeur qu'il faut attribuer à k pour que la droite $y = 2x + k$ touche à la parabole $y = x^2$ en un seul point.

1-14 Montrer algébriquement qu'il n'y a aucune valeur de m qui fera en sorte que la droite $y = mx + 4$ sera tangente à $y = x^2$.

1-15 Référer à l'exercice précédent et dire quel serait le moyen le plus simple pour se convaincre qu'il n'existe aucune valeur réelle de m ?

1-16 Entre deux plaques, sur une distance "l" à partir de l'origine, un électron suit la trajectoire parabolique $y = x^2$. Lorsque l'électron sort de la région située entre les plaques, il continue sur la trajectoire rectiligne déterminée par la tangente à la courbe lorsque $x = l$.

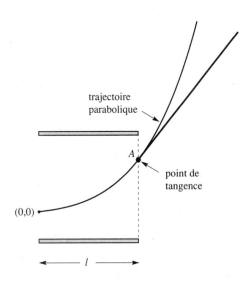

Si nous reportons sa trajectoire sur un graphique, nous avons ceci:

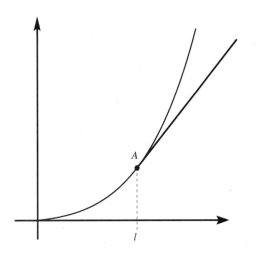

a) Quelle est l'équation de cette tangente ?

b) Quelle doit être la valeur de l si l'électron doit frapper un point situé à la position (4, 15) ?

1-17 Calculer la dérivée des fonctions suivantes:

a) $y = ln\,(4x^5 - 2x^4)$

b) $y = e^{x^3}$

c) $y = x^2 \sin x$

d) $y = \dfrac{(1-x)^2}{(1+x^2)}$

e) $y = \sin(ln\,x)$

f) $y = \text{tg}(\sec x)$

g) $y = \dfrac{20x^4 - 8x^3}{4x^5 - 2x^4}$

h) $y = 3x^2\,e^{x^3}$

1-18 Calculer les dérivées suivantes en utilisant premièrement les logarithmes.

a) $y = \dfrac{\sqrt{x-3}}{\sqrt{3x+4}}$

b) $y = (x^4 - 2)^3\,(2x^3 - 7)^6\,(x-5)^6$

c) $y = \dfrac{x^2\,(6-x^2)^3}{\sqrt{x+4}}$

d) $y = (x^2)^{2^x}$

1-19 Déterminer la dérivée des fonctions suivantes:

a) $y = ln\,x^2$

b) $y = ln^2\,x$

c) $y = ln^2\,x^2$

d) $y = \cos x^2$

e) $y = \cos^2 x$

f) $y = \cos^2 x^2$

1-20 Déterminer l'équation de la tangente au cercle d'équation $(x-1)^2 + (y-2)^2 = 289$ lorsque $y = 10$. (Il y a deux solutions)

1-21 Sachant que la f.é.m. (force électromotrice induite dans un circuit) est le *taux de variation du courant par rapport au temps*, déterminer l'équation de cette f.é.m. si le courant i est donné par l'expression $i = 3^{t^2}$ ampères.

1-22 La charge "q" fournie à un condensateur varie selon l'expression $q = (\cos t)^{2t}$. Trouver le taux de variation de la tension du condensateur, c'est-à-dire trouver $\dfrac{dq}{dt}$.

1-23 Le gain de puissance G d'un tube à ondes progressives de longueur N cycles est:

$$G = \frac{1}{25} e^{2\pi\sqrt{5}\,CN}$$

Supposant que C est constant, déterminer le taux de variation de G lorsque N varie.

1-24 En médecine, le courant nécessaire i pour stimuler un nerf de longueur l est $ae^l(e^l - 1)$. Dans cette expression, si a est une constante, déterminer $\dfrac{di}{dl}$.

1-25 Une fonction A est donnée par l'expression:

$$A = \pi R^2 + \left(\frac{K - 2\pi R}{4}\right)^2$$

Trouver $\dfrac{dA}{dR}$.

1-26

$$\text{Soit } I = \frac{V}{\sqrt{R^2 + \left(LW - \dfrac{1}{CW}\right)^2}}$$

Déterminer:

a) $\dfrac{dI}{dR}$ b) $\dfrac{dI}{dV}$ c) $\dfrac{dI}{dW}$ d) $\dfrac{dI}{dL}$

Dans chacune des dérivées demandées, c'est uniquement les entités correspondant aux lettres écrites qui varient, toutes les autres demeurent constantes.

1-27 Déterminer l'équation de la tangente en $(2, f(2))$ si la fonction f est définie comme suit:

a) $f(x) = 4x - 9$

b) $f(x) = (3x - 1)(x + 2)$

c) $f(x) = e^{2x - 4}$

d) $f(x) = \cos(3x + 1)$

1-28 Déterminer la pente entre les points suivants:

a) $(2, 5)$ et $(3, 4)$

b) $(x, f(x))$ et $(x + h, f(x + h))$

c) $(x, 2x + 7)$ et $(x + h, 2(x + h) + 7)$

1-29 Écrire, s'il y a lieu, les endroits où les fonctions y sont discontinues.

a) $y = (ax + b) \div (cx + d)$

b) $y = \sqrt[3]{x^2 - 25}$

c) $y = \ln \sin x$

d) $y = \ln(-2x + 6)$

e) $y = (x - 4)(2x + 7) \div (x - 1)$

f) $y = (2x^2 - x - 28) \div (x - 4)$

g) $y = (x - 2)(3x - 7)(x + 1)(5x - 11)$

h) $y = \sqrt{x + 3}$

i) $y = \sqrt[5]{x + 3}$

j) $y = \dfrac{\sin x}{\sqrt{x + 3}}$

k) $y = |4x + 8|$

1-30 Écrire, s'il y a lieu, les endroits où les fonctions du numéro précédent ne sont pas dérivables.

1-31 Écrire une expression pour $f(a + i\,\Delta x)$ si:

a) $f(x) = 2x + 5$

b) $f(x) = 5/(x + 3)$

c) $f(x) = \cos x$

1-4

a)

b)

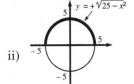
c)

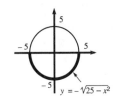
d)

e) axe des abscisses

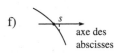
f) axe des abscisses

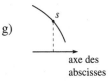
g) axe des abscisses

RÉPONSES, QUELQUES INDICES OU CERTAINES NOTIONS:

1-1 a) C'est un cercle de rayon 5 centré à l'origine.

L'équation générale d'un cercle de rayon R et centré en (a, b) est $(x-a)^2 + (y-b)^2 = R^2$

b) Ici, $x = \pm 3$.

Si $s^2 = t$ (t étant obligatoirement positif ou nul) alors $s = \pm\sqrt{t}$ (il ne faut pas oublier le $\pm$).

1-2

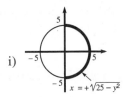
i)

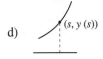
ii)

Voici deux autres portions de demi-cercle importantes: à gauche, le demi-cercle pour lequel les valeurs de x sont non positives et, à droite, celui pour lequel les valeurs de y sont non positives.

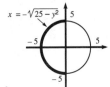

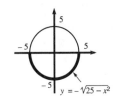

1-3

a) $x = \sqrt{25 - y^2}$ b) $y = \sqrt{25 - x^2}$

1-5 Il faut satisfaire l'égalité:

$$b(1 - c) = d(1 - a).$$

a , b , c et d peuvent prendre des valeurs réelles quelconques. Par contre, si par exemple c égale 1, alors il faudra que d soit égal à 0, ou bien que a soit égal à 1. De cette façon, les deux membres de l'égalité seront nuls en même temps.

Par le même raisonnement, nous posons l'obligation d'avoir $b = 0$ ou $c = 1$ si d prenait la valeur 0 ou si a prenait la valeur 1.

1-6 Il y a eu division par 0 lorsque nous avons simplifié par $(x - 1)$. Nous n'avons **jamais** le droit de diviser par 0.

Avec une division par 0, nous pouvons montrer toutes sortes d'aberrations. Par exemple, nous pouvons "montrer" que $1 = 0$.

Voici, entre autres, une façon de procéder.

Supposons x égal à 1.

Nous avons donc $x^2 = x$

Retranchant 1 des deux côtés, nous avons:

$$x^2 - 1 = x - 1$$

Après avoir factorisé et simplifié, nous écrivons:

$$(x - 1)(x + 1) = x - 1$$

$$x + 1 = 1$$

Ce qui implique:

$$x = 0$$

Mais puisque $x = 1$, nous écrivons:

$$1 = 0$$

Pour une nouveauté, ça c'est une nouveauté !

Nous obtenons ce résultat vraiment faux à cause de la simplification du facteur $(x - 1)$: ce facteur avec son air inoffensif cachait le nombre 0.

Donc retenons toujours ceci: il est incorrect de diviser par 0.

1-7

a) 1

b) 0,367879441171

c) 0

d) n'existe pas

e) n'existe pas

f) 0

g) $\pi/2$

h) 0

i) $-\pi/3$

j) $\pi/3$

- Le domaine d'une fonction exponentielle est $\mathbb{R}$.
- Le logarithme d'un nombre négatif n'existe pas.
- Lorsque nous cherchons l'image d'une fonction trigonométrique inverse, disons l'image de arcsin a, il est souhaitable d'écrire une lettre pour symboliser cette valeur à déterminer. Par exemple, il est pratique d'écrire arcsin $a = \theta$.

θ, la valeur à trouver, est l'angle dont le sinus est égal à "a".

Récrivant plutôt maintenant sin $\theta = a$, nous pouvons facilement nous référer au cercle trigonométrique pour voir quel angle nous devons choisir afin que le sinus de celui-ci soit égal à a.

θ est une lettre grecque appelée *thêta*. En mathématiques, il est d'usage commun de choisir une lettre grecque pour désigner un angle.

- Sur la calculatrice, les fonctions arcsec, arccosec et arccotg ne sont pas indiquées, tout simplement parce qu'elles ne sont pas nécessaires. En effet, si nous voulons calculer arccosec 2, nous devrons déterminer l'angle θ pour lequel cosec $\theta = 2$, ce qui revient exactement à chercher l'angle θ pour lequel sin$\theta = 1/2$. Nous référant au cercle trigonométrique, nous voyons que l'angle en question est 30° ou $\pi/6$. Nous affirmons alors que arccosec 2 $= \pi/6$.

1-8

a) 2,30259; b) 2,99574; c) 6,90777; d) 0,91629; e) 3,91203.

- $ln\,(AB) = ln\,A + ln\,B$

  $ln\,(A/B) = ln\,A - ln\,B$

  $ln\,A^b = b\,ln\,A$

1-9

- a) et b) sont toutes deux des paraboles.

  La parabole "a" est ouverte vers le bas, car le coefficient de x^2 est négatif tandis que la parabole "b" est ouverte vers le haut à cause du coefficient positif de x^2.

- L'argument d'une fonction logarithme doit obligatoirement être strictement positif. Par conséquent, la fonction "c" existe uniquement lorsque $x > 0$ et la fonction "d" existe pour les valeurs positives de $- 2x + 6$, c'est-à-dire pour des valeurs de x inférieures à 3.

- La fonction de la sous-question e) décroît de $-\infty$ à $+\infty$, car l'exposant est négatif tandis que les fonctions des sous-questions f) et g) croissent de $-\infty$ à $+\infty$.

• Les fonctions sinus et cosinus varient de -1 à $+1$ quelle que soit la valeur de l'argument.

1-10

a) $e^{x^x} x^x (\ln x + 1)$

b) $e^{2^x} 2^x \ln 2$

c) $2x\, e^{x^2}$

d) $\dfrac{-4}{(e^x - e^{-x})^2}$

e) $\dfrac{e^x}{(e^x + 1)^2}$

1-11

a) $\cos x$

b) $-16 \cos^{15} x \sin x$

c) $28 \sec^2 x\, \text{tg}\, x$

d) $2\cos^2 x - 2\sin^2 x = 2\cos 2x$

e) $\dfrac{2}{3} \text{tg}\, x\, \sec^{2/3} x$

f) 1

g) $2x$

h) $\sec^2 x$

1-12 $m = 8; (4, 16)$ ou $m = -8; (-4, 16)$

1-13 $k = -1$

1-14 Il faudrait satisfaire $m = 2x$, ce qui entraîne $x^2 = 2x(x) + 4$, c'est-à-dire $x^2 = -4$, équation qui ne possède aucune racine réelle.

1-15 Après avoir tracé la parabole et remarqué que pour toute pente m, la droite passe par le point $(0, 4)$, il suffirait de constater que toute droite non verticale passant par ce point coupera la parabole en deux points. La droite verticale *coupera* la parabole en $(0, 0)$.

1-16 a) $y = 2lx - l^2$; b) $l = 3$ [note: $l = 5$ est à rejeter, car entre $x = 0$ et $x = 5$, l'électron suit la trajectoire $y = x^2$. Par conséquent, l'électron ne pourra pas être à la position $(4, 15)$].

1-17

a) $(10x - 4) / (2x^2 - x)$

b) $e^{x^3} 3x^2$

c) $2x \sin x + x^2 \cos x$

d) $\dfrac{2(x^2 - 1)}{(1 + x^2)^2}$

e) $\dfrac{\cos \ln x}{x}$

f) $\sec^2(\sec x) \sec x\, \text{tg}\, x$

g) $\dfrac{(-20x^2 + 16x - 4)}{x^2(2x - 1)^2}$ Il était souhaitable de simplifier l'expression au départ.

h) $e^{x^3}\left[9x^4 + 6x\right]$

Voici les formules de dérivation qu'il faut savoir excessivement bien:

FORMULES DE DÉRIVATION

1. $k' = 0$

2. $[kx]' = k$

3. $[k\, f(x)]' = k\, f'(x)$

4. $[f^n(x)]' = n\, f^{n-1}(x)\, f'(x)$

5. $(e^{ax})' = a e^{ax}$

6. $(a^{f(x)})' = a^{f(x)} \ln a\, f'(x)$

7. $[\sin f(x)]' = \cos f(x)\, f'(x)$

8. $[\cos f(x)]' = -\sin f(x)\, f'(x)$

9. $[\sec f(x)]' = \sec f(x)\, \text{tg}\, f(x)\, f'(x)$

10. $[\text{cosec}\, f(x)]' = -\text{cosec}\, f(x)\, \text{cotg}\, f(x)\, f'(x)$

11. $[\text{tg}\, f(x)]' = \sec^2 f(x)\, f'(x)$

12. $[\text{cotg}\, f(x)]' = -\text{cosec}^2 f(x)\, f'(x)$

13. $[\text{arctg}\, f(x)]' = \dfrac{1}{1 + f^2(x)} \cdot f'(x)$

14. $[\text{arcsec } f(x)]' = \dfrac{1}{f(x)\sqrt{f^2(x) - 1}} \cdot f'(x)$

15. $[\text{arcsin } f(x)]' = \dfrac{1}{\sqrt{1 - f^2(x)}} \cdot f'(x)$

16. $[f(x) + g(x)]' = f'(x) + g'(x)$

17. $[f(x) \cdot g(x)]' = f'(x)\, g(x) + f(x)\, g'(x)$

18. $\left[\dfrac{f(x)}{g(x)}\right]' = \dfrac{f'(x)\, g(x) - f(x)\, g'(x)}{g^2(x)}$

19. $[\ln f(x)]' = \dfrac{f'(x)}{f(x)}$

Remarques supplémentaires:

Toutes les fonctions suivantes sont dérivables sur $\mathbb{R}$:*

$f(x) = $ constante quelconque réelle

$f(x) = x^n$ où n n'est pas inférieur à 1

Exemple:

$$f(x) = x^3$$

$$f(x) = x^4$$

$f(x) = $ fonction polynomiale

$f(x) = \sin x$

$f(x) = \cos x$

$f(x) = e^x$

$f(x) = |x|$

$|x|$ est dérivable partout sauf au "pic"

1-18

a) $\dfrac{\sqrt{x-3}}{\sqrt{3x+4}}\left[\dfrac{1}{2(x-3)} - \dfrac{3}{2(3x+4)}\right]$

---

* si deux fonctions sont continues, alors leur somme, leur différence, leur produit ou leur quotient (en faisant attention de ne pas diviser par 0) sera continu(e) aussi.

b) $\left[\dfrac{12x^3}{x^4-2} + \dfrac{36x^2}{2x^3-7} + \dfrac{6}{x-5}\right]$
$$(x^4-2)^3\,(2x^3-7)^6\,(x-5)^6$$

c) $\left[\dfrac{2}{x} - \dfrac{6x}{6-x^2} - \dfrac{1}{2(x+4)}\right] \dfrac{x^2\,(6-x^2)^3}{\sqrt{x+4}}$

d) $2^{x+1}\,(x^2)^{2^x}\left[\ln 2 \times \ln|x| + \dfrac{1}{x}\right]$

Dérivation à l'aide des logarithmes

Lorsque nous sommes devant une expression énorme à dériver qui demanderait un temps incroyable en utilisant les formules de dérivation connues ou usuelles, il faut nous y prendre d'une façon spéciale.

Exemple:

dériver $f(x) = \dfrac{(x-1)\,(x^3+2)\,x}{(x^2-5x+3)\,(x+\sin x)}$

Nous pourrions voir cette fonction comme le quotient de produits de fonctions, mais nous en aurions pour longtemps avant d'aboutir au résultat de $f'(x)$.

Les logarithmes viennent nous sauver, car:

$$\ln (AB) = \ln A + \ln B$$

$$\text{et } \ln\left(\dfrac{A}{B}\right) = \ln A - \ln B$$

Cela signifie que, grâce aux logarithmes, un produit de fonctions se transforme en une somme de logarithmes et un quotient de fonctions se transforme en une différence de logarithmes.

Posons donc:

$$\ln f(x) = \ln\left[\dfrac{(x-1)\,(x^3+2)\,x}{(x^2-5x+3)\,(x+\sin x)}\right]$$

$$\ln f(x) = \ln\left[(x-1)\,(x^3+2)\,x\right]$$
$$- \ln\left[(x^2-5x+3)\,(x+\sin x)\right]$$
$$= \ln(x-1) + \ln(x^3+2) + \ln x$$
$$- \ln(x^2-5x+3) - \ln(x+\sin x)$$

dérivons les deux membres de cette égalité par rapport à x.

$$\frac{f'(x)}{f(x)} = \frac{1}{x-1} + \frac{3x^2}{x^3+2} + \frac{1}{x}$$
$$- \frac{2x-5}{x^2-5x+3} - \frac{1+\cos x}{x+\sin x}$$

Multiplions par $f(x)$ des 2 côtés de l'égalité et remplaçons $f(x)$ par son expression:

$f'(x) =$

$$\frac{(x-1)(x^3+2)x}{(x^2-5x+3)(x+\sin x)}$$
$$\left[\frac{1}{x-1} + \frac{3x^2}{x^3+2} + \frac{1}{x} - \frac{2x-5}{x^2-5x+3} - \frac{1+\cos x}{x+\sin x}\right]$$

Les logarithmes servent aussi à calculer des dérivées de fonctions dont nous ne connaissons pas directement la dérivée.

Exemple:

$$y = (\sin x)^{e^{2x}}$$

Nous sommes devant une fonction qui a une fonction en exposant. Ce n'est pas $K^{f(x)}$, c'est-à-dire une fonction en exposant à une constante, auquel cas la dérivée serait $K^{f(x)} f'(x) \ln K$. Ce n'est pas non plus $f(x)^K$, c'est-à-dire la puissance d'une fonction, auquel cas la dérivée serait $Kf(x)^{K-1} f'(x)$. Nous avons la forme $f(x)^{g(x)}$, c'est-à-dire une fonction mise en exposant à une autre fonction.

Il faudrait réussir à "descendre" le $g(x)$ d'étage, car nous n'avons pas de formule de dérivation qui corresponde à ce genre de fonction.

Nous savons que $\ln A^B = B \cdot \ln A$. Le logarithme fait descendre l'exposant d'étage, donc utilisons cela pour nous aider à dériver.

Posons $\ln y = \ln (\sin x)^{e^{2x}}$

ici $A = \sin x$ et $B = e^{2x}$

d'où:

$$\ln y = e^{2x} \cdot \ln \sin x$$

Dérivons les deux membres de l'égalité par rapport à la variable x.

$$\frac{y'}{y} = 2 e^{2x} \ln \sin x + \frac{e^{2x} \cos x}{\sin x}$$

En multipliant par y des deux côtés et en la remplaçant ensuite par son expression, nous avons:

$$y' = (\sin x)^{e^{2x}} \left[2 e^{2x} \ln \sin x + \frac{e^{2x} \cos x}{\sin x}\right]$$

1-19

a) $\frac{2}{x}$

b) $\frac{2 \ln x}{x}$

c) $\frac{4}{x} \ln x^2$

d) $- 2x \sin x^2$

e) $- 2 \cos x \sin x$

f) $- 4x \cos x^2 \sin x^2$

1-20 En $(-14, 10)$, $y = [15x + 290]/8$; en $(16, 10)$, $y = [-15x + 320]/8$.

1-21 "Taux de variation" signifie "dérivée". Utiliser la formule 6 des dérivées écrites à la page 7.

$$\text{f.é.m.} = i' = 2t \, 3^{t^2} \ln 3$$

1-22 Poser $y = \ln q$ et ensuite dériver y par rapport à t.

$$q'(t) = (\cos t)^{2t} [\ln \cos^2 t - 2t \, \text{tg} \, t]$$

1-23 $\frac{2\pi\sqrt{5} \, C}{25} e^{2\pi\sqrt{5} \, CN}$

1-24 $ae^l (2e^l - 1)$

1-25 $\frac{8\pi R - \pi K + 2\pi^2 R}{4}$

Si nous dérivons par rapport à une variable, **toutes les autres** lettres et **tous les autres** symboles resteront constants, même si ce n'est pas mentionné dans le problème. Ici, K doit être considéré comme une constante.

1-26 Il faut considérer ce qui est mentionné à la réponse de l'exercice 1-25.

a) $\dfrac{dI}{dR} = \dfrac{-V}{2}\left\{R^2 + \left(LW - \dfrac{1}{CW}\right)^2\right\}^{-3/2}$ $[2R]$

b) $\dfrac{dI}{dV} = \left\{R^2 + \left(LW - \dfrac{1}{CW}\right)^2\right\}^{-1/2}$

c) $\dfrac{dI}{dW} = \dfrac{-V}{2}\left\{R^2 + \left(LW - \dfrac{1}{CW}\right)^2\right\}^{-3/2}$

$\times \left[2\left(LW - \dfrac{1}{CW}\right)\right] \times \left[L + \dfrac{1}{CW^2}\right]$

d) $\dfrac{dI}{dL} = \dfrac{-VW}{2}\left\{R^2 + \left(LW - \dfrac{1}{CW}\right)^2\right\}^{-3/2}$

$\times \left[2\left(LW - \dfrac{1}{CW}\right)\right]$

1-27 a) $y = 4x - 9$; c'est logique, car la fonction f est elle-même une droite.

b) $y = 17x - 14$

c) $y = 2x - 3$

d) $y = -(3 \sin 7)\, x + \cos 7 + 6 \sin 7$

1-28 a) -1;   b) $\dfrac{f(x + h) - f(x)}{h}$;   c) 2

1-29 Continuité (en un point)

Une fonction est continue en $x = a$:

si $\lim\limits_{x \to a} f(x) = f(a)$ et si $\lim\limits_{x \to a} f(x)$ existe

si $a \in \text{Dom } f$

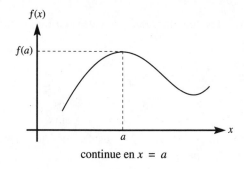

continue en $x = a$

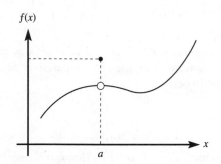

discontinue en $x = a$

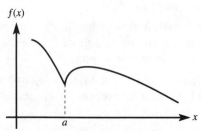

une fonction n'a pas besoin d'être dérivable pour être continue.

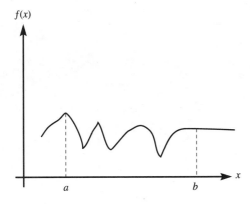

continue sur $[a, b]$

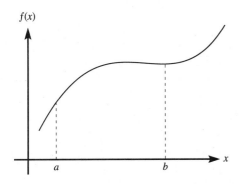

continue sur $[a, b]$

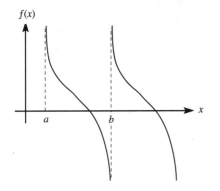

discontinue en $x = a$ et en $x = b$;

continue sur $]a, b[$

En fait, il est très facile d'affirmer si oui ou non une fonction est continue. Si nous réussissons à tracer cette fonction sur un intervalle sans avoir à lever le crayon, c'est que la fonction est continue sur cet intervalle.

Les fonctions à examiner à la loupe sont celles de la forme:

$$f(x) = \sqrt{g(x)}$$

$$f(x) = \log_a g(x)$$

et $\quad f(x) = \dfrac{1}{\text{fonction polynomiale}}$

$f(x) = \sqrt{g(x)}$ n'a de sens que si $g(x)$ est positive ou nulle.

Pour que $f(x) = \log_a g(x)$ ait du sens, il faut que $g(x)$ soit strictement positive.

$f(x) = \dfrac{1}{\text{fonction polynomiale}}$ existe et est continue partout sauf aux valeurs qui rendent le dénominateur égal à 0.

si $f(x) = \operatorname{tg} x$ ou si $f(x) = \sec x$, alors $f(x)$ existe partout sauf aux valeurs où $\cos x = 0$;

si $f(x) = \operatorname{cosec} x$ ou si $f(x) = \operatorname{cotg} x$, alors $f(x)$ existe partout sauf aux valeurs où $\sin x = 0$.

a) $x = -d/c$

b) $x \in \varnothing$

c) $x = k\pi$ où $k \in \mathbf{Z}$ (note: y n'existe pas si $\sin x \le 0$)

d) $x = 3$

e) $x = 1$

f) $x = 4$

g) $x \in \varnothing$

h) $x = -3$

i) $x \in \varnothing$

j) $x = -3$ (note: si $x < -3$, alors y n'est pas définie)

k) $x \in \varnothing$

1-30 Voir les remarques supplémentaires à la réponse de l'exercice 1-17.

a) $x = -d/c$

b) $x = \pm 5$

c) $x \in \left[(2k+1)\ \pi, (2k+2)\ \pi \right]$ où k est un entier.

d) $x \geq 3$

e) $x = 1$

f) $x = 4$

g) $x \in \varnothing$

h) $x \leq -3$

i) $x = -3$

j) $x \leq -3$

k) $x = -2$

1-31

a) $2a + 2i\ \Delta x + 5$

b) $5 / (a + i\ \Delta x + 3)$

c) $\cos (a + i\ \Delta x)$

2

CONCEPTS FONDAMENTAUX

Nous continuons l'élaboration du cours de Calcul et pour cela, nous avons besoin de renforcer nos notions de l'infiniment petit et de l'infiniment grand car le concept d'intégrale, tel que nous le voyons, est basé essentiellement sur ces deux notions.

Dans ce livre, les résultats, sans être tous prouvés formellement, seront toujours expliqués.

Nous ne pouvons pas exposer d'emblée tous les concepts qui supportent l'intégrale de Riemann mais sachons d'abord qu'un postulat est une proposition généralement évidente énoncée à la base d'une théorie et qui demande d'être acceptée sans démonstration.

Postulat 1:

- Une fonction continue sur $[a, b]$ est bornée dans cet intervalle fermé.

Sur la figure 2-1, nous voyons que sur l'intervalle $[a, b]$, les valeurs de la fonction f sont toutes comprises entre c et d.

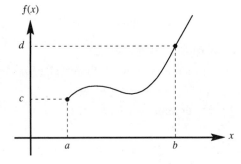

Figure 2-1

Postulat 2:

- Si une fonction est continue sur $[a, b]$, alors elle atteint un maximum M et un minimum m sur l'intervalle fermé $[a, b]$.

Définition:

Nous disons qu'une fonction f est bornée pour de grandes valeurs de x si, pour toutes les valeurs de x supérieures à c, il existe deux nombres a et b tels que:

$$a < f(x) < b$$

Cette définition se visualise ainsi:

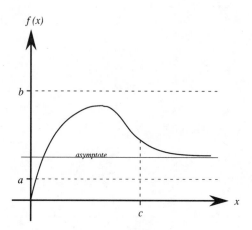

Figure 2-2

2.1 THÉORÈME DE ROLLE

Soit f une fonction définie sur l'intervalle $[a, b]$. Si

1) f est continue sur $[a, b]$ et
2) f est dérivable sur $]a, b[$ et
3) $f(a) = f(b)$

alors il existe au moins une valeur c dans l'intervalle ouvert $]a, b[$ telle que $f'(c) = 0$.

Ce théorème dit que si les trois conditions sont respectées pour une certaine fonction f, alors il sera possible de tracer une tangente horizontale à f en au moins un point de l'intervalle ouvert $]a, b[$.

Visualisons l'implication de ce théorème avant de le démontrer.

Sur les trois dessins qui suivent, les figures 2-3, 2-4 et 2-5, nous voyons que f est continue sur

l'intervalle fermé et dérivable sur l'intervalle ouvert. De plus, $f(a) = f(b)$.

Nous nous rendons à l'évidence qu'il y a au moins un point d'abscisse c pour lequel la tangente est horizontale, c'est-à-dire ayant une pente nulle.

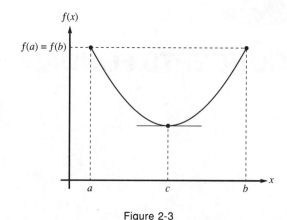

Figure 2-3

À la figure 2-3, il n'y a qu'un seul endroit où la tangente est horizontale, donc il n'y a qu'une seule valeur c.

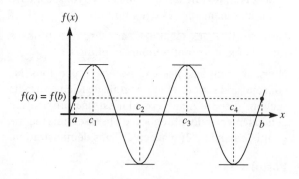

Figure 2-4

À la figure 2-4, il y a 4 endroits où la tangente est horizontale. Par conséquent, il y a 4 valeurs c que nous notons c_1, c_2, c_3 et c_4.

Finalement, à la figure 2-5, il existe 3 endroits où la tangente a une pente nulle. Par conséquent, il y a trois valeurs c: c_1, c_2 et c_3.

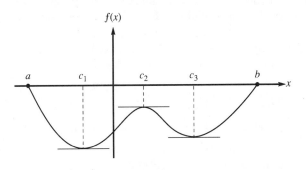

Figure 2-5

Une image vaut mille mots, mais des exemples ne sont pas des preuves!

Il faut démontrer que toute fonction f satisfaisant aux 3 conditions du théorème de Rolle aura au moins une tangente horizontale sur $]a, b[$.

Démonstration du théorème de Rolle

1ᵉʳ cas: f est une fonction constante K.

Si $f = K$ sur l'intervalle fermé $[a, b]$, alors $f' = 0$ partout sur l'intervalle ouvert $]a, b[$.

En effet, entre deux nombres réels quelconques, aussi rapprochés soient-ils, il existe une infinité de nombres réels. Dans ce premier cas, la dérivée en chacun de ceux-ci est nulle, car la fonction est constante.

2ᵉᵐᵉ cas: f n'est pas une fonction constante.

Nous savons, d'après le postulat 2, que toute fonction continue sur un intervalle admet un minimum "m" et un maximum "M".

Comme f n'est pas constante, alors le maximum "M" et le minimum "m" ne sont sûrement pas tous deux égaux à $f(a)$ (ni à $f(b)$, car $f(a) = f(b)$).

Supposons que M est supérieur à $f(a)$.

M étant sur la courbe f, il est donc l'image d'un certain c appartenant à l'intervalle ouvert $]a, b[$

c'est-à-dire:

$$M = f(c).$$

Il faut considérer l'intervalle ouvert car, vu que $M \neq f(a)$ alors c ne peut évidemment pas être égal à "a".

Comme f est dérivable sur l'intervalle ouvert $]a, b[$ et que $f(c)$ est un maximum de f sur ce même intervalle, alors $f(c)$ est un maximum relatif et ainsi $f'(c) = 0$.

Le raisonnement se fait de façon similaire si nous supposons que "m" est inférieur à $f(a)$. À ce moment-là, nous concluons que m est un minimum relatif et que $f'(c) = 0$.

L'étude de ces deux cas complète la preuve.

♦ ♦

Discussion sur le théorème de Rolle

Il est intéressant de réaliser qu'aucune des trois hypothèses du théorème de Rolle n'est superflue.

En effet, il est possible de trouver des fonctions qui manquent à l'appel de l'une ou l'autre des trois hypothèses et pour lesquelles la conclusion du théorème n'est pas nécessairement vérifiée.

• La figure 2-6 montre une fonction f qui vérifie seulement les conditions 1 et 2 du théorème de Rolle.

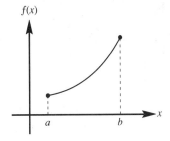

Figure 2-6

Nous voyons que $f(a) \neq f(b)$. Remarquons qu'il n'existe aucun point $c \in \ ]a, b[$ tel que $f'(c) = 0$.

• La figure 2-7 montre une fonction f qui vérifie seulement les conditions 1 et 3 du théorème de Rolle.

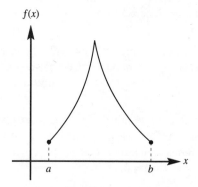

Figure 2-7

Nous constatons que la fonction est dérivable partout sur l'intervalle $]a, b[$, sauf au "pic". De plus, la dérivée n'est jamais nulle sur l'intervalle $]a, b[$.

• Enfin, la figure 2-8 montre une fonction f qui vérifie seulement les conditions 2 et 3 du théorème de Rolle.

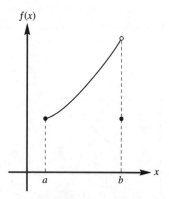

Figure 2-8

Nous voyons que $f(a) = f(b)$ et que f est dérivable sur l'intervalle *ouvert* $]a, b[$. Cependant, f n'est pas continue sur l'intervalle fermé $[a, b]$. Nous constatons

aussi que la dérivée n'est jamais égale à 0 sur l'intervalle $]a, b[$.

Les hypothèses du théorème de Rolle sont suffisantes pour déduire la conclusion de ce théorème, mais elles ne sont toutefois pas nécessaires, car la conclusion peut être vérifiée sans que l'une ou l'autre des trois hypothèses le soit. Par exemple, en nous référant à la figure 2-9, nous réalisons que:

(1) f n'est pas continue sur l'intervalle fermé $[a, b]$,

(Il y a un "saut" au point d'abscisse s)

(2) f n'est pas dérivable sur l'intervalle ouvert $]a, b[$,

(il y a un "pic" au point d'abscisse r et une discontinuité au point d'abscisse s)

et (3) $f(a) \neq f(b)$.

Pourtant, il y a deux endroits où la dérivée est nulle: en c_1 et en c_2.

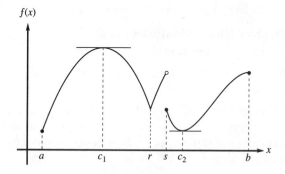

Figure 2-9

> **Retenons ceci:**
> • Si une fonction f satisfait les 3 conditions du théorème de Rolle, alors il existe sûrement au moins une valeur c dans l'intervalle ouvert telle que $f'(c) = 0$.
> • Si dans un intervalle, la dérivée de f est nulle, nous ne pouvons pas conclure pour autant que f remplit les 3 conditions du théorème de Rolle. Il peut en être ainsi, mais ce n'est pas certain.

Exemple 2-1:

Déterminer la valeur "c" prévue par le théorème de Rolle pour la fonction suivante sur l'intervalle [0, 4].

$$f(x) = x^2 - 4x$$

Solution:

La fonction f est continue sur les Réels, donc sur l'intervalle fermé $[0, 4]$.

f est dérivable sur les Réels donc sur l'intervalle ouvert $]0, 4[$.

$$f(0) = 0 \text{ et } f(4) = 0 \quad \text{donc } f(0) = f(4).$$

Les 3 conditions du théorème de Rolle sont vérifiées, donc il existe sûrement au moins une valeur c telle que $f'(c) = 0$.

La dérivée de la fonction est:

$$f'(x) = 2x - 4$$

Il faut maintenant trouver la valeur c telle que $f'(c) = 0$.

Nous pouvons donc écrire:

$$2c - 4 = 0$$

ce qui donne $c = 2$.

Nous concluons que la valeur prévue par le théorème de Rolle est $c = 2$.

◆ ◆

Exemple 2-2:

Trouver les valeurs de "c" prévues par le théorème de Rolle pour $f(x) = x \sin x + \cos x$ sur $[-\pi, \pi]$.

Solution:

Les trois fonctions $\sin x$, $\cos x$ et x sont continues et dérivables sur $\mathbb{R}$. En vertu de ce qui est exposé aux pages 8, 10 et 11, $x \sin x + \cos x$ est aussi une fonction continue et dérivable sur $\mathbb{R}$.

La fonction f est continue sur $\mathbb{R}$, donc à fortiori sur $[-\pi, \pi]$. Donc la première condition du théorème de Rolle est vérifiée.

La fonction f est dérivable sur $\mathbb{R}$, donc à fortiori sur $]-\pi, \pi[$. Donc la deuxième condition du théorème de Rolle est vérifiée.

$$f(-\pi) = -\pi \times 0 - 1 = -1$$
$$f(\pi) = \pi \times 0 - 1 = -1$$

Donc $f(-\pi) = f(\pi)$. La troisième condition du théorème de Rolle est vérifiée.

Les trois conditions du théorème de Rolle étant ainsi vérifiées, il existe au moins une valeur c telle que $f'(c) = 0$ dans l'intervalle ouvert $]-\pi, \pi[$.

Trouvons-les après avoir identifié la dérivée de f.

$$f'(x) = \sin x + x \cos x - \sin x$$
$$= x \cos x$$

Il faut déterminer les valeurs c telles que $f'(c) = 0$. C'est-à-dire, il faut satisfaire l'équation $c \cos c = 0$.

Nous écrivons $\cos c = 0$ ou $c = 0$, car pour qu'un produit égale 0, il faut qu'au moins un des facteurs soit égal à 0.

Nous référant au cercle trigonométrique, nous voyons que les valeurs qui rendent $\cos c$ égal à 0 sont:

$$\pi/2, -\pi/2, 3\pi/2, -3\pi/2, 5\pi/2, -5\pi/2, \text{ etc.}$$

Dans l'intervalle considéré, il n'y a par contre que deux valeurs à retenir: $\pi/2$ et $-\pi/2$.

Les valeurs prévues par le théorème de Rolle sont donc:

$$c = 0, \quad c = \pi/2 \text{ et } c = -\pi/2.$$

◆◆

Nous nous intéressons maintenant au cas où f respecte les deux premières hypothèses du théorème de Rolle sans toutefois respecter la condition que l'image au point d'abscisse a soit égale à l'image au point d'abscisse b. Cela nous amène au théorème de Lagrange.

2.2 THÉORÈME DE LAGRANGE

Ce théorème est aussi appelé théorème des accroissements finis ou théorème de la moyenne.

Soit une fonction f. Si:

1) f est continue sur $[a, b]$ et

2) f est dérivable sur $]a, b[$

alors il existe au moins une valeur c dans l'intervalle ouvert $]a, b[$ telle que:

$$\frac{f(b) - f(a)}{(b - a)} = f'(c)$$

Avant de démontrer ce théorème, visualisons ce qu'implique la conclusion de celui-ci.

Le théorème de Lagrange affirme que si f est continue sur un intervalle fermé $[a, b]$ et dérivable sur l'intervalle ouvert $]a, b[$, alors il existe au moins une valeur c entre a et b telle que la pente de la tangente à f en ce point soit égale à la pente de la sécante reliant les deux points extrêmes de l'intervalle $[a, b]$.

À la figure 2-10, il n'y a qu'un seul endroit où la pente de la tangente est égale à la pente de la sécante reliant A et B. Il y a donc une seule valeur c.

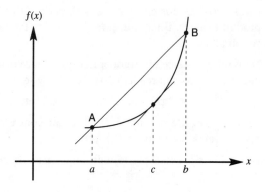

Figure 2-10

À la figure 2-11, il y a deux endroits où la pente de la tangente est égale à la pente de la sécante reliant A et B. Il y a donc deux valeurs c: c_1 et c_2.

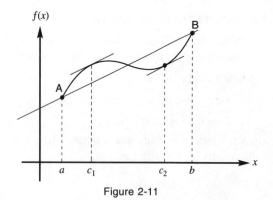

Figure 2-11

Démonstration du théorème de Lagrange

Nous nous servons du théorème de Rolle pour cette démonstration.

Étant donné la figure 2-12 suivante:

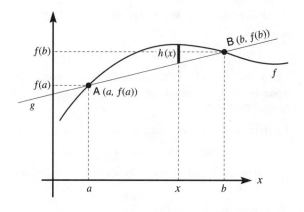

Figure 2-12

f est la courbe dessinée et g est la droite reliant A à B.

Il est primordial de remarquer qu'en A et en B les fonctions f et g se coupent, alors:

$$f(a) = g(a)$$
$$f(b) = g(b).$$

La droite g reliant les points A et B est telle que:

$$\text{pente de g } = \frac{f(b) - f(a)}{(b - a)}$$

Sur la fonction g, la pente entre le point A et tout autre point d'abscisse x est:

$$\frac{g(x) - g(a)}{(x - a)} = \text{ pente de g}$$

La pente de g est égale à la pente reliant A et B, c'est-à-dire:

$$\frac{g(x) - g(a)}{(x - a)} = \frac{f(b) - f(a)}{(b - a)}$$

En multipliant les deux membres par $(x - a)$, nous avons:

$$g(x) - g(a) = \left(\frac{f(b) - f(a)}{(b - a)} \right)(x - a)$$

Or, $f(a) = g(a)$ alors:

$$g(x) - f(a) = \left(\frac{f(b) - f(a)}{(b - a)} \right)(x - a)$$

Ce qui peut être écrit de la façon suivante:

$$g(x) = f(a) + \left(\frac{f(b) - f(a)}{(b - a)} \right)(x - a)$$

Considérons pour le moment la fonction h qui est la différence entre f et g.

$$h(x) = f(x) - g(x)$$

$h(x)$ représente la distance algébrique* entre les deux points $(x, f(x))$ et $(x, g(x))$.

Vérifions que la fonction h respecte les conditions du théorème de Rolle qui, tel que nous le verrons, est la clef de la solution.

f et g étant continues sur l'intervalle fermé $[a, b]$, il en est de même pour leur différence. Par conséquent, h est continue sur $[a, b]$.

La première condition du théorème de Rolle est vérifiée.

f et g étant dérivables sur l'intervalle ouvert $]a, b[$, il en est de même pour leur différence. Par conséquent, h est dérivable sur $]a, b[$.

La deuxième condition du théorème de Rolle est vérifiée.

Remplaçons successivement x par a et par b dans l'expression de $g(x)$:

$$g(a) = f(a) + \left(\frac{f(b) - f(a)}{(b - a)} \right)(a - a) = f(a)$$

et:

$$g(b) = f(a) + \left(\frac{f(b) - f(a)}{(b - a)} \right)(b - a)$$

$$= f(a) + f(b) - f(a) = f(b)$$

Puisque $g(a) = f(a)$, alors $h(a) = f(a) - g(a) = 0$.
Puisque $f(b) = g(b)$, alors $h(b) = f(b) - g(b) = 0$.
D'où $h(a) = h(b) = 0$.

La troisième condition du théorème de Rolle est vérifiée.

Les 3 conditions du théorème de Rolle étant respectées pour la fonction h, nous concluons qu'il existe au moins une valeur c dans l'intervalle ouvert $]a, b[$ telle que $h'(c) = 0$.

Cela signifie que $h'(c) = f'(c) - g'(c) = 0$

c'est-à-dire:

$$f'(c) = g'(c)$$

Utilisant le fait que pour n'importe quel point appartenant à $\mathbb{R}$, $g'(c)$ est la pente de la droite g,

c'est-à-dire:

$$g'(c) = \frac{f(b) - f(a)}{(b - a)},$$

nous écrivons:

$$f'(c) = \frac{f(b) - f(a)}{(b - a)}$$

ce qui démontre le théorème.

◆ ◆

Remarques:

Le théorème de Lagrange est une généralisation du théorème de Rolle.

Le théorème de Lagrange s'applique même si la fonction existe uniquement sur l'intervalle fermé, c'est-à-dire si elle n'existe pas au-delà de cet intervalle.

Le théorème de Lagrange sert à prouver certaines inégalités. Voyons un exemple.

Exemple 2-3:
Montrer que $1 + x < e^x \quad \forall x > 0$.

Solution:
Soit la fonction $f(x) = e^x$ sur l'intervalle $[0, x]$.

Puisque f est continue sur $[0, x]$ et dérivable sur l'intervalle ouvert correspondant, alors, par le

---

* Cette distance algébrique pourrait éventuellement être négative comme par exemple sur la figure 2-11 en c_2.

théorème de Lagrange, il existe au moins une valeur c appartenant à $]0, x[$ telle que:

$$f'(c) = \frac{f(x) - f(0)}{(x - 0)}$$

Nous rappelant que la dérivée de e^x est e^x, nous écrivons $f'(c) = e^c$.

Nous avons donc:

$$e^c = \frac{e^x - 1}{x}$$

En isolant e^x, nous découvrons:

$$e^x = x e^c + 1$$

L'idée est de débuter avec l'inégalité $0 < c < x$ et de construire l'expression $xe^c + 1$ pour déduire l'inégalité désirée.

Ainsi:

$$0 < c < x$$

Prenons l'exponentielle correspondante. Les signes d'inégalité demeurent inchangés, car plus l'exposant est grand, plus l'exponentielle sera de grande valeur.

$$e^0 < e^c < e^x$$
$$1 < e^c < e^x$$

Nous devons arriver à $xe^c + 1$, donc multiplions par x et additionnons ensuite 1 à chacun des membres:

$$x < xe^c < xe^x$$
$$1 + x < 1 + xe^c < 1 + xe^x$$

Rappelons le fait que $xe^c + 1 = e^x$. Cela nous permet d'écrire:

$$1 + x < e^x < 1 + xe^x$$

La preuve est donc faite.

L'inégalité $1 + x < e^x$ est vérifiée.

◆ ◆

2.3 INDÉTERMINATIONS

Très souvent, nous sommes confrontés à des calculs de limites qui aboutissent à des formes indéterminées telles que:

$$\frac{\infty}{\infty}, \frac{0}{0}, 1^\infty, 0^0, \infty^0, 0 \times \infty, \infty - \infty, \frac{K}{0}$$

Lors du premier cours de Calcul différentiel, nous avons appris à contourner certaines de ces indéterminations.

Par exemple, lorsqu'à la limite, un quotient de polynômes se réduisait à la forme $\frac{0}{0}$, nous mettions en évidence, au numérateur ainsi qu'au dénominateur, le facteur qui s'approchait de 0 pour ensuite le simplifier.

Nous écrivions par exemple:

$$\lim_{x \to 2^+} \frac{x^2 - 4}{x - 2} \qquad \left(\text{forme } \frac{0}{0}\right)$$

$$= \lim_{x \to 2^+} \frac{(x - 2)(x + 2)}{(x - 2)}$$

$$= \lim_{x \to 2^+} (x + 2) = 4$$

Aussi, lorsqu'à la limite, un quotient de polynômes se réduisait à la forme $\pm\infty/\pm\infty$ *, nous mettions en évidence, au numérateur ainsi qu'au dénominateur, la plus grande puissance de la variable pour ensuite effectuer une simplification.

Nous écrivions par exemple:

$$\lim_{x \to \infty} \frac{x^4 + x^3}{2x^4 - 1} \qquad \left(\text{forme } \frac{\infty}{\infty}\right)$$

$$\lim_{x \to \infty} \frac{x^4\left(1 + \frac{1}{x}\right)}{x^4\left(2 - \frac{1}{x^4}\right)} = \frac{1}{2}$$

Nous avons été "épargnés" des formes un peu plus spéciales, mais nous avons tout de même évolué depuis que les rudiments du Calcul nous ont été dévoilés.

Il devrait nous être maintenant évident que ∞^∞ a comme résultat ∞, car un nombre infiniment grand multiplié par lui-même une infinité de fois ne saurait

---

* Les signes au numérateur et au dénominateur ne sont d'aucune importance, car nous avons de toute façon un "très très gros nombre" (positif ou négatif) divisé par un "très très gros nombre" (positif ou négatif).

donner un autre résultat qu'un nombre infiniment grand.

Nous avons appris à "jouer" avec ∞ et 0, mais toutes les subtilités ne sont peut-être pas encore bien comprises. Je dis bien "comprises", car il ne faut pas apprendre par coeur que $\infty \times \infty$ donne ∞, ou bien que $\infty - \infty$ est indéterminé: il faut le comprendre!

Nous serons tellement appelés à utiliser les concepts de l'infiniment grand et de l'infiniment petit qu'un éclaircissement s'impose.

∞ n'est pas un nombre réel, donc nous ne pouvons pas lui attribuer une valeur précise. ∞ est un concept qui représente ce qui est plus grand que tout nombre réel imaginable.

Il y a différentes sortes d'infinis. Il y a des ∞ qui sont encore plus infinis que d'autres: par exemple, lorsque x tend vers ∞, e^x est incroyablement plus grand que x. Pour nous en convaincre, il suffit de calculer e^x pour de grandes valeurs de x.

Nous avons, à titre d'exemple:

$$e^{50} \approx 5,18 \times 10^{21}$$

$$e^{100} \approx 2,69 \times 10^{43}$$

$$e^{230} \approx 7,72 \times 10^{99}$$

Les nombres 50, 100 et 230 sont des valeurs de x vraiment loin de ∞, mais nous réalisons tout de même que, si x grandit, e^x est un nombre énormément plus gros que x.

Il est clair que si nous faisons $e^{230} - 230$, le résultat sera positif.

Cependant, c'est moins facile à imaginer que $e^x - x$ croît sans borne lorsque x croît sans borne. Nous avons besoin d'outils plus puissants pour en faire la preuve.

D'autres exemples peuvent nous convaincre que nous avons besoin de notions plus avancées. Il n'est pas évident, par exemple, que si x s'approche de 0, alors l'expression:

$\dfrac{e^x - 1}{x}$ s'approche de 1. Pourtant il en est ainsi.

La règle de L'Hospital explicitée ci-après s'avérera très puissante en nous permettant de contourner les indéterminations de la forme ∞/∞ ou $0/0$.

De plus, nous verrons qu'en transformant quelquefois notre problème de départ, cette règle nous sera utile même dans les cas d'indéterminations de la forme:

$$1^\infty, \quad 0^0, \quad \infty^0, \quad 0 \times \infty, \quad \infty - \infty$$

Toutefois, avant d'aller plus loin, il est essentiel de discerner les formes indéterminées de celles qui n'en sont pas. Notre habileté à les distinguer nous évitera de jongler avec le calcul d'une limite, alors que la solution pourrait être immédiate.

Faisons ce petit exercice:

Exemple 2-4:

Dans toute la liste qui suit, encadrer les formes qui sont indéterminées et écrire la valeur de toutes celles qui ne sont pas indéterminées:

$e^0 = 1$	$\cos(\infty)$	$e^{-\infty} = 0$	$0^\infty = 0$
1^∞	$e^\infty = \infty$	$\infty^3 = \infty$	$\dfrac{5}{\infty} = 0$
$\dfrac{-6}{0^+} = -\infty$	$\dfrac{-7}{\infty} = 0^-$	$\sin(\infty)$	$\dfrac{4}{0^-} = -\infty$
$\dfrac{12}{0^+} = \infty$	$\dfrac{-15}{0^-} = \infty$	$\dfrac{0}{0}$	$\infty + \infty = \infty$
$\infty + K = \infty$	$ln(0^-)$?	$ln(e) = 1$	∞^0
$12^{1/0^+} = \infty$	$12^\infty = \infty$	$\left(\dfrac{1}{15}\right)^\infty = \infty$	0^0
$0^9 = 0$	$9^0 = 1$	$1^0 = 1$	$\left(\dfrac{1}{4}\right)^0 = 1$
$\dfrac{\infty}{\infty}$	$0 \times \infty$	$0 + \infty = \infty$	$\dfrac{\infty}{0^-} = -\infty$
$\infty^{-5} = 0$	$\dfrac{\sin(\infty)}{\infty} = 0$	$\dfrac{\cos(\infty)}{6}$	$\tan(\infty)$
$ln(\infty) = \infty$	$ln(0^+) = -\infty$	$ln(1) = 0$	$\dfrac{\infty}{0^+} = \infty$
$\dfrac{0}{\infty} = 0$	$\infty^{-2} = 0$	$\infty - \infty$	$-\infty \times 0$
$\sqrt{0} = 0$	$\sqrt{0^+} = 0$	$\sqrt{0^-}$	

La liste n'est pas exhaustive, mais elle renferme pratiquement tout ce qui nous intéresse en Calcul II.

Il est préférable de vérifier nos assertions en consultant les réponses à la fin du livre.

♦   ♦

Il faut bien réaliser la nuance entre e^∞ et $\sin \infty$. Nous savons que si l'exposant de e est infiniment grand, alors la valeur de l'exponentielle sera aussi infiniment grande. Par contre, nous ne savons pas quelle valeur nous obtiendrons si nous prenons le sinus d'un angle infiniment grand. Tout ce que nous savons est que le sinus restera entre 1 et -1, par conséquent, la valeur de $\sin \infty$ ne sera jamais infinie. Aucune des deux valeurs, e^∞ ou $\sin \infty$, ne donne une valeur réelle précise et bien déterminée.

2.4 RÈGLE DE L'HOSPITAL

Note historique:

C'est bien beau d'écrire "règle de L'Hospital" mais rendons à César ce qui appartient à César!

Guillaume-François-Antoine de L'Hospital payait Johann Bernoulli pour lui faire part de découvertes mathématiques. Un jour, alors que L'Hospital était à Paris, Johann lui envoya une méthode pour calculer des indéterminations de la forme 0/0. Cette méthode est maintenant connue sous le nom de "règle de L'Hospital", car elle était inscrite dans son Analyse des infiniment petits publiée en 1696.

Si nous avons une limite à calculer qui est de la forme:

$$\frac{\pm \infty}{\pm \infty} \text{ ou } \frac{0}{0} \text{ (aucune autre forme que ces deux–là),}$$

alors la règle de L'Hospital peut s'appliquer.

Énoncé de la règle:

Étant donné une fonction f et une fonction g toutes deux continues et dérivables près de "a";

si $\lim\limits_{x \to a} \dfrac{f(x)}{g(x)}$ est de la forme $\dfrac{\pm \infty}{\pm \infty}$ ou $\dfrac{0}{0}$ alors la

règle de L'Hospital permet d'écrire:

$$\lim_{x \to a} \frac{f(x)}{g(x)} = \lim_{x \to a} \frac{f'(x)}{g'(x)}$$

Il ne faut pas confondre ce que la règle de L'Hospital nous dit avec ce qu'elle ne nous dit pas. Écrire:

$$\lim_{x \to a} \frac{f'(x)}{g'(x)}$$

signifie qu'il faut effectuer la dérivée du numérateur divisée par la dérivée du dénominateur.

Il faut calculer la limite de $\dfrac{f'(x)}{g'(x)}$ et non pas la limite

de $\left(\dfrac{f(x)}{g(x)}\right)'$.

Dans tout ce qui suit et partout dans le livre, le H au-dessus d'un signe d'égalité signifie que la règle de L'Hospital a été utilisée pour passer d'un membre à l'autre de cette égalité.

Avant de faire la démonstration de cette règle, illustrons-la avec deux exemples.

Exemple 2-5:

Calculer $\lim\limits_{x \to 2^+} \dfrac{x^2 - 4}{x - 2}$

Solution:

La règle de L'Hospital nous permet de résoudre ce problème aisément:

$$\lim_{x \to 2^+} \frac{x^2 - 4}{x - 2} \qquad \left(\text{forme } \frac{0}{0}\right)$$

$$\overset{H}{=} \lim_{x \to 2^+} \frac{(x^2 - 4)'}{(x - 2)'}$$

$$= \lim_{x \to 2^+} \frac{2x}{1} = 4$$

♦   ♦

Exemple 2-6:

Calculer $\lim\limits_{x \to \infty} \dfrac{x^4 + x^3}{2x^4 - 1}$

Solution:

$$\lim_{x \to \infty} \frac{x^4 + x^3}{2x^4 - 1} \qquad \left(\text{forme } \frac{\infty}{\infty}\right)$$

Comme nous avons une indétermination de la forme ∞/∞, la règle de L'Hospital s'applique:

$$\lim_{x \to \infty} \frac{x^4 + x^3}{2x^4 - 1} \qquad \left(\text{forme } \frac{\infty}{\infty}\right)$$

$$\overset{H}{=} \lim_{x \to \infty} \frac{4x^3 + 3x^2}{8x^3} \qquad \left(\text{forme } \frac{\infty}{\infty}\right)$$

$$\overset{H}{=} \lim_{x \to \infty} \frac{12x^2 + 6x}{24x^2} \qquad \left(\text{forme } \frac{\infty}{\infty}\right)$$

$$\overset{H}{=} \lim_{x \to \infty} \frac{24x + 6}{48x} \qquad \left(\text{forme } \frac{\infty}{\infty}\right)$$

$$\overset{H}{=} \lim_{x \to \infty} \frac{24}{48} = \frac{1}{2}$$

♦   ♦

Dans ce cas-ci, il a été plus long d'utiliser la règle de L'Hospital que d'utiliser une notion plus élémentaire telle que celle explicitée à la page 20.

Une petite nuance s'impose alors: ce n'est pas parce qu'une nouvelle notion est montrée qu'elle sera utilisée à tout prix. Il faudra, comme toujours, faire preuve de jugement et résoudre les problèmes de la façon la plus rusée possible.

Preuve de la règle de L'Hospital

Dans un premier temps, nous considérons la limite à droite, c'est-à-dire la valeur vers laquelle le rapport de f/g s'approche lorsque x s'approche de plus en plus près de "a" par des valeurs supérieures.

Bâtissons une fonction F telle que:

(1)   F$(x) =$
$$[g(b) - g(a)] [f(x) - f(a)] - [g(x) - g(a)] [f(b) - f(a)]$$
Cette fonction semble farfelue, mais elle nous permettra d'arriver à nos fins.

L'idée est de montrer que les trois conditions du théorème de Rolle sont vérifiées pour la fonction F sur l'intervalle $[a, b]$.

Près de "a", sauf possiblement en "a", les fonctions f et g sont continues et dérivables par hypothèse (relire les conditions de la règle de L'Hospital à la page 22). Il s'ensuit que F est aussi continue et dérivable près de "a", car F est construite à partir de différences et de produits de fonctions continues et dérivables.

Les deux premières conditions du théorème deRolle sont alors respectées.

Si $x = a$, alors:

$$F(a) = [g(b) - g(a)] [0] - [0] [f(b) - f(a)]$$
c'est-à-dire:

$$F(a) = 0$$

Si $x = b$, alors:

F$(b) =$
$$[g(b) - g(a)] [f(b) - f(a)] - [g(b) - g(a)] [f(b) - f(a)]$$
c'est-à-dire:

$$F(b) = 0$$

Puisque F(a) = F(b), la troisième condition du théorème de Rolle est vérifiée.

Par conséquent, les 3 conditions du théorème de Rolle sont vérifiées pour la fonction F.

En effet:

1°   F est continue sur l'intervalle fermé $[a, b]$

2°   F est dérivable sur l'intervalle ouvert $]a, b[$

3°   F(a) = F(b)

Nous concluons, en vertu du théorème de Rolle, qu'il y a au moins une valeur c telle que F'(c) = 0.

Déterminons la dérivée de F à partir de l'équation (1) pour ensuite déterminer la valeur c qui rendra cette dérivée nulle:

$$F'(x) = [g(b) - g(a)] f'(x) - g'(x) [f(b) - f(a)]$$

Il faut maintenant déterminer c telle que F'(c) = 0. Nous écrivons donc:

$$F'(c) = [g(b) - g(a)] f'(c) - g'(c) [f(b) - f(a)] = 0$$

Transformons un peu cette équation:

$$[g(b) - g(a)] \, f'(c) = g'(c) \, [f(b) - f(a)]$$

$$\frac{f'(c)}{g'(c)} = \frac{[f(b) - f(a)]}{[g(b) - g(a)]}$$

- b est une valeur quelconque supérieure à "a" que nous appellerons x;
- $f(a) = g(a) = 0$ car en a, f/g est de la forme 0/0;
- c est une valeur entre a et b, c'est-à-dire entre a et x.

De ces trois considérations, nous écrivons:

$$\frac{f'(c)}{g'(c)} = \frac{[f(x) - 0]}{[g(x) - 0]} = \frac{f(x)}{g(x)}$$

Nous évaluons la limite à droite des deux membres et nous obtenons:

$$\lim_{x \to a^+} \frac{f(x)}{g(x)} = \lim_{x \to a^+} \frac{f'(x)}{g'(x)}$$

Ce n'est pas exactement ce que la règle de L'Hospital dictait, mais consolons-nous en pensant que nous pouvons refaire exactement la même démonstration en considérant la fonction F sur un intervalle $[b, a]$. Les deux limites à droite et à gauche étant égales, nous déduirons la conclusion de la règle de L'Hospital.

◆ ◆

Exemple 2-7:

Calculer $\displaystyle\lim_{x \to 0} \frac{x + \cos x - e^{2x}}{\sin 5x}$

Solution:

$$\lim_{x \to 0} \frac{x + \cos x - e^{2x}}{\sin 5x} \qquad \left(\text{forme } \frac{0}{0}\right)$$

Nous pouvons directement utiliser la règle de L'Hospital, car nous avons une indétermination de la forme 0/0. Notre limite est donc:

$$\overset{H}{=} \lim_{x \to 0} \frac{1 - \sin x - 2e^{2x}}{5 \cos 5x}$$

$$= \frac{1 - 0 - 2}{5} = \frac{-1}{5}$$

◆ ◆

Exemple 2-8:

Calculer $\displaystyle\lim_{x \to \infty} \frac{\ln(1 + e^{2x})}{x}$

Solution:

$$\lim_{x \to \infty} \frac{\ln(1 + e^{2x})}{x} \qquad \left(\text{forme } \frac{\infty}{\infty}\right)$$

La règle de L'Hospital est directement utilisée encore ici à cause de l'indétermination de la forme ∞/∞ et notre limite est:

$$\overset{H}{=} \lim_{x \to \infty} \frac{2e^{2x}}{1 + e^{2x}}$$

Cette limite est encore une indétermination de la forme ∞/∞, donc nous réutilisons encore la règle de L'Hospital.

$$\overset{H}{=} \lim_{x \to \infty} \frac{4e^{2x}}{2e^{2x}}$$

Après simplification, la limite devient:

$$= \lim_{x \to \infty} \frac{4}{2} = 2$$

◆ ◆

Exemple 2-9:

Calculer $\displaystyle\lim_{x \to \infty} (e^x - x^2)$

Solution:

$$\lim_{x \to \infty} (e^x - x^2) \qquad (\text{forme } \infty - \infty)$$

Ce n'est pas la forme prescrite par la règle de L'Hospital mais effectuons une mise en évidence du facteur e^x. Notre limite devient:

$$= \lim_{x \to \infty} e^x \left(1 - \frac{x^2}{e^x}\right)$$

À l'intérieur des parenthèses, le terme écrit sous forme de fraction est de la forme ∞/∞. Étudions comment se comporte ce rapport lorsque x grandit sans borne:

$$\lim_{x \to \infty} \frac{x^2}{e^x} \overset{H}{=} \lim_{x \to \infty} \frac{2x}{e^x} \overset{H}{=} \lim_{x \to \infty} \frac{2}{e^x} = 0$$

Puisque le terme écrit sous forme de fraction entre les parenthèses s'approche de 0, nous déduisons que la limite que nous avions à calculer au départ est:

$$\lim_{x \to \infty} e^x \left(1 - \frac{x^2}{e^x}\right) = \infty (1 - 0) = \infty$$

◆◆

Exemple 2-10:

Calculer $\lim\limits_{x \to \infty} \dfrac{x^{95} + x^{90} + x^{85}}{3x^{85} - 7x^{95}}$

Solution:

Nous pouvons dériver, dériver et encore dériver jusqu'à ce que nous n'ayons plus d'indétermination de la forme ∞/∞. Si nous repensons au concept de l'infini, nous comprendrons que c'est la plus haute puissance de la variable qui "remportera la bataille".

Ainsi, au numérateur, c'est la puissance 95 qui est à considérer. Malgré que les puissances 90 et 85 entraînent des nombres excessivement grands, ceux-ci resteront énormément plus petits que la puissance 95 de x.

Aussi, au numérateur, c'est encore la puissance 95 qui est à considérer, car la puissance 85 de x restera énormément plus petite (quand x est infiniment grand!).

La limite que nous avons à évaluer égale donc tout simplement $-1/7$.

Exemple 2-11:

Calculer $\lim\limits_{x \to 0^-} (1 + \sin x)^{1/x^4}$

Solution:

$$\lim_{x \to 0^-} (1 + \sin x)^{1/x^4} \qquad \text{(forme } 1^\infty\text{)}$$

C'est une forme indéterminée.

L'exposant de "1" est effectivement ∞ en vertu de ceci:

$$\frac{1}{(0^-)^4} = \frac{1}{0^+} = \infty$$

La règle de L'Hospital est puissante, mais elle a ses caprices: pour l'utiliser, il faut absolument avoir la forme $\dfrac{\pm\infty}{\pm\infty}$ ou $\dfrac{0}{0}$.

Dans cet exemple-ci, nous n'avons pas l'une ou l'autre de ces formes et nous ne l'aurons jamais, sauf si nous "descendons d'étage" l'expression $1/x^4$.

Pour ce faire, les logarithmes nous sont très utiles, car ils nous permettent d'écrire:

$$\log_a(b^c) = c \times \log_a(b)$$

Ce qui était en exposant est alors multiplié par le logarithme.

Peut-être nous pensons-nous encore loin des quotients prescrits par la règle de L'Hospital, mais rassurons-nous avec ceci:

$$A \times B = \frac{A}{1/B}$$

Un produit peut facilement se transformer en un quotient.

Posons donc:

$$y = (1 + \sin x)^{1/x^4}$$

Calculant le logarithme dans la base e des deux membres de l'égalité, nous avons:

$$ln\, y = ln\,(1 + \sin x)^{1/x^4}$$

Le membre de droite se transforme de la façon suivante:

$$\frac{1}{x^4} \cdot ln\,(1 + \sin x)$$

c'est-à-dire:

$$\frac{ln\,(1 + \sin x)}{x^4}$$

Évaluant la limite des deux membres de l'égalité, nous écrivons:

$$\lim_{x \to 0^-} ln\, y = \lim_{x \to 0^-} \frac{ln\,(1 + \sin x)}{x^4} \qquad \left(\text{forme } \frac{0}{0}\right)$$

$$\overset{H}{=} \lim_{x \to 0^-} \frac{\dfrac{\cos x}{1 + \sin x}}{4\,x^3}$$

Il est avantageux de ramener l'expression qui a plus de deux "étages" à une autre qui n'en contient que deux. D'où:

$$\lim_{x \to 0^-} ln\, y = \lim_{x \to 0^-} \frac{\cos x}{(1 + \sin x)\, 4\, x^3}$$

Ce qui est:

$$\lim_{x \to 0^-} ln\, y = \left(\frac{1}{0^-}\right) = -\infty$$

Observons ce vers quoi tout cela nous mène:

Nous obtenons $\lim_{x \to 0^-} ln\, y = -\infty$

L'exposant qu'il faut donner à e pour obtenir y est donc $-\infty$.

Ayant posé au préalable $y = (1 + \sin x)^{1/x^4}$, nous concluons qu'à la limite l'exposant qu'il faut donner à e pour obtenir $(1 + \sin x)^{1/x^4}$ est $-\infty$.

Donc: $\lim_{x \to 0^-} ln\, (1 + \sin x)^{1/x^4} = -\infty$

Comme la fonction logarithme est continue, nous pouvons intervertir logarithme et limite*. C'est-à-dire:

$$\lim_{x \to 0^-} ln\, (1 + \sin x)^{1/x^4} = ln \lim_{x \to 0^-} (1 + \sin x)^{1/x^4}$$

d'où:

$$ln \lim_{x \to 0^-} (1 + \sin x)^{1/x^4} = -\infty$$

L'exposant qu'il faut donner à e pour obtenir:

$$\lim_{x \to 0^-} (1 + \sin x)^{1/x^4} \text{ est } -\infty;$$

donc:

$$\lim_{x \to 0^-} (1 + \sin x)^{1/x^4} = e^{-\infty} = \frac{1}{e^\infty} = \frac{1}{\infty} = 0$$

◆   ◆

---

* La preuve de cela dépasse le cadre du cours, mais sachons que nous pouvons toujours intervertir "*ln*" et "lim" à cause de la continuité de la fonction logarithme.

Exemple 2-12:

Calculer $\lim_{x \to \infty} \dfrac{e^{-x}\, [-\cos x + \sin x]}{2}$

Solution:

Nous savons que la fonction cosinus varie entre 1 et -1. Il s'ensuit que le signe opposé du cosinus variera aussi entre 1 et -1.

Ainsi:

$$-1 \le -\cos x \le 1$$

Puisque le sinus varie aussi entre -1 et 1, nous écrivons:

$$-1 \le \sin x \le 1$$

Faisons la somme membre à membre de ces deux inégalités:

$$-2 \le -\cos x + \sin x \le 2$$

Bâtissons l'expression dont nous voulons calculer la limite.

Multiplions tout d'abord les trois membres par e^{-x}:

$$-2e^{-x} \le e^{-x}\, [-\cos x + \sin x] \le 2e^{-x}$$

Divisons par 2 tous les membres, simplifions et passons à la limite.

$$\frac{-2e^{-x}}{2} \le \frac{e^{-x}\, [-\cos x + \sin x]}{2} \le \frac{2e^{-x}}{2}$$

$$-e^{-x} \le \frac{e^{-x}\, [-\cos x + \sin x]}{2} \le e^{-x}$$

$$\lim_{x \to \infty} -e^{-x} \le \lim_{x \to \infty} \frac{e^{-x}\, [-\cos x + \sin x]}{2} \le \lim_{x \to \infty} e^{-x}$$

Si x tend vers l'infini alors l'exponentielle tend vers 0. Nous écrivons donc:

$$0 \le \lim_{x \to \infty} \frac{e^{-x}\, [-\cos x + \sin x]}{2} \le 0$$

La limite est coincée entre 0 et 0, elle ne peut donc évidemment égaler autre chose que 0.
Nous concluons alors:

$$\lim_{x \to \infty} \frac{e^{-x}\, [-\cos x + \sin x]}{2} = 0$$

◆   ◆

Sans même faire tous ces calculs, nous pouvions nous douter du résultat, car nous avions la forme $0 \times$ (une valeur indéterminée *finie*).

Le sinus et le cosinus sont deux fonctions variant entre -1 et $+1$, donc leur somme ou leur différence donne évidemment un nombre réel.

Ce nombre réel borné, quel qu'il soit, multiplié par une expression qui s'approche de plus en plus de 0 donnera, à la limite, une valeur qui tend vers 0.

$\blacklozenge \quad \blacklozenge$

Exemple 2-13:

Calculer $\lim\limits_{x \to 7^+} (x-7)^{1/x-7}$

Solution:

$$\lim\limits_{x \to 7^+} (x-7)^{1/x-7} = 0^{+\infty} = 0$$

L'exposant tend vers ∞ puisque x est excessivement près de 7 tout en restant plus grand que 7.

$$\frac{1}{x-7} = \frac{1}{7^+ - 7} = \frac{1}{0^+} = \infty$$

$\blacklozenge \quad \blacklozenge$

Dans l'exercice qui vient d'être fait, il était inutile de recourir aux logarithmes pour ensuite utiliser la règle de L'Hospital, car nous n'étions pas confrontés à une forme indéterminée.

Les mathématiques sont intéressantes, mais lorsqu'il est possible de résoudre un problème rapidement, pourquoi prendre des détours inutiles ?

Voici un autre exemple où les détours sont inutiles:

Exemple 2-14:

Calculer $\lim\limits_{x \to 5^+} \left(\dfrac{1}{ln\,(x-4)} - \dfrac{(x+3)}{2} \right)$

Solution:

$$\lim\limits_{x \to 5^+} \left(\frac{1}{ln\,(x-4)} - \frac{(x+3)}{2} \right) = \infty - 4 = \infty$$

Évidemment, si nous soustrayons 4 de ∞, nous aurons encore ∞. N'oublions pas que ∞ n'est pas un nombre réel.

La solution est immédiate puisque:

$$ln\,(5^+ - 4) = ln\,(1^+) = 0^+$$

Le premier terme à l'intérieur des parenthèses tend vers ∞ car:

$$\frac{1}{ln\,1^+} = \frac{1}{0^+} = \infty$$

$\blacklozenge \quad \blacklozenge$

Si nous n'avions pas vu que la solution pouvait être aussi rapide, il aurait été possible de résoudre ce problème d'une autre façon: soit en mettant les deux fractions au même dénominateur.

$$\lim\limits_{x \to 5^+} \left(\frac{1}{ln\,(x-4)} - \frac{x+3}{2} \right) \text{ devient}$$

$$\lim\limits_{x \to 5^+} \left(\frac{2 - (x+3)\,ln\,(x-4)}{2\,ln\,(x-4)} \right)$$

En évaluant le résultat lorsque x s'approche de 5 par des valeurs supérieures, nous écrivons:

$$\left(\frac{2 - (8)\,ln\,(1^+)}{2\,ln\,(1^+)} \right) = \frac{2 - 8 \times 0^+}{2 \times 0^+} = \frac{2}{0^+} \text{ ce qui est } \infty.$$

Exemple 2-15:

Évaluer $\lim\limits_{x \to 2} x^{1/(2-x)}$

Solution:

Nous avons une limite de la forme $2^{1/0}$.

Quand nous devons calculer une expression qui contient une forme $\dfrac{\text{constante}}{0}$, il faut examiner à gauche et à droite parce qu'à priori, il n'y a aucune façon de savoir si nous obtiendrons $\dfrac{\text{constante}}{0^+}$ ou $\dfrac{\text{constante}}{0^-}$.

Calculons donc les limites à gauche et à droite.

Si $x \to 2^+$, alors $\dfrac{1}{2-x} \to -\infty$.

Par conséquent, $\lim\limits_{x \to 2^+} x^{1/(2-x)} = \left[2^{-\infty}\right] = 0$

Si $x \to 2^-$, alors $\dfrac{1}{2-x} \to \infty$.

Par conséquent, $\lim\limits_{x \to 2^-} x^{1/(2-x)} = \left[2^{\infty}\right] = \infty$

Puisque $\lim\limits_{x \to 2^+} x^{1/(2-x)} \neq \lim\limits_{x \to 2^-} x^{1/(2-x)}$,

il s'ensuit que $\lim\limits_{x \to 2} x^{1/(2-x)}$ n'existe pas.

◆◆

Le but de quelques-uns de ces exemples n'était pas de montrer que la règle de L'Hospital ne sert pas vraiment souvent, mais plutôt qu'il faut examiner un problème avant de le résoudre. Bien souvent, en réfléchissant un peu, nous pouvons exposer des solutions toutes simples et courtes!

CONSIDÉRATIONS FINALES:

L'algèbre nous permet d'écrire:

$$A \times B = \frac{A}{1/B}$$

$$\text{et } A \times B = \frac{B}{1/A}$$

Utilisons ces égalités pour voir comment certaines formes indéterminées peuvent être transformées.

La forme indéterminée $0 \times \infty$ peut être transformée de la façon suivante:

$$(1) \quad 0 \times \infty = \frac{0}{1/\infty} = \frac{0}{0}$$

ou

$$(2) \quad 0 \times \infty = \frac{\infty}{1/0} = \frac{\infty}{\infty}$$

Dans les deux cas, la règle de L'Hospital peut être utilisée.

La forme indéterminée $\infty - \infty$ peut être transformée ainsi:

$$(3) \quad \infty - \infty = \infty\left[1 - 1\right] = \infty \times 0$$

Ce produit peut être ensuite retransformé à la forme prescrite par la règle de L'Hospital en utilisant (1) ou (2).

Signalons que cette façon de voir les choses est bien pratique mais pas mathématiquement rigoureuse... Le 0 permet de concevoir l'infiniment grand et l'infiniment petit.

EXERCICES – CHAPITRE 2

Niveau 1

section 2.1

2-1 Déterminer la valeur «*c*» prévue par le théorème de Rolle pour les fonctions suivantes sur l'intervalle mentionné:

a) $f(x) = 3x^2 - 3$ $\qquad$ $x \in [-1, 1]$

b) $f(x) = 2x^2 + 2x - 12$ $\qquad$ $x \in [-3, 2]$

c) $f(x) = x^3 - x^2 - 5x + 3$ $\qquad$ $x \in [-1, 3]$

d) $f(x) = \sqrt{x\,(2-x)}$ $\qquad$ $x \in [0, 2]$

e) $f(x) = \sqrt{4 + 2x - x^2}$ $\qquad$ $x \in [-1, 3]$

2-2 Déterminer les valeurs «*c*» prévues par le théorème de Rolle pour les fonctions données sur l'intervalle mentionné:

a) $f(x) = \sin x$ $\qquad$ $x \in [0, 2\pi]$

b) $f(x) = \sec x$ $\qquad$ $x \in [-\pi/4, \pi/4]$

c) $f(x) = \sin x - x \cos x$ $\qquad$ $x \in [\pi/2, 5\pi/2]$

d) $f(x) = \sin(2x + \pi/6)$ $\qquad$ $x \in [\pi/12, \pi/4]$

2-3 Déterminer, s'il y a lieu, parmi les valeurs indiquées sur chaque figure, celles qui seraient plausibles pour être une valeur «*c*» prévue par le théorème de Rolle pour $f(x)$ sur $[a, b]$.

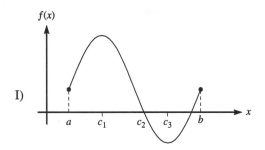

I)

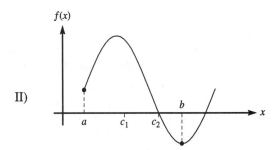

II)

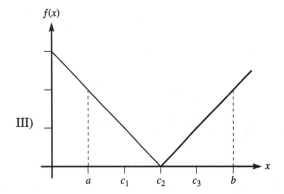

III)

2-4 Se référer aux figures 2-4 et 2-5 aux pages 14 et 15 et ne considérer que les valeurs indiquées sur chacune de celles-ci pour écrire tous les intervalles sur lesquels le théorème de Rolle s'applique.

section 2.2

2-5 Déterminer la valeur «*c*» prévue par le théorème de Lagrange pour les fonctions données sur l'intervalle mentionné:

a) $f(x) = x^2$ $\qquad$ $x \in [-1, 5]$

b) $f(x) = x^2 - 3x - 4$ $\qquad$ $x \in [-1, 8]$

c) $f(x) = 2x^2 - 8x + 3$ $\qquad$ $x \in [0, 1]$

d) $f(x) = \sqrt{x - 2}$ $\qquad$ $x \in [3, 6]$

2-6 Trouver, si elle existe, la valeur «*c*» prévue par le théorème de Lagrange pour les fonctions suivantes sur l'intervalle mentionné:

a) $f(x) = \ln x$ $\qquad$ $x \in [2, e]$

b) $f(x) = \operatorname{tg} x$ $\qquad$ $x \in [0, \pi/4]$

c) $f(x) = e^{x/10}$ $\qquad$ $x \in [0, 10]$

d) $f(x) = \cos(x + \pi/2)$ $\qquad$ $x \in [-5\pi/6, -\pi/6]$

2-7 Déterminer, s'il y a lieu, parmi les valeurs indiquées sur chaque figure de l'exercice 2-3, celles qui seraient plausibles pour être une valeur «c» prévue par le théorème de Lagrange pour $f(x)$ sur $[a, b]$.

2-8 Déterminer si possible, parmi les valeurs indiquées sur chaque figure ci-dessous, lesquelles seraient plausibles pour être une valeur «c» prévue par le théorème de Lagrange sur l'intervalle $[a, b]$:

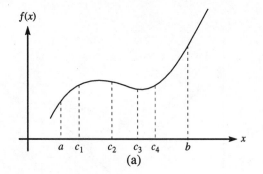

(a)

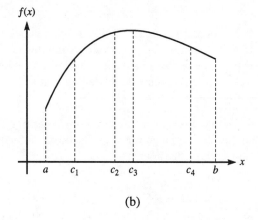

(b)

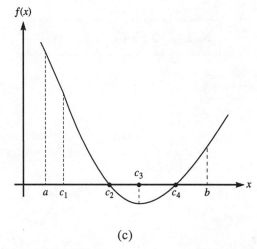

(c)

2-9 Se référant à la figure 2-9 de la page 16, écrire pourquoi le théorème de Lagrange ne s'applique pas sur l'intervalle $[a, b]$.

2-10 Dire pourquoi le théorème de Lagrange ne s'applique pas sur le domaine des Réels pour la fonction $f(x) = x^{2/3}$.

2-11 Est-il possible que, sur $[a, b]$, le théorème de Rolle s'applique alors que le théorème de Lagrange ne s'applique pas? Pourquoi?

2-12 Est-il possible que, sur $[a, b]$, le théorème de Lagrange s'applique alors que le théorème de Rolle ne s'applique pas? Pourquoi? Dessiner une fonction f qui explique la réponse.

2-13 Est-il possible que, sur $[a, b]$, le théorème de Lagrange ne s'applique pas et que le théorème de Rolle ne s'applique pas non plus? Pourquoi? Dessiner une fonction f qui explique la réponse.

2-14 Est-il possible que, sur $[a, b]$, le théorème de Lagrange et le théorème de Rolle s'appliquent en même temps? Pourquoi? Dessiner une fonction f qui explique la réponse.

2-15 Comment peut-on interpréter le théorème de Lagrange dans le cas d'une fonction f qui donne le déplacement continu d'un objet entre les temps $t = a$ et $t = b$?

2-16 Un oiseau vole à une altitude $(6t^2 - t^3)$ mètres après t secondes.

  a) Déterminer son altitude après 2 secondes.

  b) Déterminer son altitude après 6 secondes.

  c) Déterminer le taux de variation de son altitude sur l'intervalle de temps $[t_1, t_2]$.

  d) À quel moment le taux de variation de son altitude sera-t-il égal au taux de variation moyen sur l'intervalle de temps allant de $t = 2s$ à $t = 6s$?

  e) Existe-t-il un intervalle de temps $[t_1, t_2]$ où il ne serait pas possible de répondre à la sous-question d)?

section 2.4

2-17 Dire en quelques mots ce que signifie:

  a) $\lim\limits_{x \to 0^+} \dfrac{1}{x} = \infty$

  b) $\lim\limits_{t \to \infty} e^{-t} = 0$

  c) $\lim\limits_{s \to \infty} (\sin s)$ n'existe pas

2-18 Après un bref coup d'oeil, écrire la valeur des limites suivantes et dire pourquoi il doit en être ainsi:

  a) $\lim\limits_{n \to \infty} \left(\dfrac{2}{3}\right)^{n-2}$

  b) $\lim\limits_{n \to \infty} \dfrac{\pi}{n^{\pi}}$

  c) $\lim\limits_{n \to \infty} \dfrac{n^2}{n^3 + 500}$

  d) $\lim\limits_{n \to \infty} \dfrac{3n^4 + n^3}{4n^3}$

  e) $\lim\limits_{x \to \infty} \dfrac{3x^{15} + x^7 + 4x^{28}}{x(3x^{27} - 7)}$

  f) $\lim\limits_{n \to \infty} \dfrac{(\sin n)^2}{n}$

  g) $\lim\limits_{x \to \infty} \dfrac{1 + \sin x}{x}$

  h) $\lim\limits_{x \to e^+} \left(\dfrac{1}{x - e} - \dfrac{1}{1 - \ln x}\right)$

  i) $\lim\limits_{x \to 2^+} \left[\dfrac{x^2 + 2x}{x^2 - 4} - \dfrac{x - 1}{x + 3}\right]$

  j) $\lim\limits_{n \to \infty} \dfrac{(-1)^n}{n + 1}$

  k) $\lim\limits_{n \to \infty} \dfrac{2 + (-1)^n}{\sqrt{n}}$

2-19 Évaluer mentalement les limites suivantes et en expliquer brièvement le résultat:

  a) $\lim\limits_{x \to \infty} e^{3x^2}$

  b) $\lim\limits_{x \to 0} (1 - e^{-x})^{e^x}$

  c) $\lim\limits_{n \to \infty} \left[3 - \dfrac{2}{n}\right]$

  d) $\lim\limits_{x \to \infty} (\ln x + x)$

  e) $\lim\limits_{x \to \infty} \dfrac{e^x - e^2}{2}$

  f) $\lim\limits_{x \to 0^+} \dfrac{\ln x}{x}$

  g) $\lim\limits_{x \to \pi^-} \dfrac{x}{\sin x}$

  h) $\lim\limits_{x \to \pi^+} \dfrac{x}{\sin x}$

i) $\lim\limits_{x \to 0^+} \left[\dfrac{1}{x} + \dfrac{1}{\sin x} \right]$

j) $\lim\limits_{x \to 5^+} (x-3)^{1/(5-x)}$

k) $\lim\limits_{x \to 5^-} (x-3)^{1/(5-x)}$

l) $\lim\limits_{x \to \pi/2^+} (3 \sin x)^{\operatorname{tg} x}$

m) $\lim\limits_{x \to 0^+} (x\, e^{-1/x})$

n) $\lim\limits_{x \to \infty} (x\, e^{-1/x})$

o) $\lim\limits_{x \to \pi} \left[\dfrac{\cos x}{(x-\pi)^2} + x \right]$

p) $\lim\limits_{x \to 0^+} (\ln x - \cot g\, x)$

2-20 Calculer les limites suivantes en contournant les indéterminations de la forme $\dfrac{0}{0}$ ou $\dfrac{\pm\infty}{\pm\infty}$:

a) $\lim\limits_{x \to 7^+} \dfrac{x^2 - 49}{x - 7}$

b) $\lim\limits_{x \to 5^-} \dfrac{x^2 - 6x + 5}{x^2 - 4x - 5}$

c) $\lim\limits_{x \to e} \dfrac{\ln x - 1}{x - e}$

d) $\lim\limits_{x \to -2} \dfrac{x^3 + 8}{x^5 + 32}$

e) $\lim\limits_{x \to \pi/2^-} \dfrac{x - \pi/2}{\cos x}$

f) $\lim\limits_{n \to \infty} \dfrac{3n + e^n}{n}$

g) $\lim\limits_{x \to \infty} \dfrac{-x^3 + x + 6}{2x^3 - 1}$

h) $\lim\limits_{n \to \infty} \dfrac{n^2}{e^n}$

i) $\lim\limits_{x \to \infty} \dfrac{\ln(1 + e^{2x})}{x}$

j) $\lim\limits_{x \to \infty} \dfrac{\ln(x + e^x)}{5x}$

k) $\lim\limits_{x \to \pi^+} \left(\dfrac{\sin x}{\sqrt{x - \pi}} \right)$

l) $\lim\limits_{x \to \infty} \dfrac{x^{75} + x^{74} + x^{73}}{2x^{76} - x^{73}}$

m) $\lim\limits_{x \to \infty} \dfrac{x^{203}}{e^x}$

2-21 Après avoir vérifié que les formes $\dfrac{0}{0}$ ou $\dfrac{\pm\infty}{\pm\infty}$ sont présentes, utiliser directement la règle de L'Hospital pour calculer les limites suivantes:

a) $\lim\limits_{x \to 0} \dfrac{x + 2 - \sin x - 2e^{2x}}{\sin 2x}$

b) $\lim\limits_{x \to 0} \dfrac{e^x - 1}{\operatorname{tg} 2x}$

c) $\lim\limits_{x \to 0} \dfrac{\operatorname{tg} 2x}{\operatorname{tg} x}$

d) $\lim\limits_{x \to \pi/2} \dfrac{(x - \pi/2)\, e^x + \cos x}{\sin(x + \pi/2)}$

e) $\lim\limits_{x \to 1} \dfrac{e^{x-1} - e^{3x^2 + 2x - 5}}{\sin(x-1) \times \sin(x+3)}$

f) $\lim\limits_{x \to \pi/2^-} \dfrac{\ln \cos x}{\ln \cot g\, x}$

g) $\lim\limits_{x \to 0} \dfrac{\cot g\, x}{\cot g\, 2x}$

h) $\lim\limits_{x \to 2^+} \dfrac{e^{1/(x-2)}}{\ln(x-2)}$

i) $\lim\limits_{x \to \infty} \dfrac{\log (1 + e^{2x})}{x}$

j) $\lim\limits_{x \to 0^+} \dfrac{ln \sin x}{ln (e^x - 1)}$

k) $\lim\limits_{x \to 0} \dfrac{x e^x - x}{\sin^2 x}$

l) $\lim\limits_{x \to 3^+} \dfrac{\cosec (3 - x)}{ln (x - 3)}$

2-22 Sans utiliser la règle de L'Hospital, contourner les indéterminations de la forme $\infty - \infty$ ou $\pm \infty \times 0$:

a) $\lim\limits_{x \to \pi/2} (tg\, x\ \cos x)$

b) $\lim\limits_{x \to 2^-} \left(\dfrac{1}{x - 2} - \dfrac{4}{x^2 - 4} \right)$

c) $\lim\limits_{x \to 5^-} \left[\dfrac{5}{25 - x^2} - \dfrac{5x}{5 - x} \right]$

d) $\lim\limits_{n \to \infty} \left[\sqrt{n + 1} - \sqrt{n} \right]$

e) $\lim\limits_{x \to -\infty} (\sqrt{4 - x} - \sqrt{2 - x})$

f) $\lim\limits_{x \to \infty} \left[\sqrt{x} - \sqrt{2x + 3} \right]$

2-23 Transformer les indéterminations de la forme $\infty - \infty$ ou $\pm \infty \times 0$ pour ensuite utiliser la règle de L'Hospital:

a) $\lim\limits_{x \to -\infty} (x\, e^x)$

b) $\lim\limits_{x \to -\infty} (x^2\, e^x)$

c) $\lim\limits_{x \to -\infty} (2^x \times x^2)$

d) $\lim\limits_{x \to 0^+} (x \cdot ln\, x)$

e) $\lim\limits_{x \to 1^+} [(x - 1)\, ln\, (x - 1)]$

f) $\lim\limits_{x \to \infty} (x\ tg\, (7/x))$

g) $\lim\limits_{x \to \infty} \left[3x\, ln \left(1 + \dfrac{5}{x} \right) \right]$

h) $\lim\limits_{x \to \infty} \left[x \cdot tg \left(\dfrac{3}{x} \right) \right]$

i) $\lim\limits_{x \to 0^+} (x^3\, e^{1/x})$ (indice: poser $r = 1/x$)

j) $\lim\limits_{x \to \infty} (ln\, x - x)$

k) $\lim\limits_{x \to \infty} \left(e^x - x^2 \right)$

l) $\lim\limits_{x \to 0^+} \left[\dfrac{1}{x} - \dfrac{1}{\sin x} \right]$

m) $\lim\limits_{x \to 0} \left(\dfrac{1}{x} - \dfrac{1}{e^x - 1} \right)$

n) $\lim\limits_{x \to e^+} \left[\dfrac{1}{x - e} - \dfrac{1}{ln\, x - 1} \right]$

o) $\lim\limits_{x \to \pi/2} (tg\, x - \sec x)$

p) $\lim\limits_{x \to 1} \left(\dfrac{1}{ln\, x} + \dfrac{x}{1 - x} \right)$

2-24 Après avoir transformé les indéterminations de la forme 0^0, ∞^0 ou 1^∞, utiliser la règle de L'Hospital pour calculer les limites suivantes:

a) $\lim\limits_{x \to 1^+} x^{1/(x - 1)}$

b) $\lim\limits_{x \to \infty} x^{1/(2 - x)}$

c) $\lim\limits_{x \to \infty} (1 + 7x)^{3/x}$

d) $\lim\limits_{x \to 0^+} x^x$

e) $\displaystyle \lim_{x \to 0^+} \ (0,5)^{4-x^x}$

f) $\displaystyle \lim_{x \to \infty} \ \left(x^2\right)^{1/(2x)}$

g) $\displaystyle \lim_{x \to \infty} \ (ln \ x)^{1/x}$

h) $\displaystyle \lim_{x \to 0^+} \ (tg \ x)^x$

i) $\displaystyle \lim_{x \to \pi} \ (-\cos x)^{\cotg x}$

j) $\displaystyle \lim_{x \to \infty} \ \left(1 + \frac{1}{x}\right)^x$

k) $\displaystyle \lim_{x \to \infty} \ \left(\frac{\sin (2/x)}{(1/x)}\right)^x$ (indice: poser $r = 1/x$)

l) $\displaystyle \lim_{x \to 0} \ (2\sin x + \cos x)^{\cotg 3x}$

2-25   Calculer les limites suivantes où toutes les formes, indéterminées ou non, sont mélangées:

a) $\displaystyle \lim_{\Delta x \to 0} \ \frac{\sin \Delta x}{\Delta x}$

b) $\displaystyle \lim_{x \to 1} \ \frac{x-1}{ln \ x}$

c) $\displaystyle \lim_{x \to 0} \ \frac{\cos x - 1}{x^2}$

d) $\displaystyle \lim_{x \to 0} \ \frac{\sqrt{x^2-1}}{x^3+x}$

e) $\displaystyle \lim_{n \to \infty} \ \frac{ln \ n}{n+123}$

f) $\displaystyle \lim_{x \to e} \ \frac{ln(x^2)-2}{x^2-e^2}$

g) $\displaystyle \lim_{x \to 0^+} \ \left(\sqrt{x} \ ln \ x\right)$

h) $\displaystyle \lim_{x \to \pi/2} \ \left[(x - \pi/2) \ tg \ (3x)\right]$

i) $\displaystyle \lim_{x \to 0} \ \frac{e^x + e^{-x} - 2}{\sin(2x)}$

j) $\displaystyle \lim_{n \to \infty} \ \left(\frac{n^2+2}{n-1}\right)^n$

k) $\displaystyle \lim_{x \to \infty} \ \frac{\sqrt{2+x^2}}{x}$

l) $\displaystyle \lim_{x \to 3} \ \frac{\sqrt{4-x} - \sqrt{x-2}}{(x-3)}$

m) $\displaystyle \lim_{x \to \infty} \ \left[\sqrt{x} - \sqrt{x-3}\right]$

n) $\displaystyle \lim_{x \to 0} \ \frac{\sqrt{1+x} - \sqrt{1-x}}{x}$

o) $\displaystyle \lim_{x \to \infty} \ \frac{\sqrt{x-1}}{\sqrt{x} - \sqrt{x+1}}$

p) $\displaystyle \lim_{x \to 0} \ \left[\frac{1}{x} + \frac{1}{\sin x}\right]$

q) $\displaystyle \lim_{x \to 1} \ \left[\frac{x}{x+1} - \frac{1}{ln \ x}\right]$

r) $\displaystyle \lim_{x \to 0^+} \ \left(\frac{2}{x^2} - \frac{1}{\sin x}\right)$

s) $\displaystyle \lim_{x \to 0} \ (1+5x)^{3/x}$

t) $\displaystyle \lim_{x \to \infty} \ (1+5x)^{3/x}$

u) $\displaystyle \lim_{x \to 0} \ (x+e^x)^{2/x}$

v) $\displaystyle \lim_{x \to 0} \ (x \ \cosec 2x)$

w) $\lim\limits_{x \to c} \dfrac{(x-c)}{(x^3 - c^3)}$

x) $\lim\limits_{x \to \infty} e^x(\cos x + \sin x)$

y) $\lim\limits_{x \to 0} \dfrac{x - \operatorname{tg} 2x}{1 - \cos x}$

z) $\lim\limits_{x \to 0} \dfrac{\sin x - x}{x - \operatorname{tg} x}$

2-26 Calculer $\lim\limits_{x \to \infty} (ln\, x - e^x)$. Le résultat est-il surprenant?

2-27 Montrer que, pour n entier positif,

a) si $-1 < r < 1$, alors $\lim\limits_{n \to \infty} (1 - r^n) = 1$;

b) si $r > 1$, alors $\lim\limits_{n \to \infty} (1 - r^n) = -\infty$;

c) si $r < -1$, alors $\lim\limits_{n \to \infty} (1 - r^n)$ oscille entre $+\infty$

et $-\infty$ selon que n est respectivement impair et pair.

2-28 La vitesse d'un corps en chute libre est:

$$v = \frac{32}{k}(1 - e^{-kt})$$

où t est le temps et k est une constante proportionnelle à la résistance de l'air.

Déterminer la vitesse d'un corps en chute libre dans le vide, c'est-à-dire dans un milieu où k tend vers 0.

2-29 Lorsqu'un objet tombe en chute libre dans un milieu offrant une résistance proportionnelle à k, la distance s parcourue en tout temps t est donnée par la relation:

$$s = \frac{32}{k^2}[kt + e^{-kt} - 1].$$

Déterminer la distance s qui sera parcourue si le corps tombe en chute libre dans le vide, c'est-à-dire dans un milieu où k tend vers 0.

2-30 La vitesse d'un corps est donnée par l'expression:

$$v = \frac{-9,8}{k} + \frac{9,8 + 300\,k}{k}\,e^{-kt}$$

où k est une constante qui dépend du milieu où ce corps se déplace.

Déterminer la vitesse du corps lorsque k est infiniment près de 0. (indice: additionner les fractions)

Niveau 2

2-31 Trouver la valeur «c» prévue par le théorème de Lagrange pour la fonction $f(x) = \cos^2 x - \sin^2 x$ sur l'intervalle $[\pi/4, \pi/2]$.

2-32 Étant donné la parabole d'équation $y = x^2 + x + 1$ sur l'intervalle $\begin{bmatrix} x_1, x_2 \end{bmatrix}$, trouver la valeur «$c$» prévue par le théorème de Lagrange.

2-33 Déterminer les valeurs possibles «s» de l'intervalle mentionné si, pour la fonction donnée, «c» est une valeur prévue par le théorème de Lagrange sur cet intervalle:

a) $f(x) = x^2 + x$ $\qquad x \in [s, 4]$ $\quad c = 2$

b) $f(x) = x^2 + x$ $\qquad x \in [4, s]$ $\quad c = 5$

c) $f(x) = \cos x$ $\qquad x \in [0, s]$ $\quad c = \pi$

d) $f(x) = \cos x$ $\qquad x \in [s, \pi/2]$ $\quad c = 0$

2-34 Aux sous-questions c) et d) de l'exercice précédent, les valeurs qui ont été trouvées pour «s» auraient-elles été les mêmes si nous avions considéré le théorème de Rolle ?

2-35 Sachant que $\forall x \in [-\pi/3\,;\,\pi/3]$, l'inégalité $(\sec x + \operatorname{tg} x) > 0$ est vérifiée, déterminer la valeur «c» prévue par le théorème de Lagrange pour la fonction $f(x) = ln\,(\sec x + \operatorname{tg} x)$ sur $[-\pi/3\,,\,\pi/3]$.

2-36 En utilisant la fonction $f(x) = \operatorname{arctg} x$, montrer à l'aide du théorème de Lagrange:

$$x > \operatorname{arctg} x > \frac{x}{1 + x^2} \qquad \forall x > 0.$$

2-37 Montrer l'inégalité suivante à l'aide du théorème de Lagrange :

$$2x + 1 < e^{2x}, \quad \forall x > 0.$$

2-38 Montrer l'inégalité suivante à l'aide du théorème de Lagrange (indice: utiliser le fait que $-1 < \cos x < 1$):

$$x > \sin x, \quad \forall x > 0.$$

2-39 Montrer à l'aide du théorème de Lagrange que pour une valeur h supérieure à 0, l'inégalité suivante est vérifiée:

$$h > ln\,(1 + h) > \frac{h}{1 + h}.$$

2-40 Calculer:

a) $\lim\limits_{x \to 2} \left(\dfrac{1}{x - 2} - \dfrac{1}{e^{(x-2)} - 1} \right)$ (poser $r = x - 2$)

b) $\lim\limits_{x \to 2} \left(\dfrac{x^2 + 2x}{x^2 - 4} - \dfrac{3x^2 + 8x - 18}{(x - 2)(x + 3)} \right)$

c) $\lim\limits_{x \to 0} \; (\sec^3 2x)^{\cotg^2 2x}$

d) $\lim\limits_{x \to \pi/4} \dfrac{\sec^2 x - 2\,\tg\,x}{1 + \cos 4x}$

e) $\lim\limits_{x \to 0} \dfrac{x^2 \times \cos\,(x^2/2)}{\sin^2\,(x/2)}$

f) $\lim\limits_{x \to 0} \left(\dfrac{4}{x^2} - \dfrac{2}{1 - \cos\,x} \right)$

g) $\lim\limits_{x \to \infty} \left[e^x - x^e \right]$

h) $\lim\limits_{x \to \infty} \dfrac{ln^{1000}\,x}{x^5}$

i) $\lim\limits_{n \to \infty} \dfrac{\cos n + n}{\sin n + n}$

j) $\lim\limits_{x \to -\infty} \dfrac{x}{\sqrt{3x^2 + 1}}$

k) $\lim\limits_{n \to \infty} \dfrac{(-n)^n}{n^2}$

l) $\lim\limits_{n \to \infty} \dfrac{n^2}{(-n)^n}$

m) $\lim\limits_{k \to \infty} \left(1 + \dfrac{i}{k} \right)^k - 1$

[note: le calcul de cette limite donne le taux effectif relié à un intérêt annuel i composé continuellement]

n) $M_0 \lim\limits_{k \to \infty} \left(1 + \dfrac{r}{k} \right)^{nk}$

[note: le calcul de cette limite représente le montant disponible après n années lorsqu'un montant M_0 est déposé dans compte bancaire dont l'intérêt annuel i est composé k fois par année]

2-41 Dans un milieu offrant une résistance au mouvement, un objet est lancé vers le haut avec une vitesse initiale de 300 m/s. Si à tout instant t, sa hauteur h est donnée par l'expression:

$$h = \frac{-9{,}8}{k}\,t + \frac{9{,}8 + 300\,k}{k^2}\,(1 - e^{-kt})$$

déterminer l'expression qui donnerait h dans le vide, c'est-à-dire dans un milieu où il n'y a pratiquement pas de résistance ($k \to 0$).

2-42 Calculer $\lim\limits_{x \to \infty} \left(ln\,(x + 1) - ln\,x \right)$ sans utiliser une seule fois la règle de L'Hospital.

2-43 En utilisant le fait que $\lim\limits_{x \to \infty} \left(1 + \dfrac{1}{x} \right)^x = e$, transformer chacune des limites suivantes pour connaître rapidement le résultat de:

a) $\lim\limits_{x \to \infty} \left(1 + \dfrac{2}{x} \right)^{x/2}$ \qquad b) $\lim\limits_{x \to 0} \; (1 + x)^{1/x}$

2-44 Soit une fonction f' qui demeure toujours entre les valeurs -1 et $+1$. Montrer que l'inégalité suivante est vérifiée:

$$| f(x) - f(a) | < |x - a| \ .$$

2-45 Montrer que si:

$$f(1) = 0$$
$$f'(x) = 1/x \ \text{et,}$$

f est dérivable sur le domaine des entiers positifs, alors $0,5 < f(2) < 1,0$.

2-46 Soit $f'(x) = \dfrac{1}{1 + x^2} \ \forall \, x \in \mathbb{R}$.

De plus, $f(0) = 0$.

a) Démontrer à l'aide du théorème de Lagrange que la valeur de $f(2)$ est strictement comprise entre 0,4 et 2,0.

b) Quel meilleur encadrement pourrions-nous certifier si nous savions de plus que $f(1) = \pi/4$?

2-47 Étant donné la parabole d'équation:

$$y = Ax^2 + Bx + C,$$

trouver, en fonction de A, B et C, la valeur «c» prévue par le théorème de Lagrange pour cette fonction sur l'intervalle $[a, b]$.

2-48 Calculer les limites suivantes:

[note: bien que certaines des limites contenant des factorielles soient faciles à évaluer, elles sont placées au niveau 3 car la notion de factorielle ne sera utilisée qu'aux chapitres 14 et 15]

a) $\lim\limits_{n \to \infty} \dfrac{n^n}{n!}$

b) $\lim\limits_{n \to \infty} \dfrac{(-n)^n}{n!}$

c) $\lim\limits_{n \to \infty} \dfrac{n!}{(-n)^n}$

d) $\lim\limits_{n \to \infty} \dfrac{2^n}{n!}$

e) $\lim\limits_{n \to \infty} \dfrac{\sin n}{n!}$

f) $\lim\limits_{n \to \infty} \dfrac{\ln n}{n!}$

g) $\lim\limits_{x \to 0} \left[\csc^2 x - \dfrac{1}{x^2} \right]$

h) $\lim\limits_{x \to 1^+} \dfrac{\sqrt{x^2 - 1} + \sqrt{x} - 1}{\sqrt{x - 1}}$

2-49 Soit les deux droites d'équation:

$$2x + y = 3$$
$$2c^2x + (1 - c)y = 3.$$

Calculer en fonction de «c» le point d'intersection des deux droites.

Trouver ensuite la position limite de ce point lorsque «c» s'approche de 1.

3

APPROXIMATION À L'AIDE
DE LA DIFFÉRENTIELLE

Depuis que nous étudions les dérivées, nous voyons des expressions comme dy/dx, dx/dt, etc., qui sont des taux de variation d'une variable par rapport à une autre. Considérons maintenant non pas le taux de variation d'une variable par rapport à une autre, mais plutôt la variation d'une variable que nous appellerons différentielle.

Définition:

La variation d'une fonction f sur un intervalle infiniment petit s'appelle la différentielle de cette fonction et elle est notée df. Si f est une fonction de la variable x, nous écrivons:

$$df(x) = f'(x) \cdot dx$$

Cette relation s'obtient en multipliant les deux membres de l'égalité:

$$\frac{df}{dx}(x) = f'(x)$$

par l'élément différentiel dx.

df est une variation de la fonction f et dx est une variation de la variable indépendante x.

Exemple 3-1:

Si $f(x) = \sin\left(\dfrac{3x}{7}\right)$

alors $df(x) = f'(x) \cdot dx$

$$df(x) = \cos\left(\frac{3x}{7}\right) \cdot \frac{3}{7} \cdot dx$$

◆◆

Exemple 3-2:

si $y = e^x \cdot x$

alors $dy = y' \, dx$

$$= (e^x x + e^x)\, dx$$

◆◆

À quoi peut bien servir la différentielle ?

Elle sert à étendre nos notions de la dérivée à des concepts classiques comme le calcul différentiel et le calcul intégral. La différentielle sert entre autres à faire l'approximation de fonctions.

3.1 APPROXIMATION À L'AIDE DE LA DIFFÉ-RENTIELLE

Supposons que nous aimerions connaître la valeur de $\cos 31°$ ou la valeur de $ln\, 0{,}975$. La différentielle, quoiqu'elle ne puisse pas nous donner la réponse exacte, peut nous fournir une très bonne approximation. Avant de trouver réponse à ces questions, passons d'abord à la théorie.

Nous voyons sur la figure 3-1, que Δf est la variation entre $f(x)$ et $f(x + \Delta x)$. Si nous connaissons la fonction f, alors nous pouvons la dériver et ainsi trouver $f'(x)$.

Regardons la tangente à f en x tracée sur la figure 3-1:

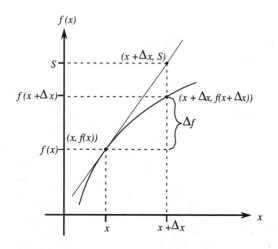

Figure 3-1

Les points $(x, f(x))$ et $((x + \Delta x), S)$ sont sur la tangente tracée en $(x, f(x))$, donc la pente entre ceux-ci est égale à $f'(x)$.

Nous savons que:

Pente d'une droite $= \dfrac{\text{variation des ordonnées}}{\text{variation des abscisses}}$

donc:

$$f'(x) = \frac{S - f(x)}{(x + \Delta x) - x} = \frac{S - f(x)}{\Delta x} \qquad (1)$$

Lorsque Δx est excessivement petit, le point $((x + \Delta x), S)$ sur la tangente se rapproche énormément du point $(x + \Delta x, f(x + \Delta x))$ sur la courbe.

Il est donc facile de comprendre que si nous réussissons à trouver une expression pour S, nous aurons par le fait même une très bonne approximation de $f(x + \Delta x)$.

En multipliant par l'élément Δx des deux côtés de l'égalité (1), nous avons:

$$f'(x) \, \Delta x = S - f(x)$$

Et nous découvrons alors le "S" que nous cherchions:

$$S = f'(x) \cdot \Delta x + f(x) \qquad (2)$$

Lorsque Δx est très très très petit, voire infiniment petit, nous l'appelons dx.

Nous avons donc, en remplaçant Δx par dx dans l'équation (2):

$$S = f'(x) \cdot dx + f(x)$$

La figure 3-1 nous montre que $f(x + dx)$ n'est *pas égal* à S, mais il en est très proche.

Nous pouvons donc affirmer, sans l'ombre d'un doute, que $f'(x)dx + f(x)$ est une excellente approximation de $f(x + dx)$. Écrivons alors l'équation d'approximation suivante:

$$\boxed{f(x + dx) \approx f'(x) \, dx + f(x)} \qquad (3)$$

Il faut retenir ce résultat important, car il nous permet de calculer une valeur approchée de diverses valeurs que nous ne connaissons pas immédiatement.

Dans l'équation (3):

• x est l'abscisse dont nous **connaissons l'image** par la fonction f;

• $x + dx$ est l'abscisse dont nous **cherchons une approximation** par la fonction f.

Si nous cherchons à trouver une approximation de ln 1,02, nous sommes confrontés à la fonction $f = ln$.

Nous choisissons $x = 1$, car nous connaissons l'image de 1 par la fonction ln, c'est ln $1 = 0$. Il s'agit en fait de trouver une abscisse voisine de 1,02, dont nous connaissons l'image par f.

Nous écrivons aussi $(x + dx) = 1,02$ puisque nous ne connaissons pas l'image de 1,02 par la fonction ln. Nous ne connaissons pas la valeur de ln 1,02.

Si nous cherchons une approximation de $\sqrt{63,86}$, nous sommes confrontés à la fonction radical. Connaissant la valeur de $\sqrt{64}$ nous posons $x = 64$.

Ne connaissant pas l'image de 63,86 par la fonction radical, nous posons $(x + dx) = 63,86$.

Dans le premier cas, $dx = +0,02$ et dans le second cas, $dx = -0,14$.

Nous notons que $(x + dx)$ n'est pas nécessairement une valeur plus grande que la valeur de x. Par conséquent, si $(x + dx)$ est plus petit que x, alors dx est négatif.

Exemple 3-3:

Écrire une approximation de cos $(19\,\pi/60)$ à l'aide de la différentielle.

Solution:

La première chose à faire ressortir est la fonction à laquelle nous sommes confrontés. C'est la fonction cosinus. Posons donc:

$$f(x) = \cos(x).$$

Nous voulons une approximation de cos $(19\pi/60)$. Il faut donc trouver une abscisse voisine de $19\pi/60$ dont nous connaissons l'image par f.

$19\pi/60$ est près de $20\pi/60$, c'est-à-dire près de $\pi/3$. Puisque nous connaissons l'image de $\pi/3$ par la fonction f, écrivons $x = \pi/3$.

Puisque nous ne connaissons pas l'image de $19\,\pi/60$ par la fonction f, écrivons $(x + dx) = 19\pi/60$.

Considérons la fonction $f(x) = \cos x$ et intéressons-nous à l'intervalle $\left[\dfrac{19\,\pi}{60}, \dfrac{\pi}{3}\right]$.

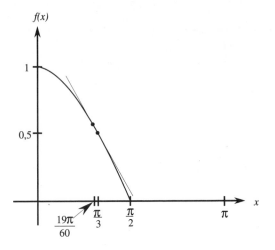

Figure 3-2

Pour utiliser l'égalité (3), nous devons d'abord déterminer f, f', x, $(x + dx)$ et dx.

$$f(x) = \cos(x)$$
$$f'(x) = -\sin(x)$$
$$x = \pi/3$$
$$(x + dx) = 19\,\pi/60$$

donc $dx = 19\,\pi/60 - \pi/3 = -\pi/60$.

Nous avons maintenant tous les éléments pour nous servir de la formule d'approximation.

Ainsi, $f(x + dx) \approx f'(x)\, dx + f(x)$ devient:

$$\cos(19\pi/60) \approx -\sin(\pi/3)\,(-\pi/60) + \cos(\pi/3)$$

$$\cos(19\pi/60) \approx -\frac{\sqrt{3}}{2}\left(-\frac{\pi}{60}\right) + \frac{1}{2}$$

$$\cos(19\pi/60) \approx \frac{\sqrt{3}\,\pi}{120} + \frac{1}{2}$$

$$\cos(19\pi/60) \approx 0{,}545344984$$

♦♦

La valeur donnée par une calculatrice est $0{,}544639035$. Il y a donc une erreur négligeable de

$$0{,}545344984 - 0{,}544639035 = 0{,}000705949.$$

Il faut bien comprendre que l'erreur est minime parce que la longueur de l'intervalle choisi est petit. Si nous avions choisi d'écrire: «$19\,\pi/60$ est près de $15\,\pi/60$ c'est-à-dire près de $\pi/4$», nous aurions eu une moins bonne approximation, car la variation de la variable x entre $\pi/4$ et $19\,\pi/60$ est de $4\,\pi/60$, alors qu'elle est de $\pi/60$ entre $19\,\pi/60$ et $\pi/3$.

Réalisons aussi que nous ne pouvons pas choisir n'importe quelle valeur de x pour faire une approximation. L'approximation sera mauvaise et même médiocre si nous choisissons d'écrire: «$19\,\pi/60$ est près de $30\,\pi/60$ i.e. $\pi/2$».

En examinant la figure 3-3, il est très facile de visualiser que l'approximation sera d'autant meilleure que le dx sera petit.

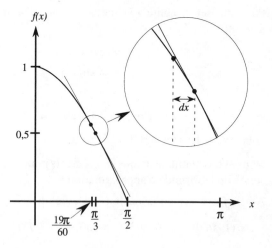

Figure 3-3

Nous imaginons bien que la différence entre les images de $19\pi/60$ sur la fonction cosinus et sur la tangente tracée en $x = \pi/4$ sera plus grande que celle entre les images de $19\,\pi/60$ sur la fonction cosinus et sur la tangente tracée en $x = \pi/3$.

En imaginant la tangente qui serait tracée en $\pi/2$, nous comprenons bien que l'approximation avec cette tangente serait réellement mauvaise.

Pour avoir la preuve numérique devant les yeux, calculons la valeur approchée que nous aurions eue si nous avions choisi d'écrire: «$19\,\pi/60$ est près de $15\pi/60$».

Nous aurions alors eu:

$$x = \frac{\pi}{4} \qquad x + dx = \frac{19\,\pi}{60}$$

d'où:

$$dx = \frac{19\,\pi}{60} - \frac{\pi}{4} = \frac{4\,\pi}{60} = \frac{\pi}{15}$$

et l'équation (3) serait devenue:

$$\cos(19\pi/60) \approx -\sin(\pi/4)\,(\,\pi/15\,) + \cos(\pi/4)$$

$$\cos\left(\frac{19\,\pi}{60}\right) \approx \frac{-\sqrt{2}\,\pi}{30} + \frac{\sqrt{2}}{2}$$

$$\cos\left(\frac{19\,\pi}{60}\right) \approx 0{,}559010683$$

l'erreur aurait alors été de:

$$0{,}559010683 - 0{,}544639035 = 0{,}014371648$$

L'approximation serait moins bonne que la première. L'agrandissement d'une zone de la figure 3-3 nous fait bien comprendre cela, car plus dx est petit, plus la tangente et la courbe sont rapprochées.

Remarques:

Pour l'approximation de fonctions trigonométriques, si la mesure de l'angle est donnée en degrés, il faut obligatoirement la transformer en radians, car pour utiliser la formule d'approximation, nous avons besoin de nombres purs et sans dimension.

Il est très important de noter que le symbole $\approx$ n'est pas celui d'une égalité: il signifie une approximation. Puisque $f(x + dx)$ est *près* de S, il est par conséquent *près* de $f'(x)\,dx + f(x)$. Souvenons-nous que la valeur de l'ordonnée S est *exactement égale* à $f'(x)\,dx + f(x)$.

Exemple 3-4:

Évaluer $\sqrt{24}$ à l'aide de la différentielle.

Solution:

Ici, $f(x) = \sqrt{x}$.

Nous déduisons:

$$f'(x) = \frac{1}{2\,\sqrt{x}}$$

Nous connaissons $\sqrt{25}$ qui est 5 et nous cherchons l'image par f de 24. Nous écrivons donc:

$$x = 25 \quad \text{et} \quad (x + dx) = 24$$

d'où:

$$dx = 24 - 25 = -1$$

Utilisant (3), nous calculons:

$$f(x + dx) \approx f'(x) \cdot dx + f(x)$$

$$\sqrt{24} \approx \frac{1}{2\sqrt{25}} \cdot (-1) + \sqrt{25}$$

$$\approx \frac{(-1)}{10} + 5$$

$$\approx 4{,}9$$

La vraie valeur est $\sqrt{24} = 4{,}898979486$. Nous avons une erreur de $0{,}001020514$, ce qui est très bien!!

Exemple 3-5:

Évaluer à l'aide de la différentielle $2,01^{\sin 0,01}$ (la valeur de $ln\ 2$ étant connue).

Solution:

Nous sommes confrontés à la fonction $(2+x)^{\sin x}$ ou bien à la fonction $2,01^{\sin x}$.

Le premier choix s'avère plus adéquat, par contre les deux possibilités sont acceptables.

Calculons l'approximation demandée à l'aide de la première alternative.

Ici, $f(x) = (2+x)^{\sin x}$

$$x = 0$$
$$x + dx = 0,01$$
$$dx = 0,01 - 0 = 0,01$$

Il faut déterminer f'.

C'est une fonction qui a elle-même une fonction en exposant: ce n'est ni une exponentielle ni la puissance d'une fonction.

Il faut "descendre" l'exposant d'étage. Utilisons les logarithmes:

$$(ln\ f(x)) = (ln\ (2+x)^{\sin x})$$
$$\left(ln\ f(x)\right) = \left(\sin x\ ln\left(2+x\right)\right)$$

Dérivons les deux membres de l'égalité:

$$(ln\ f(x))' = (\sin x\ ln\ (2+x))'$$
$$\frac{f'(x)}{f(x)} = \cos x\ ln\ (2+x) + \frac{\sin x}{2+x}$$

Multiplions par $f(x)$ des deux côtés:

$$f'(x) = f(x)\left(\cos x\ ln\ (2+x) + \frac{\sin x}{2+x}\right)$$

Remplaçons $f(x)$ par son expression:

$$f'(x) = (2+x)^{\sin x}\left(\cos x\ ln\ (2+x) + \frac{\sin x}{2+x}\right)$$

Nous avons tout ce dont nous avons besoin pour utiliser la formule (3).

Ainsi, $f(x+dx) \approx f'(x)\cdot dx + f(x)$ devient:

$$f(0,01) \approx f'(0)(0,01) + f(0)$$

$$(2,01)^{\sin 0,01} \approx 2^0\left(\cos 0\ ln\ 2 + \frac{\sin 0}{2}\right)(0,01) + 2^0$$

$$(2,01)^{\sin 0,01} \approx 1\ (ln\ 2 + 0)\ (0,01) + 1$$
$$(2,01)^{\sin 0,01} \approx (0,01)\ ln\ 2 + 1$$
$$(2,01)^{\sin 0,01} \approx 1,006931472$$

♦ ♦

La valeur donnée par une calculatrice est 1,007005656. L'erreur est de 0,000074184. C'est réellement très bon.

Si nous avions choisi de prendre $f(x) = 2,01^{\sin x}$, nous aurions écrit:

$$f'(x) = (2,01)^{\sin x}\cos x\ ln\ 2,01$$

Mis à part cela, tout le reste ne changerait pas.

Nous aurions:

$$f(x+dx) \approx f'(x)\cdot dx + f(x)$$
$$(2,01)^{\sin 0,01} \approx (2,01)^{\sin 0}\cos 0 \times ln\ 2,01 \times (0,01) + (2,01)^{\sin 0}$$
$$(2,01)^{\sin 0,01} \approx (2,01)^0 \times ln\ 2,01 \times (0,01) + (2,01)^0$$
$$(2,01)^{\sin 0,01} \approx ln\ 2,01 \times (0,01) + 1$$
$$(2,01)^{\sin 0,01} \approx 1,006981347$$

Nous avons donc une erreur de:

$$1,006981347 - 1,007005656 = -0,000024309$$

C'est une excellente approximation et même encore meilleure que la première. Remarquons toutefois que si nous n'avions pas connu la valeur de $ln\ 2,01$, nous n'aurions pas pu faire une approximation aussi bonne.

Exemple 3-6:

Sachant que le volume V d'une sphère de rayon R est $4\pi R^3/3$, calculer:

a) le volume approximatif d'une sphère dont le rayon est 6,02 cm;

b) la diminution approximative du volume lorsque le rayon de la sphère varie de 4 cm à 3,9 cm.

Solution:

$V(R) = 4\pi R^3/3$ donc $dV(R) = 4\pi R^2 dR$.

La formule d'approximation nous dicte d'écrire:

$$V(R + dR) \approx V'(R)\, dR + V(R)$$

Puisqu'ici, $R = 6$ et $R + dR = 6,02$, alors $dR = 0,02$.

Nous avons donc $V(6,02) \approx V'(6) \times 0,02 + V(6) \approx 4\pi\, 6^2 \times 0,02 + 4\pi \times 6^3/3 \approx 913,826$.

Le volume approximatif est donc de 913,826 cm³.

b) Calculer la diminution approximative du volume revient à calculer $V'(R)\, dR$.

Ici, $R = 4$ et $R + dR = 3,9$, donc $dR = -0,1$.

Nous avons ainsi $V'(R)\, dR = 4\pi\, 4^2\, (-0,1) = -20,106$. La diminution approximative est donc de 20,106 cm³.

EXERCICES – CHAPITRE 3

Niveau 1

section 3.1

3-1 Déterminer la différentielle des fonctions suivantes:

  a) $y = \sin x + \cotg x$

  b) $f(x) = x^2 \ln x$

  c) $f(x) = \sec^2 x^3$

  d) $g(x) = x \ln x + \cos(3x + 7)$

  e) $f(x) = 1/x + \ln x - \ln(\cos x)$

3-2 À l'aide de la fonction $f(x) = e^x$, calculer une approximation de:

  a) $e^{1,1}$ b) $e^{0,9}$

3-3 Utiliser la fonction $f(x) = \sqrt{x}$ pour calculer une approximation de:

  a) $\sqrt{17}$ b) $\sqrt{8,9}$ c) $\sqrt{1,06}$

  d) $\sqrt{0,011}$ e) $\sqrt{0,039}$

3-4 Utiliser la fonction $f(x) = \cos x$ pour calculer une approximation de:

  a) $\cos\left(\pi + \dfrac{\pi}{50}\right)$ b) $\cos\left(\dfrac{99\pi}{100}\right)$

  c) $\cos(90° - 2°)$ d) $\cos 48°$

3-5 Trouver une valeur approchée de:

  a) $\sqrt[3]{7,9}$ b) $\tg(17\pi/18)$ c) $\sin(7\pi/18)$

  d) $\sin 87°$ e) $\cos 31°$ f) $\sqrt[4]{15,9} + \sqrt{15,9}$

3-6 Montrer à l'aide d'un dessin que si la fonction radical est prise en considération, alors l'approximation de $\sqrt{32}$ sera meilleure en prenant $x = 36$ plutôt que $x = 25$ dans la formule (3) d'approximation énoncée à la page 40.

3-7 Calculer approximativement l'aire d'un triangle équilatéral de côté égal à 0,98 dm si l'aire d'un tel triangle de côté c est donnée par la formule $\sqrt{3}\, c^2/4$.

3-8 Calculer approximativement le volume d'un cube d'arête 8,15.

3-9 Calculer approximativement la diminution de l'aire d'un carré lorsque la longueur des côtés passe de 7 à 6,5.

3-10 Calculer approximativement l'aire d'un cercle de rayon 4,01.

3-11 Un cône, de hauteur h, ayant un rayon R à la base, a un volume égal à $\dfrac{\pi R^2 h}{3}$. Si la hauteur est constamment égale à 10 cm, calculer une approximation du volume du cône lorsque le rayon de sa base est de 4,03 cm.

3-12 L'aire du secteur d'un cercle de rayon R est donnée par la formule $R\,\theta$ où θ est la mesure de l'angle entre les deux rayons formant le secteur. Calculer la diminution approximative de l'aire du secteur lorsque l'angle entre les rayons passe de $\pi/3$ à $3\pi/10$.

Niveau 2

3-13 Évaluer $\cos 31° + \sin 29°$ à l'aide de la différentielle d'une fonction appropriée.

3-14 Évaluer $\sqrt[4]{15,9} + \sqrt{16,1}$ à l'aide de la différentielle d'une fonction appropriée.

3-15 Calculer une approximation de $\sqrt[4]{1,11}$ en utilisant la différentielle de la fonction

$$f(x) = \sqrt[4]{x^2 + x + 1}\quad.$$

L'information donnée ici servira pour les exercices 3-16 à 3-19 inclusivement. Le volume d'un tore formé par la rotation d'un cercle de rayon r autour d'un axe placé à une distance R du centre de ce cercle est donné par la formule $V = 2\pi^2 R r^2$.

3-16 Calculer approximativement la diminution du volume d'un tore lorsqu'un cercle de rayon variant de 4 cm à 3,9 cm tourne autour d'un axe placé à une distance de 10 cm du centre de ce cercle.

3-17 Calculer approximativement le volume du tore formé par la rotation d'un cercle de rayon 5,01 cm autour d'un axe placé à une distance de 10 cm du centre de ce cercle.

3-18 Calculer approximativement le volume du tore formé par la rotation d'un cercle de rayon 5 cm autour d'un axe placé à une distance de 9,7 cm du centre de ce cercle.

3-19 Calculer approximativement l'augmentation du volume d'un tore lorsqu'un cercle de rayon 4 cm tourne autour d'un axe placé à une distance variant de 6 cm à 6,25 cm du centre de ce cercle.

3-20 Un losange est tel que l'une de ses diagonales est toujours trois fois plus longue que l'autre. Si l'aire d'un losange est égale à la moitié du produit de ses diagonales, calculer une approximation de l'aire du losange lorsque la petite diagonale est de longueur 5,3.

Niveau 3

3-21 Calculer approximativement $\sqrt{48/49}$ à l'aide de la différentielle d'une fonction appropriée.

3-22 L'aire d'un trapèze de hauteur h de grande base B, et de petite base b est égale à $(B + b)h/2$. Pour un certain trapèze, la hauteur est constamment égale à B et B est toujours 5 de plus que le double de b. Calculer l'aire approximative de ce trapèze lorsque la hauteur est 34,9995 cm.

3-23 La formule de Héron dit que l'aire d'un triangle quelconque de côtés a, b et c est égale à $\sqrt{s(s-a)(s-b)(s-c)}$ où s est le demi-périmètre du triangle. À l'aide de la formule de Héron, calculer l'aire approximative d'un triangle dont les côtés sont dans les rapports 3, 5 et 6 et dont le plus petit côté est égal à 3,01.

3-24 Si un polygone régulier à n côtés est inscrit dans un cercle de rayon R, alors son aire est égale à $\dfrac{nR^2}{2} \sin(360°/n)$. Calculer approximativement l'augmentation de l'aire lorsque le polygone passe de 10 à 12 côtés.

3-25 Si un polygone régulier à n côtés est circonscrit à un cercle de rayon r, alors son aire est égale à $\dfrac{nr^2}{2} \operatorname{tg}(180°/n)$.

Calculer approximativement la diminution de l'aire lorsque le polygone passe de 6 à 7 côtés.

3-26 Une sphère de rayon R est coupée par deux plans parallèles. L'un d'eux coupe la sphère en son centre, l'autre la coupe selon un cercle de rayon r et la distance entre ces plans est égale à h. Si le volume de la portion de sphère coincée entre ces deux plans est égal à:

$$\frac{\pi h (3R^2 + 3r^2 + h^2)}{6},$$

calculer une approximation du volume de la sphère entre les deux plans parallèles lorsque $R = 10$ et $h = 8,01$.

3-27 Lorsqu'une sphère de rayon R est coupée par un plan, le volume de la calotte sphérique est donné par l'expression $\dfrac{\pi h^2 (3R - h)}{3}$ où R est le rayon de la sphère et h est la hauteur de la calotte. Calculer une approximation du volume d'une calotte de hauteur 7,2 cm lorsqu'un plan coupe une sphère de rayon:

a) 10 cm   b) 15 cm

4

L'INTÉGRALE INDÉFINIE ET CHANGEMENT DE VARIABLE

Depuis le début de notre étude du Calcul, nous avons appris à dériver et nous avons utilisé ces notions dans plusieurs applications. Nous avons ensuite appliqué la différentielle à l'approximation de fonctions.

Dans ce chapitre, nous entamons un grand voyage dans l'étude de l'intégration. C'est le processus inverse de la dérivation.

Définition:

Nous disons que F (x) est une primitive de $f(x)$

si F'$(x) = f(x)$.

Nous écrivons:

$$\int f(x)\, dx = F(x)$$

où F (x) est l'ensemble de **toutes** les fonctions qui, une fois dérivées, sont égales à $f(x)$.

Définition:

$\int f(x)\, dx$ est appelée l'intégrale indéfinie de la fonction f.

Définition:

L'intégrande est la fonction dont nous avons à calculer l'intégrale.

Dans $\int f(x)\, dx = F(x)$, c'est $f(x)$ qui est l'intégrande.

$\int ... dx$ signifie l'intégrale de ... par rapport à la variable x; c'est l'opération inverse de $\dfrac{d}{dx}$ ... qui signifie la dérivée de ... par rapport à la variable x. Le "dx" indique la variable d'intégration.

Effectivement, nous exécutons ici le chemin inverse de celui que nous faisions lorsque nous dérivions.

En dérivant une fonction f, nous trouvons f'. Concrètement maintenant, nous avons f et nous cherchons une fonction F qui, dérivée, "retombera" sur f.

C'est tout comme si nous avions f' et que nous cherchions f.

Exemple 4-1:

Si $f(x) = 3$ alors F $(x) = 3x + K$

Pourquoi écrire "+K" ?

Parce que la dérivée d'une constante est zéro (0) et que nous voulons **toutes** les fonctions qui, dérivées, égalent 3.

Évidemment, F(x) = 3x est un des choix possibles, mais il n'est pas le seul:

$$(3x + 4)' = 3$$
$$(3x + 95)' = 3$$
$$(3x - 23)' = 3$$
$$\text{etc.}$$

Quelle que soit la constante ajoutée à 3x, la dérivée est toujours 3.

K est appelée la constante d'intégration.

Nous verrons un peu plus loin que cette constante est primordiale; il faudra prendre un soin particulier et ne jamais oublier de l'écrire.

Exemple 4-2:

Déterminer $f(x)$ si $f'(x) = \sin x + \sec x \, \text{tg} \, x$.

Solution:

$$f(x) = -\cos x + \sec x + K$$

car $(-\cos x + \sec x + K)' = \sin x + \sec x \, \text{tg} \, x$

♦   ♦

Exemple 4-3:

Déterminer F (x) dans l'expression $\int f(x)\, dx = F(x)$

si $f(x) = e^x + \sec^2 x$.

Solution:

En dérivant F, nous devons retrouver f.

La question que nous nous posons est:"qu'est-ce qui, dérivé, égale $e^x + \sec^2 x$?"

La réponse est $e^x + \text{tg}\, x + K$.

♦   ♦

Si, en ce moment, nous ne connaissons pas parfaitement les formules de dérivation (celles qui sont écrites aux pages 7 et 8), **il faut prendre le temps de les apprendre par coeur**.

Nous ne pouvons pas espérer être excellents en intégration si nous ne connaissons pas à fond nos dérivées.

4.1 PROPRIÉTÉS DE L'INTÉGRALE

Nous savons écrire symboliquement la fonction qui, dérivée, retombe sur f: c'est $\int f(x)\, dx$.

Poussons le questionnement plus loin.

Qu'est-ce qui, dérivé, donne $(f + g)$?

Si nous trouvons une fonction qui, dérivée, donne f, [c'est-à-dire $\int f(x)\, dx$] et une autre qui, dérivée, donne g, [c'est-à-dire $\int g(x)\, dx$], alors la somme des deux dérivées donnera $(f + g)$. Il en est ainsi puisque la dérivée d'une somme est égale à la somme des dérivées.

Ainsi:

$$\int \left[f(x) + g(x) \right] dx = \int f(x)\, dx + \int g(x)\, dx \quad (1)$$

Maintenant, qu'est-ce qui, dérivé, donne Cf ?

("C" est une constante)

Si nous trouvons une fonction qui, dérivée, donne f, c'est-à-dire si nous trouvons $\int f(x)\, dx$, alors la dérivée de "C fois $\int f(x)\, dx$" donnera Cf. En effet, la dérivée d'une constante fois une fonction est égale à cette constante fois la dérivée de la fonction.

Ainsi:

$$\int C\, f(x)\, dx = C \int f(x)\, dx \quad\quad (2)$$

Nous remarquons, tout comme pour la dérivée que:

- l'intégrale d'une somme est égale à la somme des intégrales;
- l'intégrale d'une constante fois une fonction est égale à cette même constante fois l'intégrale de la fonction.

Ces deux propriétés se généralisent de la façon suivante:

$$\int \left[a_1 \, f_1 \,(x) + a_2 \, f_2 \,(x) + \cdots + a_n \, f_n \,(x) \right] \, dx \;=\;$$

$$a_1 \int f_1(x)\,dx + a_2 \int f_2(x)\,dx + \cdots + a_n \int f_n(x)\,dx$$

4.2 FORMULES D'INTÉGRATION

Voici des formules d'intégration qui découlent directement du fait que l'intégration est l'opération inverse de la dérivation. Il suffit de nous référer aux formules des pages 7 et 8 et de les lire de droite à gauche.

Effectivement, nous voyons par exemple que la dérivée de sec x est sec x tg x ; si nous lisons de droite à gauche, nous aurons l'intégrale de sec x tg x qui est sec x + K. Il faut ajouter la constante d'intégration K pour les raisons qui ont été mentionnées à l'exemple 4-1.

Qu'est-ce qui, dérivé, donne 0 ?

C'est une constante, donc:

$$\int 0 \, dx = K$$

Qu'est-ce qui, dérivé, donne x^0, c'est-à-dire 1 ?

C'est x, donc:

$$\int x^0 \, dx = x^1 + K$$

Qu'est-ce qui, dérivé, donne x^1?

C'est sûrement une puissance 2 de la variable x, car en dérivant, l'exposant diminue de 1. La réponse serait-elle par hasard x^2?

Non, car la dérivée de x^2 est $2x$. Il nous faut la moitié de x^2. Ainsi:

$$\int x \, dx = \frac{x^2}{2} + K$$

Qu'est-ce qui, dérivé, donne x^2 ?

Serait-ce x^3 ?

Pas tout à fait puisque $(x^3)' = 3x^2$.

Il y a un nombre "3" de trop, donc:

$$\int x^2 \, dx = \frac{x^3}{3} + K$$

En fait, nous pouvons écrire la formule suivante:

$$\int x^n \, dx = \frac{x^{n+1}}{n+1} + K$$

Cette formule est vraie pour un nombre réel "n" quelconque différent de –1.

Notons qu'il est primordial de ne pas admettre la valeur –1 pour n, car à ce moment nous divisons par 0... Cela est, et sera toujours, interdit!

Si nous posons un exposant $n = -1$ dans $\int x^n \, dx$, nous retrouvons:

$$\int x^{-1} \, dx \;=\; \int \frac{1}{x} \, dx$$

Qu'est-ce qui, dérivé, donne $1/x$? C'est le logarithme naturel de x. Donc:

$$\int \frac{dx}{x} = ln \,|x| + K$$

Il faut écrire la valeur absolue, car le logarithme d'un nombre négatif n'existe pas.

Voici pourquoi mathématiquement il faut écrire la valeur absolue:

$$\int \frac{dx}{x} = ln|x| + K$$

si $x > 0$, nous avons:

$$\frac{d}{dx} \, ln \,|x| = \frac{d}{dx} \, ln \, x = \frac{1}{x}$$

si $x < 0$, nous avons:

$$\frac{d}{dx} ln |x| = \frac{d}{dx} ln(-x) = \frac{1}{-x}(-1) = \frac{1}{x}$$

Donc $ln |x|$ est bien la primitive de $\frac{1}{x}$ lorsque $x \neq 0$.

Rassemblons ici quelques formules fondamentales. Nous remarquons que la variable d'intégration choisie est u. La raison de ce choix, nous le réaliserons très bientôt, est pour nous aider à imaginer plus facilement un changement de variable.

Formules de base

$$\int 0 \, du = K \tag{1}$$

$$\int u^n \, du = \frac{u^{n+1}}{n+1} + K, \quad n \neq -1 \tag{2}$$

$$\int \frac{du}{u} = ln |u| + K \tag{3}$$

$$\int a^u \, du = \frac{a^u}{ln \, a} + K \tag{4}$$

$$\int e^u \, du = e^u + K \tag{5}$$

$$\int \sin u \, du = -\cos u + K \tag{6}$$

$$\int \cos u \, du = \sin u + K \tag{7}$$

$$\int \sec^2 u \, du = tg \, u + K \tag{8}$$

$$\int \csc^2 u \, du = -\cot g \, u + K \tag{9}$$

$$\int \sec u \, tg \, u \, du = \sec u + K \tag{10}$$

$$\int \csc u \, \cot g \, u \, du = -\csc u + K \tag{11}$$

$$\int \frac{du}{\sqrt{1-u^2}} = \arcsin u + K \tag{12}$$

$$\int \frac{-du}{\sqrt{1-u^2}} = \arccos u + K \tag{13}$$

$$\int \frac{du}{1+u^2} = \arctan g \, u + K \tag{14}$$

$$\int \frac{-du}{1+u^2} = \text{arccotg} \, u + K \tag{15}$$

$$\int \frac{du}{u\sqrt{u^2-1}} = \text{arcsec} \, u + K \tag{16}$$

$$\int \frac{-du}{u\sqrt{u^2-1}} = \text{arccosec} \, u + K \tag{17}$$

Dans la formule (4), nous n'avons pas écrit $ln |a|$, car une exponentielle étant définie pour une base positive, le "a" est nécessairement positif.

Il est intéressant de noter que ces formules nous sont déjà bien évidentes par le seul fait que nous connaissons les formules des dérivées.

Voyons quelques exemples simples qui utilisent directement les formules de base.

Exemple 4-4:

Résoudre $\int \frac{dx}{x^4}$

Solution:

La première chose à constater est la variable d'intégration qui est ici x. Nous voyons la variable x au dénominateur et il est très tentant d'utiliser la formule (3), après avoir remplacé u par x évidemment. Mais ne tombons pas dans ce piège!

$\int \dfrac{du}{u}$ signifie que la différentielle du dénominateur se retrouve au numérateur.

Ici, la différentielle de x^4 est $4x^3\,dx$ ... Ce qui n'est pas du tout le numérateur de $\dfrac{dx}{x^4}$.

Il faut donc examiner en détail les autres formules.

Nous pouvons éliminer tout de suite la formule (5), car il n'y a pas de base e dans notre problème; aussi, nous éliminons les formules (6), (7), (8), (9), (10) et (11), car aucune fonction trigonométrique ne figure dans l'intégrale. Quant aux formules (12) à (17), elles sont aussi à mettre de côté à cause de l'absence de somme ou de différence écrite sous un radical. Après avoir évidemment éliminé la formule (1), il ne reste plus que (2) et (4).

Pourrions-nous choisir la formule $\int a^u\,du$?

Cette formule peut se montrer attirante, mais elle ne peut pas être utilisée, car dans cette formule, c'est la variable qui est mise en exposant à une constante, et non le contraire.

Dans notre problème, c'est la constante qui est écrite en exposant à la variable.

Nous nous voyons dans l'obligation de toutes les éliminer sauf celle-ci:

$$\int u^n\,du.$$

Pour faire "coller" notre problème à cette formule, il faut monter x^4 au numérateur, car nous devons avoir:

$$u^n\,du \quad \text{et non} \quad \dfrac{du}{u^n}.$$

Maintenant que nous savons très bien que la formule (2) devra être utilisée, résolvons le problème:

$$\int \dfrac{dx}{x^4} = \int x^{-4}\,dx = \dfrac{x^{-3}}{-3} + K = \dfrac{-1}{3x^3} + K$$

♦   ♦

Voyons encore quelques exemples qui montrent comment utiliser fidèlement la formule (2).

Exemple 4-5:

Résoudre $I = \int 8x^{-9}\,dx$

Solution:

$$I = \int 8x^{-9}\,dx = 8\int x^{-9}\,dx$$

$$= 8\,\dfrac{x^{-8}}{-8} + K = \dfrac{-1}{x^8} + K$$

♦♦

Exemple 4-6:

Résoudre $I = \int x^{3\pi-1}\,dx$

Solution:

$$\int x^{3\pi-1}\,dx = \dfrac{x^{3\pi-1+1}}{(3\pi-1+1)} + K$$

d'où:

$$I = \dfrac{x^{3\pi}}{3\pi} + K$$

♦   ♦

Exemple 4-7:

Résoudre $I = \int \dfrac{1}{\sqrt{x^5}}\,dx$

Solution:

$$I = \int \dfrac{1}{\sqrt{x^5}}\,dx = \int x^{-5/2}\,dx$$

Ce qui, après avoir été intégré, devient:

$$I = \dfrac{x^{-3/2}}{-3/2} + K$$

Si nous transformons l'exposant fractionnaire en une expression comportant un radical, nous obtenons:

$$I = \dfrac{-2}{3\sqrt{x^3}} + K$$

♦   ♦

Montrons, à l'aide d'un exemple, que la constante d'intégration peut être écrite seulement à la toute fin d'un problème, au moment où il n'y a plus d'intégrale à résoudre.

Exemple 4-8:

Résoudre l'intégrale $\int [x + \cos x - 2x^7 + e^x]\, dx$

Solution:

Posons $I = \int [x + \cos x - 2x^7 + e^x]\, dx$

Parce que l'intégrale d'une somme égale la somme des intégrales, nous avons:

$$I = \int x\, dx + \int \cos x\, dx - \int 2x^7 dx + \int e^x\, dx$$

Chacune des formules qui permettent de résoudre les intégrales commande une constante d'intégration.

Nous avons alors les 4 constantes K_1, K_2, K_3 et K_4.

Ainsi:

$$I = \frac{x^2}{2} + K_1 + \sin x + K_2$$

$$-\frac{x^8}{4} + K_3 + e^x + K_4$$

En écrivant toutes les constantes à la fin, nous avons:

$$I = \frac{x^2}{2} + \sin x - \frac{x^8}{4} + e^x$$

$$+ K_1 + K_2 + K_3 + K_4$$

Ces 4 constantes sont arbitraires, c'est-à-dire tout à fait quelconques. La somme de celles-ci sera donc aussi arbitraire.

Appelons "K" cette résultante de constantes arbitraires.

L'intégrale à résoudre est donc égale à:

$$I = \frac{x^2}{2} + \sin x - \frac{x^8}{4} + e^x + K$$

Nous réalisons que nous aurions pu intégrer terme à terme chacun des éléments de l'intégrale de départ et ajouter, seulement à la fin, une constante K.

◆◆

Les exemples qui suivent illustrent comment utiliser les formules de base lorsque la fonction à intégrer ne semble pas, à première vue, imiter une formule.

Exemple 4-9:

Résoudre $\int \cot g\, x\ \sin^2 x\ \operatorname{cosec} x\ dx$

Solution:

Aucune formule ne ressemble à cette intégrale, mais l'intégrale devient, après quelques modifications:

$$\int \frac{\cos x}{\sin x}\ \sin^2 x\ \frac{1}{\sin x}\ dx = \int \cos x\, dx$$

$$= \sin x + K.$$

◆◆

Exemple 4-10:

Résoudre $\int \left(\sec^2 x - 1 \right) dx$

Solution:

Chaque terme de l'intégrande pris séparément ressemble à une formule de base, donc séparons en deux intégrales.

Utilisant la formule (8) et la formule (2) avec $n = 0$, nous écrivons:

$$\int \left(\sec^2 x - 1 \right) dx = \int \left(\sec^2 x \right) dx - \int 1\ dx$$

$$= \operatorname{tg} x - x + K.$$

◆◆

Exemple 4-11:

Résoudre $\int (6 \cos^2 x + 6 \sin^2 x)\, dx$.

Solution:

Chaque terme, pris séparément, ne nous inspire pas vraiment. Par contre, en regardant d'un peu plus près la fonction à intégrer, nous réalisons qu'après une simple mise en évidence de 6, nous aurons une forme bien connue.

Ainsi:

$$\int 6\,(\cos^2 x\,+\,\sin^2 x)\,dx\,.$$

$$=\,6\int (\cos^2 x\,+\,\sin^2 x)\,dx\,.$$

$$=\,6\int 1\,dx$$

$$=\,6\,x+\,K$$

◆   ◆

Exemple 4-12:

Résoudre $\displaystyle\int\left(\sqrt{x}\,+\,\frac{4}{\sqrt{x}}\right)^2 dx$

Solution:

Aucune formule de base ne ressemble à cette intégrale. Par contre, si nous élevons au carré l'expression à intégrer, chacun des termes correspondra à une formule de base:

$$\int\left(\sqrt{x}\,+\,\frac{4}{\sqrt{x}}\right)^2 dx$$

$$=\int\left(x\,+\,8\,+\,\frac{16}{x}\right)dx$$

$$=\int x\,dx+\int 8\,\,dx+16\int\frac{dx}{x}$$

$$=\frac{x^2}{2}\,+\,8\,x\,+\,16\,ln\,|x|\,+\,K$$

◆   ◆

Exemple 4-13:

Résoudre $\displaystyle\int\frac{x^2-7x+12}{2x^2-8x}dx$

Solution:

Un polynôme de degré 2 divisé par un polynôme de degré 2... Cela ne ressemble vraiment pas du tout à nos formules de base. Pourtant, il faut absolument les utiliser, car c'est le seul outil que nous possédons pour le moment.

Examinons notre problème. Comment pourrions-nous transformer l'intégrale pour la ramener à l'une ou l'autre des formules de base ?

Par factorisation !

Puisque le numérateur est $(x-4)\,(x-3)$ et que le dénominateur est $2x\,(x-4)$, l'intégrale à résoudre devient, après simplification:

$$\int\frac{x-3}{2x}\,dx$$

Notons que x ne pourrait pas prendre la valeur 4 (revoir si nécessaire l'exercice 1-6 à la page 2).

Séparons cette intégrale en deux nouvelles intégrales afin de pouvoir utiliser les formules de base:

$$\int\frac{x}{2x}\,dx\,-\,\int\frac{3}{2x}\,dx$$

$$=\frac{1}{2}\int\,dx\,-\,\frac{3}{2}\int\frac{dx}{x}$$

$$=\frac{1}{2}x-\frac{3}{2}\,ln\,|x|\,+\,K$$

◆   ◆

Exemple 4-14:

Résoudre $\displaystyle\int\frac{1}{1-\cos^2\alpha}\,d\alpha$

Solution:

Dans ce problème, au lieu d'utiliser la variable u ou x, nous choisissons α.

α (*alpha*) est la première lettre de l'alphabet grec et elle est, comme θ (*thêta*), ω (*oméga*) ou β (*bêta*), souvent utilisée pour désigner un angle.

Nous avons donc:

$$\int \frac{1}{1 - \cos^2\alpha} \, d\alpha = \int \frac{1}{\sin^2\alpha} \, d\alpha$$

$$= \int \text{cosec}^2\alpha \, d\alpha$$

$$= - \text{cotg} \, \alpha + K$$

♦   ♦

Les formules de base énumérées à la page 50 sont utiles, mais elles ne permettent pas, à elles seules, de résoudre toutes les intégrales que nous pouvons imaginer.

Par exemple, elles demeurent impuissantes toutes seules devant des intégrales comme:

$$\int e^{2 \sin x} \cos x \, dx \quad \text{ou} \quad \int \frac{(\ln x)^5 \, dx}{x} \quad \text{ou} \quad \int \frac{\text{arctg} \, x \, dx}{(x^2 + 1)}$$

Nous avons besoin d'élaborer quelque chose qui soit plus raffiné que les simples formules de base; un outil qui permettra de généraliser ces formules et de les utiliser lorsque nous n'avons plus simplement "u" à l'intérieur de l'intégrale, mais plutôt une *fonction de u*.

> Cet outil, excessivement puissant, probablement même le plus puissant que nous aurons à utiliser pour résoudre des intégrales, est la technique du changement de variable.

4.3 INTÉGRATION PAR CHANGEMENT DE VARIABLE

Le principe du changement de variable est le suivant:

- Nous avons à résoudre l'intégrale d'une fonction d'une variable (disons x) qui n'est pas directement résoluble, car elle ne correspond pas à l'une ou l'autre des formules de base.
- Nous posons alors un changement de variable, (disons u) où "u" est une fonction de x.
- Nous déterminons la différentielle "du" qui y correspond.
- Enfin, il faut réussir à changer **toute** l'intégrale de départ en une autre (plus simple) qui comporte **uniquement la variable u**.

Schématiquement, ce qui est écrit dans le nuage serait une fonction de la *seule et unique variable* x et ce qui est écrit dans l'ovale serait une fonction de la *seule et unique variable u*.

$$\int \bigcirc \!\!\!\!\!\!\!\!\!\!\! \sim \; dx = \int \bigcirc \, du$$

> **Retenons ceci:**
>
> $1^{\text{ière}}$: Toutes les intégrales que nous aurons à résoudre ne comporteront qu'une seule variable.
>
> $2^{\text{ième}}$: Si, après un changement de variable, nous ne sommes pas capables d'obtenir une intégrale ayant *une seule et unique variable*, c'est que nous avons fait:
>
> - un mauvais choix de u
> - ou une erreur dans la détermination de du.

Exemple 4-15:

Résoudre $\int x \sqrt{1 - x^2} \, dx$

Écrivons $I = \int x \sqrt{1 - x^2} \, dx$

Nous remarquons un polynôme de degré 2 et un polynôme de degré 1. Nous soupçonnons que celui de degré 1 est peut-être la dérivée de celui de degré 2.

Nous posons donc:

$$u = 1 - x^2.$$

d'où:

$$du = - 2 \, x \, dx$$

Récrivons I en mettant le x à côté du dx:

$$I = \int \sqrt{1 - x^2} \; x \, dx$$

Pour intégrer une fonction de la variable u, il faut absolument avoir l'élément différentiel du qui est ici $du = - 2 \, x \, dx$.

Nous n'avons que $x \, dx$ dans l'intégrale I de départ.

Multiplions donc le numérateur et le dénominateur par −2:

$$I = \int \sqrt{1 - x^2} \ \frac{-2x \, dx}{-2}$$

ce qui est:

$$I = \int \sqrt{u} \cdot \frac{du}{-2}$$

ou bien:

$$I = \frac{-1}{2} \int \sqrt{u} \, du$$

$$= \frac{-1}{2} \int u^{1/2} \, du \quad = \frac{-1}{2} \cdot \frac{u^{3/2}}{3/2} + K$$

$$= \frac{-1}{2} \cdot \frac{2}{3} u^{3/2} + K = \frac{-1}{3} \cdot u^{3/2} + K$$

Remarquons que la résolution de cette intégrale a été faite en utilisant la formule (2) de la page 50.

Si nous cherchons à résoudre une intégrale comportant la variable x, il est bien évident qu'il faut écrire une réponse qui comporte cette même variable x.

Il faut donc récrire ce résultat en fonction de la variable x:

$$I = \frac{-\sqrt{(1 - x^2)^3}}{3} + K$$

◆◆

Exemple 4-16:

Résoudre $\displaystyle\int \sqrt[3]{2 + x^4} \cdot x^3 \, dx$

Solution:

Écrivons $I = \displaystyle\int \sqrt[3]{2 + x^4} \cdot x^3 \, dx$

Nous observons une puissance 4 et une puissance 3. Cela nous fait réagir!

Si nous voulons éliminer la puissance 4, nous pouvons poser $u = 2 + x^4$ ... Puisque la dérivée d'un degré 4 est un degré 3.

Ainsi:

$$du = 4 \, x^3 \, dx$$

ou bien:

$$x^3 \, dx = du/4.$$

Nous avons alors:

$$I = \int \sqrt[3]{u} \ \frac{du}{4}$$

$$= \frac{1}{4} \int u^{1/3} \cdot du$$

$$= \frac{1}{4} \cdot \frac{3}{4} \cdot u^{4/3} + K$$

En retransformant, et en écrivant cette expression en fonction de x, nous avons:

$$I = \frac{3}{16} (2 + x^4)^{4/3} + K$$

◆◆

Exemple 4-17:

Résoudre $\displaystyle\int \frac{dx}{\sqrt{1 - 4x^2}}$

Solution:

Cette intégrale ressemble beaucoup à la formule (12).

Il faut par contre $4x^2 = u^2$

Posons:

$$u = 2x$$

Nous avons alors:

$$du = 2 \, dx$$

c'est-à-dire:

$$dx = \frac{du}{2}$$

L'intégrale de départ devient:

$$I = \int \frac{1}{\sqrt{1 - u^2}} \cdot \frac{du}{2}$$

qui, d'après la formule (12), est:

$$I = \frac{1}{2}\arcsin(u) + K$$

Remplaçons u par l'expression de x correspondante:

$$I = \frac{1}{2}\arcsin 2x + K$$

♦♦

Exemple 4-18:

Résoudre $\int \dfrac{x\,dx}{(1 + x^4)}$

Solution:

Nous avons un x au dénominateur élevé à la puissance 4, et ce n'est sûrement pas en le dérivant que nous obtiendrons le x du numérateur.

Il y a sûrement un moyen de résoudre cette intégrale!

Examinons encore notre problème.

Le x à la puissance 1 du numérateur nous indique qu'il est la dérivée d'un "degré 2".

Il faut que le $x\,dx$ soit la différentielle d'un certain u et, en plus, ce u doit être une puissance 2 de la variable x.

Tout un contrat!

Avons-nous besoin d'un x^2?

Oui.

Alors, bâtissons-le !

Le x^4 au dénominateur peut être transformé de façon à avoir un x^2:

$$x^2 \times x^2 = x^4$$

c'est-à-dire:

$$(x^2)^2 = x^4.$$

Posons:

$$u = x^2$$

donc:

$$du = 2x\,dx$$

c'est-à-dire:

$$x\,dx = \frac{du}{2}$$

L'intégrale de départ devient:

$$I = \int \frac{du}{2(1 + u^2)}$$

$$I = \frac{1}{2}\int \frac{du}{(1 + u^2)}$$

En vertu de la formule (14), nous écrivons:

$$I = \frac{\operatorname{arctg} u}{2} + K$$

$$I = \frac{\operatorname{arctg} x^2}{2} + K$$

♦♦

Exemple 4-19:

Résoudre $I = \int \dfrac{x\,dx}{7 + 3x^4}$

Solution:

Il y a une puissance 4 et une puissance 1 de la variable x, donc l'une n'est sûrement pas la dérivée de l'autre (et pas même à une constante près).

Il faut nous servir des formules de base qui ont été explicitées, mais à première vue aucune ne semble fonctionner. Pourtant, si la question a été posée, il doit bien y en avoir une.*

Réexaminons ces formules une à une:

- La formule (3) ne peut être utilisée, car la dérivée du dénominateur donne une puissance 3 et non une puissance 1 comme nous avons ici.
- Les formules (4) à (11) ne conviennent pas plus, car notre intégrande ne comporte pas d'exponentielles ni de fonctions trigonométriques.
- Il en va de même des formules (12), (13), (16) et (17), car notre intégrande n'a pas de radical.
- Les seules qui demeurent plausibles sont les formules (14) et (15).
- Elles sont, au signe près, les mêmes. Nous avons donc le choix parmi ces deux formules.
- Choisissons la formule (14) car nous y sommes plus habitués.

---

* Il ne faudrait pas par contre croire que toute intégrale pourra être résolue à l'aide des formules: certaines intégrales ne pourront pas être résolues malgré un changement de variable aussi sophistiqué ou compliqué qu'il soit.

Posons:

$$u = x^2$$

d'où:

$$du = 2\,x\,dx$$

nous avons alors:

$$I = \int \frac{du}{2}\cdot\left(\frac{1}{7+3u^2}\right)$$

$$= \frac{1}{2}\int \frac{du}{7+3u^2}$$

Pour faire concorder notre intégrale avec la formule (14), il faut absolument que le terme constant soit 1.

Mettons donc 7 en évidence pour ainsi obtenir :

$$I = \frac{1}{2}\int \frac{du}{7\,(1+\tfrac{3}{7}\,u^2)}$$

$$= \frac{1}{14}\int \frac{du}{1+\frac{3}{7}\,u^2}$$

Ceci ressemble vraiment à:

$$\int \frac{dv}{1+v^2} \text{ à la condition que } v^2 = \frac{3}{7}\,u^2$$

Il ne faut surtout pas nous décourager même si le problème semble long. Nous voyons que nous sommes sur la bonne voie.

Posons $v = \sqrt{\frac{3}{7}}\,u$ où $dv = \sqrt{\frac{3}{7}}\,du$

c'est-à-dire $du = \frac{\sqrt{7}}{\sqrt{3}}\,dv$

Nous obtenons alors:

$$I = \frac{1}{14}\int \frac{\sqrt{7}\,dv}{\sqrt{3}\,(1+v^2)}$$

c'est-à-dire:

$$I = \frac{\sqrt{7}}{14\,\sqrt{3}}\int \frac{dv}{1+v^2}$$

ce qui donne, en vertu de la formule (14):

$$I = \frac{\sqrt{7}}{\sqrt{3}\cdot 14}\cdot \text{arctg}\,v + K$$

Retransformant en "u", nous avons:

$$I = \frac{\sqrt{7}}{14\,\sqrt{3}}\ \text{arctg}\frac{\sqrt{3}\,u}{\sqrt{7}} + K$$

Et finalement, en retransformant en "x":

$$I = \frac{\sqrt{7}}{14\,\sqrt{3}}\ \text{arctg}\frac{\sqrt{3}\,x^2}{\sqrt{7}} + K$$

Cette réponse est parfaitement bonne, mais elle sera plus élégante si nous nous débarrassons de quelques radicaux.

Multiplions par $\sqrt{7}$ le numérateur et le dénominateur de chacune des deux fractions:

$$I = \frac{1}{2\,\sqrt{21}}\ \text{arctg}\frac{\sqrt{21}\,x^2}{7} + K$$

♦   ♦

Exemple 4-20:
Résoudre:

$$I = \int \frac{-\,dx}{x\,\ln x\ \ \sqrt{\ln^2 x - 1}}$$

Solution:
Quelle horreur!

Est-ce possible que l'intégration soit aussi compliquée?

Cette intégrale est placée ici justement pour provoquer cette réaction ... de découragement.

Qu'est-ce qui nous décourage dans cette intégrale ?

Qu'est-ce qui fait que nous avons le goût de passer à un autre problème ?

Répondons à la question avant de continuer à lire.

Le *ln x* nous décourage. Nous voudrions qu'il ne soit pas là...

Si nous posons $u = ln\ x$, nous ne le verrons plus!

Le changement de variable est souvent là pour cela. Écrire de façon simple une expression qui ne l'est pas au départ.

De plus, la différentielle de *ln x* est *dx/x* et nous avons exactement ce terme dans notre intégrale *I*.

Procédons:

$$I = \int \frac{-dx}{x\ ln\ x\ \sqrt{ln^2 x - 1}}$$

En remplaçant *ln x* par *u* et *dx/x* par *du*, nous obtenons:

$$I = \int \frac{-du}{u\ \sqrt{u^2 - 1}}$$

Ce qui est tout simplement la formule (17):

$$I = \text{arccosec } u + K$$
$$I = \text{arccosec } (ln\ x) + K.$$

$\blacklozenge \quad \blacklozenge$

Cette intégrale ne nous inspirait pas du tout, mais elle s'est avérée plus facile que bien d'autres que nous aurions pu imaginer.

Notes importantes:

- Ce n'est pas parce qu'une intégrale semble compliquée qu'elle est nécessairement difficile à résoudre.
- Certaines intégrales qui semblent bien banales sont **impossibles** à résoudre par changement de variable ou par quelqu'autre moyen que nous étudierons dans le chapitre 7, intitulé "Techniques d'intégration".

Pour résoudre certaines intégrales qui semblent faciles, telles que:

$$\int \frac{e^u du}{u}, \quad \int \frac{sin\ u\ du}{u} \quad \text{ou} \int e^{u^2} du,$$

il faudra attendre d'étudier les séries au chapitre 15.

Voyons un autre exemple qui peut sembler difficile, mais qui sera en fait aussi simple que l'exemple précédent.

Exemple 4-21:

Résoudre $I = \int \dfrac{e^{6x}\ dx}{\sqrt{16 - e^{12x}}}$

Solution:

Nous remarquons le e^{12x} qui est le carré de e^{6x}. De plus, la différentielle de e^{6x} est à une constante près $e^{6x}\ dx$. Nous semblons avoir tout ce dont nous avons besoin pour intégrer.

Posons:

$$u = e^{6x}.$$

Ainsi:

$$du = 6\ e^{6x}\ dx$$

c'est-à-dire:

$$e^{6x}\ dx = \frac{du}{6}.$$

L'intégrale devient:

$$I = \frac{1}{6} \int \frac{du}{\sqrt{16 - u^2}}$$

Pour que cette intégrale ressemble à la formule (12), il faut que le terme constant sous le radical soit "1".

Faisons donc une mise en évidence de 16, ce qui devient 4 lorsque mis hors du radical:

$$I = \frac{1}{6 \times 4} \int \frac{du}{\sqrt{1 - u^2/16}}$$

$$I = \frac{1}{6 \times 4} \int \frac{du}{\sqrt{1 - (u/4)^2}}$$

Posons maintenant $v = u/4$.

Cela entraîne:

$$4\ dv = du$$

donc:

$$I = \frac{1}{24} \int \frac{4dv}{\sqrt{1-v^2}}$$

$$I = \frac{1}{6} \int \frac{dv}{\sqrt{1-v^2}}$$

D'après la formule (12), nous avons:

$$I = \frac{1}{6} \arcsin v + K$$

$$I = \frac{1}{6} \arcsin \frac{u}{4} + K$$

$$I = \frac{1}{6} \arcsin \frac{e^{6x}}{4} + K$$

♦   ♦

Exemple 4-22:

Résoudre $\int \sin x \cos x \, dx$

Solution:

Si nous avons à résoudre $\int \sin x \cos x \, dx$,

il y a plus d'un choix de changement de variable qui s'offrent à nous.

•   Nous pouvons faire concorder l'intégrale à la formule (2) de la page 50. Il faut alors poser:

$$u = \sin x \quad \text{ou} \quad u = \cos x$$

•   Nous pouvons aussi utiliser la formule (6) de la page 50. Il faut à ce moment substituer $\frac{\sin 2x}{2}$ à

$\sin x \cos x$.

[note: $2 \sin x \cos x = \sin 2x$]

Il est important de réaliser que chaque problème n'a pas toujours une seule solution. Il ne faut pas avoir peur de foncer et d'essayer des choses.

Voici ce qu'implique chacun de ces trois changements de variable.

Première alternative:

$$\boxed{u = \sin x}$$

donc $du = \cos x \, dx$

Alors, l'intégrale de départ devient $I = \int u \, du$.

En utilisant la formule (2), nous trouvons:

$$I = \frac{u^2}{2} + K_1$$

Ce qui donne comme réponse à notre problème:

$$I = \frac{\sin^2 x}{2} + K_1. \qquad (A)$$

Seconde alternative:

$$\boxed{u = \cos x}$$

donc $du = -\sin x \, dx$

Alors, notre intégrale de départ devient:

$$I = \int u \left(-du\right) = -\int u \, du .$$

En utilisant encore la formule (2), nous trouvons:

$$I = -\frac{u^2}{2} + K_2$$

et la réponse à notre problème est:

$$I = -\frac{\cos^2 x}{2} + K_2. \qquad (B)$$

Troisième alternative:

$$\boxed{\sin 2x = 2 \sin x \cos x}$$

(quelques identités trigonométriques sont écrites à l'annexe E).

L'intégrande, c'est-à-dire l'expression à intégrer, est alors $\frac{\sin 2x}{2}$.

Écrivons maintenant l'intégrale *I* résultant de ce changement:

$$I = \int \frac{\sin 2x}{2} \, dx$$

Cette intégrale ressemble à la formule (6).

Posons $u = 2x$.

Nous avons alors $du = 2 \, dx$

c'est-à-dire $dx = \frac{du}{2}$.

Après ce changement de variable, notre intégrale de départ devient:

$$I = \int \frac{\sin u}{4} \, du$$

ce qui est:

$$I = \frac{1}{4} \int \sin u \, du$$

En utilisant maintenant la formule (6), nous trouvons:

$$I = \frac{1}{4}(-\cos u) + K_3.$$

La réponse à notre problème est:

$$I = \frac{-\cos 2x}{4} + K_3. \qquad (C)$$

À prime abord, il peut paraître inquiétant de choisir trois alternatives différentes pour un changement de variable et de retrouver trois réponses qui semblent à priori différentes. Mais rassurons-nous immédiatement, *ces trois réponses sont exactement égales* et l'explication se cache derrière la constante d'intégration.

Voyons cela de plus près.

D'après (A), nous avons:

$$I = \frac{\sin^2 x}{2} + K_1$$

En utilisant une identité fondamentale de trigonométrie, nous écrivons:

$$I = \frac{1 - \cos^2 x}{2} + K_1$$

$$I = \frac{1}{2} - \frac{\cos^2 x}{2} + K_1$$

$$I = -\frac{\cos^2 x}{2} + \frac{1}{2} + K_1$$

Cette dernière expression est la même que celle décrite en (B):

$$I = -\frac{\cos^2 x}{2} + K_2$$

où:

$$\frac{1}{2} + K_1 = K_2$$

De plus, d'après (C), nous avons:

$$I = -\frac{\cos 2x}{4} + K_3$$

En utilisant l'identité trigonométrique (5) de l'annexe E, nous pouvons écrire:

$$I = \frac{-(\cos^2 x - \sin^2 x)}{4} + K_3$$

$$= \frac{-(1 - \sin^2 x - \sin^2 x)}{4} + K_3$$

$$= \frac{-(1 - 2\sin^2 x)}{4} + K_3$$

$$= \frac{-1}{4} + \frac{\sin^2 x}{2} + K_3$$

$$= \frac{\sin^2 x}{2} - \frac{1}{4} + K_3$$

Cette fois-ci, nous retrouvons l'expression (A):

$$\frac{\sin^2 x}{2} + K_1$$

où:

$$K_1 = -\frac{1}{4} + K_3$$

De cela et de l'égalité suivante qui a été trouvée précédemment:

$$\frac{1}{2} + K_1 = K_2,$$

nous concluons:

$$K_1 = -1/2 + K_2 = -1/4 + K_3.$$

Nos trois réponses (A), (B) et (C) ne diffèrent que par une constante.

Il ne faut jamais oublier d'écrire la constante d'intégration lorsque nous résolvons une intégrale indéfinie.

Exemple 4-23:

Résoudre $\int (\sin x - \cos x)^2 \, dx$

Solution:

Cette intégrale est en fait:

$$\int (\sin^2 x - 2\sin x \cos x + \cos^2 x) \, dx$$

Donc: $I = \int (1 - 2\sin x \cos x) \, dx$

Après avoir séparé en deux intégrales et résolu la première, nous avons:

$$I = x - 2\int \sin x \cos x \, dx$$

Utilisons le résultat (A) de l'exemple 4-22.

$$I = x - 2\left[\frac{\sin^2 x}{2} + K \right]$$

$$I = x - \sin^2 x + C$$

Note: $C = -2K$.

♦ ♦

Exemple 4-24:

Résoudre $\int \frac{x - x^2 + 1}{1 - x} \, dx$

Solution:

Écrivons $I = \int \frac{x - x^2 + 1}{1 - x} \, dx$

Il faut diviser, car le degré du numérateur est supérieur à celui du dénominateur. Avant de procéder, nous devons prendre grand soin d'ordonner les polynômes par rapport aux puissances *décroissantes* de la variable.

$$\begin{array}{r|l} -x^2 + x + 1 & \underline{-x + 1} \\ \underline{-(-x^2 + x)} & x + \dfrac{1}{-x+1} \\ 0 + 1 & \end{array}$$

L'intégrande est alors:

$$x + \frac{1}{-x+1}$$

L'intégrale de départ devient:

$$I = \int \left[x + \frac{1}{-x+1} \right] dx$$

$$= \int x \, dx + \int \frac{1}{-x+1} \, dx$$

$$= \int x \, dx + I_1 = \frac{x^2}{2} + I_1$$

Tel que mentionné dans l'exemple 4-8, la constante d'intégration K sera écrite seulement à la fin, alors qu'il n'y aura plus d'intégrale à résoudre.

Si nous réussissons à trouver $I_1 = \int \frac{1}{-x+1} \, dx$, nous aurons par le fait même déterminé I.

I_1 ressemble beaucoup à la formule de base (3). Le dénominateur, au lieu d'être u comme dans la formule, est ici $-x + 1$.

Nous posons donc: $u = -x + 1$

et déduisons $du = -dx$.

L'intégrale de départ I devient:

$$I = \frac{x^2}{2} - \int \frac{du}{u}$$

Utilisant la formule de base (3), nous avons:

$$I = \frac{x^2}{2} - ln\,|u| + K$$

Nous obtenons finalement:

$$I = \frac{x^2}{2} - ln\,\left|1-x\right| + K$$

$\blacklozenge$ $\blacklozenge$

Exemple 4-25:

Résoudre l'intégrale $\int \frac{x-3}{x+\sqrt{x}}\,dx$

Solution:

Lorsque nous examinons cette intégrale, nous constatons qu'elle ne correspond pas du tout, à priori, à l'une des formules d'intégration de la page 50.

C'est alors qu'il faut penser à un changement de variable. Celui qui fera en sorte que nous pourrons utiliser une de nos formules de base.

Lorsque nous sommes devant un problème, le changement de variable n'est pas toujours évident, mais souvent, il est facilement imaginable.

En effet, souvent le changement de variable à faire est celui qui nous débarrassera d'un élément indésirable.

Ici, $\sqrt{x}$ nous rend un peu malheureux, donc débarrassons-nous-en... légalement!

Posons:

$$u = \sqrt{x}$$

donc:

$$du = \frac{1}{2\sqrt{x}}\,dx$$

c'est-à-dire $dx = 2\sqrt{x}\,du = 2u\,du$

nous avons alors:

$$I = \int \frac{u^2-3}{u^2+u}\cdot 2u\,du$$

La mise en évidence de u au dénominateur nous permet de simplifier.

D'où:

$$I = \int \frac{(u^2-3)}{(u+1)}\,2\,du$$

N'oublions jamais de diviser lorsque le degré du numérateur est supérieur à celui du dénominateur. Effectuons:

$$
\begin{array}{ll}
u^2 - 3 & \underline{|\ u + 1} \\
-(u^2 + u) & u - 1 - \dfrac{2}{u+1} \\
\overline{-u - 3} & \\
-(-u - 1) & \\
\overline{-2} &
\end{array}
$$

et ainsi: $I = 2\int \left(u - 1 - \dfrac{2}{u+1}\right) du$

Séparons en trois intégrales et remarquons la dernière intégrale: elle ressemble à la formule (3) de base.

En posant $v = u + 1$ dans la troisième intégrale, nous obtenons:

$$I = 2\left[\int u\,du - \int 1\,du - \int \frac{2\,dv}{v}\right]$$

Ainsi:

$$I = u^2 - 2u - 4\,ln|v| + K$$

En remplaçant v par $u+1$, nous obtenons:

$$I = u^2 - 2u - 4\,ln\left|u + 1\right| + K$$

Et finalement, en remplaçant u par $\sqrt{x}$, nous avons:

$$I = |x| - 2\sqrt{x} - 4\,ln\,|\sqrt{x} + 1| + \text{K}$$

$$\blacklozenge\blacklozenge$$

Exemple 4-26:

Résoudre $\displaystyle\int \frac{5x + 3}{x^2 + 4x + 6}\,dx$

Solution:

Nous remarquons un polynôme de degré 2 et un polynôme de degré 1. Nous serions contents si la dérivée du polynôme de degré 2 retombait, à une constante près, sur le polynôme de degré 1.

Il n'en est malheureusement pas ainsi.

La dérivée de $x^2 + 4x + 6$ est $2x + 4$.

Nous avons, dans notre intégrale, $5x + 3$.

Il faut transformer le " $5x + 3$" que nous ne voulons pas et l'écrire en termes de "$2x + 4$" que nous voulons.

Avant de sursauter en voyant la transformation (D) qui est écrite plus bas, gardons en tête que, pour faire égaler deux polynômes en x de degré 1, il faut que les coefficients de chaque puissance de x soient égaux.

Examinons donc la constante que nous devons écrire devant le "$2x$" pour obtenir le "$5x$": c'est naturellement 5/2.

La curiosité nous aura fait regarder la transformation (D).

D'où vient ce "-7" ?

Tout simplement du fait que $\dfrac{5}{2}(2x + 4) = 5x + 10$.

Puisque nous devons avoir $5x + 3$, il faut donc soustraire 7 de 10.

$$5x + 3 = \frac{5}{2}(2x + 4) - 7 \quad \text{(D)}.$$

Comme nous pouvons récrire $5x + 3$ en termes de $2x + 4$, il est naturel de croire que nous pouvons maintenant choisir le changement de variable:

$u = x^2 + 4x + 6$ qui a comme dérivée $2x + 4$.

Parce que l'égalité (D) nous permet d'écrire:

$$\left[5x + 3\right]dx = \left[\frac{5}{2}(2x + 4) - 7\right]dx,$$

l'intégrale de départ devient alors:

$$I = \int \frac{\frac{5}{2}(2x + 4) - 7}{x^2 + 4x + 6}\,dx$$

Nous devons penser à séparer l'intégrale I en deux nouvelles intégrales, puisque le "$- 7$" n'a aucun lien avec la dérivée du dénominateur.

Ainsi:

$$I = \frac{5}{2}\int \frac{(2x + 4)}{x^2 + 4x + 6}\,dx - 7\int \frac{dx}{x^2 + 4x + 6}$$

Pour résoudre la première intégrale, nous posons évidemment $u = x^2 + 4x + 6$ ... Nous serions très malhabiles de ne pas choisir cela!

Pour résoudre la deuxième intégrale, il faut compléter le carré de l'expression au dénominateur. Pourquoi ?

Parce que l'intégrale qui multiplie -7 ne ressemble à aucune autre formule que (14) ou (15). Elle ne peut pas correspondre à (3), car la dérivée du dénominateur est un polynôme de degré 1.

La complétion de carré est une bonne idée, car le numérateur étant de degré 0, il doit être la dérivée d'un degré 1. Après la complétion du carré, nous aurons justement un degré 1 "à la puissance 2".

Procédons:

$$x^2 + 4x + 6 = (x + 2)^2 + 2 \ *$$

Ainsi, I devient:

$$I = \frac{5}{2}\int \frac{du}{u} - 7\int \frac{dx}{(x+2)^2 + 2}$$

La formule de base (3) convient à la première intégrale et la deuxième intégrale coïncidera presque parfaitement avec la formule (14) après le changement de variable $v = x + 2$.

---

* La technique de complétion d'un carré est explicitée à l'annexe C.

I devient maintenant:

$$I = \frac{5}{2} \, ln \, |u| - 7 \int \frac{dv}{v^2 + 2}$$

Cette deuxième intégrale ressemble à la formule (14), mais il faut avoir le terme constant égal à 1.

Transformons donc en mettant "2" en évidence dans l'intégrale et en remplaçant *u* par son expression de *x*:

$$I = \frac{5}{2} \, ln \, \left| x^2 + 4x + 6 \right| - 7 \int \frac{dv}{2\left(\frac{v^2}{2} + 1 \right)}$$

Cette intégrale ressemblera exactement à (14) si:

$$\frac{v^2}{2} = w^2$$

Posons $\frac{v}{\sqrt{2}} = w$ ce qui donne $dv = \sqrt{2} \cdot dw$

$$I = \frac{5}{2} \, ln \, \left| x^2 + 4x + 6 \right| - \frac{7}{2} \int \frac{\sqrt{2} \cdot dw}{w^2 + 1}$$

$$I = \frac{5}{2} \, ln \, \left| x^2 + 4x + 6 \right| - \frac{7}{\sqrt{2}} \int \frac{dw}{w^2 + 1}$$

$$I = \frac{5}{2} \, ln \, \left| x^2 + 4x + 6 \right| - \frac{7}{\sqrt{2}} \, arctg \, w + K$$

$$I = \frac{5}{2} \, ln \, \left| x^2 + 4x + 6 \right| - \frac{7}{\sqrt{2}} \, arctg \, \frac{x+2}{\sqrt{2}} + K$$

$$I = 5 \, ln \, \sqrt{x^2 + 4x + 6} - \frac{7}{\sqrt{2}} \, arctg \, \frac{x+2}{\sqrt{2}} + K$$

◆◆

À cette dernière ligne, une propriété des logarithmes nous a permis d'écrire 1/2 en exposant au polynôme. Aussi, il ne faudrait pas croire que les valeurs absolues ont été oubliées. Le polynôme en question n'a aucune racine réelle et, après vérification, il est positif pour tout *x* réel; les valeurs absolues ne sont donc pas nécessaires. Notons toutefois qu'il n'est jamais erroné de conserver ces valeurs absolues si nous voulons être certains de ne jamais faire d'erreur.

Exemple 4-27:

Résoudre $I = \displaystyle\int \frac{d\theta}{1 + \cos 8\theta}$

Solution:

Nous remarquons un cosinus au dénominateur, mais nous n'avons pas de sinus au numérateur pour constituer la dérivée du cosinus.

Que faire?

Aucune de nos formules ne ressemble à ce problème que nous avons à résoudre.

Il n'y a pas beaucoup d'autres choix que de poser

$u = \cos 8\theta$, mais nous sommes dans une impasse, car nous n'avons pas de "sinus".

Soyons rusés et réfléchissons un peu. Nous savons que $1 - \cos^2 u = \sin^2 u$.

Puisque $1 - \cos^2 u$ est égal à $(1 + \cos u)(1 - \cos u)$ quel que soit *u*, nous pouvons transformer l'intégrale de départ en multipliant le numérateur et le dénominateur par $(1 - \cos 8\theta)$.

Nous obtenons:

$(1 - \cos 8\theta) \, d\theta$ au numérateur

et:

$(1 - \cos 8\theta)(1 + \cos 8\theta)$ au dénominateur.

Ce qui est en réalité $1 - \cos^2 8\theta$ au dénominateur.

Transformons un peu:

$$(1 + \cos 8\theta)(1 - \cos 8\theta)$$
$$= 1 - \cos^2 8\theta$$
$$= \sin^2 8\theta$$

Notre intégrale devient alors:

$$I = \int \frac{(1 - \cos 8\theta) \, d\theta}{(1 + \cos 8\theta)(1 - \cos 8\theta)}$$

$$I = \int \frac{(1 - \cos 8\theta) \, d\theta}{\sin^2 8\theta}$$

Séparons cette intégrale en deux, puisque nous avons uniquement besoin du cos $8\,\theta$ pour reconstituer, à une constante près, la dérivée de $\sin 8\,\theta$.

$$I = \int \frac{d\theta}{\sin^2 8\theta} - \int \frac{\cos 8\theta}{\sin^2 8\theta}\, d\theta$$

$$I = \int \operatorname{cosec}^2 8\theta\, d\theta - \int \operatorname{cosec} 8\theta \operatorname{cotg} 8\theta\, d\theta$$

Posons:

$$u = 8\,\theta,$$

ainsi:

$$du = 8\, d\theta.$$

Après ce changement de variable, et après avoir respectivement utilisé les formules (9) et (11), nous avons:

$$I = \int \frac{\operatorname{cosec}^2 u\, du}{8} - \int \frac{\operatorname{cotg} u \operatorname{cosec} u\, du}{8}$$

$$I = -\frac{\operatorname{cotg} u}{8} + \frac{\operatorname{cosec} u}{8} + K$$

$$I = \frac{-\operatorname{cotg} 8\theta}{8} + \frac{\operatorname{cosec} 8\theta}{8} + K$$

$$\blacklozenge \quad \blacklozenge$$

Retenons ceci:

1) Pour résoudre une intégrale, il est permis de faire autant de changements de variable qu'il nous plaira.

2) Quelquefois la réponse d'une intégrale indéfinie peut être explicitée de plusieurs façons différentes (voir exemple 4-22). S'il n'y a pas eu erreur dans la résolution, toutes ces réponses seront égales *à une constante près.*

3) La technique de résolution par changement de variable est de loin la plus puissante de toutes les techniques d'intégration et il ne serait pas exagéré de dire qu'environ 90% des intégrales que nous aurons à déterminer se résoudront par changement de variable. Donc ayons l'oeil aiguisé !

EXERCICES – CHAPITRE 4

Niveau 1

section 4.2

4-1 À l'aide *uniquement* des formules de base, résoudre les intégrales suivantes:

a) $\displaystyle\int x^6\, dx$

b) $\displaystyle\int \sin p\; dp$

c) $\displaystyle\int \operatorname{cosec}^2 y\; dy$

d) $\displaystyle\int \frac{dz}{1+z^2}$

e) $\displaystyle\int \sqrt{x}\, dx$

f) $\displaystyle\int x^e\, dx$

g) $\displaystyle\int x^{p/q}\, dx \qquad (p/q \neq -1)$

h) $\displaystyle\int \sqrt{x^{7/3}}\, dx$

i) $\displaystyle\int \frac{1}{\sqrt[3]{x^2}}\, dx$

j) $\displaystyle\int dx$

4-2 À l'aide des formules de base et des propriétés de l'intégrale, résoudre les intégrales suivantes:

a) $\displaystyle\int 8\, dx$

b) $\int \dfrac{3}{2x} \, dx$

c) $\int (\text{tg } x \sec x + x^2) \, dx$

d) $\int (\sec^2 x - x^3 + e^x) \, dx$

e) $\int (4x^2 - 2 e^x + \sin x - \text{cosec}^2 x) \, dx$

f) $\int (4e^x - \sin x + \dfrac{1}{x}) \, dx$

g) $\int (x^{13} + x^{-13}) \, dx$

h) $\int \left[\dfrac{1}{x} + \dfrac{1}{x^2} \right] dx$

i) $\int \sqrt{px} \, dx \qquad\qquad (p \geq 0)$

j) $\int \dfrac{1 + 6\, x^{2/3}}{3x} \, dx$

k) $\int p^2 \, x \, m^3 \, dx$

l) $\int p^2 \, x \, m^3 \, dp$

m) $\int p^2 \, x \, m^3 \, dm$

n) $\int p^2 \, x \, m^3 \, dy$

o) $\int (3x - 5y + 4) \, dx$

p) $\int (3x - 5y + 4) \, dy$

4-3   Résoudre les intégrales suivantes après avoir transformé les intégrandes. (Indiquer les restrictions sur la variable lors d'une simplification.)

a) $\int \dfrac{\text{tg } x \; \sin x}{\cos x \, (1 - \cos^2 x)} \, dx$

b) $\int \dfrac{9}{1 - \sin^2 x} \, dx$

c) $\int \left[x - \dfrac{1}{x} \right]^2 dx$

d) $\int (5a - x)^2 \, dx$

e) $\int \dfrac{x^3 - 3x^2 + 2x}{x^2 - x} \, dx$

f) $\int \dfrac{x^2 + 4x + 3}{x^2 \, (x + 1)} \, dx$

section 4.3

4-4 Utiliser les changements de variable indiqués pour résoudre les intégrales suivantes:

a) $\int (3x^2 + 1)(x^3 + x)^{12} \, dx \qquad u = x^3 + x$

b) $\int 8x^7 \sqrt[3]{x^8 + 1} \, dx \qquad u = x^8 + 1$

c) $\int \dfrac{dx}{\sqrt{1 - 9x^2}} \qquad u = 3x$

d) $\int \dfrac{x^3}{\sqrt{1 - 9x^8}} \, dx \qquad u = 3x^4$

e) $\int \dfrac{\text{tg } x \; \sec^2 x}{1 + \text{tg}^4 x} \, dx \qquad u = \text{tg}^2 x$

f) $\int \dfrac{x \, dx}{\sqrt{1 - 9x^2}} \qquad u = 1 - 9x^2$

g) $\int \dfrac{x\sqrt{x} + 2x + \sqrt{x} + 3}{2 \; x \sqrt{x}} \, dx \qquad u = \sqrt{x}$

h) $\displaystyle\int \frac{dx}{1 - \sqrt{x}}$ $\qquad u = 1 - \sqrt{x}$

4-5 Pour chacune des intégrales de la colonne de gauche notées de A à M, choisir dans la colonne de droite la lettre minuscule correspondant au changement de variable qu'il faudrait effectuer pour la résoudre:

A - $\displaystyle\int 2x \sqrt{3 + x^2}\, dx$ $\qquad$ a) $x^3 - 4$

B - $\displaystyle\int 3(x^3 - 4)^{11} x^2\, dx$ $\qquad$ b) $3 + x^2$

C - $\displaystyle\int \frac{x^3\, dx}{\sqrt{x^4 - 3}}$ $\qquad$ c)$u = x^2 + 2x + 2$

D - $\displaystyle\int x \cos(x^2 + 4)\, dx$ $\qquad$ d) $u = \sqrt{1 + x}$ ou $u = 1 + \sqrt{1 + x}$

E - $\displaystyle\int \sin x \, \cos^7 x \, dx$ $\qquad$ e) $u = \sin x$

F - $\displaystyle\int \frac{\cos x \, dx}{\sqrt{4 + \sin^2 x}}$ $\qquad$ f) $u = x^4 - 3$

G - $\displaystyle\int \frac{4x^5\, dx}{\sqrt{9 + x^6}}$ $\qquad$ g) $u = \cos x$

H - $\displaystyle\int x \, e^{-x^2}\, dx$ $\qquad$ h) $u = x^2 + 4$

I - $\displaystyle\int \frac{dx}{x\,(3 + \ln x)}$ $\qquad$ i) $u = x^3$

J - $\displaystyle\int \frac{12x + 12}{x^2 + 2x + 2}\, dx$ $\qquad$ j) $u = x - 1$

K - $\displaystyle\int \frac{x^2 - 2x + 2}{x^2 - 2x + 1}\, dx$ $\qquad$ k) $u = -x^2$

L - $\displaystyle\int \frac{dx}{\sqrt{1 + \sqrt{1 + x}}}$ $\qquad$ l) $u = 9 + x^6$

M - $\displaystyle\int \frac{x^2\, dx}{\sqrt{9 + x^6}}$ $\qquad$ m) $u = 3 + \ln x$

4-6 Utiliser un changement de variable approprié pour résoudre les intégrales suivantes:

a) $\displaystyle\int 3x^2 \left[x^3 + 1\right]^{1/5} dx$

b) $\displaystyle\int x^4 \, (x^5 - 6)^7\, dx$

c) $\displaystyle\int \frac{\sin x \, dx}{\sqrt[7]{3 + 5\cos x}}$

d) $\displaystyle\int \frac{e^{8x}\, dx}{\sqrt{1 - e^{8x}}}$

e) $\displaystyle\int \frac{e^{4x}\, dx}{\sqrt{1 - e^{8x}}}$

f) $\displaystyle\int \frac{x^2\, dx}{1 + x^6}$

g) $\displaystyle\int \frac{x^2\, dx}{1 + 4\,x^6}$

h) $\displaystyle\int \frac{x^2\, dx}{9 + 16\,x^6}$

4-7 Trouver y si:

a) $\displaystyle y = \int \frac{3x^2 - 4x}{x^3 - 2x^2}\, dx$

b) $\displaystyle \frac{dy}{dx} = \frac{\sin x}{1 - \cos x}$

c) $\dfrac{dy}{dx} = \dfrac{1}{x \ln x}$

d) $\dfrac{dy}{dx} = 6(x^2 - 4x)^3 (x - 2)$

e) $\dfrac{dy}{dx} = \dfrac{1}{\sqrt{5 - 7x}}$

f) $y = \displaystyle\int \dfrac{3x + 12}{(x^2 + 8x + 17)^2}\, dx$

g) $\dfrac{dy}{dx} = x\sqrt{x - 4}$

4-8 Résoudre les intégrales suivantes en effectuant au préalable une division de polynômes:

a) $\displaystyle\int \dfrac{x^2 - 4x + 1}{x - 4}\, dx$

b) $\displaystyle\int \dfrac{x^5 + x^4 + x^3 + 2x + 1}{x^2 + x + 1}\, dx$

c) $\displaystyle\int \dfrac{x^3 - 1}{x^2 - 1}\, dx$

4-9 Intégrer $1/(5x)$ de deux façons différentes et expliquer pourquoi les résultats sont exacts malgré qu'ils soient différents.

4-10 Intégrer $(x^5 + 2)^2 x^4$ de deux façons différentes et expliquer pourquoi les deux résultats sont exacts malgré qu'ils soient différents.

4-11 Résoudre les intégrales suivantes:

a) $\displaystyle\int \dfrac{x}{x^2 + 1}\, dx$

b) $\displaystyle\int \dfrac{x^2\, dx}{x^3 + 5}$

c) $\displaystyle\int \dfrac{e^x}{e^x + 5}\, dx$

d) $\displaystyle\int \dfrac{e^{6x}}{e^{6x} + 1}\, dx$

e) $\displaystyle\int \dfrac{e^x}{(9 - e^x)^5}\, dx$

f) $\displaystyle\int \dfrac{e^{1/x}}{x^2}\, dx$

g) $\displaystyle\int \dfrac{dx}{(ax + b)^2}$

h) $\displaystyle\int x\sqrt{2 - x^2}\, dx$

i) $\displaystyle\int \dfrac{dx}{\sqrt{x - 3}}$

j) $\displaystyle\int \dfrac{dx}{\sqrt{3 - x}}$

k) $\displaystyle\int \dfrac{x\, dx}{\sqrt{1 + x^2}}$

l) $\displaystyle\int \dfrac{x}{\sqrt{2x^2 + 1}}\, dx$

m) $\displaystyle\int \dfrac{24x^2 + 32x + 4}{2x^3 + 4x^2 + x}\, dx$

n) $\displaystyle\int \dfrac{\sin(\ln x)}{x}\, dx$

o) $\displaystyle\int \dfrac{\ln^3 x\, dx}{x}$

p) $\displaystyle\int \dfrac{\ln x^3\, dx}{x}$

q) $\displaystyle\int \dfrac{dx}{\sqrt{x}\,(1 + \sqrt{x})^{12}}$

r) $\displaystyle\int \dfrac{dx}{x\sqrt{25x^2 - 16}}$

s) $\displaystyle\int \dfrac{dx}{\sqrt{25 - 16x^2}}$

4-12 Résoudre les intégrales suivantes:

a) $\displaystyle\int \frac{x^2+1}{x}\ dx$

b) $\displaystyle\int \frac{2x^3+11x^2+11x-19}{2x^2+5x-8}\ dx$

c) $\displaystyle\int \frac{x^{1/3}+2}{x^{1/3}+1}\ \frac{dx}{x^{2/3}}$

d) $\displaystyle\int x\ \sqrt{1+x}\ dx$

e) $\displaystyle\int x\ \sqrt[3]{2-x}\ dx$

f) $\displaystyle\int x^2\ \sqrt{5-x}\ dx$

g) $\displaystyle\int \frac{x^3\ dx}{\sqrt{1+x^2}}$

h) $\displaystyle\int \frac{x}{\sqrt{2+5x}}\ dx$

4-13 Résoudre les intégrales suivantes:

a) $\displaystyle\int 20\ x^7\ \sqrt{5+x^4}\ dx$

b) $\displaystyle\int x^5\ (5+x^3)^{17}\ dx$

c) $\displaystyle\int \frac{dx}{(1+\sqrt{x})}$

d) $\displaystyle\int \frac{e^{3x}}{e^{6x}+1}\ dx$

e) $\displaystyle\int \frac{x\ dx}{16+x^4}$

f) $\displaystyle\int \frac{2\ dx}{x^2+2x+2}$

g) $\displaystyle\int \frac{e^{x/2}+e^{-x/2}}{2}\ dx$

4-14 Résoudre les intégrales suivantes:

a) $\displaystyle\int e^{\sec x}\ \sec x\ \operatorname{tg} x\ dx$

b) $\displaystyle\int \frac{e^{\arccos x}}{\sqrt{1-x^2}}\ dx$

c) $\displaystyle\int x^4\ \sec^2(x^5)\ dx$

d) $\displaystyle\int \sec^2(\sec x)\ \operatorname{tg} x\ \sec x\ dx$

e) $\displaystyle\int \frac{\sec^3\sqrt{x}\ \operatorname{tg}\sqrt{x}}{\sqrt{x}}\ dx$

f) $\displaystyle\int 2^{\sin x}\ \cos x\ dx$

g) $\displaystyle\int \frac{\cos\,\ln x}{x}\,dx$

h) $\displaystyle\int \frac{\ln\,\arcsin x^2}{\arcsin x^2\ \sqrt{1-x^4}}\ x\,dx$

i) $\displaystyle\int \frac{\ln(e^x+\sin x)\ (e^x+\cos x)}{(e^x+\sin x)}\ dx$

j) $\displaystyle\int \operatorname{cotg}(x/2)\ dx$

k) $\displaystyle\int \operatorname{tg}(5x)\ dx$

l) $\displaystyle\int \frac{\sin\theta}{1-\sin^2\theta}\ d\theta$

m) $\displaystyle\int \frac{\sin\theta}{\sqrt{1-\sin^2\theta}}\,d\theta$ où $\theta \in\ ]{-}\pi/2,\ \pi/2[$

n) $\displaystyle\int \frac{\cos x\ dx}{\sqrt[5]{1-\sin x}}$

o) $\displaystyle\int \frac{(3-\sin^2\theta)\cos\theta}{1+\sin^2\theta}\,d\theta$

p) $\displaystyle\int \frac{(\sin^2 x + 2)\cos x}{\sin x + 1}\ dx$

q) $\displaystyle\int \frac{\sin x}{\cos^2 x + 4}\ dx$

r) $\displaystyle\int \frac{\sin x\ \cos x}{1 + 36(\cos x)^4}\ dx$

Niveau 2

4-15 Résoudre ces intégrales de la même façon que l'a été l'intégrale de l'exemple 4-26 à la page 63.

[note: si la notion de complétion de carré n'est pas acquise, il est suggéré de lire tout d'abord l'annexe C à la page 298 et de résoudre les 5 exercices de la page 299]

a) $\displaystyle\int \frac{2x + 6}{x^2 + 2x + 2}\ dx$

b) $\displaystyle\int \frac{x + 3}{x^2 + 8x + 17}\ dx$

c) $\displaystyle\int \frac{-2x + 1}{\sqrt{-x^2 - 2x}}\ dx$

d) $\displaystyle\int \frac{x^2 - 4}{x^3 - 8}\,dx$

4-16 Multiplier le numérateur et le dénominateur par l'expression conjuguée pour résoudre les intégrales suivantes:

a) $\displaystyle\int \frac{dx}{1 - \cos x}$

b) $\displaystyle\int \frac{dx}{\sec x + 1}$

c) $\displaystyle\int \frac{dx}{1 + \sin 2x}$

d) $\displaystyle\int \frac{dx}{1 - \sec 3x}$

4-17 Résoudre les intégrales suivantes:

a) $\displaystyle\int x\,k^{x^2}\,dx$ (k est une constante)

b) $\displaystyle\int x^7\ \sqrt{1 + x^2}\ dx$

c) $\displaystyle\int \frac{e^k\,x\,dx}{e^k\,x + k}$

d) $\displaystyle\int x\ \sqrt{(10 + ex)^e}\ dx$

e) $\displaystyle\int \frac{dx}{\sin x - 1}$

f) $\displaystyle\int \frac{dx}{\cos x + 1}$

g) $\displaystyle\int \frac{4x + 7}{x^2 + 4x + 5}\,dx$

h) $\displaystyle\int \frac{4x - 7}{2x^2 - 8x + 26}\,dx$

i) $\displaystyle\int \frac{dx}{4\sqrt[4]{x}\ (1 + \sqrt{x})}$ *

* [indice pour i: poser $u = x^{1/4}$ afin que chaque puissance fractionnaire de x se transforme en une puissance entière de u]

j) $\displaystyle\int \frac{x^{5/6} + 1}{x^{5/6}(x^{1/3} + 1)}\ dx$

k) $\displaystyle\int \frac{x^{1/2}}{x^{1/3} + 2x^{1/6} + 1}\,dx$

l) $\displaystyle\int \frac{\operatorname{tg}^3 \sqrt{s}\ +\ \sec^2 \sqrt{s}}{\sqrt{s}}\ ds$

5

ÉQUATIONS DIFFÉRENTIELLES

Nous sommes encore à nos premiers balbutiements en ce qui a trait à l'intégration et nous nous demandons probablement à quoi peut servir toute cette théorie.

On nous a dit de ne jamais oublier d'écrire la constante d'intégration: la résolution des équations différentielles nous prouvera le rôle important de cette constante.

Aussi, plusieurs phénomènes suivent le modèle de solutions d'équations différentielles, c'est pourquoi nous les étudions. Le cadre de ce cours étant relativement restreint, nous nous concentrerons uniquement sur les équations différentielles d'ordre un à variables séparables.

5.1 DÉFINITIONS DES NOTIONS

Une équation différentielle est une équation qui met en relation:

- une variable indépendante (disons x)
- une fonction de la variable indépendante (disons $y = f(x)$)
- les dérivées de la fonction (disons y', y'', y''', etc.).

Exemple 5-1:

$$y' + y'' + \cos x = y \qquad (A)$$
$$y + y' = t \qquad (B)$$
$$3u'' + 3u = 0 \qquad (C)$$

Ce sont trois équations différentielles.

Dans l'équation (A), la variable indépendante est x, et la fonction est notée y;

Dans l'équation (B), la variable indépendante est t, et la fonction est y. Même si l'équation comporte les termes t et y, il faut déduire que t est la variable indépendante et que la fonction est y à cause du terme y' présent dans l'équation.

Dans l'équation (C), nous sommes devant une fonction u, mais rien ne nous indique le nom de la variable indépendante: nous avons donc la liberté de lui donner le nom qui nous plaît.

L'équation différentielle (C) a comme solution:

$$u = \cos x + \sin x$$

Nous disons que $u = \cos x + \sin x$ est solution de cette équation différentielle parce que, en remplaçant u et u'' dans (C), l'équation différentielle $3u'' + 3u = 0$ est validée.

Vérifions ces dires.

Si $u = \cos x + \sin x$,

alors:

$$u' = -\sin x + \cos x$$

$$u'' = -\cos x - \sin x$$

$3u'' + 3u = 0$ devient donc:

$$3(-\cos x - \sin x) + 3(\cos x + \sin x) = 0$$

$$-3\cos x - 3\sin x + 3\cos x + 3\sin x = 0$$

$$0\cos x + 0\sin x = 0$$

$$0 = 0$$

L'équation différentielle est effectivement vérifiée.

Définition 1:

Toute application qui vérifie une équation différentielle est appelée *solution* de cette équation.

Puisque nous nous limitons aux équations différentielles de premier ordre à variables séparables, nous ne réussirons pas, avec la théorie exposée dans ce chapitre, à trouver une solution à n'importe laquelle équation différentielle.

Définition 2:

L'ordre d'une équation différentielle est celui de sa dérivée la plus élevée.

Par exemple, une équation différentielle de premier ordre serait celle où seule la dérivée première de f par rapport à x apparaîtrait. Parmi les exemples cités précédemment l'équation différentielle (B) est d'ordre 1 et les équations (A) et (C) sont d'ordre 2.

Définition 3:

Lorsqu'une équation différentielle est énoncée et qu'une ou plusieurs conditions sont imposées, la solution qui remplit toutes ces exigences est appelée *solution particulière* de l'équation différentielle.

Exemple 5-2:

Résoudre l'équation différentielle $y' = x$.

Solution:

Écrire $y' = x$ est équivalent à écrire:

$$\frac{dy}{dx} = x$$

Puisque nous cherchons y, séparons les variables et mettons toutes celles du même nom d'un même côté:

$$dy = x\,dx$$

En intégrant les deux membres de l'égalité, nous obtenons:

$$\int dy = \int x\,dx$$

$$y + k = \frac{x^2}{2} + C$$

Isolons y:

$$y = \frac{x^2}{2} + C - k$$

Les deux constantes C et k écrites d'un même côté de l'égalité peuvent se synthétiser en une seule constante K. Ainsi, nous avons:

$$y = \frac{x^2}{2} + K$$

$$\blacklozenge\blacklozenge$$

$y = \frac{x^2}{2} + K$ est la solution générale de l'équation différentielle $y' = x$.

Nous parlons de "solution générale", car en remplaçant K par une valeur réelle quelconque, l'équation différentielle $y' = x$ est toujours vérifiée.

Il est bon de souligner que pour toute valeur K, l'allure de la fonction sera exactement la même, c'est-à-dire que ce sera toujours une parabole ouverte vers le haut.

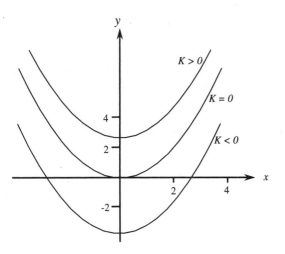

Figure 5-1

Exemple 5-3:

Trouver la solution particulière de l'équation différentielle $y' = x$ si $x = 4$ lorsque $y = 3$.

Solution:

L'équation différentielle est celle de l'exemple 5-2.

Trouver la solution particulière revient à déterminer K afin de vérifier l'équation:

$$y = \frac{x^2}{2} + K \text{ lorsque } x = 4 \text{ et } y = 3.$$

Ainsi, nous devons vérifier:

$$3 = \frac{16}{2} + K$$

donc:

$$K = 3 - 8 = -5$$

La solution particulière de l'équation différentielle est:

$$y = \frac{x^2}{2} - 5$$

◆ ◆

Exemple 5-4:

Résoudre l'équation différentielle:

$$\frac{dy}{dx} = e^x \text{ si } x = 0 \text{ lorsque } y = -3 \qquad (1)$$

Séparons les variables pour obtenir:

$$dy = e^x \, dx$$

$$\int dy = \int e^x \, dx$$

$$y = e^x + K$$

Il faut que $y = -3$ lorsque $x = 0$. D'où:

$$-3 = e^0 + K$$

$$K = -4$$

La solution particulière de l'équation différentielle (1) est:

$$y = e^x - 4$$

◆ ◆

Visualisons avec un dessin:

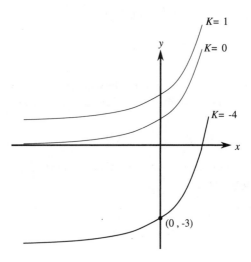

Figure 5-2

Nous réalisons que pour toute constante K, la solution générale a l'allure d'une exponentielle et que pour la seule et unique valeur $K = -4$, la courbe passe par le point $(0, -3)$. Pour la valeur spécifique $K = -4$, la solution particulière est dévoilée.

C'est donc dire que la solution générale d'une équation différentielle sera représentée par une infinité de courbes ayant toutes la même allure et que la solution particulière le sera par une seule et unique courbe.

Exemple 5-5:

En considérant les conditions énoncées, résoudre l'équation différentielle suivante en exprimant la variable y en fonction de la variable x :

$$\frac{dy}{dx} = \frac{x}{y} \qquad (2)$$

$$y < 0; \text{ et } y = -5 \text{ lorsque } x = 4.$$

Solution:

Le point $(4, -5)$ est sur la courbe dont nous cherchons l'équation.

En utilisant le produit des extrêmes qui est égal au produit des moyens dans l'équation (2), nous obtenons:

$$y\,dy = x\,dx$$

Intégrons les deux membres de l'égalité:

$$\int y\,dy = \int x\,dx$$

$$\frac{y^2}{2} + k = \frac{x^2}{2} + C$$

Pour la même raison qu'à l'exemple 5-2, les constantes peuvent être regroupées d'un seul côté:

$$\frac{y^2}{2} = \frac{x^2}{2} + K \qquad (3)$$

Les coordonnées $x = 4$ et $y = -5$ doivent satisfaire l'équation (3).

Ainsi:

$$\frac{25}{2} = \frac{16}{2} + K$$

La valeur de K est donc 9/2.

Nous avons:

$$\frac{y^2}{2} = \frac{x^2}{2} + \frac{9}{2}$$

En multipliant par 2 les deux membres de l'égalité, nous obtenons $y^2 = x^2 + 9$.

Le problème n'est toutefois pas terminé, car il faut trouver y.

$$y = +\sqrt{x^2 + 9} \quad \text{ou bien} \quad y = -\sqrt{x^2 + 9}$$

Or, $y < 0$.

Donc, il faut rejeter:

$$y = +\sqrt{x^2 + 9}$$

et écrire la solution particulière:

$$y = -\sqrt{x^2 + 9}$$

Maintenant le problème est terminé.

◆◆

Il est toutefois intéressant de visualiser notre résultat.

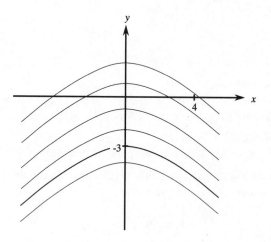

Figure 5-3

La solution particulière est l'une des branches de l'hyperbole d'équation $y^2 - x^2 = 9$.

Résumé de cet exemple:

La solution **générale** de l'équation différentielle (2) est:

$$y = -\sqrt{x^2 + K}$$

La solution **particulière** de l'équation différentielle (2) est:

$$y = -\sqrt{x^2 + 9}$$

(Remarquer sur la figure 5-3, la courbe tracée de façon plus évidente)

5.2 APPLICATIONS CONCRÈTES

Exemple 5-6:

Les appareils reliés aux ordinateurs, c'est bien connu, se déprécient très rapidement. Si Karl achète aujourd'hui un ordinateur, une imprimante et plusieurs logiciels au prix de 28 000 $, en sachant très bien que le taux de dépréciation annuel est de $2240\,t - 11\,300$ $, où t représente le nombre d'années, que vaudra son investissement dans quatre ans?

Solution:

Soit $V(t)$ = valeur en dollars du système informatique au temps t.

Nous savons par la donnée du problème que:

$$\frac{dV}{dt} = 2240t - 11\,300$$

En multipliant les deux membres de l'égalité par l'élément différentiel dt, nous obtenons:

$$dV = (2240t - 11\,300)\, dt$$

puis, en intégrant les deux membres, nous avons:

$$\int dV = \int (2240t - 11\,300)\, dt$$

$$V(t) = 1120\,t^2 - 11\,300t + K$$

Il faut trouver la valeur de K. C'est la connaissance d'une condition particulière qui nous la fera trouver.

Nous savons que l'ordinateur a été acheté au prix de 28 000 $, donc servons-nous en!

Puisque $t = 0$ est le moment de l'achat, nous pouvons affirmer que $V(0) = 28\,000$.

Aussi:

$$V(0) = 1120\,(0)^2 - 11\,300\,(0) + K$$

c'est-à-dire, $V(0) = 0 - 0 + K = K$

Nous connaissons ainsi la valeur de K:

$$K = 28\,000, \text{ et alors:}$$

$$V(t) = 1120t^2 - 11\,300t + 28\,000$$

Maintenant que nous connaissons la valeur du système informatique en tout temps t, nous pouvons répondre à une foule de questions. Entre autres, celle qui était posée.

Question 1: Que vaut l'investissement quatre ans après la date d'achat?

Il suffit de remplacer t par 4 dans l'équation $V(t)$:

$$V(4) = 1120\,(16) - 11\,300\,(4) + 28\,000 = 720$$

♦ ♦

Question 2: Combien d'années faudra-t-il attendre pour que le système informatique ne vaille plus rien?

Encore ici, il suffit de se référer à l'équation exprimant $V(t)$. Par contre, ce n'est pas t qui nous est donné, mais bien $V(t)$.

En effet, nous voulons connaître en quelle année (donc t), la valeur du système informatique (donc $V(t)$) est égale à 0 $.

Il nous faut écrire:

$$0 = 1\,120t^2 - 11\,300t + 28\,000$$

En divisant par 10 des deux côtés, nous avons:

(*Cette opération n'est pas obligatoire mais elle permet de diminuer les nombres.*)

$$0 = 112t^2 - 1\,130t + 2\,800$$

Nous pouvons maintenant utiliser la formule quadratique qui nous identifiera t.

$$t = \frac{1\,130 \pm \sqrt{1\,130^2 - 4 \times 112 \times 2\,800}}{224}$$

$$t = \frac{1\,130 \pm 150}{224}$$

$$t = 4,375 \ \text{ ou } \ t = 5,714$$

Les deux valeurs de t sont-elles appropriées? La réponse est non et la raison est simple. $V(t)$ est une fonction décroissante sur l'intervalle de $-\infty$ jusqu'à la valeur de t de son sommet.

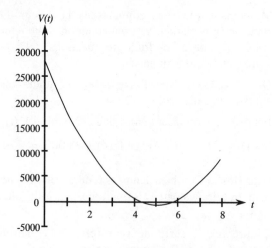

Figure 5-4

La valeur de t au sommet de la parabole peut être trouvée en considérant que $V' = 0$ pour cette valeur précise de t. Nous aurons:

$$V'(t) = [1\,120t^2 - 11\,300t + 28\,000]'$$

$$V'(t) = 2\,240t - 11\,300$$

Pour que $V'(t) = 0$, il faut:

$$224t - 1\,130 = 0$$

c'est-à-dire: $t = 5,0446$

La valeur de t au sommet de la parabole aurait aussi pu être trouvée en utilisant les formules qui donnent les coordonnées du sommet d'une parabole.

Dans notre problème, il est clairement dit que $V(t)$ décroît, donc il serait carrément illogique de considérer des valeurs de t où V croît. Il ne serait par logique de considérer les valeurs de t supérieures à 5,0446.

Nous sommes donc dans l'obligation de rejeter la valeur $t = 5,714$. La seule valeur à conserver est donc $t = 4,375$. C'est-à-dire qu'après 4 ans et 4 mois et demi, le système informatique ne vaut plus rien.

Définition:

Nous disons que deux quantités A et B sont directement proportionnelles si $A = KB$ pour une certaine constante K.

Nous réalisons que si une quantité augmente, alors l'autre augmente aussi et que si l'une diminue, alors l'autre diminue aussi. D'où le qualificatif: *directement proportionnel*.

Définition:

Nous disons que deux quantités A et B sont inversement proportionnelles si, pour une certaine constante K, nous avons $A = \dfrac{K}{B}$.

Si une quantité augmente, alors l'autre doit obligatoirement diminuer et si l'une diminue, alors l'autre devra augmenter. D'où le qualificatif: *inversement proportionnel*.

Plusieurs équations différentielles suivent l'un ou l'autre de ces deux modèles: la variation instantanée d'une population, le capital placé dans un compte à intérêts composés continuellement, la demi-vie d'un élément radioactif, le taux de variation du courant en fonction du temps dans un condensateur, la loi de refroidissement d'un corps, etc.

Les équations différentielles où les variables sont directement proportionnelles voient des applications en physique avec le concept de radioactivité et plus précisément avec le concept de demi-vie.

5.2.1 Demi-vie

Certains éléments radioactifs sont instables et, à l'intérieur d'un certain laps de temps, une proportion fixe des atomes se désintègrent spontanément pour former des atomes d'un autre élément.

Le célèbre physicien Ernest Rutherford (1871-1937) a montré que la radioactivité d'une substance était *directement proportionnelle* au nombre d'atomes présents dans la substance.

Si $N(t)$ désigne le nombre d'atomes présents à un certain temps t alors dN/dt (le nombre d'atomes qui se désintègrent par unité de temps) est directement proportionnel à N.

Cela se traduit par l'équation:

$$\frac{dN}{dt} = -KN \qquad (4)$$

C'est une équation différentielle et K est une constante positive connue sous le nom de *constante de désintégration de la substance.*

Le signe (–) illustre que le taux de variation est négatif, donc *N* diminue en fonction du temps.

Évidemment, plus K sera grand, plus la substance se désintégrera vite. *La demi-vie est définie comme le temps requis pour que la moitié d'une certaine quantité d'atomes radioactifs se désintègre.*

Comme nous pouvons le voir sur les dessins ci-dessous, les carrés qui deviennent de moins en moins foncés illustrent la diminution des atomes radioactifs:

Généralement, lorsque nous pensons à demi-vie, nous pensons à la datation d'ossements de dinosaures, de momies égyptiennes, de roches ayant été présentes à l'aube des temps, etc.

Nous sommes donc souvent portés à penser que les demi-vies sont des nombres "astronomiques". Il est vrai que certains éléments ont une demi-vie prodigieusement longue, comme celle de l'uranium-238 qui est de 4,5 milliards d'années, ou de l'uranium-234 qui est de 250 000 ans.

Tous les éléments radioactifs n'ont toutefois pas des demi-vies très longues.   Citons en exemple les demi-vies de certains éléments.

plomb-210: 22 ans

thorium-234: 24 jours

radon-222: 3 jours et quatre cinquièmes

plomb-214: 27 minutes

polonium-218: 3 minutes

polonium-214: moins d'une seconde!!

La demi-vie sert entre autres à dater des peintures. En effet, toute peinture contient une petite quantité de plomb-210 qui est radioactif et qui nous permet de la dater.

Les charlatans, malgré leurs grands talents d'imitateur, ne peuvent repousser la radioactivité et n'ont d'autre choix que d'avouer leur délit devant les découvertes de la physique atomique qui permettent de distinguer une "Mona Lisa" peinte en 1900 de l'originale qui l'a été en 1503.

L'équation (4) peut être écrite autrement si nous considérons la *masse* de la matière radioactive plutôt que le *nombre d'atomes* radioactifs.

Nous pouvons écrire:

$$\frac{dM}{dt} = CM$$

Évidemment, *C* est négatif, car il y a diminution de la masse radioactive.

Résolvons maintenant l'équation différentielle reliée à la demi-vie d'un élément.

Soit $M(t)$, la masse présente au temps t.

$$\frac{dM}{dt} = CM$$

$$\frac{dM}{M} = Cdt$$

$$\int \frac{dM}{M} = \int Cdt$$

$$ln\,|M| = Ct + K$$

Si nous supposons que la masse de l'élément radioactif était au départ M_0, nous pouvons écrire:

$$ln\,|M_0| = C\,(0) + K$$

c'est-à-dire:

$$ln\,|M_0| = K$$

Alors, l'équation différentielle s'écrit:

$$ln\,|M| = C\,t + ln\,|M_0|$$

Il faut maintenant trouver C.

Nous nous servirons d'une autre condition que nous connaissons, à savoir qu'après le temps d'une demi-vie, la masse n'est plus que la moitié de ce qu'elle était au départ.

après le temps d'une demi-vie

$$\frac{M_0}{2}$$

Posons que la durée de la demi-vie est T. Nous avons alors cette obligation à satisfaire:

$$ln\,\left|\frac{M_0}{2}\right| = C\,T + ln\,|M_0|$$

Transformons cette équation et identifions C:

$$ln\,\left|\frac{M_0}{2}\right| - ln\,|M_0| = C\,T$$

En utilisant une propriété des logarithmes et le fait que M_0 ne sera jamais négatif, nous écrivons:

$$ln\,|M_0| - ln\,2 - ln\,|M_0| = C\,T$$

$$- ln\,2 = C\,T$$

$$\frac{- ln\,2}{T} = C$$

Nous avons donc l'équation:

$$ln\,|M| = C\,t + ln\,|M_0|$$

qui devient, en remplaçant l'expression de C:

$$ln\,|M| = \frac{- ln\,2}{T}\,t + ln\,|M_0|$$

La masse sera toujours positive, donc nous pouvons supprimer les valeurs absolues:

$$ln\,M = \frac{-t}{T}\,ln\,2 + ln\,M_0$$

Pour chaque élément radioactif, nous savons que T est fixe. Par conséquent, si nous connaissons la masse radioactive initiale, cette équation nous permettra de déterminer la masse radioactive en tout temps t. En effet, dans cette dernière équation, seules les lettres t et M peuvent prendre des valeurs variables.

Nous pouvons toutefois transformer cette équation comportant des logarithmes en une autre qui n'en contiendra plus.

$$ln\,M = ln\,2^{-t/T} + ln\,M_0$$

$$ln\,M = ln\,\left[2^{-t/T}\,M_0\right]$$

$$M = 2^{-t/T}\,M_0$$

$$M = \left(\frac{1}{2}\right)^{t/T}\,M_0$$

Nous découvrons alors une autre expression donnant la masse radioactive présente en tout temps t.

Question: Après combien de temps les deux tiers de la masse radioactive se sera-t-elle transformée ?

Réponse: Si les deux tiers de la masse s'est transformée, c'est qu'il reste le tiers de la masse initiale.

Pour déterminer le temps nécessaire, il faudra avoir, pour un certain temps t:

$$M(t) = \frac{M_0}{3}$$

Nous avons alors à résoudre:

$$\frac{M_0}{3} = 2^{-t/T} \, M_0$$

$$\frac{1}{3} = 2^{-t/T}$$

N'oublions pas que T est une constante, c'est la durée de la demi-vie de l'élément.

$$ln \, \frac{1}{3} = ln \, 2^{-t/T}$$

$$ln \, \frac{1}{3} = \frac{-t}{T} \, ln \, 2$$

$$-ln \, \frac{1}{3} = \frac{t}{T} \, ln \, 2$$

$$ln \, 3 = \frac{t}{T} \, ln \, 2$$

$$\frac{ln \, 3}{ln \, 2} \, T = t$$

$$1,6 \, T = t$$

Cela signifie qu'après environ 1,6 demi-vie, il ne restera que le tiers de la masse radioactive.

Ce résultat se raisonne un peu en pensant à ceci: puisqu'après une demi-vie, il reste la moitié de la masse radioactive, et qu'après deux demi-vies, il en reste le quart, c'est logique qu'il faille attendre entre une et deux demi-vies pour en avoir le tiers.

Exemple 5-7:

Dans son grenier, monsieur Malchanceux découvre une toile du célèbre peintre espagnol Francisco de Goya, illustrateur de la vie populaire et peintre brillant (1746 - 1828). Il s'écrie: "Je suis riche!"

Allant porter l'oeuvre d'art à un musée, il se fait accuser de fraudeur. Si, après étude, la quantité présente de plomb-210 dans la peinture n'est que le un millième de ce qu'elle doit être lors de sa fabrication, que la demi-vie du plomb-210 est 22 ans, peut-il prouver son innocence ?

Solution:

Nous pourrions procéder comme à la solution de la question précédente, mais procédons d'une autre façon tout aussi logique.

À tous les 22 ans, il ne reste plus que la moitié de ce qu'il y avait au départ. C'est donc dire qu'après 44 ans, il n'en restera plus que le quart; après 66 ans, que le huitième, etc. Il s'agit ici de déterminer le nombre de demi-vies qu'il faut attendre pour qu'il ne reste plus que le 1/1000 du plomb-210 qu'il y avait à l'origine.

Il faut résoudre:

$$\left(\frac{1}{2}\right)^n = \frac{1}{1000}$$

où n est le nombre de demi-vies:

$$ln \left(\frac{1}{2}\right)^n = ln \, \frac{1}{1000}$$

Une propriété simple des logarithmes nous fait transformer le membre de gauche et puisque $ln(1/1000) = -ln1000$, nous écrivons:

$$n \, ln \, 0,5 = -ln \, 1000$$

Isolons n:

$$n = \frac{-ln \, 1000}{ln \, 0,5}$$

$$n = 9,965784$$

Il faut donc environ 10 demi-vies (et non pas 10 ans) pour que le plomb-210 se dégrade au millième de ce qu'il était au départ.

La peinture date d'il y a:

$$22 \times 9,965784 = 219,25 \text{ ans.}$$

Monsieur Malchanceux n'a pas 200 ans, donc il peut se déclarer innocent et rentrer paisiblement chez lui. En fin de compte, monsieur Malchanceux est quand même un peu chanceux !

◆◆

5.2.2 Économique

Exemple 5-8:

Si un montant d'argent M_0 est déposé dans un compte dont l'intérêt annuel i est composé continuellement, alors le taux de variation du montant d'argent est donné par l'équation différentielle suivante:

$$\frac{dM}{dt} = iM$$

Déterminer, en fonction du temps t, le montant d'argent disponible dans le compte bancaire.

Solution:

Séparons premièrement les variables.

$$\frac{dM}{M} = i\,d\,t$$

Après avoir intégré, nous obtenons:

$$ln\,M = i\,t + K$$

C'est la solution générale de notre équation différentielle.

Nous pouvons trouver la solution particulière, car nous savons qu'à $t = 0$, le montant est M_0. D'où:

$$ln\,M_0 = i\,(0) + K$$

$$ln\,M_0 = K$$

La solution particulière est alors:

$$ln\,M = i\,t + ln\,M_0$$

Cette équation peut être transformée pour prendre la forme d'une exponentielle:

$$ln\,M - ln\,M_0 = i\,t$$

$$ln\,\frac{M}{M_0} = i\,t$$

$$e^{\,i\,t} = \frac{M}{M_0}$$

$$M_0\,e^{\,i\,t} = M$$

◆◆

Intéressant!

Le montant dans un compte bancaire rapportant des intérêts continuels a exactement le même comportement que le nombre d'éléments radioactifs présents dans une substance. La base était tantôt $1/2$, elle est ici e; l'exposant était tantôt $t \times 1/T$, il est ici $t \times i$.

De toute façon, nous pouvions nous en douter dès le départ: les équations différentielles étaient similaires.

Des applications en physique suivent aussi le même modèle.

5.2.3 Loi de refroidissement d'un corps

Exemple 5-9:

La loi de refroidissement de Newton dit ceci:

$$\frac{dT}{dt} = k\,(T - T_0)$$

où t est le temps,

k est le taux de refroidissement,

T_0 est la température du milieu dans lequel se trouve l'objet,

T est la température de l'objet au temps t.

Nous réalisons que le taux de variation de la température est directement proportionnel à la différence entre la température de l'objet et la température du lieu dans lequel il se trouve.

Encore ici, la résolution de l'équation différentielle se fait de la même façon que pour les intérêts composés continuellement ou pour la demi-vie.

◆◆

L'exemple 5-10 illustre le cheminement.

Exemple 5-10:

Maurice a laissé un litre de lait sur le comptoir. Nous en rendant compte alors que la température du lait est de 15°C, nous le remettons dans le réfrigérateur qui est réglé à une température de 1°C. Combien de temps faudra-t-il attendre pour pouvoir verser un verre de lait bien froid dont la température sera de 2°C ?

Le taux de refroidissement est de 0,03 par minute.

Solution:
Nous avons:

$$\frac{dT}{dt} = -0,03\,(T-1)$$

Il y a un signe "−" devant la constante, car la température en baisse indique un taux de variation négatif.

Séparant les variables, nous écrivons:

$$\frac{dT}{T-1} = -0,03\,dt$$

et intégrant les deux membres de l'égalité:

$$\int \frac{dT}{T-1} = -0,03 \int dt$$

Posant $u = T-1$, nous obtenons:

$$\int \frac{du}{u} = -0,03 \int dt$$

Ce qui fait:

$$ln\,|u| = -0,03\,t + K$$

c'est-à-dire:

$$ln\,|T-1| = -0,03\,t + K$$

Il faut déterminer K.

Pour ce faire, utilisons une condition citée dans la donnée.

Si $t = 0$, la température du lait est de 15 °C, alors:

$$ln\,|15-1| = -0,03\,(0)+ K$$

Nous trouvons K = $ln\,14$.

Maintenant que nous connaissons l'équation de la température du lait en fonction du temps, il nous est possible de répondre à la question.

Nous savons que:

$$ln\,|T-1| = -0,03\,t + ln\,14$$

Si la température doit être de 2°C, il faut déterminer la valeur de t qui vérifie:

$$ln\,|2-1| = -0,03\,t + ln\,14$$

Nous écrivons:

$$ln\,1 = -0,03\,t + ln\,14$$
$$0 = -0,03\,t + ln\,14$$
$$0,03\,t = ln\,14$$
$$t = \frac{ln\,14}{0,03} = 87,97$$

$t = 87,97$ minutes.

♦ ♦

Remarquons que le temps est exprimé en minutes, car le taux de variation était indiqué en minutes.

5.2.4 Démographie

Exemple 5-11:
À chaque année, une population décroît du soixantième de son nombre.

a) Après combien d'années la population ne sera-t-elle plus que le dixième de la population initiale ?

b) Quelle sera la population dans 25 ans ?

Solution:
Il faut déterminer d'abord l'équation différentielle correspondant à cette situation. Disons que la population était au départ P_0. Le taux de variation de la population est proportionnel à la population présente, donc nous pouvons écrire:

$$\frac{dP}{dt} = K\,P$$

Après avoir séparé les variables et intégré, nous avons:

$$ln\,P = K\,t + C$$

Puisqu'à $t = 0$, la population est P_0, nous déduisons:

$$ln\,P_0 = K\,(0) + C$$
$$ln\,P_0 = C$$

Aussi, puisqu'après un an, il reste les 59/60ième de P_0, nous écrivons:

$$ln\,\frac{59P_0}{60} = K\,(1) + ln\,P_0$$

Nous déduisons K en effectuant les mêmes opérations que celles exposées à la page 78; nous résolvions alors l'équation différentielle illustrant la demi-vie. Nous déduisons ici:

$$K = ln(59/60)$$

La solution particulière de l'équation différentielle est:

$$ln\ P = \left[ln\frac{59}{60} \right] t + ln\ P_0$$

En suivant les étapes de la transformation qui a été exposée à l'exemple 5-8, nous écrivons cette solution particulière sous la forme d'une exponentielle:

$$P = P_0 \left(\frac{59}{60}\right)^t$$

Nous pouvons maintenant répondre aux questions.

a) Il faut déterminer t afin que $P = 0,1\ P_0$.

$$ln\ P = \left[ln\frac{59}{60} \right] t + ln\ P_0$$

$$ln\ (0,1P_0) = \left[ln\frac{59}{60} \right] t + ln\ P_0$$

$$ln\ 0,1 + ln\ P_0 = \left[ln\frac{59}{60} \right] t + ln\ P_0$$

Après avoir annulé $ln\ P_0$ et isolé t nous écrivons:

$$t = \frac{ln\ 0,1}{ln\ (59/60)}$$

$$t = 137$$

Après 137 ans, il ne restera plus que 10% de la population initiale.

b) Pour connaître la population dans 25 ans, il suffit de remplacer t par 25 dans la solution particulière.

$$P = P_0 \left(\frac{59}{60}\right)^{25}$$

$$P = 0,65693\ P_0$$

Après 25 ans, la population sera environ les 66 % de ce qu'elle était au départ.

D'autres applications du même modèle d'équations différentielles seront dévoilées par le biais des exercices. Examinons toutefois un dernier modèle.

5.3 ÉQUATIONS DIFFÉRENTIELLES AUX VARIABLES NON PROPORTIONNELLES

Exemple 5-12:

Un récipient contient 8 000 litres de liquide dans lesquels sont dissous 10 kg de sel. Nous y introduisons 5 L/min d'eau pure et un petit trou pratiqué à la base du récipient fait couler 2 L/min du mélange maintenu homogène par brassage.

Déterminer la quantité de sel présente en tout temps t dans le récipient. Déterminer le moment où il y aura 5 kg de sel dans la solution et celui où la concentration en sel dans la solution sera de 0,001 kg/L.

Solution:

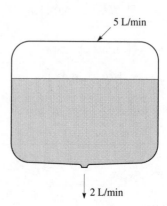

5 L/min

2 L/min

- À chaque minute, il y a 5 L d'eau qui pénètrent et 2 L qui s'écoulent. Donc après t minutes, il y a un volume de $(8\ 000 + 3t)$ L dans le récipient. Soit Q(t) le nombre de kg de sel dans le récipient au temps t.

ENTRÉE: Puisqu'à chaque minute 5 L pénètrent, alors dans un intervalle de temps dt, il y a pénétration de $5dt$ L. Le liquide qui pénètre est de l'eau pure, donc sa concentration en sel est 0kg/L. Par conséquent, la masse de sel qui pénètre dans le récipient pendant un intervalle de temps dt est:

$$0\ kg/L\ (5dt\ L) = 0\ kg\ dt.$$

SORTIE: Puisqu'à chaque minute 2 L s'écoulent, alors dans un intervalle de temps dt, il y a écoulement de $2\ dt$ L. La concentration en sel dans le récipient au temps t est $\dfrac{Q(t)}{8\ 000 + 3t}\ \dfrac{kg}{L}$. Par conséquent, la masse de sel qui s'échappe du récipient pendant un intervalle de temps dt est:

$$\frac{Q(t)}{8\,000 + 3t}\frac{\text{kg}}{\text{L}}\,(2\,dt\,\text{L}) = \frac{2\,Q(t)}{8\,000 + 3t}\,\text{kg}\,dt$$

Ainsi, la variation de la quantité de sel dans le récipient pendant un intervalle de temps dt est:

$$dQ(t) = 0\,dt - \frac{2\,Q(t)}{8\,000 + 3t}\,dt = -\frac{2\,Q(t)}{8\,000 + 3t}\,dt \quad \text{(en kg}$$

Le signe «–» indique qu'il y a diminution de Q.

En séparant les variables et en intégrant ensuite, nous obtenons:

$$\frac{dQ(t)}{Q(t)} = -\frac{2}{8\,000 + 3t}\,dt$$

$$\int\frac{dQ(t)}{Q(t)} = \int -\frac{2}{8\,000 + 3t}\,dt$$

$$ln\big|Q(t)\big| = \frac{-2}{3}ln\big|8\,000 + 3t\big| + \text{C}$$

$Q(t)$ et $8\,000 + 3t$ sont non négatifs, donc:

$$ln\{Q(t)\} = \frac{-2}{3}ln\{8\,000 + 3t\} + \text{C}$$

$$\text{C} = ln\{Q(t)\} + \frac{2}{3}ln\{8\,000 + 3t\}$$

$$\text{C} = ln\{Q(t)\,(8\,000 + 3t)^{2/3}\}$$

$$e^{\text{C}} = Q(t)\,(8\,000 + 3t)^{2/3}$$

$$Q(t) = \frac{\text{K}}{(8\,000 + 3t)^{2/3}} \quad \text{où } e^{\text{C}} = \text{K}$$

Puisqu'il y a 10 kg de sel lorsque $t = 0$, alors:

$$Q(0) = 10 = \frac{\text{K}}{8\,000^{2/3}} = \frac{\text{K}}{400} \quad \text{i.e. K} = 4\,000$$

$$\text{Donc, } Q(t) = \frac{4\,000}{(8\,000 + 3t)^{2/3}}$$

• Pour connaître le moment où il y aura 5 kg de sel dans la solution, il faut résoudre:

$$5 = \frac{4\,000}{(8\,000 + 3t)^{2/3}}$$

ce qui donne $t = 4\,875{,}806$ minutes, soit 81 heures 15 minutes et 48 secondes.

• Pour connaître le moment où la concentration en sel sera de 0,001 kg/L, il faut résoudre:

$$0{,}001 = Q(t) \div \text{volume dans le récipient au temps } t$$

$$= \frac{4\,000}{(8\,000 + 3t)^{2/3}} \div (8\,000 + 3t)$$

$$= \frac{4\,000}{(8\,000 + 3t)^{5/3}}$$

ce qui donne $t = 382{,}03$ minutes, soit 6 heures 22 minutes et 2 secondes.

EXERCICES – CHAPITRE 5

Niveau 1

section 5.1

5-1 Vérifier les solutions générales y des équations différentielles suivantes:

a) $y'' + 4y = 3\text{K}\cos x$ $sol.: y = \text{K}\cos x$

b) $y'' + y' = 0$ $sol.: y = e^{-x} + \text{K}$

c) $y^{(3)}(x) = 0$ $sol.: y = ax^2 + bx + c$

d) $xy'' + xy = 2y'$ $sol.: y = \text{K}x\cos x - \text{K}\sin x$

5-2 Vérifier que les solutions données sont des solutions particulières des équations différentielles suivantes:

a) $y'' + y' = 0; y(-1) = e$ $sol.: y = e^{-x}$

b) $y' = y;\ y(1) = 2$ $sol.: y = 2\,e^{x-1}$

c) $y'' + y' = 0\ ; y(0) = 6$ $sol.: y = e^{-x} + 5$

5-3 Le taux de variation d'une fonction y par rapport à x est T. De plus, $y = y_1$ lorsque $x = x_1$. Exprimer y en fonction de x:

a) $T = 4y$ $x_1 = 0$ $y_1 = 3$

b) $T = 4y$ $x_1 = 1$ $y_1 = -2$

c) $T = 2 - y$ $x_1 = 0$ $y_1 = 8$

5-4 Déterminer une solution générale pour chacune des équations différentielles suivantes:

a) $\dfrac{dy}{dx} = ky$

b) $y\, y' = 2x$

c) $\dfrac{dy}{dx} = \dfrac{1}{x+1}$

d) $\dfrac{dy}{dx} + \dfrac{y}{x} = 0$

e) $\dfrac{dy}{dx} - \dfrac{1}{x+2} = x$

f) $\dfrac{dy}{dx} + x^2 = 1 + x$

g) $\dfrac{dy}{dx} = \dfrac{e^x}{e^x + 3}$

h) $y'\left(\dfrac{y}{3x-4}\right) = 1$

i) $\dfrac{dy}{dx} = \left[32 - \dfrac{x}{8}\right]$

j) $\dfrac{dy}{dx} = A\cos(Bx + C)$

5-5 Déterminer une solution particulière pour chacune des équations différentielles de l'exercice précédent sachant que chaque courbe représentative passe par le point (1, 1).

5-6 Tracer les courbes représentant les solutions particulières des équations différentielles suivantes lorsque les courbes passent par le point indiqué.

a) $\dfrac{dy}{dx} = 2x$ \hfill (1, 6)

b) $\dfrac{dy}{dx} = \dfrac{x}{\sqrt{x^2 + 16}}$ \hfill (-3, 5)

c) $\dfrac{dy}{dx} = e^{x+4}$ \hfill (1, e^5)

d) $\dfrac{dy}{dx} = e^x$ \hfill (1, $2e$)

section 5.2

5-7 Une courbe est telle que la pente de la tangente en tout point est égale au double de son abscisse. Quelle est l'équation de cette courbe si elle passe par le point (0, 1) ?

5-8 Une courbe est telle que la pente de la tangente en tout point est égale au produit des coordonnées de ce point.

a) Trouver l'équation de cette courbe si elle passe par le point (-1, 1).

b) Sans refaire tous les calculs, écrire l'équation de la courbe qui passe par le point (-1, -1).

5-9 Une courbe est telle que le taux de variation de l'ordonnée y par rapport à l'abscisse x est tou-jours égal à l'inverse multiplicatif de l'abscisse.

a) Trouver toutes les équations possibles de cette courbe.

b) Déterminer l'équation de la courbe qui passe par le point (1, -1).

c) Déterminer l'équation de la courbe qui passe par le point (-1, -1).

5-10 Quelle est l'équation de la courbe f, si la pente de sa tangente en tout point $(x, f(x))$ est $\sin x$ et que le point $(\pi/4, 0)$ est sur cette courbe ?

5-11 Déterminer l'équation de la courbe $y = f(x)$ qui passe par le point $(0, e - 1)$ et qui satisfait l'équation différentielle $y' = y + 1$.

5-12 Soit une courbe passant par le point (0, 2) et dont la pente de la tangente en tout point est donnée par l'expression $\dfrac{dy}{dx} = \dfrac{x^3}{y^2}$.

a) Déterminer l'équation de cette courbe.

b) Déterminer l'ordonnée du point d'abscisse 2.

ÉCONOMIQUE

5-13 Le taux de variation de la valeur V d'une automobile en fonction du temps (en années) est:

$$\frac{dV}{dt} = \frac{-20\,000}{1 + 4t}.$$

Déterminer la valeur de cette automobile qui a été achetée au montant de 30 000 \$:

    a) après 7 ans;   b) après 15 ans

5-14 Sachant qu'en tout temps, le taux de variation du montant accumulé est égal à i fois ce montant [i est le pourcentage d'intérêt écrit avec des décimales], quel sera le montant disponible après 2 ans si une obligation d'épargne de 3 000 \$ est placée à un taux d'intérêt de 6 % composé continuellement ?

5-15 Sachant que dans un certain compte bancaire, le taux de variation du montant accumulé est égal à i fois ce montant [i est le pourcentage d'intérêt écrit avec des décimales], quel montant faut-il déposer dans ce compte si l'intérêt annuel de 10 % composé continuellement doit rapporter 250 \$ *d'intérêts* après un an ?

MÉDECINE

5-16 Dans des conditions normales, la pression sanguine P dans l'aorte alors que le coeur est en phase diastolique (décontraction du coeur et des artères) est sujette à la loi:

$$P'(t) = \left(\frac{-c}{w}\right) P(t)$$

Si c et w sont des constantes, trouver la pression P en fonction du temps t.

RADIOACTIVITÉ

5-17 Après deux millions d'années, il reste 0,39 % de la masse radioactive initiale d'un certain élément. Quel est l'élément parmi ceux qui sont cités à la page 77 ?

5-18 Si après 9 minutes, il reste le huitième de la masse radioactive initiale, déterminer parmi les éléments radioactifs de la page 77, celui dont il est question. Après combien de temps ne restera-t-il plus que le un millième de la masse initiale ?

5-19 Sachant qu'en tout temps, le taux de variation de la masse restante est directement proportionnel à la masse restante, déterminer la demi-vie d'une substance lorsque la proportion d'éléments radioactifs présente après 7 ans est 2/3 de la quantité initiale.

5-20 a) Sachant qu'en tout temps, le taux de variation de la masse restante est directement proportionnel à la masse et sachant que la demi-vie du plomb-214 est de 27 minutes, déterminer l'équation définissant la masse restante du plomb-214 en fonction du temps lorsque la masse initiale est M_0.

b) Calculer la masse radioactive présente après une heure si la masse initiale est 24 g.

c) Combien de temps faut-il attendre pour qu'il ne reste plus que le dixième de la masse initiale ?

ÉLECTRICITÉ

5-21 Le taux de variation par rapport au temps de la tension μ fournie par une génératrice shunt est $3 e^{0,1t}$. Déterminer l'expression de μ en fonction du temps t.

PHYSIQUE

5-22 L'accélération «a» d'un corps est donnée par l'expression $a = 5 \cos 2t$. Si s est le déplacement du corps et que t est le temps, déterminer l'équation du mouvement de ce corps sachant qu'il est parti de l'origine avec une vitesse nulle.

5-23 Si un corps au repos tombe en chute libre dans un milieu où la résistance de l'air est négligeable, alors la formule donnant sa vitesse v en fonction de la distance parcourue r est $v = 8\sqrt{r}$ où v est exprimée en pi/s. Exprimer la distance r parcourue en fonction du temps t.

5-24 Gustav Theodor Fechner, un physicien allemand, a développé vers 1865 une théorie reliant la réponse R d'un être humain devant un stimulus S. Il a étudié comment l'homme décelait une différence entre deux stimuli (par exemple, 2 chaleurs, 2 poids, ...). Il a affirmé à l'époque:

$$\Delta R = \frac{K \; \Delta S}{S}$$

où K est une constante, ΔR est la différence dans la réponse (réaction), ΔS est la différence entre les stimuli, S est la mesure du stimulus lui-même. Même si les recherches subséquentes à Fechner ont montré que son équation n'était qu'approximativement vraie, déterminer la relation entre R et S que Fechner avait trouvée à l'époque.

DÉMOGRAPHIE

5-25 La population d'une ville a un taux de croissance représenté par l'équation suivante:

$$\frac{dP}{dt} = 0,15 \; P \;\; \text{milliers d'habitants par année } (t \geq 0).$$

a) Déterminer l'équation de la courbe représentative de la population.

b) Combien y aura-t-il d'habitants après 10 ans si la population initiale est de 1 000 habitants ?

5-26 La population d'un pays s'accroît à chaque année du soixantième de son nombre.

a) Sachant qu'en tout temps, le taux de variation de la population est directement proportionnel à la population, déterminer l'équation définissant la population en fonction du temps en considérant que la population initiale est P_0.

b) En combien d'années la population aura-t-elle doublé ?

c) En combien d'années la population aura-t-elle triplé ?

5-27 Une certaine population décroît à chaque année du cinquième de son nombre.

a) Sachant qu'en tout temps, le taux de variation de la population est directement proportionnel à la population, déterminer l'équation définissant la population en fonction du temps en considérant que la population initiale est P_0.

b) En combien d'années ne sera-t-elle plus que le dixième de ce qu'elle était au départ ?

c) En combien d'années ne sera-t-elle plus que le centième de ce qu'elle était au départ ?

5-28 Si nous supposons que dans une population très grande, le taux de variation instantané de la population est en tout temps proportionnel à la population existante, quelle sera la population en l'an 2 000 si, en 1993, elle était de 2M (millions) d'habitants et si en 1980, elle était de 1 M ?

Quelle était alors la population en 1950 ?

5-29 Un réservoir de 1 000 litres est rempli d'eau contenant 100 g de sel. Nous y introduisons 5 litres par minute d'eau pure et la solution maintenue homogène s'écoule au même rythme.

a) Quelle est la quantité de sel en tout temps t?

b) Quelle quantité reste-t-il après 1 heure?

c) Après combien de temps restera-t-il 50 g de sel dans la solution ?

5-30 Une cruche contient initialement 10 litres (L) d'eau pure. À midi, on y fait couler 5 litres par minute (L/min) d'eau sucrée dont la concentration est de 40 g/L. Au même moment, on perce un trou et le liquide sucré maintenu homogène par brassage s'écoule au rythme de 5 L/min.

a) Quelle est la quantité de sucre dans la cruche en tout temps t?

b) À quelle heure y a-t-il dans la cruche une concentration de 20 g/L ?

> **Niveau 2**

5-31 Vérifier que:

$$y(x) = \frac{\dfrac{x^5}{5} + \dfrac{2x^3}{3} + x + K}{\sqrt{1 + x^2}}$$

est solution de l'équation différentielle:

$$\left(1 + x^2\right)\frac{dy}{dx} + xy = \sqrt{\left(1 + x^2\right)^5}$$

PHYSIQUE

5-32 Une particule chargée de masse M rencontre une résistance proportionnelle à sa vitesse lorsqu'elle est soumise à une force constante F. Déterminer sa vitesse v en fonction du temps t si l'équation différentielle de son mouvement est:

$$M \frac{dv}{dt} + Kv = F.$$

5-33 Un corps ayant une température de 75 °C est déposé dans une chambre affichant une température de 60° C. Utiliser la loi de refroidissement d'un corps pour connaître le temps qu'il faudra à ce corps pour refroidir de 70° C à 65° C si, dans cette pièce, il prend une heure à refroidir de 75 °C à 70 °C.

5-34 Une plaque à biscuits est placée dans un four qui fait augmenter continuellement sa température de 15 % par minute. Si, en l'entrant dans le four, elle a une température de 20°C, quelle sera sa température au sortir du four après 20 minutes ?

Combien de temps faut-il attendre pour qu'elle ait une température de 100°C ?

5-35 Refaire l'exercice 5-34 en supposant cette fois-ci qu'il y a une augmentation de la température de 15% par heure.

5-36 Une tige de métal, après avoir été chauffée à une température de 1 200 °C est plongée dans un bac refroidissant maintenant une température constante de 0 °C. Si, après 5 minutes, elle a une température de 800 °C, à quel moment la température sera-t-elle de 30 °C ?

ÉLECTRONIQUE

5-37 Résoudre l'équation différentielle suivante:

$$C\frac{dv}{dt} + \frac{v}{R} = I$$

C, la capacité, R, la résistance et I, le courant, sont toutes trois des constantes. Dans cette équation, t représente le temps et v la chute de tension instantanée aux bornes d'un réseau de couplage entre étages d'un amplificateur à transistors.

5-38 L'équation qui traduit la loi d'Ohm dans un condensateur est:

$$\frac{q}{C} + R\frac{dq}{dt} = 0$$

Déterminer la solution générale étant donné que C, la capacité et R, la résistance sont toutes deux des constantes. Dans cette équation, t représente le temps et q la charge.

5-39 Un réservoir contenant 5 000 L d'eau salée se vide au rythme de 10 L/min. Au même moment, nous commençons à verser de l'eau pure au rythme de 15 L/min. S'il y a initialement une concentration de 10 g/L dans le réservoir, après combien de temps la concentration de sel sera-t-elle de 3 g/L ? Quelle sera alors la quantité d'eau dans le réservoir ?

5-40 On verse 1L/min d'eau pure dans un réservoir qui contient initialement 625 L d'eau salée de concentration 0,04kg/L et au même moment, on ouvre un robinet qui fait s'écouler l'eau salée au rythme de 5 L/min. Quelle est la concentration de sel dans le réservoir lorsqu'il reste 256L?

5-41 Une pièce de 30 m³ contient de l'air vicié renfermant 0,3% de gaz carbonique. En actionnant un purificateur d'air, de l'air pur qui ne contient que 0,01 % de gaz carbonique pénètre au rythme de 1 m³ /min. À quel moment l'air ne contient-il plus que 0,05% de gaz carbonique ?

Niveau 3

5-42 Soit l'équation différentielle:

$$\frac{dP}{dR} = \varepsilon^2\left[\frac{1}{(R+r)^2} - \frac{2R}{(R+r)^3}\right]$$

R est une résistance qui varie;

r est la résistance interne d'un générateur;

ε est la force électromotrice du générateur;

$\overset{\bullet}{P}$ est la puissance fournie par le générateur.

Résoudre l'équation différentielle lorsque P et R varient.

5-43 Quelle est l'équation de la fonction f, si la pente de sa tangente en tout point $(x, f(x))$ est $2x - 6$ et si la tangente passant par un point $(r, r-2)$ de la courbe passe aussi par le point $(0, 4)$ hors de la courbe ? (Note: il y a deux solutions)

5-44 Soit les deux équations différentielles ci-dessous, où t représente le temps. Résoudre afin d'obtenir une expression reliant y et x.

$$\frac{dx}{dt} = -ax + sxy$$

$$\frac{dy}{dt} = by - rxy$$

5-45 Trouver une solution continue de l'équation différentielle $y' = g(x)$ lorsque $g(1) = 3$ et:

$g(x) = 2$ si $0 < x < 1$

$g(x) = 0$ si x est supérieur à 1

5-46 Un bain ayant une base rectangulaire de 1,5 m par 0,75 m est rempli d'eau jusqu'à une hauteur de 35 cm. On ôte le bouchon et l'eau s'écoule par un trou circulaire de rayon égal à 2 cm pratiqué dans le fond du bain. Évidemment, le bain sera vide après un certain temps.

Le théorème de Torricelli (1606-1647) montre que le taux de variation de la hauteur du niveau d'eau est donné par l'équation:

$$\frac{dx}{dt} = \frac{-f\sqrt{2g(a-x)}}{F}$$

t est en secondes,

x est la hauteur de l'eau,

f est l'aire du trou par lequel l'eau s'écoule.

$g = 9,8$ m/s^2 = constante,

a est la hauteur initiale du niveau de l'eau,

F est l'aire de la surface de l'eau.

a) Résoudre l'équation différentielle en gardant constants les paramètres f, a et F.

b) Combien de temps faut-il attendre pour que le niveau de l'eau baisse de 10 cm ?

c) Combien de temps faut-il attendre pour que le niveau de l'eau baisse à 10 cm ?

d) Combien de temps faut-il attendre pour que le bain soit complètement vide ?

(note historique: Nous devons la découverte du baromètre à Évangelista Torricelli, élève de Galilée)

5-47 Reprendre exactement les questions b, c et d de l'exercice 5-46 dans le cas d'une baignoire circulaire dont le rayon égale un mètre.

5-48 En réalité, la formule de l'exercice 5-46 est corrigée par un facteur μ appelé coefficient d'écoulement dont la valeur, entre 0,6 et 1, dépend de la forme du récipient, de la forme de l'orifice et de quelques autres facteurs. La formule corrigée est:

$$dt = \frac{-F\,dx}{\mu\,f\,\sqrt{2g(a-x)}}$$

Calculer le temps requis pour vider les baignoires mentionnées aux exercices 5-46 et 5-47 lorsque $\mu = 0,8$.

5-49 Résoudre les équations différentielles en suivant la démarche exposée ici.

1) Remplacer les dérivées d'ordre i par r^i, c'est-à-dire, remplacer $\dfrac{d^i y}{dx^i}$ par r^i dans l'équation différentielle.

2) Écrire le polynôme en r et déterminer les solutions de ce polynôme.

3) les solutions s_1, s_2, s_3, etc. du polynôme explicitées en 2), sont telles que la solution générale de l'équation différentielle est de la forme:

$$K_1\,e^{s_1 x} + K_2\,e^{s_2 x} + K_3\,e^{s_3 x} + \dots$$

a) $\dfrac{d^2 y}{dx^2} - 12\dfrac{dy}{dx} + 35y = 0$

b) $\dfrac{d^4 y}{dx^4} - 5\dfrac{d^2 y}{dx^2} + 4y = 0$

c) $\dfrac{d^2 y}{dx^2} - 2\dfrac{dy}{dx} - 3y = e^{2x}$

5-50 Montrer que toutes les solutions de l'équation différentielle:

$$\frac{dy}{dx} + Ay = B\,e^{-Cx}$$

s'approchent de 0 lorsque x grandit sans frontière. (A et C sont des constantes positives et B est un nombre réel quelconque)

6

SOMME DE RIEMANN ET THÉORÈME FONDAMENTAL DU CALCUL

Nous avons vu ce qu'était l'intégrale indéfinie avec sa constante d'intégration; nous avons ensuite compris l'utilité de celle-ci avec les équations différentielles. Maintenant est venu le moment de nous attaquer à l'intégrale définie au sens de Riemann.

Les sommes de Riemann, tout en nous explicitant les fondements mêmes de la théorie d'intégration, nous guident vers le théorème fondamental du calcul différentiel et intégral. Il est intéressant de savoir qu'historiquement le symbole de l'intégrale provient d'un "S" allongé qui signifie "**somme**".

Avant d'aborder les sommes de Riemann, familiarisons-nous avec les sommations.

6.1 GÉNÉRALITÉS

notation:

Le symbole utilisé pour la sommation de termes est $\sum$: c'est une lettre grecque appelée "sigma".

Nous notons:

$$\sum_{i=r}^{n} a_i = a_r + a_{r+1} + a_{r+2} + \ldots + a_n$$

pour désigner la somme d'expressions " a_i " lorsque "i" varie de r jusqu'à n inclusivement.

"i" est appelé "indice de sommation".

Exemple 6-1:

• $1 + 2 + 3 + 4 + 5$ est la somme des entiers de 1 jusqu'à 5. De façon concise, nous écrivons: $\sum_{i=1}^{5} i$.

• $\sum_{i=1}^{10} i = 1 + 2 + 3 + \cdots + 10$.

• $\sum_{i=1}^{n} i^2 = 1 + 4 + 9 + \cdots + n^2$.

• $\sum_{i=1}^{n} (i^2 - 2i) = (1-2) + (4-4) + (9-6)$
$$+ \cdots + (n^2 - 2n)$$
$$= -1 + 0 + 3 + \ldots + (n^2 - 2n) .$$

◆◆

• Signalons que, dans l'exemple 6-1, nous faisons tout simplement changer successivement i par 1, 2, 3, ... et n, car la sommation signale que l'indice "i" varie de 1 à n.

Mais l'indice d'une sommation peut débuter à un entier différent de 1 comme le montre cet exemple.

• $\sum_{i=3}^{9} (i+5) = 8 + 9 + 10 + 11 + 12 + 13 + 14 = 77$

Le premier terme est 8, car la sommation débute à $i = 3$.

Il en est de même pour la sommation:

$$\sum_{i=7}^{20} (5i - i^2 + 2)$$

qui débute avec le terme -12 et qui se termine avec le terme -298.

Remarque:

Comme nous le voyons, une sommation de termes n'implique pas nécessairement la somme de nombres positifs!

Utiliser le symbole de sommation semble intéressant, mais que se passe-t-il lorsque nous avons à calculer la somme des nombres de 1 à 75? Ou encore la somme des entiers $\left(i^2 - 7i + 3 \right)$, lorsque i varie de 1 à 450 ?

Allons-nous vraiment commencer à calculer tout cela ?

Eh bien, NON !

Nous allons utiliser certains résultats qui ont été prouvés et que nous pourrons démontrer nous-mêmes à un autre moment.

Pour l'instant, citons quelques formules:

La formule (1) suivante donne la somme des n premiers entiers positifs:

$$\boxed{\sum_{i=1}^{n} i = \frac{n(n+1)}{2}} \qquad (1)$$

La formule (2) qui suit donne la somme des carrés des n premiers entiers positifs:

$$\boxed{\sum_{i=1}^{n} i^2 = \frac{n(n+1)(2n+1)}{6}} \qquad (2)$$

Si une constante C multiplie **tous** les termes d'une somme, alors nous pouvons additionner les termes sans égard à la constante C et multiplier ensuite le résultat de la sommation par cette constante C.

Cela se résume dans la formule (3):

$$\boxed{\sum_{i=1}^{n} C a_i = C \sum_{i=1}^{n} a_i} \qquad (3)$$

C est une constante réelle quelconque et a_i est une fonction de l'indice i.

Si les termes d'une sommation sont eux-mêmes une somme ou une différence de termes, nous pouvons scinder la sommation originale en deux ou plusieurs sommations, si celles-ci donnent un nombre réel.

Cela se traduit dans la formule (4):

$$\boxed{\sum_{i=1}^{n} (a_i \pm b_i) = \sum_{i=1}^{n} a_i \pm \sum_{i=1}^{n} b_i} \qquad (4)$$

Avant d'illustrer ces formules avec des exemples, lisons cette histoire un peu cocasse.

L'histoire dit que le grand mathématicien Carl Friedrich Gauss (1777-1855) aurait trouvé, à l'âge de 10 ans, que la somme des n premiers entiers naturels était donnée par l'expression suivante:

$$\sum_{i=1}^{n} i = \frac{n(n+1)}{2}$$

Il avait découvert cela après que le maître de classe eût demandé à tous les élèves de calculer la somme des cent premiers entiers.

Se rendant compte qu'en additionnant 1 avec 100, il obtiendrait le même résultat que 2 avec 99, que 3 avec 98, etc., jusqu'à 50 avec 51, il additionna 50 fois le résultat 101 et conclut que la somme demandée était:

$$50 \times 101 \text{ i.e. } \frac{100}{2} \times 101 .$$

Après seulement quelques instants, il donna la réponse:

$$5050.$$

Évidemment, c'était un génie!

L'histoire dit aussi que le regard songeur du professeur dénotait du scepticisme... Avait-il triché pour connaître la réponse si rapidement?

Nous savons maintenant à quel point notre cher Gauss aurait pu, seulement quelques années plus tard, se moquer de son professeur!

Vérifions à l'aide d'exemples que l'expression énoncée par Gauss est valide. Ces exemples ne sont pas des preuves. Ils ne font qu'illustrer la formule donnant la somme des *n* premiers entiers positifs.

Exemple 6-2:

Calculer $\sum\limits_{i=1}^{13} i$

Solution:

$$1 + 2 + 3 + 4 + \cdots + 13 = 91$$

En remplaçant *n* par 13, nous constatons que la formule (1) est bien vraie.

$$\sum_{i=1}^{13} i = \frac{13(13+1)}{2} = 91$$

◆◆

Exemple 6-3:

Calculer $\sum\limits_{i=1}^{10} i$

Solution:

$$1 + 2 + 3 + \cdots + 10 = 55$$

Si nous remplaçons *n* par 10 dans la formule (1), nous obtenons:

$$\sum_{i=1}^{10} i = \frac{10 \times 11}{2} = 55.$$

◆◆

Le résultat que nous obtenons avec la formule est le même que celui que nous trouvons en additionnant les 10 termes.

Que se passe-t-il si l'indice de sommation ne débute pas à 1 ?

Voici un exemple qui illustre ce qu'il faut faire:

Exemple 6-4:

Calculer $\sum\limits_{i=13}^{29} i = 13 + 14 + 15 + ... + 29$

Solution:

Si nous avions désiré la somme de 1 à 29, il n'y aurait eu aucune difficulté.

Mais nous ne désirons pas cela.

Soyons rusés et remarquons que la sommation pour *i* allant de 13 jusqu'à 29 n'est rien d'autre que la sommation pour *i* allant de 1 à 29 soustraite de la sommation pour *i* allant de 1 à 12.

Pour nous en convaincre, regardons ceci:

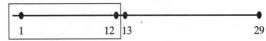

Nous voulons tous les nombres de 13 à 29 inclusivement et rien d'autre.

Si nous considérons le segment de 1 à 29 et que nous y enlevons le segment de 1 à 12, nous aurons exactement ce qu'il nous faut.

Ainsi:

$$\sum_{i=13}^{29} i = \sum_{i=1}^{29} i - \sum_{i=1}^{12} i$$

et chacune des deux sommations du membre de droite peut être évaluée à l'aide de la formule (1).

Nous avons:

$$\sum_{i=13}^{29} i = \frac{29 \times 30}{2} - \frac{12 \times 13}{2}$$

$$\sum_{i=13}^{29} i = 435 - 78 = 357$$

◆◆

Exemple 6-5:

Calculer $\sum\limits_{i=12}^{35} i.$

Solution:

$$\sum_{i=12}^{35} i = \sum_{i=1}^{35} i - \sum_{i=1}^{11} i$$

$$= \left(\frac{35(35+1)}{2} \right) - \left(\frac{11(11+1)}{2} \right)$$

$$= 630 - 66 = 564$$

Nous avons fait la somme des entiers de 1 jusqu'à 35 et nous avons ensuite enlevé la somme des entiers de 1 jusqu'à 11.

◆◆

Exemple 6-6:

Évaluer $\sum\limits_{i=1}^{4} 3i$.

Solution:

La formule (3) nous permet d'écrire:

$$\sum_{i=1}^{4} (3i) = 3\left(\sum_{i=1}^{4} i\right)$$

Dans le membre de droite, la somme des termes entre parenthèses peut être calculée en utilisant la formule (1). Cela fait:

$$3\left(\frac{4(4+1)}{2}\right) = 3\cdot10 = 30$$

◆◆

Exemple 6-7:

Transformer $\sum\limits_{i=1}^{5} (i^2 - i)$ en deux sommations.

Solution:

$$\sum_{i=1}^{5} (i^2 - i) = (1-1)+(4-2)$$
$$+(9-3)+(16-4)+(25-5)$$

Changeons l'ordre des termes en écrivant les carrés des nombres en premier lieu.

Nous obtenons:

$$\sum_{i=1}^{5} (i^2 - i) = 1+4+9+16+25-1-2$$
$$-3-4-5$$

Cela peut être écrit de la façon suivante:

$$\sum_{i=1}^{5} (i^2 - i) = 1+4+9+16+25$$
$$-(1+2+3+4+5)$$

Nous remarquons bien que la sommation demandée est la somme des *carrés* des cinq premiers entiers à laquelle nous soustrayons la somme des cinq premiers entiers.

Cela revient à écrire:

$$\sum_{i=1}^{5} (i^2 - i) = \sum_{i=1}^{5} i^2 - \sum_{i=1}^{5} i$$

◆◆

Cela ne *prouve pas* la formule (4) mais l'illustre bien.

Exemple 6-8:

Évaluer $\sum\limits_{i=1}^{5} i^2$.

Solution:

$$\sum_{i=1}^{5} i^2 = 1+4+9+16+25$$

Nous pourrions calculer cette somme, car ce n'est pas long, mais l'exemple est là pour illustrer la formule (2) et, avec des petits nombres, il est facile de vérifier le résultat.

Calculant sans la formule, nous avons:

$$\sum_{i=1}^{5} i^2 = 1+4+9+16+25 = 55$$

Utilisant maintenant la formule (2) et en remplaçant *n* par 5, nous obtenons:

$$\sum_{i=1}^{5} i^2 = \frac{5(5+1)(2(5)+1)}{6} = 55$$

◆◆

Cet exemple illustre la formule (2), mais il ne la démontre pas.

Exemple 6-9:

Calculer $\sum\limits_{i=1}^{n} (3i^2 - 5i)$.

Solution:

Utilisons la formule (4) pour scinder la sommation:

$$\sum_{i=1}^{n} (3i^2 - 5i) = \sum_{i=1}^{n} 3i^2 - \sum_{i=1}^{n} 5i$$

Ce qui devient en fait, grâce à la formule (3):

$$3\sum_{i=1}^{n} i^2 - 5\sum_{i=1}^{n} i$$

Les formules (1) et (2) nous permettent d'écrire:

$$3\left(\frac{n(n+1)(2n+1)}{6}\right) - 5\left(\frac{n(n+1)}{2}\right)$$

Après avoir simplifié 3 et 6 du premier terme, effectuons une mise en évidence de $n(n+1)/2$ et écrivons:

$$\frac{n(n+1)}{2}[2n+1-5]$$

ce qui se résume à:

$$\frac{n(n+1)(2n-4)}{2}$$

$$n(n+1)(n-2)$$

Donc, nous pouvons écrire:

$$\sum_{i=1}^{n}(3i^2-5i) = n(n+1)(n-2)$$

◆◆

Ce résultat a peut-être l'air banal, mais il a un avantage: il permet de donner facilement la somme de tous les $(3i^2-5i)$ lorsque i varie de 1 jusqu'à n.

Si i varie de 1 à 125, nous aurons à additionner :

$$(-2+2+12+28+...+46250)$$

Cela serait quasiment inhumain de demander de tels calculs, mais grâce au résultat que nous venons de découvrir, nous pouvons affirmer en quelques instants que le résultat est 1 937 250.

Exemple 6-10:

Évaluer $\displaystyle\sum_{i=21}^{90}\left(2i^2+4i\right)$

Solution:

Arrangeons-nous premièrement pour avoir des sommations qui débutent à $i = 1$.

$$\sum_{i=21}^{90}\left(2i^2+4i\right)$$

$$= \sum_{i=1}^{90}\left(2i^2+4i\right) - \sum_{i=1}^{20}\left(2i^2+4i\right)$$

Le membre de droite devient:

$$2\sum_{i=1}^{90}i^2 + 4\sum_{i=1}^{90}i - \left[2\sum_{i=1}^{20}i^2 + 4\sum_{i=1}^{20}i\right]$$

En utilisant les formules (1) et (2) et en remplaçant n par 90 et n par 20 selon le cas, nous avons:

$$\frac{2(90)(91)(181)}{6} + \frac{4(90)(91)}{2}$$

$$-\left(\frac{2(20)(21)(41)}{6} + \frac{4(20)(21)}{2}\right)$$

Ce qui est:

$$494\,130 + 16\,380 - 5\,740 - 840$$

$$= 503\,930$$

Nous pouvons conclure:

$$\sum_{i=21}^{90}(2i^2+4i) = 503\,930$$

◆◆

Il faut bien réaliser que lorsque nous faisons une sommation selon l'indice i, c'est i qui varie et *rien d'autre*.

L'exemple suivant explique cette affirmation.

Exemple 6-11:

Évaluer $\displaystyle\sum_{i=1}^{n} 3\left(\frac{i}{n}\right)^2$

Solution:

Nous regardons cette sommation et elle ne nous inspire pas confiance à cause du n et aussi du i qui composent chacun des termes de la sommation.

Il ne faut pas nous en faire avec cela. Nous devons seulement garder en tête que la sommation se fait selon l'indice i et alors *c'est uniquement i qui varie*.

Le "n" ne bougera pas, il ne variera pas et il restera là tout au long du problème.

Nous pouvons dire, sans même avoir commencé la solution, que le résultat demandé comportera la lettre *n* mais pas la lettre *i* (car nous aurons fait varier *i* de 1 jusqu'à *n*).

La sommation se fait selon *i* et elle est *indépendante de n*.

Si, par exemple, nous avions eu "*i*/7" à l'intérieur des parenthèses au lieu de *i/n*, nous n'aurions pas hésité une seconde à mettre 1/49 en évidence et de le sortir de la sommation ensuite.

Nous pouvons en faire autant avec le *i/n*, puisque *i/n = i* (1/*n*) et 1/*n* ne varie pas... tout comme le 1/7 ne varie pas.

$$\sum_{i=1}^{n} 3 \left(\frac{i}{n}\right)^2 = 3 \sum_{i=1}^{n} \left(\frac{i^2}{n^2}\right)$$

Nous pouvons sortir $1/n^2$ en vertu de la formule (3) et transformer le membre de droite de la façon suivante:

$$\frac{3}{n^2} \sum_{i=1}^{n} i^2$$

La formule (2) nous permet d'écrire:

$$\frac{3}{n^2} \frac{n(n+1)(2n+1)}{6}$$

En simplifiant, nous obtenons:

$$\frac{1}{n} \frac{(n+1)(2n+1)}{2}$$

$$\frac{(2n^2+3n+1)}{2n}$$

donc:

$$\sum_{i=1}^{n} 3 \left(\frac{i}{n}\right)^2 = \frac{(2n^2+3n+1)}{2n}$$

Si nous nous intéressons à cette sommation lorsque *i* varie de 1 à 30, nous découvrons:

$$\sum_{i=1}^{30} 3 \left(\frac{i}{30}\right)^2 = \frac{[2(30)^2+3(30)+1]}{2(30)} = 31{,}51\dot{6} \text{ *}$$

La somme est $31{,}51\dot{6}$ et il suffit de remplacer *n* par 30 dans le résultat élaboré à l'exemple 6-11.

Toutes les considérations que nous avons faites depuis le début du chapitre sont pour nous guider vers le concept de l'intégrale définie.

Il ne nous reste qu'un petit pas à franchir avant d'y parvenir. Ce pas très important s'intitule "les sommes de Riemann".

6.2 SOMMES DE RIEMANN

Nous pouvons diviser mathématiquement une surface en une infinité de parties même si ce n'est pas physiquement ou matériellement possible. Nous pouvons par exemple étirer une once d'or sur une distance d'un peu moins de 85 km, après quoi ce n'est plus matériellement possible.

Le symbole Σ est généralement employé pour désigner la somme d'un nombre *fini* de termes tandis que le symbole $\int$ est employé pour désigner la somme d'une *infinité* de petites quantités de grandeurs infiniment petites.

$$\int dy = y$$

Nous pouvons subdiviser *y* en plusieurs parties égales et, plus il y aura de parties, plus elles seront petites.

Par exemple: si nous subdivisons une feuille de papier en 2 parties égales, chacune des parties sera la moitié de la feuille ; si nous subdivisons cette feuille en 100 parties égales, chaque partie sera le centième de la feuille; si nous la subdivisons en 10 000 000 000 parties égales, chaque partie sera le $\frac{1}{10\ 000\ 000\ 000}$ ème de la feuille. Nous pouvons concevoir que mathématiquement, la feuille est composée d'une infinité de parties égales toutes infiniment petites.

Il est primordial de saisir l'importance de pouvoir subdiviser un tout en une infinité de parties, car pour faire certains calculs, nous serons mis devant cette obligation.

---

* Le point au-dessus du 6 est la notation utilisée pour désigner une période.

Si nous voulons calculer l'aire d'une surface en la recouvrant de rectangles, ceux-ci devront être minces. Considérons les figures ci-dessous:

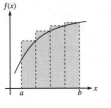

Figure 6-1(a)

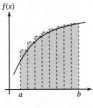

Figure 6-1(b)

Plus les rectangles hachurés seront minces, plus la région couverte par ces rectangles se rapproche de la surface sous la courbe. Par conséquent, si nous voulons que les rectangles recouvrent *exactement* la surface sous la courbe, nous devons subdiviser la surface en une infinité de parties infiniment minces.

Définition d'une somme Riemann:

Une somme de Riemann S_n associée à une fonction f sur un intervalle $[a, b]$ est définie par:

$$S_n = \sum_{i=1}^{n} f(x_i)\, \Delta x_i$$

Δx_i est la largeur du $i^{\text{ème}}$ sous-intervalle lorsque $[a, b]$ est subdivisé en n sous-intervalles;

x_i est une abscisse quelconque choisie dans le $i^{\text{ème}}$ sous-intervalle.

Définition de l'intégrale définie:

$$\int_{a}^{b} f(x)dx = \lim_{\substack{n \to \infty \\ \max \Delta x_i \to 0}} \sum_{i=1}^{n} f(x_i) \cdot \Delta x_i$$

$\sum_{i=1}^{n} f(x_i) \cdot \Delta x_i$ est une somme de Riemann;

a est la borne inférieure d'intégration;

b est la borne supérieure d'intégration.

Si cette limite existe, alors nous disons que la fonction f est intégrable au sens de Riemann sur l'intervalle $[a, b]$.

Pour illustrer le fait que le choix de x_i dans le $i^{\text{ème}}$ sous-intervalle n'a aucune importance pour le calcul de l'intégrale, nous allons calculer l'aire sous une droite avec, premièrement, x_i qui est la borne supérieure de chaque sous-intervalle et, deuxièmement, x_i qui est la borne inférieure de chaque sous-intervalle.

Exemple 6-12:

Soit la fonction $f(x) = 2x$.

Considérons le triangle au-dessus de l'axe OX sur l'intervalle $[0, 3]$.

Nous voulons calculer l'aire de ce triangle.

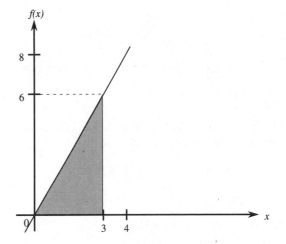

Figure 6-2

Diviser l'intervalle $[0,3]$ en n sous-intervalles égaux revient à diviser une largeur 3 en n parties égales.

Si nous appelons "Δx" chacune de ces largeurs, alors:

$$\Delta x = 3/n.$$

Considérons, sur la figure 6-3, les rectangles qui recouvrent complètement la courbe.

Nous constatons que le sommet supérieur droit de chaque rectangle est sur la courbe.

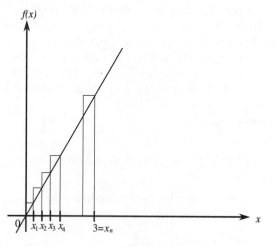

Figure 6-3

Nous constatons ici que:

$$x_1 = \Delta x, \quad x_2 = 2\Delta x, \quad x_3 = 3\Delta x, \quad ... \quad x_n = n\Delta x.$$

Autrement dit, x_i est l'extrémité droite du $i^{\text{ème}}$ intervalle.

L'aire de chaque petit rectangle qui est égale à *base* × *hauteur* sera symbolisée ici par $b \times h$.

L'aire du premier rectangle $= b \times h$

$$= \Delta x \cdot f(x_1)$$

Puisque $x_1 = \Delta x$, nous écrivons:

$$b \times h = \Delta x \cdot f(\Delta x)$$

Aussi, $f(x) = 2x$ nous fait écrire:

$$b \times h = \Delta x \cdot 2 \, \Delta x$$

$$= 2 \, (\Delta x)^2$$

De la même façon, nous déterminons l'aire des autres rectangles.

L'aire du deuxième rectangle:

$$b \times h = \Delta x \cdot f(x_2) = \Delta x \cdot f(2 \, \Delta x)$$

$$= \Delta x \cdot 4 \, \Delta x = 4 \, (\Delta x)^2$$

L'aire du troisième rectangle $= \Delta x \cdot f(x_3)$

$$= \Delta x \cdot f(3 \, \Delta x)$$

$$= \Delta x \cdot 6 \, \Delta x$$

$$= 6 \, (\Delta x)^2$$

Et ainsi de suite jusqu'au dernier rectangle.

L'aire du dernier rectangle $= \Delta x \cdot f(x_n)$

$$= \Delta x \cdot f(n\Delta x)$$

$$= \Delta x \cdot 2n\Delta x$$

$$= 2n \, (\Delta x)^2$$

Appelons S_n la somme de toutes les aires des rectangles:

$$S_n = \sum_{i=1}^{n} f(x_i) \, \Delta x$$

Constatons que S_n est exactement une somme de Riemann pour laquelle Δx_i est constant et égal à Δx.

Transformons S_n dans le but d'en obtenir une expression plus simple:

$$S_n = 2 \, (\Delta x)^2 + 4 \, (\Delta x)^2 + 6 \, (\Delta x)^2 + \cdots + 2 \, n \, (\Delta x)^2$$

Mettons en évidence le facteur $2 \, (\Delta x)^2$ qui est commun à tous les termes.

Nous obtenons alors:

$$S_n = 2 \, (\Delta x)^2 \, (1 + 2 + 3 + \cdots + n)$$

ce qui est:

$$S_n = 2 \, (\Delta x)^2 \sum_{i=1}^{n} i$$

Utilisons la formule (1) pour écrire ce qui suit et souvenons-nous que $\Delta x = \dfrac{3}{n}$. Nous avons alors:

$$S_n = 2 \left(\frac{3}{n}\right)^2 \cdot \frac{n \, (n+1)}{2}$$

Ce qui est:

$$S_n = \frac{9}{n^2} \, n \, (n+1)$$

ou encore:

$$S_n = \frac{9n+9}{n} \qquad\qquad (5)$$

Rappelons que plus n est grand, plus il y a de sous-intervalles, et ainsi, plus la somme des aires des rectangles se rapproche de l'aire du triangle, c'est-à-dire de l'aire sous la courbe.

Comprenons-le en faisant maintenant la constatation suivante pour chacun des n sous-intervalles: pour un x *quelconque* à l'intérieur du sous-intervalle, nous nous imaginons bien que plus n sera grand, moins la hauteur du rectangle dessiné se différenciera de la hauteur $f(x)$.

L'aire de la surface sous la courbe est la somme de toutes les aires des petits rectangles lorsque n tend vers l'infini. Ce qui est:

L'aire du triangle $= \lim_{n \to \infty} S_n$

$$= \lim_{n \to \infty} \frac{9n + 9}{n} = 9$$

Refaisons le même problème, mais cette fois-ci, avec des rectangles qui sont toujours sous la courbe.

Ce sont maintenant les sommets supérieurs gauches des rectangles qui touchent à la courbe.

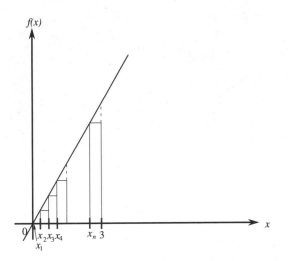

Figure 6-4

Divisons encore $[0,3]$ en n sous-intervalles égaux.

Nous constatons que:

$x_1 = 0, x_2 = \Delta x, \ x_3 = 2\,\Delta x, \ x_n = (n-1)\,\Delta x.$

Autrement dit, x_i est l'extrémité gauche du $i^{\text{ème}}$ intervalle.

L'aire du premier rectangle $= \Delta x \cdot f(x_1)$

$$= \Delta x \cdot f(0)$$

$$= \Delta x \cdot 0 = 0$$

L'aire du deuxième rectangle $= \Delta x\, f(x_2)$

$$= \Delta x\, f(\Delta x)$$

$$= \Delta x \cdot 2\,\Delta x$$

$$= 2\,(\Delta x)^2$$

L'aire du troisième rectangle $= \Delta x \cdot f(x_3)$

$$= \Delta x \cdot f(2\,\Delta x)$$

$$= 4\,(\Delta x)^2$$

$$\dots$$

L'aire du dernier rectangle $= \Delta x \cdot f(x_n)$

$$= \Delta x \cdot f((n-1)\,\Delta x)$$

$$= 2\,(n-1)\,(\Delta x)^2$$

La somme S_n de toutes les aires des rectangles qui sont sous la courbe est:

$$S_n = 0 + 2\,(\Delta x)^2 + 4\,(\Delta x)^2 + \cdots + 2\,(n-1)\,(\Delta x)^2$$

Mettons $2\,(\Delta x)^2$ en évidence pour obtenir:

$$S_n = 2\,(\Delta x)^2 \big(1 + 2 + \cdots + (n-1)\big)$$

Nous pouvons ainsi écrire:

$$S_n = 2\,(\Delta x)^2 \sum_{i=1}^{n} (i-1)$$

Lorsque i varie de 1 jusqu'à n dans cette égalité, les nombres à additionner vont de 0 à $(n-1)$; cela est équivalent à additionner les nombres de 1 à $(n-1)$ d'où:

$$S_n = 2\,(\Delta x)^2 \sum_{i=1}^{n-1} i \qquad (6)$$

Le passage d'une égalité à l'autre peut aussi être expliqué ainsi:

$$\sum_{i=1}^{n} (i-1) = \left(\sum_{i=1}^{n} i - \sum_{i=1}^{n} 1 \right)$$

$$= \frac{n(n+1)}{2} - n$$

$$= \frac{n^2 + n - 2n}{2}$$

$$= \frac{n^2 - n}{2}$$

$$= \frac{(n-1)n}{2}$$

Rappelant le fait que $\Delta x = \dfrac{3}{n}$ et utilisant la formule (1), nous obtenons de la ligne (6):

$$S_n = 2 \left(\frac{3}{n} \right)^2 \frac{(n-1)n}{2}$$

$$S_n = \frac{9}{n^2} \left(n^2 - n \right)$$

$$S_n = \frac{9(n-1)}{n}$$

Si n devient très grand, c'est-à-dire si $n \to \infty$, alors la région recouverte par les rectangles se rapprochera infiniment près de la région sous la courbe. Tout en ayant, pour tout n, une aire totale plus petite que l'aire exacte sous la courbe, nous imaginons bien que, plus n sera grand, plus l'aire totale des rectangles se rapprochera de l'aire sous la courbe et, qu'à la limite nous aurons:

$$\text{Aire du triangle} = \lim_{n \to \infty} \frac{9n - 9}{n} \quad \left(\text{forme } \frac{\infty}{\infty} \right)$$

$$\overset{H}{=} \lim_{n \to \infty} \frac{9}{1} = 9$$

Pour obtenir 9, nous avons calculé:

$$\lim_{n \to \infty} \sum_{i=1}^{n} f(x_i) \, \Delta x$$

ce qui est égal à:

$$\lim_{\substack{n \to \infty \\ \max \Delta x_i \to 0}} \sum_{i=1}^{n} f(x_i) \, \Delta x_i$$

En voici la raison.

D'après la définition de l'intégrale définie, l'écriture " $\max \Delta x_i \to 0$ " indique que chaque rectangle doit être infiniment mince. Notons que cette condition est automatiquement satisfaite si l'intervalle est divisé en une infinité de sous-intervalles *égaux*.

Par définition, nous écrivons:

$$\lim_{\substack{n \to \infty \\ \max \Delta x_i \to 0}} \sum_{i=1}^{n} f(x_i) \, \Delta x_i = \int_0^3 f(x) \, dx$$

Ce qui est en réalité:

$$\lim_{n \to \infty} \sum_{i=1}^{n} f(x_i) \, \Delta x = \int_0^3 f(x) \, dx$$

Donc:

$$\int_0^3 f(x) \, dx = 9$$

Nous n'écrirons plus à partir de cet instant $\max \Delta x_i \to 0$ et $n \to \infty$, car si nous subdivisons un intervalle en une infinité de sous-intervalles, nous considérerons toujours des sous-intervalles de même longueur. Lorsque n tend vers ∞, alors $\max \Delta x_i$ tend vers 0 automatiquement.

Nous arrivons, avec les rectangles sous la courbe, au même résultat qu'avec les rectangles qui excèdent la courbe.

De plus, nous vérifions géométriquement que l'aire du triangle est 9.

Aire d'un triangle $= \dfrac{base \times hauteur}{2}$

ici, $A = \dfrac{3 \times 6}{2} = 9$

Il n'y a pas d'erreur, notre méthode est bonne !

Elle ne semble pas très efficace par contre, car il faut deux pages pour arriver à "9" alors qu'il faut une demie ligne pour calculer géométriquement la valeur "9".

Il faut se souvenir que cet exemple n'est qu'un préambule. Nous sommes en train de bâtir la théorie qui nous permettra de calculer toutes sortes d'intégrales définies et bientôt nous verrons que ce qui est impossible à calculer géométriquement se calculera facilement grâce à cette théorie.

> **Remarque très importante**: L'intégrale d'une fonction f entre a et b est égale à l'aire sous la courbe entre a et b **uniquement** si f n'est **jamais négative** dans l'intervalle.

Il est aisé de comprendre cela quand nous songeons aux calculs effectués lors de l'élaboration d'une somme de Riemann. Si f est toujours positive, la somme de tous les $f(x_i)\Delta x$ est une somme d'éléments uniquement positifs ce qui peut logiquement représenter une aire. Par contre, si f est négative à certains endroits entre a et b, le calcul de certains $f(x_i)\Delta x$ donne un résultat négatif, ce qui *ne peut pas* symboliser une aire.

Les figures 6-5 à 6-13 nous convaincront que la somme de Riemann associée à une fonction f sur un intervalle $[a, b]$ donnera toujours le même résultat si le nombre de sous-intervalles considérés tend vers l'infini.

Grâce aux figures qui suivent, nous constaterons que si les rectangles sont toujours au-dessus de la courbe, s'ils sont toujours sous la courbe ou s'ils sont à quelqu'endroit sous la courbe ou, à quelqu'autre endroit au-dessus de la courbe, alors les sommes de Riemann, *à la limite* donneront toujours le même résultat.

Exemple 6-13:

Imaginons une fonction croissante sur l'intervalle $[a, b]$.

Subdivisons cet intervalle en deux sous-intervalles égaux.

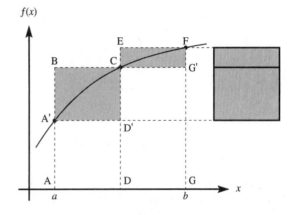

Figure 6-5

La figure 6-5 fait ressortir deux surfaces hachurées qui chevauchent la courbe, A'BCD' et CEFG'. Chacune de ces deux surfaces représente la *différence* entre deux estimations d'aire sous la courbe.

Celle de gauche a une aire égale à l'aire du rectangle qui excède la courbe ABCD moins l'aire du rectangle qui est partout sous la courbe AA'D'D.

Celle de droite a aussi une aire égale à l'aire du rectangle qui excède la courbe DEFG moins l'aire du rectangle qui est partout sous la courbe DCG'G.

Réalisons que dans chacun de ces deux sous-intervalles, la différence schématisée est *la plus grande différence que nous puissions obtenir*.

La petite bande verticale à la droite du graphique a une aire égale à la somme des deux aires hachurées.

Subdivisons maintenant l'intervalle [*a*, *b*] en quatre sous-intervalles égaux.

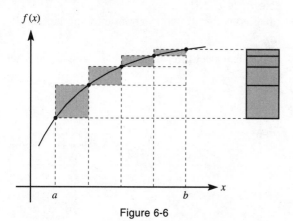

Figure 6-6

La bande rectangulaire à la droite de la figure 6-6 est formée de la même façon que précédemment.

Nous observons que la bande est de même hauteur mais plus étroite que celle obtenue lorsque nous considérions deux sous-intervalles égaux.

Subdivisons maintenant cet intervalle en huit sous-intervalles égaux. Regardons la figure 6-7.

Nous avons:

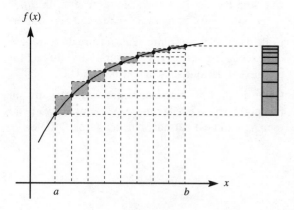

Figure 6-7

La bande se rétrécit encore tout en restant de la même hauteur.

Plus il y a de sous-intervalles, plus la bande verticale est mince.

À la limite, lorsque nous subdiviserons cet intervalle en une infinité de sous-intervalles égaux, nous arriverons à:

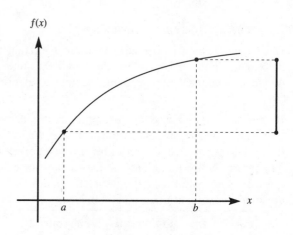

Figure 6-8

La figure 6-8 représente un intervalle [*a*, *b*] subdivisé en une infinité de sous-intervalles de même largeur et infiniment minces. La bande verticale à la droite du graphique est, par conséquent, formée d'une infinité de points empilés les uns sur les autres. Ces points forment alors un segment de droite qui a une aire nulle.

> Tout cela signifie qu'à la limite, si un intervalle est divisé en une infinité de sous-intervalles égaux infiniment minces, alors la différence entre l'aire des rectangles qui excèdent la courbe et celle des rectangles qui sont constamment sous la courbe est nulle.

Si nous repensons à l'exemple 6-12, nous ne sommes donc pas surpris d'avoir trouvé le même résultat, soit 9, avec les rectangles excédant la courbe et avec ceux dessinés sous la courbe.

◆ ◆

Remarque: Il est intéressant de constater que si, par hasard, la courbe a un trou pour certaines valeurs de son domaine, alors la différence entre les aires des rectangles au-dessus de la courbe et ceux sous la courbe ne fera qu'enlever un nombre fini de points sur la ligne verticale à la droite du graphe.

Nous sommes peut-être un peu sceptiques devant ce que les graphiques de l'exemple 6-13 veulent nous démontrer.

Nous pourrions nous demander ce qui se passerait si la fonction n'était pas toujours croissante.

C'est ce que nous considérons à l'exemple 6-14.

Exemple 6-14:

Imaginons une courbe croissante à partir de a et qui se met à décroître quelque part entre a et b.

Traçons par exemple une courbe telle que nous le montre la figure 6-9.

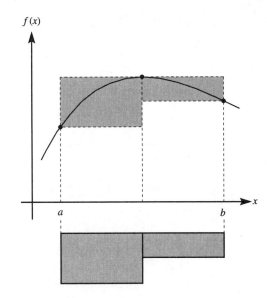

Figure 6-10

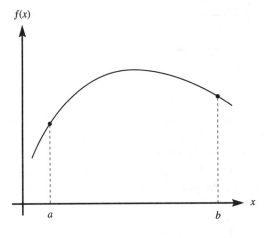

Figure 6-9

Subdivisons l'intervalle $[a, b]$ en deux sous-intervalles égaux comme le précise la figure 6-10.

Nous remarquons encore les portions d'aires qui représentent les *plus grandes différences* entre les aires des rectangles qui excèdent la courbe et les aires de ceux qui sont partout sous la courbe.

Afin de juxtaposer les rectangles hachurés plutôt que de les superposer, nous traçons la bande regroupant les différences d'aires au bas du graphique.

Subdivisons maintenant l'intervalle en quatre sous-intervalles égaux.

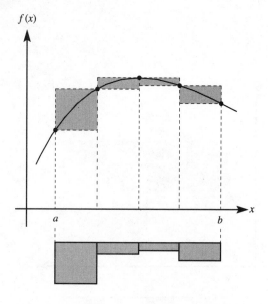

Figure 6-11

Nous remarquons, peut-être de façon moins évidente qu'à l'exemple 6-13, que l'aire de la portion sous le graphique diminue.

Si nous subdivisons l'intervalle en huit sous-intervalles égaux, nous avons:

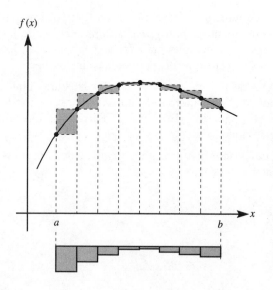

Figure 6-12

De plus en plus, la portion d'aire sous le graphique s'aplatit.

Si nous réussissions à subdiviser l'intervalle $[a, b]$ en une infinité d'intervalles égaux donc infiniment étroits, nous imaginons bien que nous arriverions à ceci:

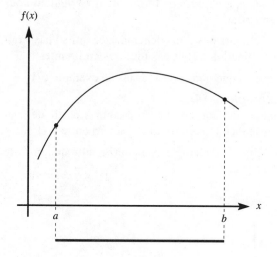

Figure 6-13

La région sous le graphique de la figure 6-13 s'est infiniment aplatie pour ne donner qu'un segment de droite horizontal qui a une aire nulle.

Pour comprendre que l'aire du segment est nulle, nous n'avons qu'à penser à la façon dont ce segment a été formé. À la limite, ce sont tous les points de la courbe qui ont été abaissés au même niveau, au niveau du segment de droite.

♦   ♦

Note:

Nous sommes maintenant convaincus que le choix de x_i n'influence en rien la somme de Riemann lorsque l'intervalle est subdivisé en une infinité de sous-intervalles égaux. En pratique, lorsque nous calculerons une somme de Riemann pour une infinité de sous-intervalles égaux, nous choisirons d'écrire:

x_i = la borne supérieure de chaque sous-intervalle,

c'est-à-dire, $x_i = a + i\,\Delta x$ où a est la borne inférieure d'intégration.

Δx est la largeur identique de chaque sous-intervalle, c'est-à-dire, $\Delta x = \dfrac{|b - a|}{n}$.

En résumé, si nous désirons faire le calcul d'une intégrale à l'aide d'une somme de Riemann, nous calculerons ceci:

$$\lim_{n \to \infty} \sum_{i=1}^{n} f(x_i) \cdot \Delta x$$

$$= \lim_{n \to \infty} \sum_{i=1}^{n} \left[f(a + i\Delta x) \cdot \left(\frac{b - a}{n} \right) \right] = \int_{a}^{b} f(x) \cdot dx$$

Exemple 6-15:

Calculer de façon exacte, à l'aide d'une somme de Riemann, la valeur de l'intégrale:

$$\int_{1}^{3} (2x + 5)\, dx$$

Solution:

Nous avons l'intervalle $[1, 3]$ que nous divisons en n sous-intervalles égaux:

$$\Delta x = \frac{3 - 1}{n} = \frac{2}{n}$$

Nous avons:

$$x_1 = 1 + \Delta x;$$
$$x_2 = 1 + 2\,\Delta x,$$
$$x_3 = 1 + 3\,\Delta x$$

Nous avons convenu d'écrire $x_i = a + i\Delta x$.

Ce qui se traduit par:

$$x_i = 1 + i\Delta x$$

puisque "1" est la borne inférieure d'intégration.

La somme de Riemann, S_n, est:

$$S_n = \sum_{i=1}^{n} (\Delta x) \cdot f(x_i) = \sum_{i=1}^{n} \Delta x \cdot f(1 + i\Delta x)\,*$$

Nous utilisons la définition de f pour transformer $f(1 + i\Delta x)$.

---

* $f(1 + i\Delta x) = 2(1 + i\Delta x) + 5$ puisque $f(x) = 2x + 5$.

Nous avons alors:

$$S_n = \sum_{i=1}^{n} (\Delta x)\,[2(1 + i\Delta x) + 5]$$

$$= \sum_{i=1}^{n} [\Delta x\,[2 + 2i\Delta x + 5]]$$

$$= \sum_{i=1}^{n} [\Delta x\,(7 + 2i\Delta x)]$$

$$= \sum_{i=1}^{n} [7\Delta x + 2i\,(\Delta x)^2]$$

$$= \sum_{i=1}^{n} 7\Delta x + \sum_{i=1}^{n} 2i\,(\Delta x)^2$$

Dans chacune des sommations, mettons en évidence les facteurs qui ne dépendent pas de l'indice de sommation i.

Nous avons:

$$= 7\Delta x \sum_{i=1}^{n} 1 + 2\,(\Delta x)^2 \sum_{i=1}^{n} i$$

La première sommation peut être remplacée par n puisque le "1" est additionné n fois. Quant à la deuxième sommation, elle est transformée en utilisant la formule (1):

$$= 7\,\Delta x \cdot n + 2\,(\Delta x)^2 \cdot \frac{n\,(n + 1)}{2}$$

Remplaçant Δx par son expression, nous avons:

$$= 7 \cdot \frac{2}{n} \cdot n + \frac{4}{n^2} \cdot n\,(n + 1)$$

Et en simplifiant, nous obtenons:

$$= 14 + \frac{4\,(n + 1)}{n}$$

$$= 18 + \frac{4}{n}$$

En subdivisant en n sous-intervalles égaux, la somme de Riemann donne $18 + \dfrac{4}{n}$.

Nous comprenons facilement que si n tend vers ∞, la somme de Riemann s'approche de 18.

Nous avons donc:

$$\int_1^3 (2x+5)\,dx = \lim_{n \to \infty} S_n$$

$$= \lim_{n \to \infty} \left(18 + \frac{4}{n} \right)$$

$$= 18$$

$\blacklozenge \quad \blacklozenge$

Exemple 6-16:

Calculer à l'aide d'une somme de Riemann la valeur exacte de:

$$\int_1^4 \left(3x^2 - 2x + 5 \right) dx$$

Solution:

Il faut calculer:

$$\int_1^4 \left(3x^2 - 2x + 5 \right) dx = \lim_{n \to \infty} S_n$$

Nous avons ici:

$$\Delta x = \frac{3}{n} \quad \text{et} \quad x_i = 1 + i\Delta x$$

$$S_n = \sum_{i=1}^n \Delta x \cdot f(1 + i\Delta x)$$

$$= \sum_{i=1}^n \Delta x \, [3(1 + i\Delta x)^2 - 2(1 + i\Delta x) + 5]$$

$$= \sum_{i=1}^n \Delta x \, [3 + 6i\Delta x + 3i^2 \Delta x^2 - 2 - 2i\Delta x + 5]$$

$$= \sum_{i=1}^n \Delta x \, [3i^2 \Delta x^2 + 4i\Delta x + 6]$$

$$= \sum_{i=1}^n [3i^2 \Delta x^3 + 4i\Delta x^2 + 6\Delta x]$$

$$= 3\Delta x^3 \sum_{i=1}^n i^2 + 4\Delta x^2 \sum_{i=1}^n i + 6\Delta x \sum_{i=1}^n 1$$

$$= \frac{(3)^3}{n^2} \cdot \frac{(n+1)(2n+1)}{2} + 2 \cdot \frac{9}{n} \cdot (n+1) + \frac{18n}{n}$$

$$= \frac{54n^2 + 81n + 27}{2n^2} + \frac{18n + 18}{n} + 18$$

Nous obtenons ici la valeur de la somme de Riemann lorsque n prend une valeur quelconque. Nous désirons connaître la valeur de l'intégrale, donc il faut faire tendre n vers l'infini.

$$\lim_{n \to \infty} S_n = \lim_{n \to \infty} \left(\frac{54n^2 + 81n + 27}{2n^2} + \frac{18n + 18}{n} + 18 \right)$$

$$\lim_{n \to \infty} S_n = 27 + 0 + 0 + 18 + 0 + 18 = 63$$

Donc, puisque:

$$\int_1^4 \left(3x^2 - 2x + 5 \right) dx = \lim_{n \to \infty} S_n$$

nous écrivons:

$$\int_1^4 \left(3x^2 - 2x + 5 \right) dx = 63$$

$\blacklozenge \quad \blacklozenge$

Nous avons le résultat exact, car nous avons utilisé une infinité de rectangles infiniment minces.

Nous ne pourrons pas en dire autant si un nombre fini de rectangles est considéré. Par exemple, si nous choisissons de prendre 4 rectangles pour obtenir une valeur approximative de l'intégrale calculée à l'exemple 6-15, nous obtiendrons une somme de Riemann égale à 18+4/4 = 19; si nous décidons de considérer 100 rectangles, nous obtiendrons la valeur 18 + 4/100 = 18,25 et si nous en prenons 1000, la somme de Riemann égalera 18,025.

Toutes ces valeurs sont des approximations de l'intégrale définie demandée, mais plus il y aura de rectangles, plus l'approximation sera bonne.

Dans la pratique, calculer une somme de Riemann pour un nombre infini de rectangles peut s'avérer excessivement laborieux, voire quasiment impossible pour certaines fonctions.

Les seules fonctions qui peuvent être utilisées pour calculer une intégrale définie à l'aide d'une somme de Riemann sont des polynômes du premier, du deuxième et, à la rigueur, du troisième degré. En dehors de cela, c'est du masochisme!

Si nous considérons toutefois un *nombre fini* de rectangles, nous pouvons calculer une *approximation d'une intégrale définie* à l'aide d'une somme de Riemann, et ceci pour n'importe quelle fonction que nous pouvons imaginer.

L'exemple 6-17 nous le montre bien. Le problème se fera facilement car il y aura un nombre fini de rectangles.

Nous pouvons, pendant la solution, penser comment l'exercice se compliquerait s'il y avait un nombre indéterminé *"n"* de rectangles. Ce problème avec son air anodin deviendrait épouvantable!

Exemple 6-17:

Calculer une valeur approchée de $\displaystyle\int_2^6 \frac{5}{x+3}\,dx$ à l'aide de 8 rectangles de même largeur en considérant l'extrémité droite de chaque sous-intervalle.

Solution:

L'intervalle considéré est $[2, 6]$, donc:

$$\Delta x = \frac{4}{n} = \frac{4}{8} = \frac{1}{2} = 0{,}5.$$

$x_i = 2 + i\,\Delta x$, car 2 est la borne inférieure d'intégration.

Ici, $f(x) = \dfrac{5}{x+3}$

Avant d'écrire la somme de Riemann qui est demandée, déterminons chacun des x_i dont nous avons besoin: $x_i = 2 + i\,\Delta x$

$$\begin{aligned}
x_1 &= 2 + 1 \times 0{,}5 = 2{,}5 \\
x_2 &= 2 + 2 \times 0{,}5 = 3 \\
x_3 &= 2 + 3 \times 0{,}5 = 3{,}5 \\
x_4 &= 2 + 4 \times 0{,}5 = 4 \\
&\quad\cdots \\
x_8 &= 2 + 8 \times 0{,}5 = 6
\end{aligned}$$

Nous faisons une somme de Riemann avec 8 rectangles, donc appelons-la S_8:

$$\begin{aligned}
S_8 &= \sum_{i=1}^{8} \Delta x \; f(2 + i\Delta x) \\
&= \sum_{i=1}^{8} \Delta x \cdot \frac{5}{(2 + i\,\Delta x) + 3}
\end{aligned}$$

Utilisons le fait que $\Delta x = \dfrac{1}{2}$ et simplifions un peu l'expression:

$$\begin{aligned}
S_8 &= \sum_{i=1}^{8} \left[\frac{1}{2} \cdot \frac{5}{\left(2 + \dfrac{i}{2}\right) + 3} \right] \\
&= \sum_{i=1}^{8} \left[\frac{1}{2} \cdot \frac{5}{\dfrac{4 + i + 6}{2}} \right] \\
&= \sum_{i=1}^{8} \left[\frac{1}{2} \cdot \frac{10}{i + 10} \right]
\end{aligned}$$

Il ne nous reste qu'à additionner les 8 termes de la sommation:

$$S_8 = \sum_{i=1}^{8} \left[\frac{5}{i + 10} \right]$$

Nous avons alors à effectuer:

$$\frac{5}{11} + \frac{5}{12} + \frac{5}{13} + ... + \frac{5}{18}$$

Le résultat est 2,830699121

◆ ◆

Peu de personnes auront le courage ou la persévérance de calculer, à l'aide d'une somme de Riemann, la valeur *exacte* de l'intégrale qui était demandée.

C'est pourquoi, pour évaluer des intégrales un peu moins banales que celles de simples polynômes de degré très peu élevé, nous utilisons le théorème fondamental du calcul différentiel et intégral.

Exemple 6-18:

Calculer une approximation de l'aire sous la courbe $f(x) = 2x + 1$ entre les verticales $x = 1$ et $x = 3$,

    a) en divisant en 4 sous-intervalles égaux et en choisissant la borne inférieure* de chaque sous-intervalle pour x_i.

    b) en divisant en 10 sous-intervalles égaux.

Solution:

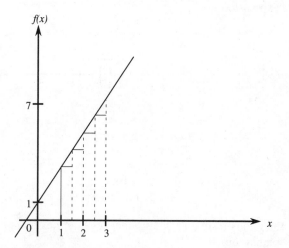

Figure 6-14

a) Nous avons $\Delta x = \dfrac{3-1}{4} = \dfrac{2}{4} = \dfrac{1}{2}$

---

x_i est la borne inférieure de chacun des 4 sous-intervalles, donc:

$$x_1 = 1; \; x_2 = 1,5; \; x_3 = 2; \; x_4 = 2,5.$$

Les sous-intervalles sont

$$[1; 1,5] \; [1,5; 2] \; [2; 2,5] \; [2,5; 3].$$

Partout dans le domaine d'intégration, la fonction f est positive donc le calcul de la somme de Riemann donnera une approximation demandée de l'aire sous la courbe.

Une approximation de l'aire est $\displaystyle\sum_{i=1}^{4} f(x_i) \cdot \Delta x$

c'est-à-dire:

$$f(x_1) \cdot \Delta x + f(x_2) \cdot \Delta x + f(x_3) \cdot \Delta x + f(x_4) \cdot \Delta x$$

$$= f(1)\cdot \frac{1}{2} + f(1,5)\cdot \frac{1}{2} + f(2)\cdot \frac{1}{2} + f(2,5)\cdot \frac{1}{2}$$

$$= \frac{3}{2} + 2 + \frac{5}{2} + \frac{6}{2} = 9$$

b) En utilisant 10 sous-intervalles égaux, nous avons $\Delta x = 2/10 = 1/5$ et en choisissant encore les limites inférieures des sous-intervalles pour x_i, nous avons:

$$x_1 = 1; \quad x_2 = 1\tfrac{1}{5}; \quad x_3 = 1\tfrac{2}{5}; \quad x_4 = 1\tfrac{3}{5};$$

$$x_5 = 1\tfrac{4}{5}; \quad x_6 = 2; \quad x_7 = 2\tfrac{1}{5}; \quad x_8 = 2\tfrac{2}{5};$$

$$x_9 = 2\tfrac{3}{5}; \quad x_{10} = 2\tfrac{4}{5}.$$

Parce que f est toujours positive, une approximation de l'aire est:

$$\sum_{i=1}^{10} f(x_i) \, \Delta x$$

$$= 3\cdot\frac{1}{5} + \frac{17}{5}\cdot\frac{1}{5} + \frac{19}{5}\cdot\frac{1}{5} + \frac{21}{5}\cdot\frac{1}{5} + \frac{23}{5}\cdot\frac{1}{5} + \frac{25}{5}\cdot\frac{1}{5}$$

$$+ \frac{27}{5}\cdot\frac{1}{5} + \frac{29}{5}\cdot\frac{1}{5} + \frac{31}{5}\cdot\frac{1}{5} + \frac{33}{5}\cdot\frac{1}{5}$$

---

* Lorsqu'une infinité de sous-intervalles est considérée, quel que soit le choix de x_i, la valeur obtenue pour l'aire sera toujours la même. Il n'en sera toutefois pas ainsi lorsqu'il y aura un nombre fini de sous-intervalles. C'est pourquoi il est intéressant de calculer une approximation d'aire à l'aide de diverses valeurs de x_i.

$$= \frac{1}{25} \left[15 + 17 + 19 + 21 + 23 + 25 + 27 + 29 \right.$$

$$\left. + 31 + 33 \right] = \frac{1}{25} [240] = 9,6$$

♦   ♦

Assurons-nous que nous comprenons bien la signification de ces deux résultats. En subdivisant en 4 sous-intervalles égaux et en prenant la borne inférieure de chaque sous-intervalle, l'aire totale des 4 rectangles est plus petite que l'aire sous la courbe (voir la figure 6-14). L'aire sous la courbe approchée par la somme des aires de 4 rectangles est 9; l'aire sous la courbe approchée par la somme des aires de 10 rectangles est 9,6. Plus il y aura de rectangles, plus l'approximation sera bonne. L'approximation sera toujours inférieure à l'aire totale sous la courbe puisque les rectangles, de la façon dont nous les avons dessinés, sont toujours sous la courbe.

Nous pouvons affirmer, sans l'ombre d'un doute, que l'aire exacte sous la courbe sera sûrement supérieure à 9,6.

6.3   THÉORÈME FONDAMENTAL DU CALCUL

Soit $\displaystyle\int f(x)\,dx = F(x)$, une intégrale indéfinie.

Rappelons que $F(x)$ est constituée de toute fonction qui, une fois dérivée, égale $f(x)$.

Nous avons:

$$\boxed{\int_a^b f(x)\,dx = F(x)\,\Big|_a^b = F(b) - F(a)}$$

Exemple 6-19:
Calculer l'intégrale suivante à l'aide du théorème fondamental:

$$\int_1^3 (2x+1)\,dx \ .$$

Solution:

$$\int_1^3 (2x+1)\,dx = F(3) - F(1)$$

$$= 12 - 2 = 10$$

ici:

$$F(x) = x^2 + x + K$$

Illustrons certaines propriétés de l'intégrale définie à l'aide d'exemples.

Propriété 1:

$$\int_a^b f(x)\,dx = -\int_b^a f(x)\,dx$$

Si les bornes d'intégration sont inversées, alors le résultat de l'intégrale change de signe.

Exemple 6-20:

$$\int_2^5 x\,dx = \left[\frac{x^2}{2} + K\right]\Big|_2^5 = \frac{25}{2} + K - \frac{4}{2} - K = \frac{21}{2}$$

$$\int_5^2 x\,dx = \left[\frac{x^2}{2} + K\right]\Big|_5^2 = \frac{4}{2} + K - \frac{25}{2} - K = -\frac{21}{2}$$

Ces deux résultats sont de signes opposés. Remarquons aussi que la constante d'intégration s'annule et il en sera toujours ainsi, car elle se présente deux fois et avec des signes opposés. Nous n'indiquerons donc plus jamais la constante d'intégration lorsque nous calculerons une *intégrale définie*.

Propriété 2:

$$\int_a^a f(x)\,dx = 0$$

Si les bornes supérieure et inférieure d'intégration sont égales, alors l'intégrale égale zéro.

Exemple 6-21:

$$\int_3^3 x\,dx = \left[\frac{x^2}{2}\right]\Big|_3^3 = \frac{9}{2} - \frac{9}{2} = 0$$

Ce résultat est très facile à concevoir lorsque nous pensons aux sommes de Riemann. Si nous calculons l'intégrale de 3 à 3, nous calculons la somme des aires d'une infinité de rectangles de largeur égale à 0.

Nous avons aussi les propriétés correspondantes à celles que nous avions énoncées pour les intégrales indéfinies. Toutes ces propriétés sont valides pour des fonctions f intégrables au sens de Riemann.*

Propriété 3:

$$\int_a^b [f(x) + g(x)]dx = \int_a^b f(x)\,dx + \int_a^b g(x)\,dx$$

Propriété 4:

$$\int_a^b Cf(x)\,dx = C\int_a^b f(x)\,dx$$

Propriété 5:

Si f est intégrable sur l'intervalle $[a, b]$, alors:

$$\int_a^b f(x)\,dx = \int_a^c f(x)\,dx + \int_c^b f(x)\,dx .$$

Cette propriété est vraie que c soit entre a et b ou qu'il soit à l'extérieur de l'intervalle.

Exemple 6-22:

$$\int_1^6 \cos x\,dx = \int_1^2 \cos x\,dx + \int_2^6 \cos x\,dx$$

$$\sin 6 - \sin 1 = \sin 2 - \sin 1 + \sin 6 - \sin 2$$

$$\sin 6 - \sin 1 = -\sin 1 + \sin 6$$

---

* Il existe des fonctions qui ne sont pas intégrables au sens de Riemann comme, par exemple:

$f(x) = 1$ si x est un nombre rationnel

$f(x) = 0$ si x est un nombre irrationnel

Cependant seules les fonctions intégrables au sens de Riemann retiendront notre attention.

Exemple 6-23:

$$\int_1^6 \cos x\,dx = \int_1^{18} \cos x\,dx + \int_{18}^6 \cos x\,dx$$

$$\sin 6 - \sin 1 = \sin 18 - \sin 1 + \sin 6 - \sin 18$$

$$\sin 6 - \sin 1 = -\sin 1 + \sin 6$$

Les exemples 6-22 et 6-23 illustrent la propriété 5. Notons le fait suivant: que c soit entre a et b ou non, les nombres évalués à la borne c s'annulent.

Exemple 6-24:

Évaluer $\int_1^4 \dfrac{4x^2 + 5x}{x+1}\,dx$

Solution:

Nous ne pouvons pas écrire immédiatement une primitive. Il faut effectuer un changement de variable après avoir divisé le numérateur par le dénominateur, car le degré du numérateur est supérieur à celui du dénominateur.

$$\begin{array}{r|l} 4x^2 + 5x & \underline{x+1} \\ -(4x^2 + 4x) & 4x+1 \\ \hline x & \\ -(x+1) & \\ \hline -1 & \end{array}$$

Nous présentons ici deux façons de calculer une intégrale définie lorsque la primitive n'est pas immédiate.

1ère façon:

Cette façon consiste à déterminer d'abord l'intégrale indéfinie et à évaluer ensuite l'intégrale définie à l'aide de la primitive trouvée.

Soit $I = \displaystyle\int \frac{4x^2 + 5x}{x+1}\,dx$

Nous avons:

$$I = \int\left[4x + 1 - \frac{1}{x+1}\right]dx = 2x^2 + x - \int\frac{dx}{x+1}$$

Posons $u = x + 1$

Donc, $du = dx$

$$I = 2x^2 + x - \int \frac{du}{u}$$

$$= 2x^2 + x - ln|u| + K$$

$$= 2x^2 + x - ln|x+1| + K$$

Nous connaissons maintenant une primitive de I.

L'intégrale définie est alors, en vertu du théorème fondamental:

$$\int_1^4 \frac{(4x^2 + 5x)}{x+1} dx = \left\{ 2x^2 + x - ln|x+1| \right\} \Big|_1^4$$

$$= 2(16) + 4 - ln\,5 - (2 + 1 - ln\,2)$$

$$= 33 - ln\,5 + ln\,2$$

$$= 33 + ln\left(\frac{2}{5}\right)$$

◆   ◆

2ième façon:

Cette deuxième façon consiste à garder les bornes d'intégration tout au long du problème. Il faut donc absolument effectuer un changement de bornes à *chaque fois* que nous faisons un changement de variable.

Recalculons exactement la même intégrale et insistons sur le fait que, tout au long de la résolution, nous sommes devant une intégrale définie:

$$I = \int_1^4 \frac{4x^2 + 5x}{x+1} dx = \int_1^4 \left[4x + 1 - \frac{1}{x+1} \right] dx$$

$$= \int_1^4 4x\, dx + \int_1^4 dx - \int_1^4 \frac{dx}{x+1}$$

Les deux premières intégrales se résolvent sans difficulté. La troisième sera résolue après un changement de variable.

Si nous posons $u = x + 1$, l'intégrale sera en fonction de la variable u, donc il est logique de déterminer les bornes inférieure et supérieure de cette nouvelle variable.

Ainsi:

$$\begin{array}{lll} & x: & 1 \to 4 \\ u = x + 1: & & 2 \to 5 \end{array}$$

Lorsque x varie de 1 à 4, la variable u varie de 2 à 5.

Nous écrivons donc:

$$I = \int_1^4 4x\, dx + \int_1^4 dx - \int_2^5 \frac{du}{u}$$

$$= 2x^2 \Big|_1^4 + x \Big|_1^4 - ln|u| \Big|_2^5$$

$$= (32 - 2) + (4 - 1) - (ln\,5 - ln\,2)$$

$$= 33 + ln\frac{2}{5}$$

◆◆

La façon choisie dépend des goûts mais la première est souvent beaucoup plus pratique car elle évite de traîner les bornes tout au long du problème.

C'est cette méthode qui sera préconisée dans ce livre.

> Le résultat d'une intégrale définie est une *nombre*.
>
> Le résultat d'une intégrale indéfinie est une *expression de la variable d'intégration*.
>
> Il faut faire très attention à ne pas mélanger les types d'intégrales. L'égalité entre deux intégrales est valide uniquement si elles sont de même type, c'est-à-dire si elles sont toutes deux définies ou toutes deux indéfinies.
>
> *Une intégrale définie n'est jamais égale à une intégrale indéfinie.*

Exemple 6-25:

Calculer $\displaystyle\int_1^2 \frac{e^{1/x}}{x^2} dx$

Solution:

Évaluons l'intégrale indéfinie $I = \displaystyle\int \dfrac{e^{1/x}}{x^2}\,dx$.

Nous remarquons $1/x$ et sa dérivée au signe près, $1/x^2$.

Posons $u = \dfrac{1}{x}$ donc $du = \dfrac{-1}{x^2}\,dx$

L'intégrale indéfinie I devient:

$$I = \int -e^u\,du = -e^u + K$$

$$= -e^{1/x} + K$$

Donc:

$$\int_1^2 \dfrac{e^{1/x}}{x^2}\,dx = -e^{1/x}\Big|_1^2 = -e^{1/2} - (-e) = -\sqrt{e} + e$$

◆◆

Exemple 6-26:

Évaluer $\displaystyle\int_{-2}^3 |x+1|\,dx$

Solution:

Avant d'évaluer l'intégrale, appliquons correctement la définition de la valeur absolue.*

$$\text{si } x < -1 \begin{cases} \text{alors } (x+1) \text{ est négatif} \\[4pt] \text{alors } \left| x+1 \right| = -(x+1) \\[4pt] \qquad\qquad\quad = -x-1 \end{cases}$$

$$\text{si } x \geq -1 \begin{cases} \text{alors } (x+1) \text{ est positif ou nul} \\[4pt] \text{alors } \left| x+1 \right| = (x+1) \end{cases}$$

La figure 6-15 illustre la fonction $y = |x+1|$.

---

* voir annexe B si nécessaire.

Écrivons $I = \displaystyle\int_{-2}^3 |x+1|\,dx$

Il faut subdiviser le domaine d'intégration en deux parties, car la fonction n'a pas la même définition partout entre $x = -2$ et $x = 3$.

La première intégrale sera telle que $|x+1| = -x-1$ et l'autre sera telle que $|x+1| = x+1$.

Nous avons donc:

$$I = \int_{-2}^{-1} (-x-1)\,dx + \int_{-1}^3 (x+1)\,dx$$

$$= \left[\dfrac{-x^2}{2} - x\right]_{-2}^{-1} + \left[\dfrac{x^2}{2} + x\right]_{-1}^3$$

$$= \dfrac{1}{2} - 0 + \dfrac{15}{2} - \dfrac{-1}{2}$$

$$= \dfrac{17}{2}$$

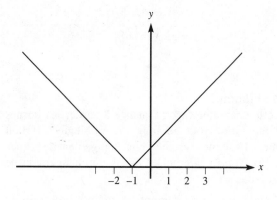

Figure 6-15

◆ ◆

EXERCICES – CHAPITRE 6

Niveau 1

section 6.1

6-1 Calculer les sommes suivantes en utilisant au besoin l'une ou l'autre des quatre formules énoncées à la page 90:

a) $\displaystyle\sum_{i=1}^{10} i$ b) $\displaystyle\sum_{i=1}^{12} i^2$

c) $\displaystyle\sum_{i=1}^{20} (8i)$ d) $\displaystyle\sum_{i=1}^{15} (7\,i^2 + i)$

e) $\displaystyle\sum_{k=8}^{34} k$ f) $\displaystyle\sum_{i=100}^{200} i$

g) $\displaystyle\sum_{i=35}^{50} (2i - 6)$ h) $\displaystyle\sum_{i=5}^{12} (i^2 + i + 2)$

i) $\displaystyle\sum_{k=75}^{175} \left[4k^2 - (2k+4)^2 \right]$

6-2 Écrire en fonction de n le résultat des sommes suivantes:

a) $\displaystyle\sum_{i=1}^{n} (i^2 + i)$ b) $\displaystyle\sum_{i=1}^{n} (2i - 5)$

c) $\displaystyle\sum_{i=1}^{n} \frac{i+3}{n^2}$ d) $\displaystyle\sum_{i=1}^{n} \frac{2i^2 - 3i}{n^3}$

e) $\displaystyle\sum_{i=1}^{n} \left[(4i\Delta x + 1)\,\Delta x \right]$

f) $\displaystyle\sum_{i=1}^{n} -\left[(2 + i\Delta x)^2 + 3 \right] \Delta x$

6-3 Développer la somme ci-dessous afin de montrer la formule (3) de la section 6.1:

$$\sum_{i=1}^{n} [\, C\,a_i \,] = C \sum_{i=1}^{n} a_i$$

6-4 Développer la somme ci-dessous afin de montrer la formule (4) de la section 6.1:

$$\sum_{i=1}^{n} (a_i + b_i) = \sum_{i=1}^{n} a_i + \sum_{i=1}^{n} b_i$$

section 6.2

6-5 Calculer $\displaystyle\lim_{n \to \infty} S_n$ lorsque S_n est exprimé par:

a) $S_n = \displaystyle\sum_{i=1}^{n} \left[\left(\frac{i}{n} + 2 \right) \frac{1}{n} \right]$

b) $S_n = \displaystyle\sum_{i=1}^{n} \left[\left(2 + \frac{i}{n} \right)^2 - 1 \right] \frac{1}{n}$

6-6 Comment l'intégrale de f entre a et b peut-elle être nulle si, à certains endroits dans cet intervalle, f est strictement positive ?

6-7 Dessiner une fonction f où $\displaystyle\int_a^b f(x)\,dx =$ aire sous la courbe entre les verticales $x = a$ et $x = b$.

6-8 Dessiner une fonction f où $\displaystyle\int_a^b f(x)\,dx = -$aire sous la courbe entre les verticales $x = a$ et $x = b$.

6-9 Dessiner une fonction f où $\displaystyle\int_a^b f(x)\,dx <$ aire sous la courbe entre les verticales $x = a$ et $x = b$.

6-10 Peut-on imaginer une fonction f qui remplirait cette condition:

$\displaystyle\int_a^b f(x)\,dx >$ aire sous la courbe entre $x = a$ et $x = b$?

6-11 Calculer de façon exacte à l'aide d'une somme de Riemann, la valeur de:

a) $\displaystyle\int_0^1 (4x + 5)\,dx$ b) $\displaystyle\int_{-1}^3 (x - 1)\,dx$

c) $\displaystyle\int_1^3 (-x^2 + x - 2)\,dx$ d) $\displaystyle\int_8^{12} (10 - x)\,dx$

6-12 Parmi les intégrales calculées à l'exercice précédent, écrire celles qui ne représentent pas l'aire entre la courbe et l'axe OX.

6-13 En utilisant une somme de Riemann, calculer l'aire sous la droite d'équation $f(x) = 2x - 5$ entre les verticales $x = 3$ et $x = 6$.

6-14 Se référant aux deux figures qui suivent, écrire la somme de Riemann qui illustre l'approximation de l'intégrale de G sur $[a, h]$ et sur $[a, f]$ respectivement.

a)

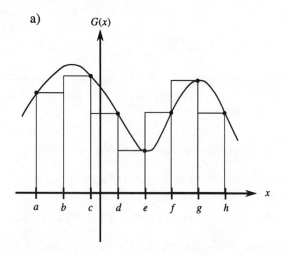

b)

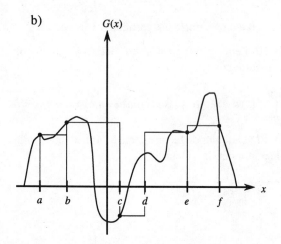

6-15 De la même façon qu'à l'exemple 6-17, en considérant l'extrémité droite de chaque rectangle, calculer une valeur approchée de $\displaystyle\int_3^8 \frac{x}{x-1}\,dx$,

a) en utilisant 5 rectangles de même largeur;
b) en utilisant 10 rectangles de même largeur.

6-16 De la même façon qu'à l'exemple 6-17 mais en considérant l'extrémité gauche de chaque rectangle, calculer une valeur approchée de $\displaystyle\int_3^8 \frac{x}{x-1}\,dx$:

a) en utilisant 5 rectangles de même largeur;
b) en utilisant 10 rectangles de même largeur.

6-17 Calculer $\displaystyle\int_0^4 f(x)\,dx$ de façon approximative en utilisant quatre sous-intervalles égaux et en considérant la borne supérieure de chaque sous-intervalle pour la fonction:

a) $f(x) = x^2$ b) $f(x) = e^x$

c) $f(x) = \sin x$ d) $f(x) = 2/(x-5)$

6-18 Reprendre la question 6-17 en considérant la borne inférieure de chaque sous-intervalle.

6-19 Reprendre la question 6-17 en considérant le point milieu de chaque sous-intervalle.

6-20 Déterminer une valeur approchée de:

$$\int_1^2 \frac{dx}{-x+3}$$

en utilisant 4 sous-intervalles égaux et en prenant, pour chaque sous-intervalle, la hauteur relative à la borne inférieure de celui-ci. Avant même de commencer à calculer, mais après avoir fait un dessin, pouvons-nous certifier que la valeur qui sera calculée sera inférieure à l'aire exacte sous la courbe?

section 6.3

6-21 Utiliser le théorème fondamental du Calcul pour calculer les intégrales définies suivantes:

a) $\displaystyle\int_0^{\pi/4} \sec^2 x\,dx$ b) $\displaystyle\int_{\pi/2}^{\pi} \sin x\,dx$

c) $\displaystyle\int_0^1 (2x - e^x)\,dx$

6-22 Étant donné les 4 hypothèses suivantes:

i) $\displaystyle\int_{-4}^{0} f(x)\ dx = 8$, ii) $\displaystyle\int_{1}^{2} f(x)\ dx = -6$,

iii) $\displaystyle\int_{2}^{5} f(x)\ dx = 7$ et iv) $\displaystyle\int_{-4}^{5} f(x)\ dx = -8$,

déterminer les valeurs de a, b, c et/ou d des intégrales ci-dessous en utilisant les propriétés 1 et 5 énoncées aux pages 107 et 108 du livre. Donner ensuite la valeur des intégrales écrites dans le membre de gauche de l'égalité.

a) $\displaystyle\int_{1}^{5} f(x)\ dx = \int_{1}^{a} f(x)\ dx + \int_{b}^{5} f(x)\ dx$

b) $\displaystyle\int_{-4}^{2} f(x)\ dx = \int_{-4}^{5} f(x)\ dx + \int_{a}^{b} f(x)\ dx$

c) $\displaystyle\int_{0}^{1} f(x)\ dx = \int_{a}^{b} f(x)\ dx + \int_{-4}^{5} f(x)\ dx$
$\displaystyle\qquad\qquad + \int_{5}^{2} f(x)\ dx + \int_{c}^{d} f(x)\ dx$

6-23 Les changements de variable étant donnés, réécrire (mais ne pas résoudre) les intégrales définies suivantes en fonction de la nouvelle variable u.

a) $\displaystyle\int_{3}^{7} \cos x^2\ 2x\ dx$ $\qquad u = x^2$

b) $\displaystyle\int_{2}^{3} x\ \sqrt{x^2 + 3}\ dx$ $\qquad u = x^2 + 3$

c) $\displaystyle\int_{4}^{9} \frac{dx}{2 - \sqrt{x}}$ $\qquad u = 2 - \sqrt{x}$

6-24 Calculer les intégrales définies suivantes en procédant respectivement de la première façon et de la deuxième façon exposées à l'exemple 6-24.

a) $\displaystyle\int_{0}^{\pi/4} \operatorname{tg} x\ \sec^2 x\ dx$ $\qquad$ b) $\displaystyle\int_{9}^{25} \frac{e^{\sqrt{x}}}{\sqrt{x}}\ dx$

6-25 Calculer les intégrales définies suivantes:

a) $\displaystyle\int_{1}^{2} e^{2x-3}\ dx$

b) $\displaystyle\int_{4}^{12} \frac{e^{1/x}}{x^2}\ dx$

c) $\displaystyle\int_{0}^{4} \pi\,(7-x)^2\ dx$

d) $\displaystyle\int_{0}^{2} \frac{6x^2\ dx}{(17 - 2x^3)^{1/3}}$

e) $\displaystyle\int_{\sqrt{17}}^{5} \frac{x\ dx}{\sqrt{(x^2-16)^3}}$

f) $\displaystyle\int_{1}^{e} \frac{\ln^5 x\ dx}{x}$

g) $\displaystyle\int_{1}^{49} \frac{dx}{\sqrt{x}\ (\sqrt{x}+1)^{2/3}}$

h) $\displaystyle\int_{1}^{2} \frac{e^{2x}\ dx}{e^{2x}+2}$

i) $\displaystyle\int_{\pi/4}^{\pi/3} \frac{\cos x}{1 - \sin x}\ dx$

j) $\displaystyle\int_{-1}^{1} \frac{3x + 6x^2}{3x^2 + 4x^3 + 5}\ dx$

k) $\displaystyle\int_{0}^{\pi} x^3 \cos x^4\ dx$ ← *de signe* *erreur dans la réponse*

l) $\displaystyle\int_{\sqrt{2}}^{1} x\ \sqrt{2 - x^2}\ dx$

m) $\displaystyle\int_{-1}^{0} \frac{dx}{x^2 + 2x + 2}$

6-26 Calculer les intégrales suivantes:

a) $\int_{-3}^{8} |4 - x^2|\ dx$ b) $\int_{0}^{3} |8 - x^3|\ dx$

6-27 Déterminer:

a) $\dfrac{d}{dx}\int_{2}^{3} x\ dx$

b) $\dfrac{d}{dx}\int_{1}^{x} t\ dt$

c) $\dfrac{d^2}{dx^2}\int_{0}^{x} \sqrt{t-1}\ dt$ $x \in\ ]\text{-}5, 1[$

d) $\dfrac{d}{dx}\int_{0}^{x} u\ \sqrt{u+3}\ du$

e) $\dfrac{d^3}{dx^3}\int_{0}^{x} \left(v^2 + v - 2\right) dv$

f) comment pouvions-nous prévoir le résultat de la sous-question a) sans même avoir commencé les calculs ?

6-28 La puissance p dans un circuit en fonction du temps t est donnée par la relation suivante:

$$p = \frac{t^3}{\left(t^2 + 4\right)^2}\ \text{Watts.}$$

Calculer l'énergie consommée durant l'intervalle allant de $t = 0$ à $t = 1$ seconde si la puissance est le taux de variation de l'énergie par rapport au temps.

6-29 La valeur V d'une automobile qui a été achetée au montant de 20 000\$ est de:

$$V(t) = \frac{20\ 000}{1 + t}\ \text{après } t \text{ années.}$$

À quel moment, le taux de variation de sa valeur est-il égal au taux de variation moyen depuis l'achat si la voiture est vendue après T années ?

6-30 Étant donné une séquence finie et ordonnée de termes de la forme $a,\ ar,\ ar^2,\ ar^3,\ ...,\ ar^{n-1}$ où a et r sont des constantes. Montrer que le produit de ces termes est égal à la racine carrée du produit des extrêmes, ce produit étant élevé à la puissance n.

6-31 Lorsque n est un entier positif, montrer:

$$\int_{0}^{1} (x^n + x^{1/n})\ dx = 1.$$

6-32 Montrer par récurrence les formules (1) et (2) de ce chapitre. (Cette méthode est exposée brièvement à l'annexe E).

6-33 Déterminer, en fonction de a, l'équation de la droite passant par le point d'abscisse b lorsque l'intégrale de f sur l'intervalle $[a, b]$ est nulle.

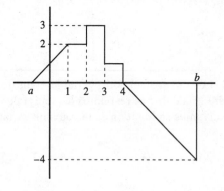

7

TECHNIQUES D'INTÉGRATION

Nous avons vu jusqu'à maintenant la définition de l'intégrale indéfinie et nous avons poussé nos notions jusqu'à l'intégrale définie. Nous pouvons, semble-t-il, intégrer n'importe quoi. Ce n'est pas tout à fait le cas encore.

Malgré que nous connaissions les fondements du Calcul, nous sommes encore apprentis. Il faut maintenant apprendre et nous habiliter à intégrer des fonctions qui soient différentes des simples formules de base.

Après l'étude de ce chapitre, nous serons capables de résoudre une foule d'intégrales et dans les chapitres qui suivront, nous y accrocherons des applications concrètes très intéressantes.

7.1   LE CHANGEMENT DE VARIABLE

La première technique d'intégration à considérer reste l'intégration par changement de variable. Nous avons vu au chapitre 4 qu'une intégrale qui semble terriblement difficile peut s'avérer très facile après un changement de variable adéquat.

Nous ne reviendrons pas ici sur tout ce qui a été dit, mais si nous nous sentons encore mal à l'aise avec cette technique, il faudrait absolument réviser le chapitre 4.

Le changement de variable est excessivement puissant, mais il ne permet pas la résolution de toutes les intégrales. C'est pourquoi nous entamons ici l'étude d'autres méthodes.

Gardons en tête que, pour être champion en intégration, la règle d'or est:

pratiquer, pratiquer et encore pratiquer !

7.2   INTÉGRATION PAR PARTIES

Soit u et v, deux fonctions de la variable x.

La formule de la dérivée d'un produit de deux fonctions u et v de la même variable x nous dit:

$$(uv)' = u'\, v + u\, v'$$

En écrivant cela d'une autre façon, nous avons:

$$\frac{d}{dx}(uv) = \frac{du}{dx} \cdot v + u \cdot \frac{dv}{dx}$$

dx étant un élément différentiel qui tend vers 0 sans jamais y être égal, nous pouvons multiplier les deux membres de l'égalité par dx.

Nous obtenons ainsi:

$$d(uv) = du \cdot v + u \cdot dv$$

En changeant l'ordre des facteurs du premier terme du membre de droite, nous avons:

$$d(uv) = v\,du + u\,dv$$

En intégrant les deux membres, nous avons:

$$\int d(uv) = \int (v\,du + u\,dv)$$

L'intégrale d'une somme étant égale à la somme des intégrales, nous affirmons:

$$\int d(uv) = \int v\,du + \int u\,dv$$

Le membre de gauche égale uv, donc:

$$uv = \int v\,du + \int u\,dv$$

Cette dernière égalité se transforme en la formule dont nous nous servirons pour résoudre par parties une intégrale de la forme $\int u\,dv$:

$$\boxed{\int u\,dv = uv - \int v\,du}$$

Ce résultat ne semble pas très utile... Mais il l'est énormément.

Il est louable de nous demander ce que donne l'intégration par parties, car si nous avons à résoudre $\int u\,dv$, nous devons trouver $uv - \int v\,du$.

Cette expression comporte encore une intégrale!

L'idée derrière tout cela est très simple.

L'intégrale de départ, $\int u\,dv$ est trop "compliquée" pour être résolue immédiatement.

Il faut utiliser une intégrale intermédiaire, $\int v\,du$, qui est plus simple, ou du moins pas plus compliquée que celle de départ.

C'est ce principe même qui guidera notre choix du "u" et du "dv".

Soulignons le fait suivant. L'intégration par parties s'effectue généralement lorsque, dans l'intégrale de départ, il y a deux fonctions qui ne sont pas directement reliées l'une avec l'autre: un sinus avec une exponentielle, un polynôme avec un cosinus, une arctangente avec un polynôme, etc.

Exemple 7-1:

Résoudre $\int ln\,x\,dx$ par parties.

Solution:

Il faut faire coïncider cette intégrale avec $\int u\,dv$.

Nous posons:

$$u = ln\,x \text{ et } dv = dx,$$

entraînant de ce fait:

$$du = dx/x \text{ et } v = x.$$

En substituant ces données dans la formule de l'intégration par parties, nous avons:

$$\int u\,dv = uv - \int v\,du$$

$$\int ln\,x\,dx = ln\,x\,(x) - \int x\,\frac{dx}{x}$$

$$= ln\,x\,(x) - \int dx$$

$$= x\,ln\,x - x + K$$

◆◆

Il ne faut jamais oublier de simplifier lorsque cela est possible.

Nous résolvons une intégrale *indéfinie*, donc il faut écrire la constante d'intégration.

Pour résoudre $\int ln\,x\,dx$, pourquoi a-t-il fallu poser:

$$u = ln\,x \text{ et } dv = dx$$

plutôt que:

$$u = 1 \text{ et } dv = ln\,x\,dx?$$

Dans les deux cas, nous remplissons l'obligation d'avoir $u\,dv = lnx\,dx$, alors "qu'est-ce qui" nous a fait faire le bon choix ?

Tout simplement ce qui suit.

Pour résoudre une intégrale $\int u\,dv$ par parties, il faut être capable de trouver *du et v*!!

du n'est jamais un problème à trouver, car il est possible de dériver tout ce que nous pouvons imaginer.

Trouver "*v*" est autre chose. Nous ne sommes pas capables d'intégrer n'importe quoi (par exemple, nous verrons au chapitre 15 que si $dv = e^x/x\,dx$, alors *v* n'est pas une fonction simple, mais plutôt une expression comportant une infinité de termes).

Si, dans l'intégrale à résoudre, nous avions posé:

$$dv = \ln x\,dx,$$

nous nous serions vite rendu compte de notre incapacité à trouver *v* et, à ce moment, nous aurions eu la réflexion:" j'ai fait un mauvais choix!"

Voyons un autre exemple.

Exemple 7-2:

Résoudre $\int x \sin x\,dx$.

Solution:

Cette intégrale ne ressemble pas à l'une ou l'autre des formules de base. Nous remarquons qu'aucune des deux fonctions, *x* ou sin *x*, n'est la dérivée de l'autre. Aussi, comme elles ne sont pas directement reliées l'une avec l'autre, nous devons envisager la possibilité de résoudre cette intégrale par parties.

Il faut, pour un certain *u* et un certain *v*, avoir:

$$\int x \sin x\,dx = \int u\,dv$$

Nous pouvons décider de poser:

$$u = \sin x \text{ et } dv = x\,dx.$$

Nous obtenons alors:

$$du = \cos x\,dx \text{ et } v = x^2/2$$

Tout semblant bien parfait, nous écrivons:

$$\int u\,dv = uv - \int v\,du$$

$$\int x \sin x\,dx = \sin x\left(\frac{x^2}{2}\right) - \int \frac{x^2}{2}\cos x\,dx$$

$$= \sin x\left(\frac{x^2}{2}\right) - \frac{1}{2}\int x^2 \cos x\,dx$$

Nous sommes partis avec une intégrale qui n'était pas directement résoluble et pour "nous aider", nous voudrions calculer une intégrale dont la résolution est plus complexe!

N'est-ce pas illogique ?!

Nous nous demandons à ce stade-ci: "comment faire le bon choix de *u* et de *dv*?"

> Tout ce qu'il faut garder en tête, c'est que le *dv devra être intégrable* et que le produit "*v du*" ne devra pas être plus compliqué à intégrer que le produit "*u dv*".

Pour la résolution de notre problème, nous poserons donc $u = x$ et $dv = \sin x\,dx$.

c'est-à-dire
$$\begin{array}{ll} u = x & dv = \sin x\,dx \\ du = dx & v = -\cos x \end{array}$$

La formule d'intégration par parties nous permet d'écrire:

$$\int u\,dv = uv - \int v\,du$$

$$\int x \sin x\,dx = x(-\cos x) - \int -\cos x\,dx$$

$$= -x\cos x + \int \cos x\,dx$$

$$= -x\cos x + \sin x + K$$

◆ ◆

Remarque:

Généralement, lorsqu'il y a un polynôme dans l'expression à intégrer, nous posons celui-ci comme étant *u*. Ainsi, *du* devient un polynôme de degré inférieur à celui que nous avions au départ... Ce qui simplifie la nouvelle intégrale.

Mais il ne faut quand même pas utiliser bêtement ce renseignement, car il est bien écrit "généralement". L'exemple 7-3 illustre comment il faut raisonner devant un problème.

Exemple 7-3:

Résoudre $\int x \operatorname{arctg} x\,dx$.

Solution:

Si nous avons à résoudre $\int x \operatorname{arctg} x\,dx$, nous ne *pouvons pas poser*:

$$u = x \text{ et } dv = \operatorname{arctg} x\,dx,$$

car, étant incapables d'intégrer arctg *x,* nous ne savons pas trouver l'expression donnant *v*.

Nous sommes donc contraints à écrire:

$$u = \text{arctg } x \quad \text{et} \quad dv = x \, dx.$$

"du" est facile à trouver : $du = \dfrac{dx}{1+x^2}$

et il en est de même pour $v : v = x^2/2$.

Nous avons donc:

$$
\begin{aligned}
u &= \text{arctg} x & dv &= x \, dx \\
du &= \frac{dx}{1+x^2} & v &= \frac{x^2}{2}
\end{aligned}
$$

et alors:

$$\int u \, dv = uv - \int v \, du$$

$$\int x \; \text{arctg } x \, dx = \text{arctg } x \left(\frac{x^2}{2}\right) - \int \frac{x^2}{2} \frac{dx}{1+x^2}$$

Le membre de droite devient:

$$\text{arctg } x \left(\frac{x^2}{2}\right) - \frac{1}{2} \int \frac{x^2 dx}{1+x^2}$$

$$\text{arctg } x \left(\frac{x^2}{2}\right) - \frac{1}{2} \int \left(1 - \frac{1}{1+x^2}\right) dx \quad *$$

$$\text{arctg} x \left(\frac{x^2}{2}\right) - \frac{1}{2} \left[\int 1 \, dx - \int \frac{1}{1+x^2} \, dx\right]$$

$$\text{arctg} x \left(\frac{x^2}{2}\right) - \frac{1}{2} \left[x - \text{arctg } x\right] + K$$

$$\text{arctg} x \left(\frac{x^2}{2}\right) - \frac{x}{2} + \frac{\text{arctg} x}{2} + K$$

◆ ◆

Exemple 7-4:

Résoudre $I = \int \sin x \, e^x \, dx$

Solution:

Écrivons:

$$
\begin{aligned}
u &= \sin x & d \, v &= e^x \, dx \\
du &= \cos x \, dx & v &= e^x
\end{aligned}
$$

$$I = u v - \int v \, du$$

$$I = \sin x \; e^x - \int e^x \cos x \, dx$$

Nous observons une intégrale un peu différente de celle que nous avions au départ, mais elle n'est pas plus compliquée. Nous sommes donc sur une bonne voie.

Posons:

$$
\begin{aligned}
u &= \cos x & d \, v &= e^x \, dx \\
du &= -\sin x \, dx & v &= e^x
\end{aligned}
$$

Le problème devient donc, en utilisant encore l'intégration par parties:

$$I = \sin x \, e^x - \left[\cos x \, e^x + \int e^x \sin x \, dx\right]$$

$$I = \sin x \, e^x - \cos x \, e^x - \int e^x \sin x \, dx$$

Remarquons cette dernière intégrale dans le membre de droite: c'est exactement I. Écrivons donc ceci:

$$I = \sin x \, e^x - \cos x \, e^x - I$$

Isolons I afin d'en trouver son expression:

$$2I = \sin x \; e^x - \cos x \; e^x$$

$$I = \frac{\sin x \, e^x}{2} - \frac{\cos x \, e^x}{2}$$

En fait:

$$I = \frac{\sin x \, e^x}{2} - \frac{\cos x \, e^x}{2} + K$$

◆ ◆

Pour être vraiment rigoureux, il aurait fallu écrire la constante K pendant l'élaboration de la solution. Mais souvenons-nous qu'il a déjà été mentionné que la constante d'intégration peut être ajoutée à la toute fin, au moment où il n'y a plus d'intégrale à résoudre.

Remarque:

À la première intégration par parties, nous avions la liberté de choisir u comme étant la fonction trigonométrique ou la fonction exponentielle, car toutes deux étaient faciles à dériver et à intégrer.

---

* Pour passer de l'égalité précédente à celle-ci, il a fallu diviser x^2 par $1 + x^2$.

$$
\begin{array}{r|l}
x^2 & \underline{x^2 + 1} \\
\underline{-(x^2 + 1)} & 1 - \dfrac{1}{x^2+1} \\
-1 &
\end{array}
$$

(ne pas oublier de toujours ordonner les puissances de façon *décroissante*).

Nous avons ensuite effectué une deuxième intégration par parties. Semble-t-il, nous avons fait le bon choix de "u" et le bon choix de "dv", car nous avons réussi à découvrir I.

Il est intéressant à ce stade-ci d'examiner ce qui se serait passé si nous avions fait un autre choix.

Reprenons notre problème:

$$I = \int \sin x \; e^x \, dx$$

Commençons par le même choix de u et de dv:

$$u = \sin x \qquad dv = e^x \, dx$$
$$du = \cos x \, dx \qquad v = e^x$$

D'où: $\qquad I = \sin x \, e^x - \int e^x \cos x \, dx$.

Prenons maintenant un choix différent de u et de dv pour continuer la résolution de cet exercice:

$$u = e^x \qquad dv = \cos x \, dx$$
$$du = e^x \, dx \qquad v = \sin x$$

Et c'est alors que le problème survient:

$$I = \sin x \, e^x - \left[e^x \sin x - \int \sin x \, e^x \, dx \right]$$

$$I = \sin x \, e^x - e^x \sin x + \int \sin x \, e^x \, dx$$

$$I = \sin x \, e^x - e^x \sin x + I$$
$$I = I$$

Cette égalité ne nous renseigne pas du tout sur ce qu'est l'intégrale I.

Nous avons tourné en rond.

Retenons ceci:

Lorsque deux possibilités s'offrent à nous pour entamer la résolution d'une intégrale par la méthode de l'intégration par parties, nous devons faire un choix. **Mais**, après avoir fait le choix d'une fonction pour u (par exemple une fonction exponentielle ou une fonction trigonométrique), il faut conserver ce même choix tout au long de l'exercice.

Exemple 7-5:

Résoudre $\int ln^2 (3x - 5) \, dx$

Solution:

Écrivons de façon précise la puissance du logarithme présent dans l'intégrale:

$$I = \int ln^2 (3x - 5) \, dx = \int \left[ln \, (3x - 5) \right]^2 dx$$

Pour alléger l'intégrale, nous poserons $w = 3x - 5$. À ce moment, dw est un multiple de dx:

$$w = 3x - 5 \quad \text{donc} \quad dw = 3 \, dx$$

$$\int [ln (3x - 5)]^2 \, dx = \int [ln \, w]^2 \cdot \frac{dw}{3}$$
$$= \frac{1}{3} \int [ln \, w]^2 \cdot dw$$

Nous ne pouvons pas résoudre directement cette intégrale. Utilisons donc l'intégration par parties:

$$u = ln^2 w \qquad dv = dw$$
$$du = \frac{2 \, ln \, w}{w} \, dw \quad v = w$$

$$\int u \, dv = u v - \int v \, du$$

$$\frac{1}{3} \int [ln \, w]^2 \cdot dw = \frac{1}{3} \left[ln^2 w \cdot w - \int \frac{w \, 2 \, ln \, w}{w} \, dw \right]$$

$$= \frac{1}{3} \cdot w \, ln^2 w - \frac{2}{3} \int ln \, w \, dw$$

D'après l'exemple 7-1, nous savons que:

$$\int ln \, x \, dx = x \, ln \, x - x \quad (+ K).$$

Nous obtenons donc, en utilisant cette identité:

$$I = \frac{1}{3} \, w \, ln^2 w - \frac{2}{3} \left[w \, ln \, w - w \right]$$

c'est-à-dire:

$$I = \frac{1}{3} \, w \, ln^2 w - \frac{2}{3} \, w \, ln \, w + \frac{2}{3} \, w + K$$

Remplaçons w par $(3x - 5)$ et écrivons:

$$I = \frac{1}{3}(3x - 5)\, ln^2\,(3x - 5)$$

$$-\frac{2}{3}(3x - 5)\, ln\,(3x - 5)$$

$$+\frac{2}{3}(3x - 5) + K$$

$$I = \frac{1}{3}(3x - 5)\, ln^2\,(3x - 5)$$

$$-\frac{2}{3}(3x - 5)\, ln\,(3x - 5) + 2x + C$$

Note: $C = -10/3 + K$

◆◆

Exemple 7-6:

Résoudre $I = \displaystyle\int x^5\, e^{x^3}\, dx$

Solution:

Si nous voulons résoudre cette intégrale par parties, il faut la faire coïncider avec $\displaystyle\int u\, dv$.

Nous remarquons une puissance de x (c'est x^5), et nous sommes peut-être tentés de la poser égale à u.

Mais en posant $u = x^5$, nous sommes contraints de poser $dv = e^{x^3}dx$, qui n'est résoluble qu'avec les notions particulières qui seront élaborées au chapitre 15. Il faut donc garder "en réserve" un x^2 pour le dv. Ainsi, $dv = e^{x^3}\, x^2\, dx$ est intégrable à l'aide du simple changement de variable $w = x^3$.

Plutôt que de prendre $u = x^5$, nous posons $u = x^3$ et laissons le x^2 qui reste avec le dv.

Nous avons donc:

$$I = \int x^3\, e^{x^3}\, x^2\, dx$$

$$u = x^3 \qquad\qquad dv = e^{x^3}\, x^2\, dx$$

$$du = 3\, x^2\, dx \qquad\qquad v = \frac{e^{x^3}}{3}$$

Notre intégrale de départ devient:

$$I = \int u\, dv = u\,v - \int v\, du = x^3\,\frac{e^{x^3}}{3} - \int x^2\, e^{x^3}\, dx$$

Après avoir posé $w = x^3$ dans l'intégrale, nous avons:

$$I = x^3\,\frac{e^{x^3}}{3} - \int \frac{e^w}{3}\, dw$$

ce qui donne:

$$I = x^3\,\frac{e^{x^3}}{3} - \frac{e^w}{3} + K$$

En remplaçant w par x^3, nous obtenons finalement:

$$= \frac{x^3\, e^{x^3}}{3} - \frac{e^{x^3}}{3} + K$$

qui, après une simple mise en évidence, devient:

$$I = \frac{e^{x^3}}{3}(x^3 - 1) + K$$

◆◆

Il était aussi possible de résoudre l'intégrale d'une autre façon: en faisant un changement de variable dès le départ.

Voici comment:

Autre solution:

Voyant le x^3 en exposant, nous réalisons que nous aurons absolument besoin d'un x^2. Arrangeons-nous donc pour garder un x^2 "en réserve".

$$I = \int x^3\, x^2\, e^{x^3}\, dx$$

$$I = \int x^3\, e^{x^3}\, x^2\, dx$$

Posons $w = x^3$ entraînant ainsi $dw = 3x^2dx$:

$$I = \int w\, e^w\, \frac{dw}{3}$$

$$I = \frac{1}{3}\int w\, e^w\, dw$$

Cette nouvelle intégrale doit être résolue par parties, car elle ne correspond pas à l'une ou l'autre des formules de base et parce qu'il y a deux fonctions qui ne sont pas directement reliées l'une avec l'autre.

Nous avons à résoudre une intégrale qui est de la forme $\dfrac{1}{3}\displaystyle\int u\, dv$.

Écrivons:

$$u = w \qquad dv = e^w \, dw$$
$$du = dw \qquad v = e^w$$

L'intégrale devient:

$$\frac{1}{3}\left[uv - \int v \, du \right]$$

$$\frac{1}{3}\left[w \, e^w - \int e^w \, dw \right]$$

$$\frac{1}{3}\left[w \, e^w - e^w \right] + K$$

$$\frac{1}{3} \, e^w \left[w - 1 \right] + K$$

Il faut maintenant remplacer w par l'expression de x que nous avions posée:

$$I = \frac{1}{3} \, e^{x^3} \left[x^3 - 1 \right] + K$$

◆◆

Nous arrivons à la même réponse qu'avec notre première idée, ce qui n'est pas surprenant. Mentionnons pour une dernière fois que si les deux réponses avaient été écrites différemment, la différence entre celles-ci aurait été une constante(voir si nécessaire l'exemple 4-22).

Exemple 7-7:

Résoudre l'intégrale $I = \displaystyle\int \frac{\sin x}{e^x} \, dx$

Solution:

Les deux fonctions trigonométrique et exponentielle n'ont aucun lien direct l'une avec l'autre, alors nous pensons à l'intégration par parties.

Écrivons:

$$u = \sin x \qquad d\,v = \frac{dx}{e^x}$$

$$du = \cos x \, dx \quad v = \int e^{-x} \, dx = -e^{-x} = \frac{-1}{e^x}$$

Note: En posant $w = -x$, nous avons trouvé l'expression de v.

$$I = \int u \, dv$$

$$= uv - \int v \, du$$

$$= \sin x \left(\frac{-1}{e^x} \right) - \int \frac{-1}{e^x} \cos x \, dx$$

$$= \sin x \left(\frac{-1}{e^x} \right) + \int \frac{1}{e^x} \cos x \, dx$$

Nous arrivons donc à:

$$I = \left(\frac{-\sin x}{e^x} \right) + \int \frac{\cos x}{e^x} \, dx$$

qui peut être écrit de la façon suivante:

$$I = \left(\frac{-\sin x}{e^x} \right) + I_1$$

Cette dernière intégrale I_1, qui contient un cosinus, n'est pas plus directement résoluble que celle que nous avions au départ!

Il ne faut quand même pas nous décourager, car l'intégrale à laquelle nous venons d'arriver n'est pas plus complexe que celle que nous avions au départ. (Si tel avait été le cas, nous nous serions posé de sérieuses questions et nous aurions conclu que nous avions procédé incorrectement comme à l'exemple 7-2).

En écrivant:

$$u = \cos x \qquad dv = \frac{dx}{e^x}$$

$$du = -\sin x \, dx \qquad v = \left(\frac{-1}{e^x} \right)$$

nous avons:

$$I_1 = \int \frac{\cos x}{e^x} \, dx = uv - \int v \, du$$

$$= \cos x \left(\frac{-1}{e^x} \right) - \int \left(\frac{-1}{e^x} \right) (-\sin x) \, dx$$

$$= \left(\frac{-\cos x}{e^x} \right) - \int \left(\frac{\sin x}{e^x} \right) \, dx$$

Cette dernière intégrale est précisément l'intégrale I que nous avions au départ.

Nous pouvons alors écrire:

$$I_1 = \left(\frac{-\cos x}{e^x}\right) - I$$

or:

$$I = \left(\frac{-\sin x}{e^x}\right) + I_1$$

donc:

$$I = \frac{-\sin x}{e^x} + \left(\frac{-\cos x}{e^x} - I\right)$$

$$I = \frac{-\sin x}{e^x} - \frac{\cos x}{e^x} - I$$

En mettant du même côté les deux I, nous avons:

$$2I = \frac{-\sin x}{e^x} - \frac{\cos x}{e^x}$$

et alors, l'intégrale que nous cherchions est:

$$I = \frac{1}{2}\left(\frac{-\sin x}{e^x} - \frac{\cos x}{e^x}\right) + K$$

Ce qui peut aussi être écrit ainsi:

$$I = \frac{-e^{-x}}{2}(\sin x + \cos x) + K$$

♦   ♦

Exemple 7-8:

Résoudre $\int e^x \ln (e^x + 6)\, dx$

Solution:

Posons $I = \int e^x \ln (e^x + 6)\, dx$

Avant de résoudre par la méthode d'intégration par parties, effectuons un changement de variable qui nous débarrassera de l'exponentielle.

Écrivons:

$$u = e^x + 6$$

$$du = e^x\, dx$$

L'intégrale devient:

$$I = \int \ln (u)\, du$$

Cette intégrale est exactement de la même forme que celle de l'exemple 7-1 (avec la seule différence que la variable est ici u plutôt que x).

Nous pouvons alors immédiatement écrire:

$$\int \ln (u)\, du = u \ln u - u + K$$

Nous déduisons donc:

$$\int e^x \ln (e^x + 6)\, dx$$

$$= (e^x + 6)\ln (e^x + 6) - (e^x + 6) + K$$

$$= (e^x + 6)\ln (e^x + 6) - e^x + C$$

Notes: $C = -6 + K$.

Les valeurs absolues n'ont pas été écrites, car $e^x + 6$ est toujours strictement positif.

♦   ♦

Exemple 7-9:

Résoudre $\int e^{4x} \cos e^{2x}\, dx$

Solution:

Écrivons $I = \int e^{4x} \cos e^{2x}\, dx$

Remarquant qu'une exponentielle se répète, il est ingénieux de poser $u = e^x$, ou encore mieux de poser $w = e^{2x}$. La deuxième alternative est meilleure car nous avons directement $\cos w$ plutôt que $\cos u^2$. Le choix de w explicité ici entraîne donc une solution plus rapide. Notons qu'avec un peu de pratique, nous serons en mesure de détecter le changement de variable le plus avantageux.

Posons donc:

$w = e^{2x}$ $dw = 2e^{2x} dx$ c'est-à-dire $dw/2w = dx$

Nous avons :

$$\int w^2 \cos w\, \frac{dw}{2w}$$

$$= \int w \cos w\, \frac{dw}{2}$$

$$= \frac{1}{2} \int w \cos w\, dw$$

Soit maintenant $I_1 = \int w \cos w \, dw$

En intégrant par parties, nous écrivons:

$$u = w \qquad dv = \cos w \, dw$$
$$du = dw \qquad v = \sin w$$

$$I_1 = uv - \int v \, du$$

$$= w \sin w - \int \sin w \, dw$$

$$= w \sin w + \cos w + K$$

Remplaçons w par son expression de x:

$$I_1 = e^{2x} \sin e^{2x} + \cos e^{2x} + K$$

Donc, l'intégrale de départ est:

$$I = \frac{1}{2}\left(e^{2x} \sin e^{2x} + \cos e^{2x} \right) + C$$

Note: $C = K/2$.

♦♦

Exemple 7-10:

Évaluer $I = \int \sin 2x \cos 3x \, dx$

Solution:

Les deux fonctions trigonométriques ne sont pas directement reliées l'une avec l'autre (sauf si nous connaissons toutes les identités trigonométriques). Nous considérons donc l'intégration par parties.

$$I = \int \sin 2x \cos 3x \, dx = \int u \, dv$$

Soit $u = \sin 2x \qquad dv = \cos 3x \, dx$

$$du = 2 \cos 2x \, dx \qquad v = \frac{\sin 3x}{3}$$

$$I = \frac{\sin 2x \, \sin 3x}{3} - \frac{2}{3} \int \sin 3x \, \cos 2x \, dx$$

$$I = \frac{\sin 2x \, \sin 3x}{3} - \frac{2}{3} I_1 \qquad\qquad (I)$$

Évaluons I_1 et nous aurons par le fait même I.

$$I_1 = \int \sin 3x \, \cos 2x \, dx$$

Soit $u = \cos 2x \qquad dv = \sin 3x \, dx$

$du = -2 \sin 2x \, dx \qquad v = \dfrac{-\cos 3x}{3}$

$$I_1 = -\frac{\cos 2x \cos 3x}{3} - \frac{2}{3} \int \cos 3x \sin 2x \, dx$$

$$= -\frac{\cos 2x \cos 3x}{3} - \frac{2}{3} I$$

En remplaçant l'expression de I_1 dans l'équation (1), nous avons:

$$I = \frac{\sin 2x \sin 3x}{3} - \frac{2}{3}\left[-\frac{\cos 2x \cos 3x}{3} - \frac{2}{3} I \right]$$

Il suffit maintenant d'isoler I.

$$I = \frac{\sin 2x \sin 3x}{3} + \frac{2 \cos 2x \cos 3x}{9} + \frac{4}{9} I$$

$$I - \frac{4}{9} I = \frac{\sin 2x \sin 3x}{3} + \frac{2 \cos 2x \cos 3x}{9}$$

$$\frac{5}{9} I = \frac{\sin 2x \sin 3x}{3} + \frac{2 \cos 2x \cos 3x}{9}$$

Multipliant les deux côtés par 9/5 , nous obtenons I:

$$I = \frac{3 \sin 2x \sin 3x}{5} + \frac{2 \cos 2x \cos 3x}{5} + K$$

♦♦

Notons que tout au long de la résolution, l'argument $2x$ a été choisi pour u et que l'argument $3x$ a été choisi pour v.

7.3 INTÉGRATION DE FONCTIONS TRIGONO-MÉTRIQUES

Il ne faut pas préconiser l'étude du calcul différentiel et intégral par la mémorisation d'une foule de formules ou de trucs. Il faut comprendre le fond de tout ce que sous-tend le calcul différentiel et intégral et surtout utiliser ce que nous connaissons déjà.

Voilà pourquoi nous ne subdivisons pas l'intégration de fonctions trigonométriques de toutes les façons qu'il y a d'envisager une intégrale constituée de telles fonctions. Nous ne verrons que les éléments essentiels à leur résolution. En nous servant souvent de ce que nous connaissons déjà, nous réussirons à intégrer *presque* tout ce que nous pouvons imaginer.

Toutefois, avant de nous attaquer à l'intégration des fonctions trigonométriques, nous avons besoin de savoir utiliser certains éléments.

La première notion à très bien savoir utiliser est:

$$\sin^2 x + \cos^2 x = 1 \qquad \text{(I)}$$

Si nous divisons (I) par $\sin^2 x$ des deux côtés de l'égalité, nous retrouvons:

$$\cotg^2 x + 1 = \cosec^2 x \qquad \text{(II)}$$

Si nous divisons (I) par $\cos^2 x$ des deux côtés de l'égalité, nous retrouvons:

$$\tg^2 x + 1 = \sec^2 x \qquad \text{(III)}$$

Voici deux autres identités trigonométriques très pratiques pour nous aider à résoudre des intégrales de fonctions trigonométriques:

$$\sin 2x = 2 \sin x \cos x \qquad \text{(IV)}$$

$$\text{et}$$

$$\cos 2x = \cos^2 x - \sin^2 x \qquad \text{(V)}$$

Si nous utilisons encore l'identité (I), nous pouvons transformer (V) de deux autres façons:

• En considérant le membre du côté droit en termes de $\sin^2 x$, nous écrivons:

$$\cos 2x = \cos^2 x - \sin^2 x$$
$$= (1 - \sin^2 x) - \sin^2 x = 1 - 2 \sin^2 x$$

ce qui devient:

$$\frac{\cos 2x - 1}{-2} = \sin^2 x$$

ou encore la formule connue:

$$\sin^2 x = \frac{1 - \cos 2x}{2} \qquad \text{(VI)}$$

• En écrivant maintenant le membre du côté droit de l'identité (V) en termes de $\cos^2 x$, nous avons:

$$\cos 2x = \cos^2 x - \sin^2 x$$
$$= \cos^2 x - (1 - \cos^2 x)$$
$$= 2 \cos^2 x - 1$$

Ce qui donne une formule connue:

$$\cos^2 x = \frac{\cos 2x + 1}{2} \qquad \text{(VII)}$$

Nous n'avons pas besoin d'apprendre toutes ces formules par coeur. Par contre, **il faut absolument savoir (I)** qui nous fait retrouver rapidement (II) et (III).

Il faut absolument connaître (IV) et (V) qui, par le biais de (I), nous font retrouver (VI) et (VII).

Il est bien évident que nous intégrons plus rapidement si nous connaissons les 7 formules par coeur et il est bien évident aussi que nous intégrons plus rapidement si nous connaissons par coeur toutes les formules écrites à la fin du livre. Mais là n'est pas la question.

Nous devons apprendre à intégrer et nous devons comprendre tellement bien les principes de l'intégration que nous utiliserons uniquement ce qui est absolument fondamental.

Dans les exemples qui suivent, nous référerons aux formules (I) à (VII) en supposant que nous sommes en mesure de les retrouver.

Exemple 7-11:

Évaluer $\displaystyle\int \sin^5 x \, dx$.

Solution:

Puisque cette intégrale ne ressemble pas à une formule de base, nous devons envisager avant toute autre chose la possibilité d'un changement de variable. Nous voyons un *sinus*, mais aucun *cosinus*. Arrêtons-nous quelques instants à penser s'il est possible d'en obtenir un.

Oui, c'est possible, si nous transformons l'expression à intégrer de la façon suivante:

$$\int \sin^5 x \, dx = \int \sin^4 x \, \sin x \, dx$$

$$= \int (\sin^2 x)^2 \sin x \, dx$$

$$= \int (1 - \cos^2 x)^2 \sin x \, dx$$

En posant $u = \cos x$, nous avons $du = -\sin x \, dx$ d'où:

$$I = \int (1 - u^2)^2 \, (-du)$$

$$= -\int (1 - 2u^2 + u^4) \, du$$

$$= -u + 2\frac{u^3}{3} - \frac{u^5}{5} + K$$

$$= \frac{u}{15} (-15 + 10u^2 - 3u^4) + K$$

$$= \frac{\cos x}{15} (-15 + 10 \cos^2 x - 3 \cos^4 x) + K$$

◆◆

Exemple 7-12:

Transformer $\int \cos^{2n+1} x \, dx$, et ensuite évaluer cette intégrale pour $n = 2$.

Solution:

Il y a une puissance impaire du cosinus. Si nous conservons uniquement une puissance paire, nous pourrons, à l'aide de l'identité (I), la transformer en "sinus". En posant ensuite $u = \sin x$, nous aurons du avec le $\cos x$ que nous aurons gardé "en réserve".

$$\int \cos^{2n+1} x \, dx = \int \cos^{2n} \cos x \, dx$$

$$= \int (\cos^2 x)^n \cos x \, dx$$

$$= \int (1 - \sin^2 x)^n \cos x \, dx$$

$$= \int (1 - u^2)^n \, du$$

Si $n = 2$, mis à part le signe, nous avons à résoudre exactement l'intégrale de l'exemple 7-11. Cela donne:

$$\int (1 - u^2)^2 \, du = \frac{u}{15} (+15 - 10u^2 + 3u^4) + K$$

En substituant u par $\sin x$, nous obtenons l'intégrale demandée:

$$\int \cos^5 x \, dx = \frac{\sin x}{15} (+15 - 10 \sin^2 x + 3 \sin^4 x) + K$$

◆◆

Lorsque la valeur de n est grande, il faut utiliser le binôme de Newton. Dans ce livre, nous n'aurons pas à l'utiliser.

Exemple 7-13:

Évaluer $\int \sin^2 x \, \cos^2 x \, dx$

Solution:

Si nous posons $u = \sin x$, nous aurons un $\cos x$ dont nous avons besoin pour la dérivée de u, mais il y aura un $\cos x$ de trop et nous serons obligés de le transformer en $\sin x$, ce qui compliquera l'intégrale. Il faut penser à autre chose. Pensons à l'identité (IV) et faisons les transformations suivantes:

$$\int \sin^2 x \cos^2 x \, dx = \int (\sin x \cos x)^2 \, dx$$

$$= \int \left(\frac{\sin 2x}{2} \right)^2 dx$$

Ceci est une puissance de $\sin x \cos x$ qui se résume à un sinus unique.

En posant $u = 2x$, nous avons $du = 2 \, dx$ c'est-à-dire $dx = \frac{du}{2}$

$$I = \int \left(\frac{\sin^2 u}{4} \right) \frac{du}{2}$$

$$= \int \frac{\sin^2 u}{8} \, du$$

D'après l'identité (VI), I devient:

$$= \frac{1}{8} \int \left(\frac{1 - \cos 2u}{2} \right) du$$

$$= \frac{1}{16} \int (1 - \cos 2u) \, du$$

Posons $v = 2u$, donc $\dfrac{dv}{2} = du$:

$$I = \frac{1}{16} \int (1 - \cos v)\frac{dv}{2}$$

$$= \frac{1}{32} v - \frac{\sin v}{32} + K$$

$$= \frac{2u}{32} - \frac{\sin 2u}{32} + K$$

$$= \frac{4x}{32} - \frac{\sin 4x}{32} + K$$

$$= \frac{x}{8} - \frac{\sin 4x}{32} + K$$

Exemple 7-14:

Résoudre $\displaystyle\int \sin^9 \frac{x}{3} \cos^5 \frac{x}{3}\, dx$

Solution:

Nous avons le choix d'isoler un "sinus" ou un "cosinus", car pour l'un ou l'autre de ces deux choix, nous avons la dérivée dans l'intégrale. Remarquons par contre la différence avec l'exemple 7-13 : ici, il est facile, après avoir gardé "en réserve" la dérivée requise, de transformer tout le reste de la fonction à intégrer en une autre fonction qui sera facile à résoudre. Effectuons d'abord un changement de variable qui nous débarrassera du $x/3$.

Soit $\quad u = \dfrac{x}{3} \qquad du = \dfrac{dx}{3}$

$$= 3 \int \sin^9 u \cos^4 u \cos u\, du$$

$$= 3 \int \sin^9 u (\cos^2 u)^2 \cos u\, du$$

$$= 3 \int \sin^9 u (1 - \sin^2 u)^2 \cos u\, du$$

Posons $v = \sin u \quad dv = \cos u\, du$

$$= 3 \int v^9 (1 - 2v^2 + v^4)\, dv$$

$$= 3 \int (v^9 - 2v^{11} + v^{13})\, dv$$

$$= 3\left[\frac{v^{10}}{10} - \frac{v^{12}}{6} + \frac{v^{14}}{14}\right] + K$$

$$= \frac{3\sin^{10} u}{2}\left[\frac{1}{5} - \frac{\sin^2 u}{3} + \frac{\sin^4 u}{7}\right] + K$$

$$= \frac{3\sin^{10}(x/3)}{2}\left[\frac{1}{5} - \frac{\sin^2 (x/3)}{3} + \frac{\sin^4 (x/3)}{7}\right] + K$$

◆◆

Exemple 7-15:

Résoudre $I = \displaystyle\int \sin 5x \, \sin 3x \, dx$

Solution:

Cette intégrale se résoud de la même façon que celle de l'exemple 7-10.

$$u = \sin 5x \qquad dv = \sin 3x\, dx$$
$$du = 5 \cos 5x\, dx \qquad v = \frac{-\cos 3x}{3}$$

$$I = -\frac{\sin 5x \cos 3x}{3} + \frac{5}{3} \int \cos 3x \cos 5x\, dx$$

$$u = \cos 5x \qquad dv = \cos 3x\, dx$$
$$du = -5\sin 5x\, dx \qquad v = \frac{\sin 3x}{3}$$

$$I = -\frac{\sin 5x \cos 3x}{3}$$

$$+ \frac{5}{3}\left[\frac{\cos 5x \sin 3x}{3} + \frac{5}{3}\int \sin 3x \sin 5x\, dx\right]$$

$$I = -\frac{\sin 5x \cos 3x}{3} + \frac{5}{9}\cos 5x \sin 3x$$

$$+ \frac{25}{9}\int \sin 3x \sin 5x\, dx$$

$$I - \frac{25}{9}I = -\frac{\sin 5x \cos 3x}{3} + \frac{5}{9}\cos 5x \sin 3x$$

$$-\frac{16}{9}I = -\frac{\sin 5x \cos 3x}{3} + \frac{5}{9}\cos 5x \sin 3x$$

$$I = \frac{3}{16} \sin 5x \cos 3x - \frac{5}{16} \cos 5x \sin 3x + K$$

◆ ◆

Exemple 7-16:

Résoudre $\int \text{tg}^5 x \, dx$

Solution:

Nous n'avons pas la dérivée de tg x, mais nous pouvons nous arranger pour l'obtenir.

Comment ?

En laissant un tg x de côté et en transformant la puissance 4 de tg x en puissances de sec x.

$$\int \text{tg}^5 x \, dx = \int \text{tg}^4 x \, \text{tg} \, x \, dx$$

$$= \int \text{tg}^2 x \, \text{tg}^2 x \, \text{tg} \, x \, dx$$

$$= \int (\sec^2 x - 1)^2 \, \text{tg} \, x \, dx$$

$$= \int (\sec^4 x - 2 \sec^2 x + 1) \, \text{tg} \, x \, dx$$

$$= \int \sec^4 x \, \text{tg} \, x \, dx$$

$$- \int 2 \sec^2 x \, \text{tg} \, x \, dx + \int \text{tg} \, x \, dx$$

$$= \int \sec^3 x \, \sec x \, \text{tg} \, x \, dx$$

$$- 2 \int \sec x \, \sec x \, \text{tg} \, x \, dx + \int \frac{\sin x}{\cos x} \, dx$$

Faisons deux changements de variable:

$$\begin{array}{ll} u = \sec x & v = \cos x \\ du = \sec x \, \text{tg} \, x \, dx & dv = -\sin x \, dx \end{array}$$

$$I = \int u^3 \, du - 2 \int u \, du + \int -\frac{dv}{v}$$

$$= \frac{u^4}{4} - u^2 - \ln |v| + K$$

$$= \frac{\sec^4 x}{4} - \sec^2 x - \ln |\cos x| + K$$

◆ ◆

Exemple 7-17:

Résoudre $\int \sec^3 x \, dx$

Solution:

Si nous envisageons un changement de variable (ce qui est très raisonnable), deux choix s'offrent à nous.

En séparant $\sec^3 x$ en $\sec^2 x$ et sec x, nous pouvons écrire $u = \sec^2 x$ ou $u = \sec x$.

$u = \sec^2 x$ peut être transformé en tg$^2 x$, mais à son tour la dérivée de tg$^2 x$ exigera un facteur $\sec^2 x$, ce que nous n'aurons plus;

$u = \sec x$ exige la dérivée sec x tg x. Il y aura, à ce moment, un tg x de trop dans l'intégrale de départ.

Nous n'avons d'autres choix que d'envisager une intégration par parties:

Posons: $\begin{array}{ll} u = \sec x & dv = \sec^2 x \, dx \\ du = \sec x \, \text{tg} \, x \, dx & v = \text{tg} \, x \end{array}$

I devient:

$$\int \sec^3 x \, dx = \sec x \, \text{tg} \, x - \int \sec x \, \text{tg}^2 x \, dx$$

Si nous remplaçons tg$^2 x$ par $\sec^2 x - 1$, nous imaginons une $\sec^3 x$ qui va alors apparaître. Nous retomberons sur l'intégrale de départ.

$$I = \sec x \, \text{tg} \, x - \int \sec x \, (\sec^2 x - 1) \, dx$$

$$= \sec x \, \text{tg} \, x - \int \sec^3 x \, dx + \int \sec x \, dx$$

$$= \sec x \, \text{tg} \, x - I + \int \sec x \, dx$$

$$2I = \sec x \, \text{tg} \, x + \int \sec x \, dx$$

$$= \sec x \, \text{tg} \, x + \ln |\sec x + \text{tg} \, x| + K \quad *$$

$$I = \frac{1}{2} \left[\sec x \, \text{tg} \, x + \ln |\sec x + \text{tg} \, x| \right] + C$$

Ici, $K/2 = C$.

◆ ◆

Exemple 7-18:

Résoudre $I = \int \text{tg}^3 x \, \sec^5 x \, dx$

---

* Voir l'exemple 7-42 a) à la page 145.

Solution:

Nous pouvons garder un tg x sec x en "mémoire" pour la dérivée de sec x.

Pourquoi garder tg x sec x en "mémoire" plutôt que $\sec^2 x$ qui est la dérivée de tg x? La raison est bien simple.

Si nous gardons en retrait $\sec^2 x$, il nous restera $\text{tg}^3 x \sec^3 x$ comme fonction dans l'intégrale, et $\sec^3 x$ n'est pas facile à transformer en tg x.

Posons donc $u = \sec x$ et gardons sec x tg x en "mémoire" pour réaliser comment l'intégrale sera facile à résoudre.

$$\int \text{tg}^3 x \ \sec^5 x \, dx$$

$$= \int \text{tg}^2 x \ \sec^4 x \ \sec x \ \text{tg} \, x \, dx$$

$$= \int (\sec^2 x - 1) \sec^4 x \ \sec x \ \text{tg} \, x \, dx$$

$$= \int (u^2 - 1) u^4 \, du = \int (u^6 - u^4) \, du$$

$$= \frac{u^7}{7} - \frac{u^5}{5} + K = \frac{\sec^7 x}{7} - \frac{\sec^5 x}{5} + K$$

◆ ◆

Exemple 7-19:

Résoudre $\int \text{tg}^4 x \sec^4 x \, dx$

Solution:

Gardons un $\sec^2 x$ de côté pour la dérivée de tg x.

Encore ici, nous avons fait ce choix car, avoir gardé un "sec x tg x" en vue de la dérivée de sec x aurait entraîné:

$$\int \text{tg}^3 x \sec^3 x \ \sec x \ \text{tg} \, x \, dx$$

Remarquons que $\text{tg}^3 x$ n'est pas agréable à mettre en fonction de sec x. Ainsi, nous choisissons de garder $\sec^2 x$ en mémoire, ayant bien en tête que ce sera la dérivée de tg x.

$$I = \int \underbrace{\text{tg}^4 x \ \sec^2 x} \ \sec^2 x \, dx$$

Il faut que tout ce qui est indiqué par l'accolade soit écrit en fonction de tg x:

$$I = \int \text{tg}^4 x \ (\text{tg}^2 x + 1) \sec^2 x \, dx$$

$$= \int u^4 \ (u^2 + 1) \, du = \int (u^6 + u^4) \, du$$

$$= \frac{u^7}{7} + \frac{u^5}{5} + K = \frac{\text{tg}^7 x}{7} + \frac{\text{tg}^5 x}{5} + K$$

◆ ◆

Exemple 7-20:

Résoudre $I = \int \dfrac{\sin x + \cos x}{\sec x \ \text{tg} \, x} \, dx$

Solution:

Transformons l'intégrande en sinus et en cosinus dans le but de simplifier peut-être l'expression à intégrer:

$$I = \int \frac{(\sin x + \cos x) \cos^2 x}{\sin x} \, dx$$

Rien ne se simplifie sauf si nous scindons l'intégrale en deux:

$$I = \int \cos^2 x \, dx + \int \frac{\cos^2 x \cos x}{\sin x} \, dx$$

D'après les identités (VII) et (I), nous pouvons écrire:

$$I = \int \frac{\cos 2 x + 1}{2} \, dx + \int \frac{1 - \sin^2 x}{\sin x} \ \cos x \, dx$$

Scindons encore la deuxième intégrale, car nous voyons que le $\sin^2 x$ pourra alors se simplifier avec le sin x du dénominateur.

De plus, en posant $u = 2x$ dans la première intégrale, nous avons:

$$I = \int \frac{\cos u + 1}{4} \, du + \int \frac{\cos x}{\sin x} \, dx$$

$$- \int \sin x \cos x \, dx$$

Résolvant la première intégrale et posant $v = \sin x$ dans les deux autres, nous avons:

$$I = \frac{\sin u + u}{4} + \int \frac{dv}{v} - \int v\, dv$$

et alors:

$$I = \frac{\sin u + u}{4} + ln\,|v| - \frac{v^2}{2} + K$$

$$I = \frac{\sin 2x}{4} + \frac{x}{2} + ln\,\left|\sin x\right| - \frac{(\sin x)^2}{2} + K$$

◆◆

7.4 INTÉGRATION PAR SUBSTITUTIONS TRI-GONOMÉTRIQUES

Cette technique est utile pour résoudre des intégrales dans lesquelles il y a une somme ou une différence de carrés sous un radical d'indice pair. Par exemple, les intégrales ci-dessous se résolvent par substitutions trigonométriques:

$$\int \frac{dx}{x\,\sqrt{x^2 + 4}} \int \frac{dx}{\left(\sqrt{9 - x^2}\right)^3} \int (x^2 + 16)^{5/2}\, dx$$

Le principe de cette substitution est le théorème de Pythagore.

Rappelons ce théorème fondamental.

Étant donné un triangle rectangle tel que celui-ci:

Nous avons les égalités:

$$a^2 + b^2 = c^2 \quad \text{ou} \quad a^2 = c^2 - b^2 \quad \text{ou} \quad b^2 = c^2 - a^2$$

Ce qui revient, après avoir extrait le radical des deux côtés:

$$c = \sqrt{a^2 + b^2}$$
$$\text{ou} \quad a = \sqrt{c^2 - b^2}$$
$$b = \sqrt{c^2 - a^2}$$

• Nous remarquons que le signe ± n'a pas été écrit devant les radicaux, car a, b et c représentent des *longueurs* de côtés.

• Nous remarquons aussi, et cela est primordial, que chacun des côtés de l'angle droit est écrit comme une *différence* de deux carrés sous un radical, alors que l'hypoténuse est écrite comme une *somme* de deux carrés sous un radical.

Exemple 7-21:

Résoudre $I = \int \dfrac{dx}{x\,\sqrt{x^2 - 4}}$ sans utiliser la formule de base (16) du chapitre 4.

Solution:

Il y a une différence de carrés sous un radical.

Nous souvenant du théorème de Pythagore, nous bâtissons un triangle rectangle dont l'un des côtés sera justement l'expression sous le radical.

Ici, un des côtés devra être $\sqrt{x^2 - 4}$.

Comme nous avons toujours *l'hypoténuse au carré moins le carré d'un des deux autres côtés*, nous devons admettre que, pour notre problème, x sera l'hypoténuse et 2 sera l'un des deux autres côtés.

Le triangle correspondant à cette situation est:

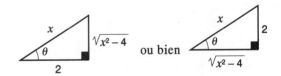

Les deux possibilités sont correctes, mais il faut faire un choix. Prenons le triangle suivant:

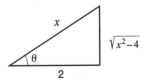

Figure 7-1

Il faut réussir à écrire *chacun des facteurs* de notre intégrale en fonction de θ, car après transformation, notre nouvelle intégrale sera fonction de l'angle θ.

C'est pourquoi nous nommons cette technique: substitutions *trigonométriques*.

• Il faut écrire dx en fonction de θ.

• Il faut écrire x en fonction de θ.

• Et il faut écrire $\sqrt{x^2-4}$ en fonction de θ.

Si nous ne réussissons pas à faire cela, il ne nous servira à rien de continuer, car nous n'aurons pas une intégrale comportant une seule et unique variable.

Nous voulons intégrer par rapport à θ, alors il ne nous faut plus de x...aucun!

Il nous faut uniquement la variable θ.

Considérant la figure 7-1, nous écrivons:

$$\frac{x}{2} = \sec\ \theta \quad \text{c'est-à-dire}\quad x = 2\sec\theta \quad\bullet$$

Connaissant x, nous déduisons dx:

$$dx = 2\sec\theta\,\mathrm{tg}\,\theta\,d\theta \quad\bullet$$

Il ne nous reste plus qu'à trouver une expression pour $\sqrt{x^2-4}$:

$$\frac{\sqrt{x^2-4}}{2} = \mathrm{tg}\ \theta$$

d'où:

$$\sqrt{x^2-4} = 2\,\mathrm{tg}\ \theta \quad\bullet$$

Les éléments dont nous avons besoin sont marqués d'un point. Il est donc maintenant très facile d'écrire l'intégrale de départ en fonction de θ.

$$I = \int \frac{dx}{x\ \sqrt{x^2-4}} = \int \frac{2\sec\theta\,\mathrm{tg}\,\theta\,d\theta}{2\sec\theta\cdot 2\,\mathrm{tg}\,\theta}$$

qui, après simplification, devient:

$$I = \frac{1}{2}\int\ d\theta$$

$$I = \frac{\theta}{2} + \mathrm{K}$$

Retournons maintenant au triangle que nous avons bâti à la figure 7-1 afin d'écrire notre expression en fonction de la variable x de départ.

Répétons ici que si nous partons avec une intégrale qui est fonction de la variable x, il faut nécessairement que notre réponse soit une expression comportant cette même variable x.

$$\theta = \mathrm{arc\ tg}\left(\frac{\sqrt{x^2-4}}{2}\right)$$

ou bien:

$$\theta = \mathrm{arc\ sin}\left(\frac{\sqrt{x^2-4}}{x}\right)$$

ce qui implique que l'intégrale de départ est:

$$I = \frac{\theta}{2} + \mathrm{K}$$

$$I = \frac{1}{2}\,\mathrm{arctg}\left(\frac{\sqrt{x^2-4}}{2}\right) + \mathrm{K}$$

ou bien:

$$I = \frac{\theta}{2} + \mathrm{K}$$

$$I = \frac{1}{2}\,\mathrm{arcsin}\left(\frac{\sqrt{x^2-4}}{x}\right) + \mathrm{K}$$

$$\blacklozenge \quad \blacklozenge$$

Ces deux réponses semblent différentes mais elles ne diffèrent que par une constante (revoir si nécessaire l'exemple 4-22). Nous pourrions encore écrire d'autres réponses qui seraient équivalentes.

Exemple 7-22:

Résoudre l'intégrale $\displaystyle\int \frac{x^3}{\sqrt{25-x^2}}\ dx$

Solution:

Posons $I = \displaystyle\int \frac{x^3}{\sqrt{25-x^2}}\ dx$

et bâtissons le triangle correspondant à cette situation.

Encore ici, nous remarquons que, sous le radical, il y a une différence, donc 25 est le carré de l'hypoténuse et x^2 est le carré d'un des côtés de l'angle droit.

Nous avons donc le triangle suivant:

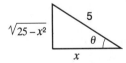

Figure 7-2

Il faut écrire x^3 en fonction de θ, et il faut en faire autant pour dx et $\sqrt{25-x^2}$.

Considérant le triangle, nous constatons:

$$\cos\theta = \frac{x}{5}$$

c'est-à-dire: $x = 5\cos\theta$

et alors:

$$x^3 = (5\cos\theta)^3 .$$

de plus:

$$\sin\theta = \frac{\sqrt{25-x^2}}{5} \qquad \text{d'où} \qquad \sqrt{25-x^2} = 5\sin\theta \;\bullet$$

Exprimons dx en fonction de θ.

Puisque $x = 5\cos\theta$

alors:

$$dx = -5\sin\theta\,d\theta \;\bullet$$

L'intégrale de départ devient donc:

$$I = \int -\frac{(5\cos\theta)^3}{5\sin\theta}\cdot 5\sin\theta\,d\theta$$

$$= \int -(5\cos\theta)^3\,d\theta$$

$$= -125\int \cos^3\theta\,d\theta$$

$$= -125\int \cos\theta\left[1-\sin^2\theta\right]d\theta$$

Posons $u = \sin\theta$ dans la dernière intégrale. Cela donne:

$$= -125\int \left(1-u^2\right)du$$

$$= -125\left(u-\frac{u^3}{3}\right)+K$$

$$= -\frac{125\,u}{3}\left(3-u^2\right)+K$$

$$= \frac{-125\sin\theta}{3}\left[3-\sin^2\theta\right]+K$$

$$= \frac{-25\sqrt{25-x^2}}{3}\left[3-\frac{25-x^2}{25}\right]+K$$

Après simplification, nous obtenons:

$$I = \frac{-\sqrt{25-x^2}\left[50+x^2\right]}{3}+K$$

$\blacklozenge\blacklozenge$

Exemple 7-23:

Résoudre $\int \dfrac{\sqrt{100-x^2}}{2x}\,dx$

Solution:

Voici le triangle correspondant à la situation:

Nous avons:

$$\sqrt{100-x^2} = 10\cos\theta \qquad\bullet$$

$$x = 10\sin\theta \qquad\bullet$$

$$dx = 10\cos\theta\,d\theta \qquad\bullet$$

I devient alors:

$$\int \frac{100 \cos^2 \theta\, d\theta}{20 \sin \theta} = 5 \int \frac{1 - \sin^2 \theta}{\sin \theta} d\theta$$

$$= 5 \int \operatorname{cosec} \theta - 5 \int \sin \theta\, d\theta$$

$$= 5\, ln \left| \operatorname{cosec} \theta - \operatorname{cotg} \theta \right| + 5 \cos \theta + K \quad *$$

$$= 5\, ln \left| \frac{10 - \sqrt{100 - x^2}}{x} \right| + \frac{\sqrt{100 - x^2}}{2} + K$$

♦ ♦ ♦

Exemple 7-24:

Résoudre $\displaystyle\int \frac{dx}{\left(x^2 - 2\,x + 10\right)^{3/2}}$

Solution:

Écrivons $\displaystyle I = \int \frac{dx}{\left(x^2 - 2\,x + 10\right)^{3/2}}$

Nous remarquons qu'il y a une puissance 3/2. Ce n'est pas exactement une puissance 1/2 mais nous pouvons transformer le dénominateur de sorte que nous aurons cet exposant voulu.

En effet:

$$\int \frac{dx}{(x^2 - 2x + 10)^{3/2}} = \int \frac{dx}{\left((x^2 - 2x + 10)^{1/2}\right)^3}$$

ce qui permet d'écrire:

$$I = \int \frac{dx}{\left(\sqrt{x^2 - 2\,x + 10}\right)^3}$$

Nous avons un radical, ce qui est très bien, mais l'expression sous le radical n'est pas exactement une somme ou une différence de carrés !

Que faire ?

Nous avons déjà appris à compléter un carré, et c'est maintenant qu'il faut utiliser cette notion.

Il faut absolument compléter le carré, parce que nous avons besoin d'une somme ou d'une différence de carrés pour réussir à bâtir un triangle rectangle.

Nous trouvons facilement:

$$x^2 - 2x + 10 = (x - 1)^2 + 9\,*$$

$$= \int \frac{dx}{\left(\sqrt{(x - 1)^2 + 9}\right)^3}$$

Faisons le changement de variable $u = (x - 1)$. Nous avons alors à résoudre:

$$I = \int \frac{du}{\left(\sqrt{(u^2 + 9)}\right)^3}$$

Bâtissons un triangle correspondant à notre situation:

d'où:

$$\frac{\sqrt{9 + u^2}}{3} = \sec \theta$$

et alors:

$$\sqrt{9 + u^2} = 3 \sec \theta$$

$$\left(\sqrt{9 + u^2}\right)^3 = \left(3 \sec \theta\right)^3 \quad \bullet$$

Il faut trouver *du*.

Commençons par trouver *u* et après nous déduirons *du*:

$$\operatorname{tg} \theta = \frac{u}{3}$$

d'où:

$$3 \operatorname{tg} \theta = u$$

et alors:

$$du = 3 (\sec \theta)^2 d\theta \quad \bullet$$

---

* voir l'exemple 7-42

Voir si nécessaire la technique de complétion d'un carré à l'annexe C.

L'intégrale de départ devient:

$$I = \int \frac{3 (\sec \theta)^2 \, d\theta}{(3 \sec \theta)^3} = \int \frac{3 (\sec \theta)^2 \, d\theta}{27 (\sec \theta)^3}$$

$$= \frac{1}{9} \int \frac{d\theta}{\sec \theta} = \frac{1}{9} \int \cos \theta \, d\theta = \frac{1}{9} \sin \theta + K$$

En exprimant $\sin \theta$ en fonction de u, nous obtenons:

$$I = \frac{u}{9 \sqrt{9 + u^2}}$$

$$= \frac{1}{9} \frac{(x - 1)}{\sqrt{x^2 - 2x + 10}} + K$$

◆ ◆

> ***Retenons ceci:***
>
> Lorsque la substitution trigonométrique est envisagée, un des trois côtés du triangle rectangle devra *toujours* être une *constante*.

Exemple 7-25:

Résoudre $\int \frac{dx}{\sqrt{1 - \sqrt{x}}}$

Solution:

Mise en garde: Ce n'est pas parce qu'il y a un radical qu'il faut automatiquement utiliser des substitutions trigonométriques.

Si nous voulons utiliser les substitutions trigonométriques, il nous faut avoir une différence de carrés (différence à cause du signe "moins" entre les deux termes sous le radical).

Voici ce qui se passerait si nous décidions d'utiliser immédiatement une substitution trigonométrique.

Nous verrons avec le développement qui suit que ce n'est pas une solution très élégante.

L'expression sous le radical peut être transformée de la façon suivante:

$$1 - \sqrt{x} = 1 - \left(\sqrt[4]{x} \right)^2$$

Les côtés du triangle seront:

$$1 \; ; \quad \sqrt[4]{x} \; ; \quad \sqrt{1 - \sqrt{x}}$$

et le triangle ressemblera à ceci:

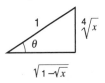

Pour résoudre I, il faut écrire $\sqrt{1 - \sqrt{x}}$ et dx en fonction de θ.

$$\sqrt{1 - \sqrt{x}} = \cos \theta$$

Déterminons maintenant x pour ensuite déduire dx

$$\sqrt[4]{x} = \sin \theta$$

ce qui fait:

$$x = \sin^4 \theta$$

et alors:

$$dx = 4 \sin^3 \theta \cdot \cos \theta \, d\theta$$

Nous pouvons à ce moment résoudre notre intégrale de départ:

$$I = \int \frac{4 \sin^3 \theta \cdot \cos \theta \, d\theta}{\cos \theta} = 4 \int \sin^3 \theta \, d\theta$$

ce qui devient:

$$4 \int \sin^2 \theta \; \sin \theta \, d\theta$$

Utilisant le fait que $\sin^2 \theta = 1 - \cos^2 \theta$, nous obtenons:

$$I = 4 \int (1 - \cos^2 \theta) \sin \theta \, d\theta$$

Il faut faire un changement de variable.

Posons:

$$u = \cos \theta$$

Ainsi:

$$du = - \sin \theta \, d\theta$$

I devient finalement:

$$I = -4 \int \left(1 - u^2\right) du$$

c'est-à-dire $I = -4 \left(u - \dfrac{u^3}{3}\right) + K$

Ou bien, si nous mettons au même dénominateur et que nous mettons *u* en évidence, nous avons:

$$I = -\frac{4u}{3}(3 - u^2) + K$$

Ce qui, en remplaçant *u* par cos θ, devient:

$$I = -\frac{4 \cos \theta}{3}(3 - \cos^2 \theta) + K$$

Puis, finalement, en nous référant au triangle que nous avons bâti, et vérifiant que cos $\theta = \sqrt{1 - \sqrt{x}}$, nous obtenons:

$$I = -\frac{4\sqrt{1 - \sqrt{x}}}{3}\left(3 - \left(\sqrt{1 - \sqrt{x}}\right)^2\right) + K$$

d'où:

$$I = -\frac{4\sqrt{1 - \sqrt{x}}}{3}\left(3 - \left(1 - \sqrt{x}\right)\right) + K$$

Par conséquent:

$$I = -\frac{4\sqrt{1 - \sqrt{x}}}{3}\left(2 + \sqrt{x}\right) + K$$

◆◆

*Ceci a été très laborieux et cet exemple a été fait au complet pour démontrer jusqu'à quel point intégrer est un art. Toute personne possédant le doigté **n'aurait jamais choisi** la technique des substitutions trigonométriques.*

Il était bien écrit que cette technique était utilisée uniquement s'il y avait une somme de carrés, une différence de carrés ou un polynôme de degré 2 sous un radical d'indice pair.

Refaisons ce même problème à l'aide d'un changement de variable approprié et réalisons une bonne fois pour toutes qu'il faut examiner l'intégrale et vérifier s'il y a un *changement de variable simple possible **avant** de choisir toute autre méthode.*

Écrivons:

$$I = \int \frac{dx}{\sqrt{1 - \sqrt{x}}}$$

Il est raisonnable de vouloir se débarrasser de $1 - \sqrt{x}$ qui est lui-même sous un radical.

Posons donc:

$$u = 1 - \sqrt{x}$$

Nous avons:

$$du = \frac{-1}{2\sqrt{x}} dx$$

$$du = \frac{-1}{2(1 - u)} dx$$

ce qui entraîne que $-2(1 - u)\, du = dx$

L'intégrale *I* devient:

$$I = -2 \int \frac{(1 - u)\, du}{\sqrt{u}}$$

Ce qui est:

$$I = -2 \int (u^{-1/2} - u^{1/2})\, du$$

$$I = -2 \left(\frac{u^{1/2}}{1/2} - \frac{u^{3/2}}{3/2}\right) + K$$

Ce qui peut être écrit:

$$I = -2 \left(2u^{1/2} - \frac{2u^{3/2}}{3}\right) + K$$

En mettant $\dfrac{2u^{1/2}}{3}$ en évidence, nous obtenons:

$$I = \frac{-4u^{1/2}}{3}(3 - u) + K$$

En remplaçant u par $1 - \sqrt{x}$, nous obtenons:

$$I = \frac{-4\left(1 - \sqrt{x}\right)^{1/2}}{3}\left(3 - \left(1 - \sqrt{x}\right)\right) + K$$

$$I = \frac{-4\left(1 - \sqrt{x}\right)^{1/2}}{3}\left(2 + \sqrt{x}\right) + K$$

♦♦

C'est exactement la même réponse que nous avons obtenue...Mais c'était moins laborieux, plus rapide et plus futé.

D'autres exemples qui montrent bien que les substitutions trigonométriques ne doivent pas être utilisées à tout moment qu'il y a un radical, sont par exemple:

$$\int \frac{dx}{x\sqrt{x-1}} \quad \text{ou encore} \quad I = \int \frac{x^3\,dx}{\sqrt{x^2-16}}$$

En effet, dans cette seconde intégrale, nous avons bel et bien une différence de carrés sous un radical d'indice pair, mais il y a la possibilité du changement de variable $u = x^2 - 16$.

Dans la première intégrale, c'est:

$$u = \sqrt{x-1} \quad \text{ou} \quad v = x - 1$$

qui sera un bon choix à faire.

Un bon changement de variable nous fait arriver *beaucoup* plus rapidement à la réponse, mais encore faut-il s'arrêter à réfléchir un peu.

Exemple 7-26:
Résoudre l'intégrale définie suivante:

$$\int_{-2}^{2} \frac{dx}{\sqrt{x^2 + 4x + 13}}$$

Solution:

$$I = \int_{-2}^{2} \frac{dx}{\sqrt{x^2 + 4x + 13}} = \int_{-2}^{2} \frac{dx}{\sqrt{(x+2)^2 + 9}}$$

Résolvons l'intégrale indéfinie I_1 correspondante:

Notons qu'il est possible de bâtir immédiatement un triangle rectangle, mais il est préférable de faire un changement de variable pour éviter qu'un des côtés soit $x + 2$. Faisons le changement de variable $u = x + 2$.

$$I_1 = \int \frac{du}{\sqrt{u^2 + 9}}$$

$$3\csc\theta = \sqrt{u^2 + 9} \qquad \bullet$$

$$u = 3\cot\theta$$

$$du = -3\csc^2\theta\,d\theta \qquad \bullet$$

$$I_1 = \int \frac{-3\csc^2\theta\,d\theta}{3\csc\theta} = -\int \csc\theta\,d\theta$$

$$= -\ln\left|\csc\theta - \cot\theta\right| + K$$

$$= -\ln\left|\frac{\sqrt{u^2 + 9} - u}{3}\right| + K$$

Utilisons ce résultat pour résoudre l'intégrale définie:

$$I = -\ln\left|\frac{\sqrt{(x+2)^2 + 9} - x - 2}{3}\right|\Bigg|_{-2}^{2}$$

$$= -\ln\left(\frac{1}{3}\right) + \ln(1) = -\ln\left(\frac{1}{3}\right)$$

$$\approx 1,09861228867$$

♦♦

7.5 INTÉGRATION PAR FRACTIONS PARTIELLES

Résoudre $\int \dfrac{3}{x+6}\,dx$ est bien simple: le résultat est, après un changement de variable:

$$3\ln|x+6| + K$$

Résoudre $\int \left(\dfrac{3}{x+6} + \dfrac{8}{x+2}\right)dx$ est aussi simple:

c'est:

$$3 \, ln \, |x + 6| + 8 \, ln \, |x + 2| + K$$

Résolvons maintenant $\int \dfrac{11x + 54}{x^2 + 8x + 12} \, dx$

Nous pouvons nous y prendre comme à l'exemple 4-26, mais si nous savons que l'intégrande se sépare en deux termes qui sont $\dfrac{3}{x + 6}$ et $\dfrac{8}{x + 2}$, nous réussirons très rapidement à résoudre notre problème en donnant cette réponse:

$$3 \, ln \, |x + 6| + 8 \, ln \, |x + 2| + K$$

Ce problème s'est avéré excessivement simple, car nous connaissions la somme de fractions qui égalait l'intégrande de départ.

Lorsque nous avons à résoudre une intégrale contenant une fonction rationnelle, c'est-à-dire un quotient de *polynômes*, il est souvent essentiel d'utiliser la technique des fractions partielles.

La partie la plus importante est donc de réussir à transformer l'intégrande de départ en une somme de fractions qui seront toutes très simples à intégrer. La technique d'intégration par fractions partielles nous aidera à faire cela.

Cette technique comporte deux volets:

1) Déterminer les fractions partielles (ce qui est la partie la plus laborieuse, mais qui se résume uniquement à un problème d'algèbre)

2) Solutionner chacune des intégrales (ce qui, généralement, s'avère un exercice très simple)

Cas "ATTENTION": Lorsque le degré du numérateur est supérieur ou égal au degré du dénominateur, il faut ***toujours*** penser à diviser le numérateur par le dénominateur en prenant soin d'ordonner les termes selon les puissances décroissantes de la variable.

Il n'y a pas d'exception! Si le degré du numérateur est *supérieur ou égal* à celui du dénominateur, **il faut diviser.**

Après avoir effectué la division jusqu'au bout, le quotient obtenu contiendra une fraction. Le degré du numérateur de cette fraction sera toujours strictement inférieur à celui de son dénominateur.

Examinons les situations qui peuvent survenir lorsque nous avons à intégrer une fonction rationnelle ayant un numérateur de degré inférieur à celui du dénominateur, par exemple "un degré 3 divisé par un degré 4", "un degré 1 divisé par un degré 5", etc.

Mais avant de voir la technique d'intégration par fractions partielles, considérons quelques éléments.

Pour une fraction dont le dénominateur est un polynôme de degré 1, le degré du numérateur sera au plus 0 (car s'il était 1 ou plus, une division aurait été effectuée).

Pour une fraction dont le dénominateur est un polynôme de degré 2, le degré du numérateur sera au plus 1 (car s'il était 2 ou plus, une division aurait été effectuée).

Nous n'élaborons pas le cas où une constante est divisée par un polynôme de degré 1, car ce cas réflète la formule de base (3) du chapitre 4.

Alternative 1: Le dénominateur contient des facteurs différents et de degré 1.

Procédure:

Nous écrivons une fraction partielle pour *chacun* des facteurs présents dans l'intégrale de départ.

Au dénominateur, nous écrivons un facteur, et au numérateur nous écrivons une lettre représentant une constante que nous déterminerons plus tard.

L'addition de ces fractions partielles représente maintenant l'intégrande de départ.

Exemple 7-27:

$$\int \frac{\text{polynôme de degré inférieur à 2} \, dx}{(x - 1)(x + 3)}$$

$$= \int \left[\frac{A}{(x - 1)} + \frac{B}{(x + 3)} \right] dx$$

où A et B sont des constantes.

◆ ◆

Exemple 7-28:

$$\int \frac{\text{polynôme de degré inférieur à 3}\ dx}{(x-1)\,(x+3)\,(x+4)}$$

$$= \int \left[\frac{A}{(x-1)} + \frac{B}{(x+3)} + \frac{C}{(x+4)} \right] dx$$

◆   ◆

Exemple 7-29:

$$\int \frac{\text{polynôme de degré inférieur à 5}\ dx}{x\,(x+3)(x-1)(x+12)(x-12)}$$

$$= \int \left[\frac{A}{x} + \frac{B}{(x+3)} + \frac{C}{(x-1)} + \frac{D}{(x+12)} + \frac{E}{(x-12)} \right] dx$$

◆   ◆

Alternative 2: Le dénominateur contient un facteur de degré 1 répété "k" fois.

Procédure:

Nous écrivons l'addition de k fractions partielles ayant pour dénominateur ce facteur.

Au dénominateur, nous faisons "grimper" la puissance de ce facteur de 1 jusqu'à k.

Au numérateur, nous écrivons une lettre représentant une constante que nous déterminerons plus tard.

Exemple 7-30:

$$\int \frac{\text{polynôme de degré inférieur à 3}\ dx}{(x-1)^2\,(x+3)}$$

$$= \int \left[\frac{A}{x-1} + \frac{B}{(x-1)^2} + \frac{C}{x+3} \right] dx$$

Ici, $(x-1)$ est à la puissance 2, donc il faut écrire une fraction avec ce facteur à la puissance 1 et une autre avec ce facteur à la puissance 2.

Notons que lorsqu'un facteur de degré 1 non répété se présente, nous le traitons évidemment en considérant l'alternative 1.

◆   ◆

Exemple 7-31:

$$\int \frac{\text{polynôme de degré inférieur à 5}\ dx}{x\,(x+3)^4}$$

$$= \int \left[\frac{A}{x} + \frac{B}{(x+3)} + \frac{C}{(x+3)^2} + \frac{D}{(x+3)^3} + \frac{E}{(x+3)^4} \right] dx$$

◆   ◆

Exemple 7-32:

$$\int \frac{\text{polynôme de degré inférieur à 4}\ dx}{(x+1)^2\,(x+7)^2}$$

$$= \int \left[\frac{A}{(x+1)} + \frac{B}{(x+1)^2} + \frac{C}{(x+7)} + \frac{D}{(x+7)^2} \right] dx$$

Alternative 3: Le dénominateur contient des facteurs différents de degré 2 indécomposables.

Procédure:

Nous écrivons une fraction partielle pour *chacun* des facteurs indécomposables présents dans l'intégrale de départ.

Au dénominateur, nous écrivons un facteur indécomposable et au numérateur correspondant, nous écrivons un binôme de la forme $Ax + B$. A et B sont des lettres représentant des constantes que nous déterminerons plus tard.

Exemple 7-33:

$$\int \frac{\text{polynôme de degré inférieur à 4}\ dx}{(x^2+1)\,(x-1)\,(x+2)}$$

$$= \int \left[\frac{Ax+B}{(x^2+1)} + \frac{C}{(x-1)} + \frac{D}{(x+2)} \right] dx$$

$Ax + B$ est écrit au numérateur de (x^2+1), car x^2+1 est une expression de degré 2 indécomposable.

◆   ◆

Exemple 7-34:

$$\int \frac{\text{polynôme de degré inférieur à 5}}{(x^2+1)(x^2-1)(x+1)}\, dx$$

$$= \int \left[\frac{Ax+B}{(x^2+1)} + \frac{C}{(x-1)} + \frac{D}{(x+1)} + \frac{E}{(x+1)^2} \right] dx$$

Remarquons que les binômes de degré 1 répétés sont traités comme dans l'alternative 2 et les binômes non répétés, comme dans l'alternative 1.

♦ ♦

Alternative 4: Le dénominateur contient un facteur de degré 2 indécomposable répété "k" fois.

Procédure:
Nous écrivons l'addition de k fractions partielles ayant pour dénominateur ce facteur.

Au dénominateur, nous faisons "grimper" la puissance de ce facteur de 1 jusqu'à k et, au numérateur correspondant, nous écrivons un binôme de la forme $Ax + B$. A et B représentent des constantes que nous déterminerons plus tard.

Exemple 7-35:

$$\int \frac{\text{polynôme de degré inférieur à 7}}{(x^2+3)^2 (x-5)^3}\, dx$$

$$= \int \left[\frac{Ax+B}{(x^2+3)} + \frac{Cx+D}{(x^2+3)^2} + \frac{E}{(x-5)} \right.$$

$$\left. + \frac{F}{(x-5)^2} + \frac{G}{(x-5)^3} \right] dx$$

♦ ♦

Voici une fraction "monstre" que nous ne résoudrons pas, mais qui synthétisera parfaitement les quatre alternatives mentionnées.

$$\int \frac{\text{polynôme de degré inférieur à 14}}{(x+6)(x^2+3)(x^2+8)^4(x-7)^3}\, dx$$

$$= \int \left[\frac{A}{(x+6)} + \frac{Bx+C}{(x^2+3)} + \frac{Dx+E}{(x^2+8)} + \frac{Fx+G}{(x^2+8)^2} \right.$$

$$+ \frac{Hx+I}{(x^2+8)^3} + \frac{Jx+K}{(x^2+8)^4} + \frac{L}{(x-7)}$$

$$\left. + \frac{M}{(x-7)^2} + \frac{N}{(x-7)^3} \right] dx$$

Retenons ceci:

Le numérateur d'une fraction dont le dénominateur est constitué d'un facteur de degré 1 est toujours une constante. (La constante peut être nulle à certains moments.)

Le numérateur d'une fraction partielle dont le dénominateur est constitué d'un facteur de degré 2 indécomposable est toujours une expression du premier degré de la forme $Ax + B$. (A ou B peut s'avérer nul pour certaines intégrales.)

Exemple 7-36:

Résoudre $I = \displaystyle\int \frac{6x^2+7x-10}{x^3+2x^2+x+2}\, dx$

Solution:
La dérivée du polynôme de degré 3 n'est pas le polynôme de degré 2 explicité au numérateur. Il faut songer à factoriser le dénominateur pour écrire les différentes fractions partielles qui s'imposeront.

$$x^3 + 2x^2 + x + 2 = x^2(x+2) + 1(x+2) = (x^2+1)(x+2)$$

Remarquons aussi que le numérateur se factorise ainsi:

$$6x^2 + 7x - 10 = 6x^2 + 12x - 5x - 10$$

$$= 6x(x+2) - 5(x+2) = (6x-5)(x+2)$$

Il y a donc une simplification possible (si x est différent de −2, évidemment).

Notre intégrale devient:

$$I = \int \frac{6x-5}{x^2+1}\, dx = 6\int \frac{x}{x^2+1}\, dx - 5\int \frac{1}{x^2+1}\, dx$$

En posant $u = x^2 + 1$ dans la première intégrale, nous obtenons:

$$I = \frac{6}{2} \int \frac{du}{u} - 5 \int \frac{1}{x^2 + 1} \, dx$$

$$I = 3 \, ln \, |x^2 + 1| - 5 \, \text{arctg} \, x + K$$

◆◆

Réalisons que si une intégrale contient un dénominateur qui se factorise, ce ne sont pas nécessairement les fractions partielles qui nous seront d'un certain recours.

Il faut toujours très bien regarder notre intégrale à résoudre avant de décider quoi que ce soit.

Exemple 7-37:

Résoudre $\displaystyle\int \frac{2x^2 + 7x - 19}{(x-3)(x^2+1)} \, dx$

Solution:

Le degré 2 est indécomposable, car une somme de carrés n'a pas de racines réelles. Nous avons:

$$I = \int \left(\frac{A}{x-3} + \frac{Bx + C}{x^2 + 1} \right) dx$$

$$= \int \frac{A(x^2 + 1) + (Bx + C)(x - 3)}{(x - 3)(x^2 + 1)} \, dx$$

Examinons le numérateur:

$$Ax^2 + A + Bx^2 - 3Bx + Cx - 3C = 2x^2 + 7x - 19$$

$$x^2(A + B) + x(C - 3B) + (A - 3C) = 2x^2 + 7x - 19$$

$$A + B = 2 \qquad (1)$$
$$C - 3B = 7 \qquad (2)$$
$$A - 3C = -19 \qquad (3)$$

$(1) - (3) \rightarrow B + 3C = 21$,

c'est-à-dire:

$$B = 21 - 3C \qquad (4)$$

L'équation (2) nous informe que $B = (C - 7)/3$.

De (2) et (4), nous calculons $C = 7$, car:

$$21 - 3C = \frac{C - 7}{3}$$

De (4), nous déduisons alors la valeur $B = 0$.

Par conséquent, de (1), la valeur $A = 2$.

Nous avons alors:

$$I = \int \frac{2}{x - 3} \, dx + \int \frac{7}{x^2 + 1} \, dx$$

$$= 2 \, ln \, |x - 3| + 7 \, \text{arctg} \, x + K$$

Pour déterminer les valeurs de A, B, C, etc, il est possible de procéder autrement.

Dans l'exemple 7-37, nous avons fait égaler les coefficients des diverses puissances de la variable x.

Dans l'exemple 7-38, nous ferons égaler tour à tour les deux membres de l'égalité pour différentes valeurs de la variable x. Ces valeurs de x pourront être choisies comme bon nous semble, mais nous verrons qu'un choix judicieux simplifiera les calculs.

Exemple 7-38:

Résoudre par fractions partielles:

$$I = \int \frac{-x^2 - x + 4}{(x + 1)(x + 3)^2} \, dx$$

Solution:

Écrivons les fractions partielles en prenant soin d'inscrire une constante au numérateur de chaque fraction partielle, car tous les facteurs sont de degré 1:

$$I = \int \frac{A}{x + 1} + \frac{B}{x + 3} + \frac{C}{(x + 3)^2} \, dx$$

$$I = \int \frac{A(x + 3)^2 + B(x + 1)(x + 3) + C(x + 1)}{(x + 1)(x + 3)^2} \, dx$$

Examinons le numérateur:

$$A(x + 3)^2 + B(x + 1)(x + 3)$$
$$+ C(x + 1) = -x^2 - x + 4$$

Quelle que soit la valeur de x, le membre de droite égale le membre de gauche, donc choisissons-en une qui nous simplifie un peu la vie.

Si $x = -3$, le terme contenant "A" et celui contenant "B" s'annulent... Nos calculs sont donc simplifiés!

Nous avons alors:

$$0A + 0B - 2C = -9 + 3 + 4 = -2$$
$$-2C = -2$$

donc:

$$C = 1$$

Si $x = -1$, ce sont les termes contenant B et C qui s'annulent. Cela implique:

$$4A + 0B + 0C = -1 + 1 + 4 = 4$$
$$4A = 4$$

donc:

$$A = 1$$

Il n'y a pas d'autres valeurs de x qui annulent un ou plusieurs termes du polynôme. Nous devons quand même en choisir une autre, car il nous reste la valeur B à trouver.

Nous pouvons choisir, par exemple, $x = 3/4$, ou $x = 56$, mais si nous ne voulons pas perdre notre temps à calculer, il est préférable de penser à une autre valeur.

Pourquoi pas 0 ? C'est celle qui réduira le plus nos calculs.

Si $x = 0$, nous avons:

$$9A + 3B + C = 4$$
$$9 + 3B + 1 = 4$$
$$3B = -6$$

d'où:

$$B = -2$$

L'intégrale de départ devient:

$$I = \int \left[\frac{1}{x+1} + \frac{-2}{x+3} + \frac{1}{(x+3)^2} \right] dx$$

$$I = \int \frac{1}{x+1}\ dx + \int \frac{-2}{x+3}\ dx + \int \frac{1}{(x+3)^2}\ dx$$

Après avoir effectué les changements de variable $u = x + 1$ et $v = x + 3$, nous avons:

$$I = \int \frac{du}{u} + \int \frac{-2\ dv}{v} + \int \frac{dx}{v^2}$$

Après avoir intégré et substitué u et v, l'intégrale de départ est:

$$I = ln\ |x+1| - 2\ ln\ |x+3| - \frac{1}{(x+3)} + K$$

♦   ♦

Remarque 1:
Choisir diverses valeurs de la variable pour déduire les valeurs des constantes A, B, C, etc. s'avère la meilleure chose à faire quand il y a, dans l'intégrale, des facteurs non répétés. L'exemple 7-29 se résoudrait très bien de cette façon.

Pourquoi ?

Puisque chaque valeur qui annule un facteur annulera automatiquement aussi un terme du nouveau numérateur écrit en termes de A, B, C, etc.

Remarque 2:
Faire égaler les coefficients des polynômes est plutôt pratique lorsque les facteurs sont répétés ou lorsque les facteurs ne possèdent pas de racines réelles. Entre autres, il serait stratégique de résoudre l'exemple 7-35 de la même façon que l'a été l'exemple 7-37.

Exemple 7-39:
Résoudre à l'aide des fractions partielles:

$$I = \int \frac{-x^3 - 2x^2 - x - 4}{x^4 - 1}\ dx$$

Solution:
Il faut premièrement factoriser le dénominateur.

$x^4 - 1 = (x^2 + 1)(x + 1)(x - 1)$; c'est un produit de 3 facteurs irréductibles.

Donc:

$$I = \int \left[\frac{A}{(x-1)} + \frac{B}{(x+1)} + \frac{Cx+D}{(x^2+1)} \right] dx$$

$$I = \int \frac{\begin{array}{c} A\,(x+1)(x^2+1) + B\,(x-1)(x^2+1) \\ + (Cx+D)(x^2-1) \end{array}}{(x-1)(x+1)(x^2+1)}\, dx$$

Examinons le numérateur:

$$A\,(x^3+x+x^2+1) + B\,(x^3+x-x^2-1) + Cx^3$$

$$-Cx + Dx^2 - D = -x^3 - 2x^2 - x - 4$$

En regroupant les termes semblables, nous avons:

$$A\,x^3 + Bx^3 + Cx^3 + A\,x^2 - Bx^2 + Dx^2 + Ax + Bx$$

$$-Cx + A - B - D = -x^3 - 2x^2 - x - 4$$

Pour que le polynôme écrit dans le membre de gauche soit égal au polynôme écrit dans le membre de droite, les coefficients correspondants doivent être égaux:

$$x^3\,(A+B+C) = x^3\,(-1)$$
$$x^2\,(A-B+D) = x^2\,(-2)$$
$$x\,(A+B-C) = x\,(-1)$$
$$A-B-D = -4$$

Les quatre égalités ci-dessus doivent être conciliées:

$$A + B + C \ -1 \qquad (1)$$
$$A - B + D = -2 \qquad (2)$$
$$A + B - C = -1 \qquad (3)$$
$$A - B - D = -4 \qquad (4)$$

En travaillant ces égalités, nous déduisons les valeurs des inconnues:

$$(1) - (3) \to C = 0$$
$$(2) - (4) \to D = 1$$
$$(1) + (2) \to A = -2$$
$$(1) - (2) \to B = 1$$

Nous avons donc:

$$I = \int \left[\frac{-2}{x-1} + \frac{1}{x+1} + \frac{1}{x^2+1} \right] dx$$

$$I = -2 \int \frac{dx}{x-1} + \int \frac{dx}{x+1} + \int \frac{dx}{x^2+1}$$

Effectuons un changement de variable dans les deux premières intégrales.

Soit: $u = x-1$ et $v = x+1$

$$I = -2 \int \frac{du}{u} + \int \frac{dv}{v} + \text{arctg}\,x$$

$$I = -2\,ln\,|x-1| + ln\,|x+1| + \text{arctg}\,x + K$$

◆◆

Retenons ceci :
Si l'intégrale contient un quotient de polynômes, il faut obligatoirement diviser ces deux polynômes, si le degré du numérateur est *supérieur ou égal* à celui du dénominateur.

Avant de terminer le chapitre, considérons deux exemples qui recquièrent un bagage d'habiletés et de connaissances assez spécial.

Ce qui suit, jusqu'à "OUF!" est un exemple de niveau 3. Le cours peut très bien être compris sans avoir à effectuer au long une intégrale comme celle qui suit. La lecture rapide de cet exemple montre qu'une intégration par parties peut aisément devenir très longue. D'où l'utilité d'étudier d'autres techniques.

7.6 SITUATIONS D'INTÉGRATION PLUS COMPLEXES

Exemple 7-40: (de niveau 3)
Résoudre $I = \int x\,\cos x\, e^x\, dx$

Solution:
Posons:

$$u = xe^x \qquad\qquad dv = \cos x\,dx$$
$$du = (e^x + xe^x)\,dx \qquad v = \sin x$$

$$\int u\,dv = uv - \int v\,du$$

$$I = \int xe^x\,\cos x\,dx$$

$$= xe^x\sin x - \int \sin x\left(e^x + xe^x\right)dx$$

$$\int x\,e^x\,\cos x\ dx = x\,e^x \sin x$$

$$- \int \sin x\,e^x\,dx\ -\ \int \sin x \Big[x\,e^x \Big] dx$$

Appelons I_1 et I_2 les deux nouvelles intégrales du membre de droite:

$$\int x\,e^x\,\cos x\ dx = x\,e^x \sin x - I_1 - I_2$$

Résolvons I_1 et I_2 séparément.

Commençons par trouver $I_1 = \displaystyle\int e^x\ \sin x\,dx$.

Posons pour cela:

$$u = e^x \qquad dv = \sin x\ dx$$

$$du = e^x\ dx \qquad v = -\cos x$$

$$I_1 = e^x[-\cos x] - \int [-\cos x]\ e^x\ dx$$

$$I_1 = -\cos x\ e^x + \int [\cos x]\ e^x\ dx$$

Résolvons, par parties, l'intégrale $\displaystyle\int [\cos x]\ e^x\ dx$ en posant:

$$u = e^x \qquad dv = \cos x\,dx$$

$$du = e^x\ dx \qquad v = \sin x$$

$$I_1 = -\cos x\ e^x + \Big[e^x \sin x - \int \sin x\,e^x\ dx \Big] \qquad (1)$$

$$I_1 = -\cos x\ e^x + e^x \sin x - I_1$$

$$2I_1 = -\cos x\ e^x + e^x \sin x$$

$$I_1 = \frac{-\cos x\ e^x + e^x \sin x}{2}$$

$$I_1 = e^x \frac{(\sin x - \cos x)}{2}$$

Trouvons I_2 maintenant.

Posons:

$$u = x\,e^x \qquad\qquad dv = \sin x\ dx$$

$$du = \Big[e^x + x\,e^x \Big] dx \qquad v = -\cos x$$

$$\int x\,e^x\ \sin x\ dx$$

$$= x\,e^x[-\cos x] - \int -\cos x\ \Big[e^x + x\,e^x \Big] dx$$

$$I_2 = -x\,e^x \cos x + \int \cos x\ e^x\,dx + \int x\,e^x\ \cos x\ dx$$

$$I_2 = -x\,e^x \cos x + \int \cos x\ e^x\,dx + I$$

Remplaçons $\displaystyle\int \cos x\ e^x\,dx$ par $e^x \sin x - I_1$ (voir ligne (1))

Ainsi, nous pouvons écrire:

$$I_2 = -x\,e^x \cos x + e^x \sin x - I_1 + I$$

$$I_2 = -x\,e^x \cos x + e^x \sin x - e^x \Big[\frac{\sin x - \cos x}{2} \Big] + I$$

$$I_2 = -x\,e^x \cos x + \frac{e^x \sin x}{2} + \frac{e^x \cos x}{2} + I$$

Reprenons notre égalité:

$$I = x\,e^x \sin x - I_1 - I_2$$

Remplaçons maintenant I_1 et I_2 par leurs expressions respectives:

$$I = x\,e^x \sin x - \Big[e^x \frac{(\sin x - \cos x)}{2} \Big]$$

$$- \Big[-x\,e^x \cos x + \frac{e^x \sin x}{2} + \frac{e^x \cos x}{2} + I \Big]$$

$$I = x\,e^x \sin x + x\,e^x \cos x - e^x \sin x - I$$

$$2I = x\,e^x \sin x + x\,e^x \cos x - e^x \sin x$$

Donc:

$$I = \frac{x\, e^x \sin x + x\, e^x \cos x - e^x \sin x}{2} + K$$

<u>OUF!</u>
♦♦

Substitution spéciale

S'il y a des fonctions sinus et des fonctions cosinus dans une même intégrale et qu'aucun changement de variable naturel ne semble fonctionner, il peut s'avérer utile à certains moments de faire le changement de variable suivant:

$$u = \text{tg}\ (x/2)$$

Montrons que ce changement de variable ne vient pas du hasard. Utilisons les identités (VI) et (VII):

$$
\begin{aligned}
u &= \text{tg}\ (x/2) \\
&= \frac{\sin\ (x/2)}{\cos\ (x/2)} \\
&= \sqrt{\frac{1-\cos x}{2}}\ \sqrt{\frac{2}{1+\cos x}} \\
&= \sqrt{\frac{1-\cos x}{1+\cos x}}
\end{aligned}
$$

Donc $\text{tg}^2\ (x/2) = \dfrac{1-\cos x}{1+\cos x}$

c'est-à-dire:

$$u^2 = \frac{1-\cos x}{1+\cos x}$$

Trouvons $\cos x$ en fonction de u.

Le produit des extrêmes égal au produit des moyens entraîne:

$$
\begin{aligned}
u^2\ (1+\cos x) &= 1-\cos x \\
u^2 + u^2 \cos x &= 1-\cos x
\end{aligned}
$$

Mettons d'un même côté tous les termes contenant $\cos x$ pour l'isoler ensuite:

$$
\begin{aligned}
u^2 \cos x + \cos x &= 1 - u^2 \\
\cos x\ (1+u^2) &= 1 - u^2
\end{aligned}
$$

$$\cos x = \frac{1-u^2}{1+u^2} \qquad\qquad \text{(A)}$$

Trouvons maintenant $\sin x$ en fonction de u:

$$
\begin{aligned}
\sin x &= \sqrt{1-\cos^2 x} = \sqrt{1-\left(\frac{1-u^2}{1+u^2}\right)^2} \\
&= \sqrt{\frac{(1+u^2)^2 - (1-u^2)^2}{(1+u^2)^2}} \\
&= \sqrt{\frac{1+2u^2+u^4 - 1 + 2u^2 - u^4}{(1+u^2)^2}} \\
&= \sqrt{\frac{4u^2}{(1+u^2)^2}} = \frac{2u}{1+u^2}
\end{aligned}
$$

Donc:

$$\sin x = \frac{2u}{1+u^2} \qquad\qquad \text{(B)}$$

Nous avons donc:

$$\cos x = \frac{1-u^2}{1+u^2}$$

$$\sin x = \frac{2u}{1+u^2}$$

où $u = \text{tg}\ (x/2)$.

Lorsque nous effectuons le changement de variable $u = \text{tg}\ (x/2)$ et que l'intégrale se résoud en fonction de la variable x, il faut déterminer l'élément différentiel du.

Ce que nous faisons à l'instant:

$$
\begin{aligned}
du &= u'\, dx \\
du &= \sec^2 \left(\frac{x}{2}\right)\frac{1}{2}\, dx \\
du &= \frac{\left[1 + \text{tg}^2\ (x/2)\right]}{2}\, dx \\
du &= \frac{1+u^2}{2}\, dx
\end{aligned}
$$

$$\frac{2\, du}{1+u^2} = dx \qquad\qquad \text{(C)}$$

Exemple 7-41:

Résoudre $I = \displaystyle\int \frac{dx}{\sin x - \cos x}$ à l'aide de la substitution spéciale $u = \text{tg}\,(x/2)$.

Solution:

Posons $I = \displaystyle\int \frac{dx}{\sin x - \cos x}$.

En substituant dx, $\sin x$ et $\cos x$ par leurs expressions respectives de u écrites en (A) (B) et (C), nous obtenons:

$$I = \int \frac{2\,du}{\left(1 + u^2\right)\left(\dfrac{2u}{1 + u^2} - \dfrac{1 - u^2}{1 + u^2}\right)}$$

ce qui se simplifie en:

$$I = \int \frac{2du}{2u - 1 + u^2}$$

En complétant le carré au dénominateur, nous obtenons:

$$I = \int \frac{2du}{(u + 1)^2 - 2}$$

Après avoir écrit l'intégrande sous forme de fractions partielles pour ensuite effectuer quelques manipulations algébriques, nous écrivons:

$$I = ln \left| \frac{(\text{tg }(x/2) + 1) - \sqrt{2}}{(\text{tg }(x/2) + 1) + \sqrt{2}} \right| + K$$

◆◆

Il était quand même naturel de penser à multiplier par $(\sin x + \cos x)$ au numérateur et au dénominateur pour avoir:

$$\int \frac{(\sin x + \cos x)\,dx}{(\sin x - \cos x)(\sin x + \cos x)}$$

c'est-à-dire: $\displaystyle\int \frac{(\sin x + \cos x)\,dx}{(\sin^2 x - \cos^2 x)}$

Le dénominateur peut se transformer en une expression ne contenant que des sinus, et il peut se transformer aussi en une expression ne contenant que des cosinus:

$$(\sin^2 x - \cos^2 x) = \sin^2 x - (1 - \sin^2 x)$$
$$= (2\sin^2 x - 1)$$

$$(\sin^2 x - \cos^2 x) = (1 - \cos^2 x) - \cos^2 x$$
$$= (1 - 2\cos^2 x)$$

Séparons donc en deux intégrales, car $\sin x$ sera, au signe près, la dérivée de $\cos x$, et $\cos x$ sera la dérivée de $\sin x$:

$$I = \int \frac{\sin x\, dx}{(1 - 2\cos^2 x)} + \int \frac{\cos x\, dx}{(2\sin^2 x - 1)}$$

Posons $u = \cos x$ dans la première intégrale et $v = \sin x$ dans la seconde:

$$I = \int \frac{-\,du}{(1 - 2u^2)} + \int \frac{dv}{(2v^2 - 1)}$$

$$I = \int \frac{du}{(2u^2 - 1)} + \int \frac{dv}{(2v^2 - 1)}$$

$$I = I_1 + I_2$$

I_1 et I_2 sont exactement identiques. Seul le nom des variables change.

Résolvons seulement I_1, car I_2 se résoudra de la même façon.

En factorisant le dénominateur, I_1 devient:

$$I_1 = \int \frac{du}{(\sqrt{2}\,u + 1)(\sqrt{2}\,u - 1)}$$

Mettant cela sous forme de fractions partielles, nous avons:

$$I_1 = \int \frac{-\,du}{2\,(\sqrt{2}\,u + 1)} + \int \frac{du}{2\,(\sqrt{2}\,u - 1)}$$

Posons $w = \sqrt{2}\, u + 1$ ainsi $dw = \sqrt{2}\, du$

et $s = \sqrt{2}\, u - 1$, ainsi $ds = \sqrt{2}\, du$

$$I_1 = \int \frac{-\,dw}{2\sqrt{2}\; w} + \int \frac{ds}{2\sqrt{2}\; s}$$

$$I_1 = \frac{-1}{2\sqrt{2}}\, ln\,|w| + \frac{1}{2\sqrt{2}}\, ln\,|s| + K$$

$$I_1 = \frac{-1}{2\sqrt{2}}\left(ln\,|w| - ln\,|s| \right) + K$$

$$I_1 = \frac{-1}{2\sqrt{2}}\, ln\left|\frac{w}{s}\right| + K$$

$$I_1 = \frac{-1}{2\sqrt{2}}\, ln\left|\frac{\sqrt{2}\, u + 1}{\sqrt{2}\, u - 1}\right| + K$$

Nous concluons en écrivant I:

$$I = \int \frac{du}{(2u^2 - 1)} + \int \frac{dv}{(2v^2 - 1)}$$

qui devient:

$$\frac{-1}{2\sqrt{2}}\left(ln\left|\frac{\sqrt{2}\, u + 1}{\sqrt{2}\, u - 1}\right| \right) - \frac{1}{2\sqrt{2}}\left(ln\left|\frac{\sqrt{2}\, v + 1}{\sqrt{2}\, v - 1}\right| \right) + K$$

$$= \frac{-1}{2\sqrt{2}}\left(ln\left|\frac{\sqrt{2}\,\cos x + 1}{\sqrt{2}\,\cos x - 1} \times \frac{\sqrt{2}\,\sin x + 1}{\sqrt{2}\,\sin x - 1}\right| \right) + K$$

Pour montrer l'égalité entre cette expression de I et celle écrite à la page 144, il faudrait s'adonner à de laborieuses transformations.

Tel que mentionné au chapitre 4, rappelons que deux réponses peuvent être différentes tout en étant exactes (voir l'exemple 4-22 et *Retenons ceci* à la page 146).

Exemple 7-42:
Montrer que:

a) $\displaystyle\int \sec x\, dx = ln\,\left|\sec x + tg\, x\right| + K$

b) $\displaystyle\int \cosec x\, dx = ln\,\left|\cosec x - \cotg x\right| + K$

Solution:

a) $\displaystyle\int \sec x\, dx$

$$= \int \frac{\sec x\,(\sec x + tg\, x)}{(\sec x + tg\, x)}\, dx$$

$$= \int \frac{\sec^2 x + \sec x\; tg\, x}{(\sec x + tg\, x)}\, dx$$

$$= \int \frac{dv}{v}$$

$$= ln\,|v| + K$$

$$= ln\,\left|\sec x + tg\, x\right| + K$$

b) $\displaystyle\int \cosec x\, dx$

$$= \int \frac{\cosec x\,(\cosec x - \cotg x)}{(\cosec x - \cotg x)}\, dx$$

$$= \int \frac{\cosec^2 x - \cosec x\;\cotg x}{(\cosec x - \cotg x)}\, dx$$

$$= \int \frac{du}{u}$$

$$= ln\,|u| + K$$

$$= ln\,\left|\cosec x - \cotg x\right| + K$$

Cet exercice a été mis ici, parce que la solution, malgré son apparence relativement simple, n'est pas du tout évidente! En effet, il faut quasiment le savoir pour songer à multiplier au numérateur ainsi qu'au dénominateur par $v = \sec x + tg\, x$ à la sous-question a) et d'en faire autant avec $u = \cosec x - \cotg x$ à la sous-question b).

7.7 RÉSUMÉ DES TECHNIQUES D'INTÉGRATION

Ce qui suit aidera à mieux voir comment résoudre une intégrale. Il n'y a rien de nouveau par rapport à ce qui a été vu dans le chapitre, mais peut-être que, si nous avons les recommandations devant les yeux, nous trouverons enfin que l'intégration n'est pas si compliquée que ça!!

Formules

Quand nous sommes devant une intégrale à résoudre, il y a une quantité de questions à se poser, mais il faut tout de même respecter un certain ordre.

Il faut d'abord **bien** regarder l'intégrale et remarquer si oui ou non elle ressemble à une *formule de base*.

Changement de variable

Si l'intégrale ne ressemble pas à une formule de base, alors il faut penser à la possibilité d'un changement de variable.

Lorsque nous faisons de l'intégration, les changements de variable sont de loin plus fréquents que toute autre méthode d'intégration, alors il faut vraiment s'y attarder sérieusement.

Il serait bon de se poser les questions suivantes:

i) Y a-t-il, dans la même intégrale, une fonction et sa dérivée?

ii) S'il n'y a pas de façon évidente, dans l'intégrale, une fonction et sa dérivée, y aurait-il par hasard un terme "embêtant", comme une exponentielle, un logarithme, un radical par exemple?

iii) S'il n'y a pas de terme embêtant, y aurait-il un terme qui se répète à quelques reprises dans l'intégrale?

Si nous avons répondu "oui" à l'une ou l'autre de ces trois questions, il faut effectuer un changement de variable.

S'il a été impossible d'effectuer un changement de variable, il reste les possibilités suivantes (en ce qui nous concerne!)

- Intégration par parties
- Intégration par fractions partielles
- Intégration par substitutions trigonométriques (qui, disons-le enfin, n'est rien d'autre qu'un changement de variable un peu mieux déguisé).

Il est très facile de distinguer ces trois derniers cas.

par parties

Si en pensant à la dérivée, les facteurs de l'intégrande ne sont pas reliés les uns avec les autres, il faut envisager une intégration par parties.
Par exemple: $\sin (x)\, e^x\, dx$, $\sin 12x\,\cos 5x\, dx$, etc.

fractions partielles

Nous intégrons à l'aide de fractions partielles si, dans l'intégrale, un polynôme est divisé par un polynôme (et qu'il n'y a pas de simplification possible).

substitutions trigonométriques

Nous intégrons à l'aide de substitutions trigonométriques si, dans l'intégrale, nous pouvons écrire une somme ou une différence de carrés sous un radical telle que $\sqrt{a^2 - u^2}$, $\sqrt{u^2 - a^2}$ ou $\sqrt{u^2 + a^2}$.
Par exemple:

$$\int \sqrt{4 - 3x^2}\, dx; \qquad \int \frac{dx}{\sqrt{x^2 + 7}};$$

$$\int (x^2 - 16)^{3/2}\, dx = \int \left(\sqrt{x^2 - 16}\right)^3 dx.$$

Retenons ceci:

Si nous voulons vérifier qu'une fonction a bien été intégrée, il *suffit* de calculer l'intégrale définie sur un intervalle quelconque où l'intégrande existe. Si le résultat de l'intégrale est le même avec notre réponse qu'avec celle du livre, c'est que notre réponse est bonne. Cela s'avère malheureusement long. **Souvenons-nous tout de même que notre réponse peut être incroyablement différente de celle du livre tout en étant exacte.**

EXERCICES – CHAPITRE 7

Niveau 1

section 7.1

7-1 Résoudre les intégrales suivantes en utilisant un changement de variable approprié:

a) $\int \sin^7 x \cos x \, dx$

b) $\int \sin x \cos^7 x \, dx$

c) $\int \dfrac{\cotg x}{\sin^3 x} \, dx$

d) $\int x^2 \, e^{2+x^3} dx$

e) $\int \sec^9 x \, \tg x \, dx$

f) $\int \dfrac{x}{\sqrt{3x^2+2}} \, dx$

g) $\int \dfrac{dx}{\sqrt{x}\,(2-3\sqrt{x})^{1/3}}$

h) $\int \dfrac{3x+5x^2}{\dfrac{3x^2}{2}+\dfrac{5x^3}{3}} \, dx$

i) $\int x \, \sin(\sec x^2) \, \sec x^2 \, \tg x^2 \, dx$

section 7.2

7-2 Résoudre les intégrales suivantes à l'aide de la méthode de l'intégration par parties:

a) $\int x \, e^x \, dx$

b) $\int x \cos x \, dx$

c) $\int \ln x \, dx$

d) $\int \ln(x+5) \, dx$

e) $\int \arctg x \, dx$

f) $\int \arcsin x \, dx$

g) $\int x \, \ln x \, dx$

h) $\int x \sec^2 x \, dx$

i) $\int x^2 \, e^x \, dx$

j) $\int e^x \, \sin x \, dx$

k) $\int e^{2x} \sin x \, dx$

l) $\int \sin 5x \, \cos x \, dx$

m) $\int \ln^2 x \, dx$

n) $\int (x+1)^2 \, e^{2x} \, dx$

o) $\int x^3 \, e^{x^2} \, dx$

section 7.3

7-3 Trouver y si:

a) $y' = \tg^2 x$

b) $y = \int \dfrac{\sec^2 x \, dx}{\sqrt{\tg x - 2}}$

c) $y = \int \sqrt[7]{\cotg^6 x} \, \cosec^2 x \, dx$

d) $y' = \cosec^2 ax \, \tg^2 ax$

e) $y = \int \sin^3 x \, dx$

7-4 Résoudre les intégrales de fonctions trigonométriques suivantes:

a) $\int \dfrac{\sin 2\theta}{\sin \theta} d\theta$

b) $\int \cos^5 x \, dx$

c) $\int \text{tg}^{10} x \, \sec^4 x \, dx$

d) $\int \cos^7 x \, \sin^5 x \, dx$

e) $\int (3 + \cot\text{g}^2 x) \, dx$

f) $\int (2\text{tg}^2 x + 2) \, dx$

g) $\int (\text{tg } x + \cot\text{g } x)^2 dx$

h) $\int \text{tg}^3 x \, dx$

i) $\int \sin^2 x \, dx$

j) $\int \cos^2 x \, dx$

k) $\int \sin^4 x \, dx$

l) $\int \dfrac{\sin x - \cos x}{\text{tg } x} \, dx$

m) $\int \text{cosec}^3 x \, dx$

section 7.4

7-5 Compléter le carré des expressions suivantes (voir si nécessaire l'annexe C à la page 298):

a) $x^2 + 6x + 16$ b) $-2x^2 - 8x - 4$

c) $2x^2 + 4x + 17$ d) $-3x^2 + 12x$

7-6 Dessiner un triangle rectangle dont l'un des trois côtés sera:

a) $\sqrt{x^2 - 4}$

b) $\sqrt{144 - x^2}$

c) $\sqrt{64x^2 + 1}$

d) $\sqrt{x^2 + 6x + 16}$

e) $\sqrt{49 - 9x^2}$

f) $\sqrt{-2x^2 - 8x - 4}$

g) $\sqrt{2x^2 + 4x + 17}$

h) $\sqrt{-3x^2 + 12x}$

7-7 Étant donné le triangle ci-dessous, exprimer en fonction de x les expressions suivantes:

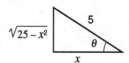

a) $\dfrac{3}{4} \cos \theta + \text{cosec } \theta - \sin \theta$

b) $\text{tg } \theta + \theta$

7-8 Résoudre les intégrales suivantes à l'aide de substitutions trigonométriques:

a) $\int \dfrac{dx}{\sqrt{9 - x^2}}$

b) $\int \dfrac{dx}{x^2 + 81}$

c) $\int \dfrac{dx}{x^2\sqrt{1 - x^2}}$

d) $\int \dfrac{dx}{\left[\sqrt{x^2 + 16}\right]^3}$

e) $\int \dfrac{dx}{(9 - x^2)^{3/2}}$

f) $\displaystyle\int \frac{dx}{x\,(x^2+4)}$

g) $\displaystyle\int \frac{\sqrt{x^2-16}\;dx}{x}$

h) $\displaystyle\int \frac{x^2}{\sqrt{(4-x^2)^3}}\,dx$

i) $\displaystyle\int \frac{\sqrt{20x-x^2}\;dx}{x-10}$

j) $\displaystyle\int \sqrt{25-x^2}\;dx$

k) $\displaystyle\int \frac{dx}{\sqrt{e^{2x}-1}}$

l) $\displaystyle\int \frac{dx}{x^4\,\sqrt{1-x^2}}$

7-9 Résoudre l'intégrale $\displaystyle\int \frac{x^3\,dx}{\sqrt{x^2-16}}$ à l'aide du changement de variable $u = x^2 - 16$ et ensuite vérifier le résultat en utilisant la technique des substitutions trigonométriques.

section 7.5

7-10 Résoudre les intégrales en utilisant la technique de l'intégration par fractions partielles:

a) $\displaystyle\int \frac{(3x+1)\,dx}{(x-1)\,(x+3)}$

b) $\displaystyle\int \frac{x^2+6x+13}{(x-1)\,(x+3)\,(x+4)}\,dx$

c) $\displaystyle\int \frac{3x+1}{x\,(1-x^2)}\,dx$

d) $\displaystyle\int \frac{-4x-11}{(x^2+x-20)}\,dx$

e) $\displaystyle\int \frac{2x^2\,dx}{(x-1)\,(x^2+1)}$

f) $\displaystyle\int \frac{-x^2+5x+5}{(x+2)^2\,(-1+x)}\,dx$

g) $\displaystyle\int \frac{-x^2-x+4}{(x+3)^2\,(x+1)}\,dx$

h) $\displaystyle\int \frac{3x^2+8x+4}{x^2\,(x+1)^2}\,dx$

i) $\displaystyle\int \frac{x^3+x^2+4x+8}{x^2\,(x^2+4)}\,dx$

j) $\displaystyle\int \frac{4\,(\sin x+2)\;\cos x}{\sin x\;(3\sin x+1)}\,dx$

k) $\displaystyle\int \frac{2\sqrt{x}+4}{x\,(3\sqrt{x}+1)}\,dx$

l) $\displaystyle\int \frac{3x^2+3x+1}{x^3\,(1+x)}\,dx$

m) $\displaystyle\int \frac{5e^{2x}+8e^x+2}{e^x\,(e^x+1)}\,dx$

n) $\displaystyle\int \frac{(\sin^3 x+\sin x-2)\,\cos x}{(\sin^4 x-2\sin^3 x)}\,dx$

7-11 Résoudre l'équation différentielle:

$$\frac{ds}{dt} = 169 - 144\,s^2$$

où s est fonction de t.

7-12 Soit $\displaystyle I = \int \frac{x^2+1}{x\,(x-1)}\,dx = \int \left[\frac{A}{x} + \frac{B}{x-1}\right] dx$

Il faut avoir:

$$A\,(x-1) + Bx = x^2+1$$

• si $x = 1$, alors $B = 2$
• si $x = 0$, alors $-A = 1$ c'est-à-dire $A = -1$

donc $\displaystyle I = \int \left[\frac{-1}{x} + \frac{2}{x-1}\right] dx = \int \frac{-x+1+2x}{x\,(x-1)}\,dx$

$$= \int \frac{x+1}{x\,(x-1)}\,dx$$

Ce qui n'est pas I. Où est l'erreur?

section 7.6

7-13 Résoudre les intégrales suivantes en utilisant la substitution spéciale:

a) $\displaystyle\int \frac{dx}{1 - \cos x}$

b) $\displaystyle\int \frac{dx}{1 + \sin x}$

section 7.7

7-14 Résoudre les intégrales suivantes par la méthode la plus appropriée:

a) $\displaystyle\int \frac{(x-3)^3}{(x^2 - 3x)}\, dx$

b) $\displaystyle\int \text{tg}^{12}x\ \sec^2 x\, dx$

c) $\displaystyle\int \text{tg}\, x\ \sec^3 x\ \cotg x\ \cos x\ dx$

d) $\displaystyle\int e^{\sin x}\ \sin x\ \cos x\ dx$

e) $\displaystyle\int \frac{dx}{(x + 1)\ (5 - ln\,|x + 1|)^3}$

f) $\displaystyle\int \frac{\text{tg}\, x}{\sec^2 x}\, dx$

g) $\displaystyle\int \frac{x\, dx}{(x^2 + 4)^6}$

h) $\displaystyle\int \frac{dx}{16x^2 + 32x + 16}$

i) $\displaystyle\int \frac{(x^2 + 4x + 4)\ (x^2 - 4x + 4)}{(x + 2)\ (x - 1)\ (x^2 - 4)}\, dx$

j) $\displaystyle\int x\ \cos 4x\ dx$

k) $\displaystyle\int \sin^3 x\ \cos^2 x\, dx$

l) $\displaystyle\int \frac{dx}{\sqrt{4 - (x - 2)^2}}$

m) $\displaystyle\int \frac{dx}{x\ (x^2 - 100)^{3/2}}$

n) $\displaystyle\int \frac{-8x^2 + 8x + 2}{x\,(-2 - x)\ (x - 1)}\, dx$

o) $\displaystyle\int x\cos x\ dx$

p) $\displaystyle\int \frac{\sqrt{1 - x^2}\ dx}{x^2}$

q) $\displaystyle\int \frac{x\, dx}{1 - 36\, x^4}$ [indice: chang. de variable $u = 6\, x^2$]

r) $\displaystyle\int \sec^3 x\, dx$

s) $\displaystyle\int x\ ln\, e^{3x}\ dx$

t) $\displaystyle\int \frac{dx}{x^3(1 + x)}$

u) $\displaystyle\int e^{2x}\ e^{e^x}\, dx$

v) $\displaystyle\int \frac{dx}{e^x + e^{-x}}$

w) $\displaystyle\int \sin x\ \cos(3x)\, dx$

x) $\displaystyle\int \sin(3x)\ e^{2x}\ dx$

y) $\displaystyle\int \arccotg(2x)\, dx$

z) $\displaystyle\int \frac{x^3 + x^2 + x}{x^2 + x - 2}\, dx$

7-15 Calculer les intégrales définies suivantes:

a) $\displaystyle\int_0^\pi x\cos x\ dx$

b) $\displaystyle\int_0^2 e^{3x}x\,dx$

c) $\displaystyle\int_{\pi/4}^{3\pi/4} x\,\mathrm{cosec}^2 x\ dx$

d) $\displaystyle\int_{\pi/4}^{\pi/3}\sin(5x)\cos x\ dx$

e) $\displaystyle\int_{\pi/6}^{2\pi/3}\sec^2 x\ \mathrm{cotg}^2 x\ \cos x\ \sin^2 x\ dx$

f) $\displaystyle\int_{\pi/4}^{\pi/2}\frac{\mathrm{cosec}^3 x}{\sec x}\ dx$

g) $\displaystyle\int_{\pi/3}^{\pi/2}\frac{\cos^3 x}{1+\mathrm{cotg}^2 x}\ dx$

h) $\displaystyle\int_1^4 \frac{dx}{\sqrt{x}\,(6+7\sqrt{x})^{1/3}}$

i) $\displaystyle\int_{\sqrt{3}/4}^{3/4}\frac{dx}{x^4\sqrt{1-x^2}}$

j) $\displaystyle\int_0^1 \ln^2(x+4)\,dx$

7-16 Pourquoi le résultat de la sous-question 15i) est-il négatif alors que l'intégrande est positive partout sur le domaine d'intégration ?

Niveau 2

7-17 Résoudre les intégrales indéfinies suivantes:

a) $\displaystyle\int \sin\!\left(\frac{x}{3}\right)\cos(3x)\,dx$

b) $\displaystyle\int \frac{x^3}{\sqrt{16+x^2}}\ dx$

c) $\displaystyle\int \frac{(4x+5)\,dx}{x^2+2x+5}$

d) $\displaystyle\int \frac{4x+9}{x^2+4x+20}\,dx$

e) $\displaystyle\int (x+1)\,\ln^2 x\,dx$

f) $\displaystyle\int \frac{dx}{(81+x^2)^{5/2}}$

g) $\displaystyle\int \frac{dx}{x^3\sqrt{4+x^2}}$

h) $\displaystyle\int \sqrt{x^2-49}\ dx$

i) $\displaystyle\int \frac{dx}{(2x-x^2)^{5/2}}$

j) $\displaystyle\int \frac{x^4+2x^3+10x^2+8x-11}{(x^2-1)\,(4+x^2)}\,dx$

k) $\displaystyle\int \frac{dx}{\sin x\cos^2 x}$

l) $\displaystyle\int (x+2)\sqrt{1-x^2}\,dx$

m) $\displaystyle\int \frac{\cos x}{e^x}\,dx$

n) $\displaystyle\int \sqrt{1+\sin 4x}\ dx$

o) $\displaystyle\int \frac{dx}{1+\sin 4x}$

p) $\displaystyle\int \frac{5-\sin x}{1+\cos x}\,dx$

q) $\displaystyle\int \frac{d\theta}{\theta\sqrt{\sqrt{\theta}+1}}$

r) $\int \dfrac{\text{arctg}\,[ln\,\sqrt{x}]\,dx}{x}$

s) $\int \cos\,(2\,ln\,x)\,dx$

t) $\int x^3 \sin x\,\,dx$

u) $\int \sin\,(ln\,x)\,dx$

7-18 Voici une belle façon de «montrer» que $1 = 0$.

Résolvons $\int \dfrac{dx}{x}$ par parties en écrivant $u = 1/x$, $dv = dx$, $du = -dx/x^2$ et $v = x$.

Nous avons alors:

$$\int u\,dv = u\,v - \int v\,du$$

$$\int \frac{1}{x}\,dx = \frac{1}{x}\,x - \int x\,\frac{-1}{x^2}\,dx$$

$$\int \frac{1}{x}\,dx = 1 + \int \frac{1}{x}\,dx$$

$$\int \frac{1}{x}\,dx - \int \frac{1}{x}\,dx = 1$$

$$0 = 1$$

Où est l'erreur ?

7-19 En nous référant à l'exercice 7-18, écrire deux intégrales qui permettraient de «montrer» que $8 = 0$.

7-20 Résoudre: a) $I = \int \dfrac{2\,t+x}{(x-t)\,x}\,dx$

b) $I = \int \dfrac{2\,t+x}{(x-t)\,x}\,dt$

7-21 Résoudre l'équation différentielle

$$\frac{dP}{dt} = kP\,(L-P),$$

où L et P sont des constantes.

7-22 Alors qu'une maladie très grave se propage depuis quelques semaines, nous remarquons que les naissances engendrent en tout temps une croissance de 2 % de la population mais que la maladie entraîne continuellement la mort de 5 % de la population.

$$\frac{dN}{dt} = 0,02\,P \qquad \frac{dM}{dt} = -0,05P$$
$$M\text{: mort,}\quad N\text{: naissance}$$

Trouver une expression de la population en fonction du temps t et dire à quel moment il ne restera plus que 1 % de la population initiale.

7-23 Le coefficient de refroidissement d'un corps est, d'après la loi de Lorenz:

$$\frac{dT}{dt} = -aT\left(1 + b\,T^{1/4}\right)$$

où a et b sont des constantes, t est exprimé en secondes et T en °C.

En prenant $a = 0,01$ et $b = 0,5$, déterminer le temps nécessaire pour qu'un corps passe de 16°C à 1°C.

[Note: les valeurs de a et b données ici sont totalement arbitraires et dépendent de l'endroit où est placé le corps]

7-24 On dit que les bonnes nouvelles se propagent vite!

Des études ont montré qu'elles se propagent à un taux proportionnel au nombre de personnes qui connaissent cette nouvelle et proportionnel aussi au nombre de personnes qui ne la connaissent pas. Trouver une expression reliant n, le nombre de personnes connaissant la nouvelle et t, le temps écoulé depuis l'avènement de ce qui fait la manchette.

Poser N, le nombre de personnes dans la population et n_0 le nombre de personnes qui connaissent la nouvelle.

7-25 Sur une île, il y a une population de P_0 personnes. Si une personne contracte une maladie contagieuse (comme la grippe), alors cette maladie, qui frappe $N(t)$ personnes après un temps t, se propage à un taux proportionnel à P_0 et proportionnel au nombre de personnes non atteintes de la maladie. Déterminer l'expression $N(t)$ qui donne le nombre de personnes atteintes de la grippe à un temps t.

Niveau 3

7-26 Résoudre les intégrales suivantes:

a) $\displaystyle\int \frac{\cos x\, dx}{\sin x \sqrt{\sin^2 x + 1}}$

b) $\displaystyle\int \cos^6 x\, dx$

c) $\displaystyle\int \sec^5 7x\, dx$

d) $\displaystyle\int \frac{dx}{1 + \sin 2x + \cos 2x}$

e) $\displaystyle\int \frac{3x^6 + x^5 - 5x^4 + 12x^3 - 32x^2 + 10x + 3}{(x-5)(x^3+1)^2}\, dx$

f) $\displaystyle\int \frac{3x^5 + x^4 + 30x^3 + 15x^2 + 49x - 49}{x^2(x^2+7)^2}\, dx$

g) $\displaystyle\int \frac{5x^4 + 10x^2 - 2x + 5}{x(x^2+1)^2}\, dx$

[note pour g: c'est un exercice synthèse puisque les fractions partielles, les substitutions trigonométriques et certaines identités trigonométriques doivent être utilisées pour résoudre cet exercice]

h) $\displaystyle\int \frac{dx}{\cos x + \cot g\, x}$

7-27 Résoudre les intégrales définies suivantes:

a) $\displaystyle\int_1^e \ln^3 x\, dx$

b) $\displaystyle\int_0^{\pi/4} \frac{\sin x\, dx}{\cos x \sqrt{\cos^2 x + 1}}$

c) $\displaystyle\int_{\pi/24}^{\pi/16} \frac{dx}{\cos 4x + \cot g\, 4x}$

d) $\displaystyle\int_0^{2\pi} \sqrt{1 + \cos 8x}\, dx$

7-28 En chimie, on dit que deux substances (par exemple de l'eau et du lait) se mélangent à un rythme qui est proportionnel à la quantité de chacune des deux substances non encore mélangées. Cela revient à dire que si y est la quantité mélangée, que A est la quantité d'eau et que B est la quantité de lait alors:

$$\frac{dy}{dt} = k(A-y)(B-y)$$

Déterminer une expression de y en fonction du temps t.

7-29 Résoudre par parties l'intégrale:

$$\int \frac{xe^x}{(x+1)^2}\, dx$$

7-30 Considérant qu'un polynôme de la forme $x^4 + 1$ se factorise de la façon suivante,

$x^4 + 1 = (x^2 + \sqrt{2}\, x + 1)(x^2 - \sqrt{2}\, x + 1)$, résoudre ces intégrales:

a) $\displaystyle\int \frac{\sin x}{1 + (\cos x)^4}\, dx$ b) $\displaystyle\int \frac{e^{3x}}{1 + e^{4x}}\, dx$

SIMULATION D'EXAMEN

Il faudrait réussir à faire cet examen en 2 heures sans note ou calculatrice.

1) $\displaystyle\int \frac{\text{tg } x \, dx}{\cos x}$

2) $\displaystyle\int \frac{(x^2 + x) \, dx}{x^2 + 3x + 2}$

3) $\displaystyle\int \frac{dx}{\sqrt{4 - (x - 2)^2}}$

4) $\displaystyle\int e^{2x} \cos 2x \, dx$

5) $\displaystyle\int \cos x \cdot ln \sin x \, dx$

6) $\displaystyle\int \frac{(5e^{2x} + 8e^x + 2) \, dx}{e^x (e^x + 1)}$

7) $\displaystyle\int x^3 \sqrt{4 - x^2} \, dx$

8) $\displaystyle\int ln \, (x + 1) \cdot \frac{1}{(x + 2)^2} \, dx$

(suggestion: utiliser $\displaystyle\int u \cdot dv$)

9) $\displaystyle\int (ln \, x)(x^4 + x - 1) \, dx$

10) $\displaystyle\int \frac{(4x + 9) \, dx}{x^2 + 4x + 20}$

8

TABLES D'INTÉGRATION

Notons dès maintenant que l'utilisation des tables n'est pas obligatoire pour l'étude du reste de ce livre et soulignons que les exercices demandant une très grande habileté à intégrer seront quelquefois indiqués.

Sans passer un temps fou à résoudre une intégrale, nous pourrons nous concentrer sur ce qui est à calculer, et les problèmes qui pourraient devenir monstrueux à cause de l'aridité de l'intégration resteront intéressants.

Grâce aux tables d'intégration, les barrières tombent: nous pouvons calculer des aires autres que celles décrites par une banale droite ou une simple parabole. Grâce aux tables, nous pouvons calculer facilement le volume engendré par la rotation de surfaces relativement complexes.

Les tables d'intégration nous ouvrent les portes à l'étude de phénomènes concrets et réellement intéressants.

Insistons toutefois sur le fait que les tables ont aussi leurs limites: nous n'y trouvons pas, par exemple, la réponse à:

$$\int e^{\sec x} \sec x \, \frac{\sin x}{\cos x} \, dx$$

pour la simple et bonne raison que cette intégrale se réduit à $\int e^u \, du$ après le changement de variable $u = \sec x$.

Les tables ne nous permettent pas non plus de résoudre directement:

$$\int \frac{x^6 + 4x^2 + 2x - 5}{(x^2 - 6x + 10)(x^2 - 4)(x + 3)} \, dx$$

parce qu'avant d'intégrer, il faut que le numérateur soit de degré inférieur à celui du dénominateur. Ce n'est qu'*après* avoir divisé les deux polynômes et avoir écrit l'intégrande sous forme de fractions partielles que les tables viennent à notre secours. Les tables donnent ensuite réponse à l'intégrale de chacune des fractions partielles.

IMPORTANT:

Même si nous faisons le choix d'utiliser les tables, il ne faut jamais oublier les changements de variable et les fractions partielles.

Avant d'aborder la phase des exemples, prenons le temps de regarder les tables pour constater la logique qui les ordonne.

En examinant rapidement les titres de sections, nous remarquons des polynômes, des différences de carrés, des sommes de carrés, des expressions de degré 1, 2, 3, 4 ou *n*, des expressions sous un radical, des fonctions trigonométriques, des fonctions exponentielles et des fonctions logarithmiques. Lorsque nous serons appelés à résoudre une intégrale avec les tables, il faudra en tout premier lieu discerner à quelle forme elle appartient.

À certains moments, il faudra s'attendre à avoir le choix entre les tables de différentes sections. Entre autres, si l'intégrale contient la forme $a + bu$, nous pourrons choisir une formule de la section C ou encore une formule de la section D en posant, dans cette dernière, $n = 1$.

La liste de tables exposée à la fin du livre a été conçue pour nos besoins. Même s'il existe des centaines de formules supplémentaires, celles-ci suffiront. Pour l'étudiant en sciences, un bon livre de tables à se procurer est celui intitulé *Standard Mathematical Tables* des Presses CRC.

Exemple 8-1:
Résoudre:

$$I = \int \frac{x\,dx}{(3 + 4x)(7x - 5)}$$

Solution:
Parmi les formules de la section C, nous retrouvons des intégrales qui renferment deux facteurs de degré un. La formule 24 nous sera utile si nous choisissons adéquatement U et V.

$U = 3 + 4x$ entraîne $a = 3$ et $b = 4$. Il faut aussi écrire $V = 7x - 5$, ce qui nous oblige à écrire $c = -5$ et $d = 7$.

Remarquons aussi la valeur k que nous devons déterminer: $k = ad - bc = 21 - (-20) = 41$

Nous écrivons donc:

$$I = \frac{1}{41}\left[\frac{3}{4}\,ln\,|3 + 4x| - \frac{-5}{7}\,ln\,|7x - 5|\right] + K$$

$$= \frac{1}{41}\left[\frac{3}{4}\,ln\,|3 + 4x| + \frac{5}{7}\,ln\,|7x - 5|\right] + K$$

$$= \frac{1}{41}\left[ln\,(|3 + 4x|)^{3/4} + ln\,(|7x - 5|)^{5/7}\right] + K$$

◆ ◆

Exemple 8-2:
Résoudre $I = \int \dfrac{dx}{x^4 - 1}$.

Solution:
Si nous n'avions pas accès aux tables d'intégration, il faudrait écrire:

$$\int \frac{dx}{(x^2 + 1)(x + 1)(x - 1)}$$

pour ensuite réduire en fractions partielles et intégrer:

$$\int \frac{(Ax + B)\,dx}{x^2 + 1} + \int \frac{C\,dx}{x + 1} + \int \frac{D\,dx}{x - 1}$$

Mais nous pouvons utiliser les tables, donc profitons-en.

La formule 53 demande des signes opposés à ceux que nous avons au dénominateur de notre intégrale.

L'intégrale de départ I devient, en posant $c = 1$ et $u = x$ dans la formule 53,

$$I = \frac{-1}{2}\left[\frac{1}{2}\,ln\,\left|\frac{1 + x}{1 - x}\right| + \text{arctg}\,x\right] + K$$

Ce qui est:

$$\frac{-1}{4}\,ln\,\left|\frac{1 + x}{1 - x}\right| - \frac{\text{arctg}\,x}{2} + K$$

◆ ◆

Exemple 8-3:
Résoudre:

$$I = \int e^{\cos x} \cdot (\sin x - \sin^3 x)\,dx$$

Solution:
Nous avons:

$$I = \int e^{\cos x} \sin x\,(1 - \sin^2 x)\,dx$$

$$I = \int e^{\cos x} \sin x \cos^2 x \, dx$$

Posons $u = \cos x \quad du = -\sin x \, dx$

$$I = -\int e^u u^2 \, du$$

La formule 158, avec $m = 2$ et $a = 1$, nous permet d'écrire:

$$I = -u^2 e^u + 2 \int u \, e^u du$$

Encore avec la formule 158, mais cette fois-ci avec $m = 1$ et $a = 1$, nous écrivons:

$$I = -u^2 e^u + 2 \left[u \, e^u - \int e^u du \right]$$

$$I = -u^2 e^u + 2u \, e^u - 2 e^u + K$$

En substituant enfin u avec $\cos x$, nous obtenons:

$$I = -\cos^2 x \, e^{\cos x} + 2 \cos x \, e^{\cos x} - 2e^{\cos x} + K$$

Ce qui est:

$$I = e^{\cos x} \left[-\cos^2 x + 2\cos x - 2 \right] + K$$

◆ ◆

Exemple 8-4:

Résoudre $I = \int \cos (\ln x) \, dx$.

Solution:

Dans cette intégrale, c'est le $\ln x$ qui nous embête, car s'il était tout simplement inscrit $\cos x \, dx$ dans l'intégrale, nous ne nous poserions pas de question et nous trouverions la réponse en utilisant la formule 8 de la page 307.

Malheureusement, le $\ln x$ vient gâter la sauce!

Posons donc $u = \ln x$ pour nous débarrasser de cet élément indésirable:

$$u = \ln x \quad \text{d'où} \quad du = \frac{dx}{x}$$

Il faut trouver dx en fonction de la variable u,

$$dx = x \, du, \text{ et puisque } x = e^u,$$

nous déduisons:

$$dx = e^u \, du$$

L'intégrale $\int \cos (\ln x) \, dx$ se transforme alors de la façon suivante:

$$\int \cos (\ln x) \, dx = \int \cos u \cdot e^u \, du$$

Puisqu'il y a une exponentielle dans l'intégrale, il faut donc chercher parmi les formes contenant une exponentielle. Utilisons la formule 161 et posons $a = 1$ et $b = 1$.

$$I = \frac{e^u}{2} [\cos u + \sin u] + K$$

$$= \frac{e^{\ln x} (\cos (\ln x) + \sin (\ln x))}{2} + K$$

$$= \frac{x (\cos (\ln x) + \sin (\ln x))}{2} + K$$

◆◆

Exemple 8-5:

Résoudre:

$$I = \int 4 \, \text{tg}^3 \, \theta \cdot \cos^3 \theta \, d\theta.$$

Solution:

Dans les tables, il n'y a pas de fonctions *tangente* écrites avec des fonctions *cosinus*. Il n'y a que des *sinus* avec des *cosinus*, ou des fonctions *tangente* seules. Il faut donc songer à transformer notre intégrande.

Nous avons alors:

$$I = 4 \int \sin^3 \theta \, d\theta.$$

La formule 120 nous permet d'écrire:

$$I = \frac{-4\cos\theta \cdot (\sin^2\theta + 2)}{3} + K$$

◆ ◆

Exemple 8-6:

Résoudre $I = \displaystyle\int \frac{\cos^2\theta}{\sin\theta}\, d\theta$.

Solution:

En considérant $m = 2$; $n = -1$; $a = 1$; $u = \theta$, la formule du haut de 130 nous permet d'écrire:

$$I = \cos\theta + \int \operatorname{cosec}\theta\, d\theta$$

Nous avons choisi la formule du haut de 130, car il était plus avantageux de diminuer le degré du cosinus que celui du sinus.

C'est maintenant la formule 118 avec $a = 1$ et $u = \theta$ qui nous permet d'écrire:

$$I = \cos\theta + ln\left|\operatorname{cosec}\theta - \operatorname{cotg}\theta\right| + K$$

◆◆

Notons que nous aurions pu utiliser la formule 123 en considérant $m = 1$, $a = 1$ et $u = \theta$. ∙

Exemple 8-7:

Résoudre:

$$I = \int \frac{-x^3 + 2x^2 - x - 4}{x^3 - 1}\, dx$$

sans toutefois simplifier l'expression obtenue.

Solution:

Même si nous avons accès aux tables, il ne faut pas oublier que le degré du numérateur ne doit jamais être égal ou supérieur à celui du dénominateur. Un examen rapide des tables contenant des expressions polynomiales nous fait réaliser qu'en tout temps le degré du numérateur est inférieur à celui du dénominateur.

Après division, nous arrivons à:

$$I = \int \left[-1 + \frac{2x^2 - x - 5}{x^3 - 1} \right] dx$$

$$I = -\int dx + 2\int \frac{x^2}{x^3 - 1}\, dx$$

$$- \int \frac{x}{x^3 - 1}\, dx - 5\int \frac{dx}{x^3 - 1}$$

Dans les formules, il n'y a pas d'intégrale ayant exactement la forme $u^3 - c^3$. Il y a entre autres, à la formule 50, une forme qui y serait équivalente, mais de signe opposé. Regardons la formule 50 et constatons que nous devrons transformer le $u^3 - c^3$ que nous avons en $c^3 - u^3$ de la formule. N'oublions pas que c est obligatoirement une constante.

Nous pouvons écrire $x^3 - 1 = -1 + x^3 = (-1)^3 + x^3$,

donc il faut utiliser les formules ayant la forme:

$$c^3 + u^3$$

Nous utiliserons la formule 36 avec $a = -1$, $b = 1$ et $u = x$ pour résoudre la première intégrale.

Avec $c = -1$ et $u = x$, la deuxième intégrale est résolue à l'aide de la formule 50 et la troisième l'est en utilisant la formule 48.

Remarquons que dans l'utilisation des formules 48 et 50, il faut considérer le signe du haut. De ce fait, $2u - c$ devient $2x - (-1) = 2x + 1$.

$$I = -x + 2\left[\frac{1}{3}\, ln\left| -1 + x^3 \right| \right]$$

$$- \left[\frac{-1}{6}\, ln\left| \frac{-1 + x^3}{(x-1)^3} \right| - \frac{1}{\sqrt{3}}\, \operatorname{arctg}\left(\frac{2x+1}{-\sqrt{3}} \right) \right]$$

$$- 5\left[\frac{1}{6}\, ln\left| \frac{(x-1)^3}{-1 + x^3} \right| + \frac{1}{\sqrt{3}}\, \operatorname{arctg}\left(\frac{2x+1}{-\sqrt{3}} \right) \right] + K$$

◆ ◆

Exemple 8-8:
Résoudre:

$$\int \frac{x\,dx}{x^4-1}$$

Solution:
Nous trouvons directement à l'aide de la formule 38, en posant $u = x$, $a = -1$ et $b = 1$:

$$\frac{1}{4}\ln\left|\frac{x^2-1}{x^2+1}\right| + K$$

◆ ◆

Exemple 8-9:
Résoudre:

$$I = \int \sqrt{2ay - y^2}\,dy$$

Solution:
Nous avons un polynôme de degré 2 sous le radical. Même s'il n'y a pas de terme constant, nous pouvons dire que:

$$2ay - y^2 = -y^2 + 2ay + 0$$

Il y a donc une forme $\sqrt{P}$ dans l'intégrale.

La formule 106 résoudra notre problème.

Il faut substituer dans la formule $u = y$, $a = -1$ *, $b = 2a$ *, $c = 0$.

Ces valeurs entraînent:

$$q = 4ac - b^2 = 4(-1)(0) - 4a^2 = -4a^2$$

$$k = \frac{4a}{q} = \frac{-4}{-4a^2} = \frac{1}{a^2}$$

Nous avons alors:

$$I = \frac{(-2y+2a)\sqrt{2ay-y^2}}{-4} + \frac{a^2}{2}\int\frac{dy}{\sqrt{2ay-y^2}}$$

---

* Attention! Ce ne sont pas les mêmes "a". Le premier est le "a" de la formule 106, et le deuxième est la valeur a devant la variable y dans l'intégrande.

Simplifions un peu et utilisons la formule 103 avec les mêmes substitutions que précédemment.

$$u = y;\ a = -1;\ b = 2a;\ c = 0;\ q = -4a^2;\ k = 1/a^2.$$

Nous pouvons écrire:

$$I = \frac{(y-a)\sqrt{2ay-y^2}}{2} + \frac{a^2}{2}\left[-\arcsin\left(\frac{-2y+2a}{|2a|}\right)\right] + K$$

Ce qui est:

$$I = \frac{(y-a)\sqrt{2ay-y^2}}{2} - \frac{a^2}{2}\arcsin\left(\frac{-y+a}{|a|}\right) + K$$

◆ ◆

Note: Lors de la dernière intégration, nous ne pouvions pas utiliser la formule 102 puisqu'elle demande une valeur positive pour le coefficient de y^2.

Exemple 8-10:
Calculer l'aire comprise entre les courbes $y = ln^3 x$ et $y = \sin x$ entre les verticales $x = \pi$ et $x = 2\pi$.

Solution:
Si nous avions la patience de tracer de façon exacte les deux fonctions, nous pourrions visualiser la surface dont nous avons à calculer l'aire. Ce ne sera toutefois pas nécessaire, car l'examen rapide de ces fonctions nous montre que $ln^3 x$ est toujours au-dessus de la fonction $\sin x$ sur l'intervalle considéré.

Pourquoi ?

Parce que toutes les valeurs comprises entre π et 2π sont supérieures à e, ce qui donne une valeur de $ln^3 x$ supérieure à 1. Puisque 1 est la valeur maximale que peut prendre $\sin x$, il s'ensuit que $ln^3 x$ sera supérieure à $\sin x$.

L'intégrale à calculer est donc:

$$\int_\pi^{2\pi}(ln^3 x - \sin x)\,dx$$

Utilisons la formule 152, en posant $u = x$ et $n = 3$:

$$x\,ln^3 x\,\Big|_\pi^{2\pi} - 3\int_\pi^{2\pi} ln^2 x\,dx + \cos x\,\Big|_\pi^{2\pi}$$

Réutilisons encore 2 fois cette même formule.

Avec $n = 2$:

$$= x\,ln^3x\,\Big|_{\pi}^{2\pi} - 3\left[x\,ln^2x\,\Big|_{\pi}^{2\pi} - 2\int_{\pi}^{2\pi} ln\,x\ dx\right]$$

$$+ \cos x\,\Big|_{\pi}^{2\pi}$$

et enfin avec $n = 1$:

$$= x\,ln^3x\,\Big|_{\pi}^{2\pi} - 3\left[x\,ln^2x\,\Big|_{\pi}^{2\pi} - 2\left[x\,ln\,x - x\right]\Big|_{\pi}^{2\pi}\right]$$

$$+ \cos x\,\Big|_{\pi}^{2\pi}$$

Transformons les expressions entre crochets et calculons la valeur de l'aire demandée:

$$= x\,ln^3x\,\Big|_{\pi}^{2\pi} - 3x\,ln^2x\,\Big|_{\pi}^{2\pi} + 6\left[x\,ln\,x - x\right]\Big|_{\pi}^{2\pi}$$

$$+ \cos x\,\Big|_{\pi}^{2\pi}$$

$$= x\,ln^3x\,\Big|_{\pi}^{2\pi} - 3x\,ln^2x\,\Big|_{\pi}^{2\pi} + 6x\,ln\,x\,\Big|_{\pi}^{2\pi}$$

$$- 6x\,\Big|_{\pi}^{2\pi} + \cos x\,\Big|_{\pi}^{2\pi}$$

Avec l'aide d'une calculatrice, nous trouvons que l'aire totale égale 13,833 u^2, où u^2 est une unité d'aire.

♦   ♦

Nous sommes maintenant prêts à passer aux exercices.

EXERCICES – CHAPITRE 8

I   Utiliser directement les formules d'intégration pour résoudre les intégrales suivantes:

8-1 $\displaystyle\int \frac{x}{3 + 7x}\, dx$

8-2 $\displaystyle\int \frac{3x\, dx}{(5 - 2x)^2}$

8 - 3 $\displaystyle\int \frac{64}{x^2\,(4 + x)}\, dx$

8-4 $\displaystyle\int \frac{x}{4 + x^4}\, dx$

8-5 $\displaystyle\int \frac{x}{4 - x^4}\, dx$

8-6 $\displaystyle\int \frac{dx}{x^2\,\sqrt{x^2 - 16}}$

8-7 $\displaystyle\int \frac{dx}{x^2\,\sqrt{16 - x^2}}$

8-8 $\displaystyle\int \frac{x\, dx}{(2x^2 + 3x - 4)\,\sqrt{2x^2 + 3x - 4}}$

8-9 $\displaystyle\int \sin(8x)\cos(5x)\, dx$

8-10 $\displaystyle\int x\,\sin(3x)\, dx$

8-11 $\displaystyle\int \sec^3 x\, dx$

8-12 $\displaystyle\int \sin(8x)\sin(5x)\, dx$

8-13 $\displaystyle\int \sin^2 x\,\cos^2 x\, dx$

8-14 $\displaystyle\int \frac{x^3\, dx}{\sqrt{x^2 - 9}}$

8-15 $\displaystyle\int \frac{3x}{2 + 5x^2}\, dx$

8-16 $\displaystyle\int \frac{x\, dx}{\left(6 + 13x^2\right)^5}$

8-17 $\displaystyle\int \frac{3dx}{2-5x^2}$

8-18 $\displaystyle\int \frac{dx}{x^3-5}$

8-19 $\displaystyle\int \frac{x\,dx}{(1+x^2)^2}$

8-20 $\displaystyle\int \frac{3dx}{2+5x^2}$

8-21 $\displaystyle\int \frac{\sqrt{1-x^2}}{x^2}\,dx$

8-22 $\displaystyle\int \frac{\sqrt{1+x^2}}{x^2}\,dx$

8-23 $\displaystyle\int x^3\,\ln x\,dx$

8-24 $\displaystyle\int \frac{dx}{\left(2x-x^2\right)^{5/2}}$

II   Effectuer un changement de variable avant d'utiliser les formules d'intégration

8-25 $\displaystyle\int \frac{dx}{e^x+2}$

8-26 $\displaystyle\int \frac{\cos x\,dx}{\sin x\,(\sin x-3)}$

8-27 $\displaystyle\int \frac{\sin x}{81-\cos^4 x}\,dx$

8-28 $\displaystyle\int \frac{\sin^2 x\,\cos x\,dx}{5-2\sin^3 x}$

8-29 $\displaystyle\int \frac{\ln x\,\sqrt{2-\ln x}}{x}\,dx$

8-30 $\displaystyle\int \frac{\sec^3 x\,\operatorname{tg} x}{\sqrt{5-2\sec x}}\,dx$

8-31 $\displaystyle\int \frac{dx}{e^{2x} + e^{-x}}$

8-32 $\displaystyle\int \frac{dx}{\sqrt{1+ \sqrt{1+x}}}$

8-33 $\displaystyle\int \frac{x^4}{\sqrt{9 + x^{10}}}\, dx$

8-34 $\displaystyle\int \frac{x^2}{\sqrt{9 - x^6}}\, dx$

8-35 $\displaystyle\int \frac{x^4\, dx}{\sqrt{16x^{10} + x^5 + 1}}$

8-36 $\displaystyle\int \frac{x^4\, dx}{\sqrt{16x^{10} + x^5}}$

8-37 $\displaystyle\int \frac{e^x\, dx}{\sqrt{\left(e^{2x} + 4e^x - 5\right)^3}}$

8-38 $\displaystyle\int \frac{e^{2x}\, dx}{e^{4x} + 4e^{2x} - 12}$

8-39 $\displaystyle\int ln\left(1 + e^{2x}\right) e^{2x}\, dx$

8-40 $\displaystyle\int (x + 1)^4\, ln\, (3x + 3)\, dx$

8-41 $\displaystyle\int \frac{ln(x + 1)}{(x + 2)^2}\, dx$

8-42 $\displaystyle\int \frac{dx}{(x + 3)\, \sqrt{x^2 + 10 + 6x}}$

III   Résoudre les intégrales suivantes à l'aide des tables en effectuant possiblement, au préalable, un changement de variable ou une certaine transformation de l'intégrande:

8-43 $\int \left(\sin x - \sqrt{\cos x} \right)^2 dx$

8-44 $\int ln\left(1 + e^{2x} \right) e^{6x} \, dx$

8-45 $\int \dfrac{4x - 9}{x^2 + 8x + 7} \, dx$

8-46 $\int \dfrac{4x - 9}{x^2 + x + 7} \, dx$

8-47 $\int \dfrac{2x + 3}{x^2 + 2x + 2} \, dx$

8-48 $\int (2x+1) \, \csc^3 (x^2 + x) \, dx$

8-49 $\int x^3 \, e^x \, dx$

8-50 $\int \sin^6 (5x) \, dx$

8-51 $\int \cos^7 x \, dx$

8-52 $\int \sin^2 x \, \cos^3 x \, dx$

8-53 $\int \sin^5 x \, \cos^3 x \, dx$

8-54 $\int \dfrac{x^4}{16x^{10} + x^5} \, dx$

8-55 $\int \dfrac{-x^2 - x + 4}{(x+1)(x+3)^2} \, dx$

8-56 $\int (x^2 + 6x + 3) \, ln^2 x \, dx$

8-57 $\int \dfrac{dx}{2\sqrt{x + 1} \, (x + 1) \, (x + 2)}$

8-58 $\int \sin^2(3x) \cos^5(3x) \, dx$

8-59 $\displaystyle\int ln^5\,(2x+1)\,dx$

8-60 $\displaystyle\int \frac{dx}{e^x\left(e^x+e^{-x}\right)}$

8-61 $\displaystyle\int \frac{dx}{\left(x^2+4\right)^{7/2}}$

8-62 $\displaystyle\int \frac{13\,dx}{x^3+x+10}$

8-63 $\displaystyle\int \frac{ln^2\left(\arcsin x^2\right)\,x\,dx}{\sqrt{1-x^4}}$

8-64 $\displaystyle\int \sin^2 x\ \cos x\ e^{\sin x}\,dx$

8-65 $\displaystyle\int e^{\cos x}\left(\sin x-\sin^3 x\right)dx$

8-66 $\displaystyle\int \sin^2(5x)\,\sin^3(5x)\,dx$

8-67 $\displaystyle\int x^5\,\sin^3(x^3)\,dx$

8-68 $\displaystyle\int e^{2x}\,e^{e^x}\,dx$

8-69 $\displaystyle\int x^5\,\sin^3(7x^3)\,dx$

8-70 $\displaystyle\int \frac{dx}{x^3\,\sqrt{4+x^2}}$

8-71 $\displaystyle\int \left(x^3+x\right)e^{2x}\,dx$

8-72 $\displaystyle\int x^5\,\sin^4\left(x^3\right)dx$

8-73 $\displaystyle\int x^5\,ln\left(x^2+1\right)dx$

8-74 $\displaystyle\int \frac{\sqrt{x}\,dx}{\sqrt{x}-\sqrt{x+1}}$

9

CALCUL D'AIRES PLANES

Nous avons beaucoup insisté sur ce qu'est une somme de Riemann et nous comprenons très bien maintenant ce en quoi elle consiste.

Cette notion est fondamentale pour saisir aussi bien les notions du chapitre que nous abordons maintenant que celles des chapitres qui suivront.

Nous calculons ici l'aire de diverses surfaces planes, mais, avant de débuter, soulignons ce fait banal mais vraiment crucial: **une aire est toujours positive.**

9.1 CALCUL D'AIRES

Exemple 9-1:
Calculer l'aire bornée par la parabole $y = -x^2 + 4$, la droite $y = -2x + 6$, l'axe OX et l'axe OY.

Solution:
Tout d'abord, baptisons chacune des courbes qui délimitent notre surface.

$$y = -x^2 + 4 \qquad\qquad (a)$$

$$y = -2x + 6 \qquad\qquad (b)$$

$$y = 0 \qquad\qquad (c)$$

$$x = 0 \qquad\qquad (d)$$

Il faut bien visualiser la surface dont nous avons à calculer l'aire. Donc, faisons un dessin:

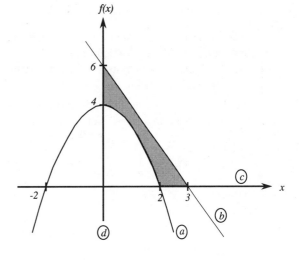

Figure 9-1

Il n'y a rien de mieux que de visualiser ce qui se passe. Pour ce faire, plaçons, parallèlement à l'axe OX, le crayon que nous avons dans la main, balayons la surface hachurée avec le crayon et imaginons des rectangles infiniment minces placés les uns sur les autres.

Nous remarquons que, au-dessus de $y = 4$, les petits rectangles sont bornés à gauche par OY, et à droite par la fonction (*b*). Pour des valeurs de *y* inférieures à 4, les rectangles sont bornés à droite par (*b*) et à gauche par (*a*).

Plaçons maintenant notre crayon parallèlement à l'axe OY. Nous voyons bien que, pour des valeurs de *x* comprises entre *x* = 0 et *x* = 2, les petits rectangles verticaux sont bornés en haut par la fonction (*b*) et en bas par la fonction (*a*). Pour les valeurs de *x* comprises entre 2 et 3, les rectangles sont bornés en haut par (*b*) et en bas par l'axe OX.

La figure 9-1 signale donc que les rectangles verticaux ne sont pas bornés par les mêmes fonctions entre *x* = 0 et *x* = 2 qu'entre *x* = 2 et *x* = 3.

• Calculons premièrement l'aire comprise entre les verticales *x* = 0 et *x* = 2. Nous prenons donc des rectangles verticaux.

Dans cette région, les rectangles infiniment minces sont tels que:

$$h = y_b - y_a = \text{hauteur des rectangles.}$$

$$\ell = dx = \text{largeur des rectangles}$$

Les indices dans le coin inférieur droit des variables désignent la courbe dont il est question: y_b est la valeur de l'ordonnée sur la courbe (*b*) et y_a est la valeur de l'ordonnée sur la courbe (*a*).

L'aire de chaque petit rectangle infiniment mince est égale au produit de sa hauteur par sa largeur, c'est-à-dire:

$$(y_b - y_a)\, dx.$$

• La hauteur est "$y_b - y_a$" et non "$y_a - y_b$".

• Pourquoi?

• Parce que l'aire est le résultat d'une hauteur (positive) multipliée par une largeur (positive aussi). Partout entre *x* = 0 et *x* = 2, la courbe (*b*) est au-dessus de la courbe (*a*). Si nous voulons signifier la différence entre deux ordonnées par un nombre positif, il faut faire la plus grande valeur moins la plus petite valeur. Il faut effectuer "le *y* d'en haut moins le *y* d'en bas".

D'où "$y_b - y_a$".

L'aire totale est la somme de tous ces petits rectangles infiniment minces compris entre *x* = 0 et *x* = 2.

En utilisant le fait que le symbole de l'intégrale est un "S" allongé qui signifie "somme" et en repensant aux sommes de Riemann, nous comprenons pourquoi l'aire cherchée est donnée par l'expression:

$$\int_0^2 (y_b - y_a)\, dx$$

Le *dx* représente la largeur des rectangles et nous indique que nous intégrons par rapport à la variable *x*. Il faut donc *absolument et sans contredit*:

1°: écrire y_b et y_a en fonction de *x*;

2°: écrire les bornes selon *x*.

Comme dans la région qui nous préoccupe pour l'instant, les valeurs de *x* varient de 0 à 2, alors les bornes inférieure et supérieure seront respectivement 0 et 2.

Nous pouvons maintenant calculer l'aire entre les verticales *x* = 0 et *x* = 2:

$$\int_0^2 \left[-2x + 6 - (-x^2 + 4) \right] dx$$

$$= \int_0^2 (-2x + 6 + x^2 - 4)\, dx$$

$$= \int_0^2 (x^2 - 2x + 2)\, dx$$

$$= \left[\frac{x^3}{3} - x^2 + 2x \right] \Bigg|_0^2$$

$$= \left(\frac{8}{3} - 4 + 4 \right) - (0)$$

$$= \frac{8}{3}$$

Évidemment, le résultat est positif, car nous avons additionné une infinité de valeurs infiniment petites et positives.

• Il faut maintenant calculer l'aire de la région entre les verticales *x* = 2 et *x* = 3.

Partout dans cette région, les rectangles infiniment minces sont tels que:

$h = y_b - y_c$ = hauteur des rectangles.

$\ell = dx$ = largeur des rectangles

L'aire de la région entre $x = 2$ et $x = 3$ est la somme des aires de tous les petits rectangles infiniment minces. Par conséquent:

$$\text{Aire} = \int_2^3 (y_b - y_c)\, dx$$

Puisque nous intégrons par rapport à la variable x, il faut tout écrire en fonction de x.

Ici, la hauteur de chaque rectangle dans le domaine d'intégration est donnée par l'expression:

$$h = -2x + 6 - 0 = -2x + 6$$

Donc:

$$\text{Aire} = \int_2^3 (-2x + 6)\, dx$$

$$= \left[-x^2 + 6x \right] \Big|_2^3$$

$$= (-9 + 18) - (-4 + 12)$$

$$= 9 - 8 = 1$$

L'aire totale entre les verticales $x = 0$ et $x = 3$, c'est-à-dire l'aire que nous avions à calculer, est alors:

$$\left(\frac{8}{3} + 1 \right) u^2 = \frac{11}{3} u^2.$$

Ici u^2 indique une unité de surface qui est par exemple le m², le cm², le km², etc.

♦ ♦

Nous aurions aussi pu trouver ce résultat en calculant l'aire du triangle délimité par la droite (b), l'axe OY et l'axe OX moins l'aire sous la parabole délimitée par la parabole (a), l'axe OY et l'axe OX:

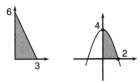

$$\text{L'aire du triangle} = \frac{base \cdot hauteur}{2} = \frac{3 \times 6}{2} = 9$$

L'aire sous la parabole est la somme des aires de tous les petits rectangles de hauteur y_a et de largeur dx. Donc l'aire sous la parabole est:

$$\text{L'aire sous la parabole} = \int_0^2 y_a\, dx$$

$$= \int_0^2 (-x^2 + 4)\, dx$$

$$= \left[\frac{-x^3}{3} + 4x \right] \Big|_0^2$$

$$= -\frac{8}{3} + 8 - 0$$

$$= \frac{-8 + 24}{3} = \frac{16}{3}$$

$$\text{Aire totale} = \left(9 - \frac{16}{3} \right) u^2 = \left(\frac{27 - 16}{3} \right) u^2 = \frac{11}{3}\, u^2$$

Ce résultat est évidemment le même que celui trouvé préalablement. Il était même plus facile de procéder de cette façon. La première façon a été choisie pour exposer simplement le procédé, mais souvenons-nous que pour résoudre un problème, il ne faut pas procéder aveuglément et utiliser la première méthode qui nous vient à l'esprit.

Exemple 9-2:

Calculer l'aire de la surface précisée à l'exemple 9-1 en utilisant des rectangles horizontaux.

Solution:

Pour ce faire, plaçons, parallèlement à l'axe OX, le crayon que nous avons dans la main et balayons la surface hachurée avec le crayon.

Au-dessus de $y = 4$, les petits rectangles sont bornés à gauche par la droite (d), et à droite par la fonction (b). Pour des valeurs de y inférieures à 4, les rectangles sont bornés à droite par (b) et à gauche par (a).

• Si nous devons prendre des rectangles horizontaux, c'est que nous considérons l'aire comprise entre les droites horizontales $y = 0$ et $y = 6$. (vérifier ce balayage avec un crayon!)

Calculons premièrement l'aire comprise entre $y = 0$ et $y = 4$.

Dans cette région, les rectangles infiniment minces sont tels que:

$$h = x_b - x_a = \text{hauteur des rectangles}$$

$$\ell = dy = \text{largeur des rectangles}$$

x_b est la valeur de l'abscisse sur la courbe (b) et x_a est celle sur la courbe (a).

L'aire de *chaque* petit rectangle infiniment mince est égale au produit de sa hauteur par sa largeur, c'est-à-dire:

$$(x_b - x_a)\, dy.$$

• La hauteur est "$x_b - x_a$" et non "$x_a - x_b$" parce que si nous voulons signifier la différence entre deux abscisses par un nombre *positif*, il faut effectuer la plus grande valeur moins la plus petite valeur: il faut calculer "le x de droite moins le x de gauche".

$$\text{D'où:} \quad "x_b - x_a".$$

L'aire totale est la somme de tous ces petits rectangles infiniment minces compris entre $y = 0$ et $y = 4$.

L'aire cherchée est donnée par l'expression:

$$\int_0^4 (x_b - x_a)\, dy$$

Le dy signifie que nous intégrons par rapport à la variable y. Cela entraîne que nous *devons absolument et sans contredit*:

1°: écrire x_b et x_a en fonction de y;

2°: écrire les bornes selon y.

Ici:

$$x_a = +\sqrt{4-y} \quad \text{et} \quad x_b = \frac{6-y}{2}$$

Puisque dans la région qui nous préoccupe pour l'instant, les valeurs de y varient de 0 à 4, alors les bornes inférieure et supérieure seront respectivement 0 et 4.

Nous pouvons maintenant calculer l'aire entre les verticales $y = 0$ et $y = 4$:

$$\int_0^4 \left(\frac{6-y}{2} - \sqrt{4-y} \right) dy$$

$$\int_0^4 \left(3 - \frac{y}{2} - \sqrt{4-y} \right) dy$$

$$= \left[3y - \frac{y^2}{4} + \frac{2\sqrt{(4-y)^3}}{3} \right] \Bigg|_0^4$$

$$= (12 - 4 + 0) - \left(0 - 0 + \frac{16}{3} \right)$$

$$= \frac{8}{3}$$

• Il faut maintenant calculer l'aire de la région entre les droites horizontales $y = 4$ et $y = 6$.

Partout dans cette région, les rectangles infiniment minces sont tels que:

$$h = x_b - x_d = \text{hauteur des rectangles}$$

$$\ell = dy = \text{largeur des rectangles}$$

L'aire de la région entre $y = 4$ et $y = 6$ étant la somme des aires de tous les petits rectangles infiniment minces, nous écrivons:

$$\text{Aire} = \int_4^6 (x_b - x_d)\, dy$$

Puisque nous intégrons par rapport à la variable y, nous devons tout écrire en fonction de y.

Donc:

$$\text{Aire} = \int_4^6 \left(\frac{6-y}{2} - 0 \right) dy$$

$$= \left[3y - \frac{y^2}{4} \right] \Bigg|_4^6 = (18 - 9) - (12 - 4) = 1$$

L'aire totale entre $y = 0$ et $y = 6$, c'est-à-dire l'aire que nous avions à calculer, est alors:

$$\left(\frac{8}{3} + 1\right) u^2 = \frac{11}{3}\, u^2.$$

u^2 indique encore une unité de surface pouvant être le m^2, le cm^2, le km^2, etc.

♦♦

Exemple 9-3:

Calculer l'aire limitée par les courbes suivantes:

$$x + y^2 - 4 = 0 \qquad\qquad (1)$$

$$y + x - 2 = 0 \qquad\qquad (2)$$

Solution:

Hachurons la surface considérée:

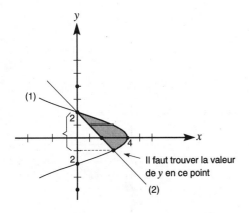

Figure 9-2

Il est avantageux de tracer des rectangles horizontaux, car ainsi, partout dans la région hachurée, les rectangles sont bornés, à gauche, par la courbe (2), et à droite, par la courbe (1).

Les rectangles infiniment minces sont tels que:

$$\ell = dy = \text{largeur}$$
$$h = x_1 - x_2$$

La hauteur est $(x_1 - x_2)$, car il faut effectuer "le x de droite moins le x de gauche".

N'oublions pas ce qui a été dit plus tôt:

- Les indices 1 et 2 en bas et à droite de x indiquent la relation de x en fonction de y, en ce qui a trait respectivement aux équations (1) et (2).

- Il est souhaitable de se familiariser avec cette notation qui sera utilisée jusqu'à la fin du chapitre

13 et qui permet toujours une écriture concise des longueur et largeur des rectangles considérés.

L'aire de chaque rectangle infiniment mince est:

$$\textit{hauteur} \bullet \textit{largeur} = h\,\ell = (x_1 - x_2)\,dy$$

Il faut absolument réussir à écrire x_1 et x_2 en termes de y car nous intégrons par rapport à la variable y. De toute façon, jamais dans ce livre nous n'aurons à intégrer des fonctions de plus d'une variable.

L'équation (1) nous dit:

$$x_1 = -y^2 + 4$$

L'équation (2) nous dit:

$$x_2 = 2 - y$$

La hauteur de chaque rectangle est donc:

$$(x_1 - x_2) = -y^2 + 4 - (2 - y)$$
$$= -y^2 + y + 2$$

Il faut maintenant trouver les bornes d'intégration. À cause du dy, elles seront fonction de y. Si nous balayons la surface avec des rectangles horizontaux, nous voyons que les bornes inférieure et supérieure d'intégration sont les ordonnées des points d'intersection des courbes (1) et (2).

Nous savons que pour satisfaire l'équation (2), il faut:

$$x = 2 - y.$$

En substituant cette expression de x dans l'équation (1), nous avons:

$$x + y^2 - 4 = 0$$

qui devient:

$$(2 - y) + y^2 - 4 = 0$$

c'est-à-dire:

$$y^2 - y - 2 = 0$$

Après factorisation, nous écrivons:

$$(y - 2)\,(y + 1) = 0$$

Les valeurs de y qui satisfont à cette équation sont:

$$y = 2 \quad \text{et} \quad y = -1$$

Regardant le dessin, nous constatons qu'effectivement, lorsque nous balayons la région hachurée avec des rectangles horizontaux, les valeurs de y varient de –1 à 2.

Nos bornes d'intégration sont trouvées.

Jusqu'à présent, nous avons la hauteur de chaque rectangle en fonction de y et nous venons de trouver les bornes d'intégration.

Nous avons alors tout ce dont nous avons besoin pour déterminer l'aire totale. Il ne nous reste plus qu'à la calculer.

L'aire totale est la somme de toutes les aires des petits rectangles infiniment minces. C'est-à-dire:

$$\text{Aire totale} = \int_{-1}^{2} (x_1 - x_2)\, dy$$

$$= \int_{-1}^{2} (-y^2 + y + 2)\, dy$$

$$= \left[\frac{-y^3}{3} + \frac{y^2}{2} + 2y \right] \Big|_{-1}^{2}$$

Il est très important de noter que si nous n'avions pas réussi à écrire x_1 et x_2 en fonction de y, il aurait été inutile de continuer, car nous n'avons pas le choix... Il faut calculer une intégrale comportant *uniquement* une seule variable.

$$= \left(-\frac{8}{3} + 2 + 4 \right) - \left(\frac{1}{3} + \frac{1}{2} - 2 \right)$$

$$= -\frac{9}{3} - \frac{1}{2} + 8 = -3 - \frac{1}{2} + 8 = \frac{9}{2}$$

L'aire totale hachurée est donc égale à $4,5\ u^2$.

♦   ♦

Exemple 9-4:

Calculer l'aire de la plus petite région délimitée par:

$$x^2 + y^2 = 25 \qquad (1)$$

$$y = -2 \qquad (2)$$

Solution:

La courbe (1) est représentée par un cercle de rayon 5 centré à l'origine, et (2) est représentée par une droite horizontale.

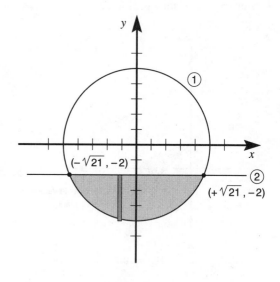

Figure 9-3

Il est plus aisé de tracer des rectangles verticaux.

De cette façon, les rectangles sont bornés, en haut, par la droite (2) et, en bas, par le cercle (1).

Si nous avions tracé des rectangles horizontaux, ils auraient été bornés à gauche **et** à droite par le cercle: il aurait alors fallu trouver une expression représentant le cercle pour la portion à gauche et en trouver une autre pour la portion à droite.

Nous référant à la figure 9-3, nous constatons que tous les rectangles dans la région considérée sont tels que:

$$h = y_2 - y_1 = hauteur$$

$$\ell = dx = largeur$$

N'oublions pas qu'une longueur verticale est calculée en effectuant "le y d'en haut moins le y d'en bas". Ceci est vrai, même si la région considérée est sous l'axe OX.

Comme nous intégrons par rapport à la variable x, il faut trouver les expressions de y_1 et de y_2 en fonction de x. Sans oublier que nous devons aussi déterminer les bornes selon x.

L'équation (1) nous dit:

$$x^2 + y^2 = 25.$$

Il faut isoler y car nous voulons une équation en fonction de la variable x.

Nous avons:

$$y^2 = 25 - x^2$$

donc:

$$y = \pm\sqrt{25 - x^2}$$

Il faut être bien conscient que, partout dans la région hachurée, la valeur de y sur la courbe (1) est négative, donc il ne serait pas logique d'écrire uniquement le radical.

Il faut plutôt choisir:

$$y = -\sqrt{25 - x^2}$$

Nous déduisons donc l'ordonnée sur la portion de (1) qui nous intéresse:

$$y_1 = -\sqrt{25 - x^2}$$

De plus, nous avons $y_2 = -2$.

La hauteur de chaque petit rectangle infiniment mince est:

$$h = y_2 - y_1 = -2 + \sqrt{25 - x^2}$$

Même s'il n'y a pas de x dans l'expression de y_2, nous affirmons que y_2 est fonction de x. En effet, quelle que soit la valeur de x, y prendra la valeur -2.

Il faut maintenant trouver les bornes d'intégration qui sont, d'après la figure 9-3, les valeurs des abscisses aux points d'intersection des deux courbes. Nous devons concilier:

$$y_1 = -\sqrt{25 - x^2} \quad \text{et} \quad y_2 = -2$$

Aux points d'intersection, $y_1 = y_2$, alors:

$$-\sqrt{25 - x^2} = -2$$

ce qui fait:

$$\sqrt{25 - x^2} = 2$$

En élevant au carré les deux membres de l'égalité, nous nous débarrassons du radical et nous obtenons:

$$25 - x^2 = 4$$
$$-x^2 = -21$$
$$x^2 = 21$$
$$x = \pm\sqrt{21}$$

Notre intégrale verra ses valeurs de x varier de $-\sqrt{21}$ à $+\sqrt{21}$.

Nous avons trouvé la hauteur des rectangles en fonction de x et nous connaissons les bornes d'intégration. Nous pouvons maintenant calculer l'aire hachurée.

L'aire de chaque rectangle infiniment mince égale:

$$(y_2 - y_1)\,dx$$
$$= \left(-2 + \sqrt{25 - x^2}\right)dx$$

L'aire totale cherchée est la somme des aires de tous les petits rectangles infiniment minces.

Donc:

$$\text{Aire totale} = \int_{-\sqrt{21}}^{\sqrt{21}} (y_2 - y_1)\,dx$$

L'aire entre $x = -\sqrt{21}$ et $x = 0$ est la même que celle entre $x = 0$ et $x = \sqrt{21}$. Par conséquent, l'aire totale cherchée est le double de celle entre $x = 0$ et $x = \sqrt{21}$.

Ainsi:

$$\text{Aire totale} = 2 \int_0^{\sqrt{21}} (y_2 - y_1)\, dx$$

$$= 2 \int_0^{\sqrt{21}} \left[-2 + \sqrt{25 - x^2} \right] dx$$

$$= -4 \int_0^{\sqrt{21}} dx + 2 \int_0^{\sqrt{21}} \sqrt{25 - x^2}\, dx$$

La deuxième intégrale peut être résolue à l'aide de substitutions trigonométriques, mais en ce moment, nous tirerons avantage des tables.

La formule 93, avec $a = 5$ et $u = x$, nous permet d'écrire:

$$= -4x \, \Big|_0^{\sqrt{21}} + 2 \left(\frac{1}{2} \left[x \sqrt{25 - x^2} + 25 \arcsin \frac{x}{5} \right] \right) \, \Big|_0^{\sqrt{21}}$$

Après calculs, nous obtenons:

$$= -4\sqrt{21} + 0 + \left[2\sqrt{21} + 25 \arcsin\left(\frac{\sqrt{21}}{5} \right) \right] - (0 + 0)$$

$$= -2\sqrt{21} + 28{,}98198 = 19{,}8168 \approx 20$$

L'aire est donc approximativement égale à 20 u^2.

♦ ♦

Si une fonction f est toujours positive ou nulle, nous saisissons bien que l'aire sous la courbe sera donnée par l'intégrale définie correspondante.

Un autre résultat, quasiment évident, reste toutefois intéressant à mentionner.

9.2 THÉORÈME DE LA MOYENNE

Si une fonction f est continue et dérivable sur un intervalle fermé $[a, b]$, alors il existe au moins une valeur c appartenant à l'intervalle $]a, b[$ telle que

l'aire sous la courbe de f entre a et b égale

$$(b - a)\, f(c).$$

Cela revient à dire:

$$\int_a^b f(x)\, dx = (b - a)\, f(c),$$

pour au moins une valeur c dans le domaine d'intégration.

Ce théorème est vraiment évident lorsque nous considérons ce qui suit.

Imaginons une fonction f continue sur l'intervalle $[a, b]$ et dérivable sur l'intervalle $]a, b[$ (voir dessin 9-4(a) ci-dessous). Cette fonction existe partout entre a et b, car f est continue sur $[a, b]$. Toutes les valeurs x entre a et b ont donc une image par f.

Regardons la succession des figures en imaginant un piston qui écrase et aplatit la fonction f tout en la confinant entre les droites $x = a$ et $x = b$. Les traits obliques sont tels que les surfaces hachurées ont toutes la même aire.

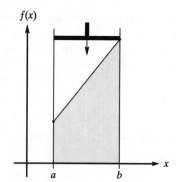

Figure 9-4 (a)

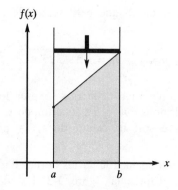

Figure 9-4 (b)

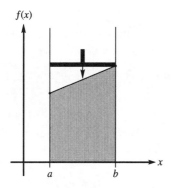

Figure 9-4 (c)

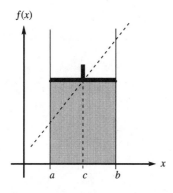

Figure 9-4 (d)

Nous nous rendons bien à l'évidence qu'à un certain moment le piston ne peut plus descendre (à la figure 9-4 (d)). La hauteur de ce piston est l'image d'un certain c qui est situé entre a et b.

Donc l'aire hachurée égale $(b-a)\,f(c)$.

Ici, c se trouve au milieu de a et b. Si la fonction avait été plus particulière, c aurait pu se situer à un quelconque autre endroit entre a et b.

Faisons tout de même une preuve rapide de ce théorème lorsque f est non négative.

preuve du théorème de la moyenne pour une fonction non négative

Si f est positive ou nulle sur $[a, b]$ alors l'intégrale entre a et b est égale à l'aire sous la courbe.

C'est-à-dire:

$$\int_a^b f(x)\,dx \;=\; \text{aire sous la courbe entre } x = a \text{ et } x = b$$

Par le théorème fondamental, nous savons:

$$\int_a^b f(x)\,dx \;=\; F(b) - F(a)$$

où F est une primitive de f.

Multiplions le membre de droite par $\dfrac{b-a}{b-a}$.

Nous obtenons alors:

$$\int_a^b f(x)\,dx \;=\; \Big[F(b) - F(a)\Big]\frac{b-a}{b-a}$$

ce qui peut être écrit ainsi:

$$\int_a^b f(x)\,dx \;=\; \frac{\Big[F(b) - F(a)\Big]}{b-a}\,(b-a) \qquad (1)$$

F est continue et dérivable sur l'intervalle ouvert $]a, b[$, donc par le théorème de Lagrange, nous pouvons affirmer qu'il existe au moins une valeur c entre a et b telle que:

$$F'(c) \;=\; \frac{\Big[F(b) - F(a)\Big]}{b - a}$$

Or, $F' = f$ par définition de la primitive.

$$\text{Donc } f(c) = \frac{\big[F(b) - F(a)\big]}{b-a}$$

Alors, en reprenant l'équation (1), nous arrivons à:

$$\int_a^b f(x)\,dx \;=\; f(c)\,(b-a)$$

d'où la conclusion du théorème.

◆◆

Le théorème de la moyenne se généralise pour une fonction quelconque.

Exemple 9-5:

Soit $f(x) = \cos x$ sur l'intervalle $\left[0, 2\pi/3\right]$

Déterminer la valeur c telle que:

$$\int_0^{2\pi/3} f(x)\,dx \;=\; f(c)\left[\frac{2\pi}{3} - 0\right]$$

Solution:

Nous avons:

$$\int_0^{2\pi/3} \cos x\, dx = \sin x \Big|_0^{2\pi/3}$$

$$= \left[\frac{\sqrt{3}}{2} - 0\right] = \frac{\sqrt{3}}{2}$$

Il faut donc, pour un certain *c,* vérifier l'égalité suivante:

$$f(c) \times \frac{2\pi}{3} = \frac{\sqrt{3}}{2}$$

Cela revient à dire:

$$\cos c \times \frac{2\pi}{3} = \frac{\sqrt{3}}{2}$$

$$\cos c = \frac{\sqrt{3}}{2} \times \frac{3}{2\pi} = \frac{3\sqrt{3}}{4\pi}$$

$$c = \arccos \frac{3\sqrt{3}}{4\pi}$$

$$c = 1{,}1445 \text{ radian}$$

◆ ◆

Visualisons cette réponse avec le graphe ci-dessous.

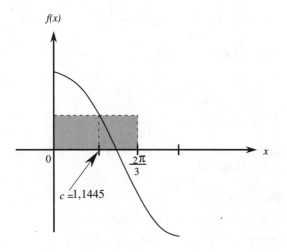

Figure 9-5

La distribution est uniformément répartie sur l'axe OX.

Constatons que le théorème de la moyenne se généralise pour une fonction qui peut être négative sur un sous-intervalle de [*a, b*].

> **Retenons ceci:**
>
> N'oublions pas que c'est "*y* d'en haut moins *y* d'en bas" lorsque nous cherchons une longueur verticale.
>
> N'oublions pas que c'est "*x* de droite moins *x* de gauche" lorsque nous cherchons une longueur horizontale.
>
> Il faut toujours réussir à écrire une intégrale en fonction d'une seule et unique variable.

EXERCICES – CHAPITRE 9

Niveau 1

section 9.1

9-1 Dessiner la région représentée par les intégrales suivantes:

a) $\displaystyle\int_{-1}^{3} x^2\, dx$ b) $\displaystyle\int_{-1}^{2} \frac{x^3}{2}\, dx$ c) $\displaystyle\int_{2}^{10} \sqrt{x-1}\, dx$

9-2 Considérer les figures ci-contre et dire si l'intégrale entre $x = a$ et $x = d$ est positive, négative ou nulle.

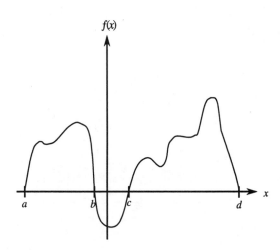

$f(x)$

$f(x)$

Est-ce que ce résultat restera le même quel que soit le graphe d'une fonction f qui répondra aux conditions mentionnées ?

9-5 Considérer l'une ou l'autre des figures de l'exercice 9-2. Calculer la valeur de $\int_b^c f(x)\,dx$ si l'aire sous la courbe entre $x = a$ et $x = d$ égale à 23 et $\int_a^d f(x)\,dx = 11$.

9-6 Soit une fonction f telle que $\int_{-7}^a f(x)\,dx = 16$. Si l'aire sous f entre $x = -7$ et $x = 0$ égale à 5 et si les seuls endroits où f coupe OX sont à -7, 0 et a, déduire $\int_0^a f(x)\,dx$ lorsque $0 < a$.

Considérer la façon dont tous les rectangles doivent être tracés dans la région fermée des figures des exercices 9-7 à 9-12 inclusivement. Écrire en fonction de x_1, x_2, x_3, y_1, y_2 et y_3 ainsi que de a, b, c, d, e, et f, l'intégrale qu'il faudrait calculer pour obtenir l'aire de la région hachurée.

9-7

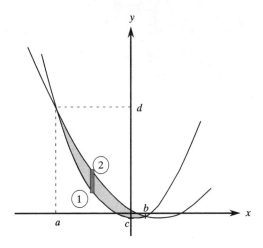

9-3 Quelle relation y a-t-il entre $\int_0^2 (-x - 3)\,dx$ et l'aire comprise entre $y = -x - 3$, l'axe OX et les verticales $x = 0$ et $x = 2$?

9-4 Déterminer la valeur de $\int_c^d f(x)\,dx$ lorsque $\int_a^d f(x)\,dx = 7$ et $\int_a^c f(x)\,dx = 2$.

9-8

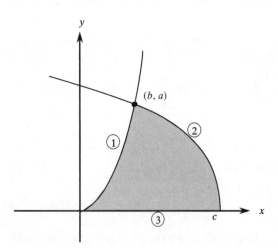

a) Les rectangles infiniment minces sont verticaux.

b) Les rectangles infiniment minces sont horizontaux.

9-9

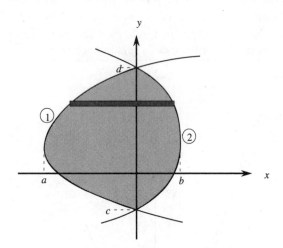

9-10

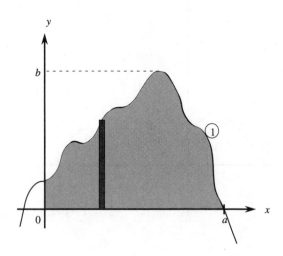

9-11

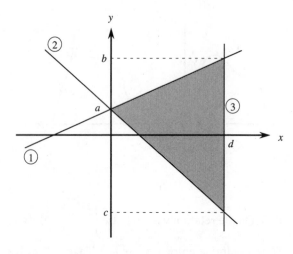

a) Les rectangles infiniment minces sont verticaux.

b) Les rectangles infiniment minces sont horizontaux.

9-12

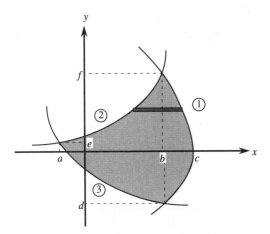

9-13 En utilisant des rectangles verticaux, calculer l'aire des surfaces bornées par les courbes suivantes:

a) $y = (x - 1)(x - 3)$ et $y = 3$

b) $y = (x - 1)(x - 3)$ et $y = 3$,

    entres les verticales $x = -1$ et $x = 5$.

c) $y = (x - 1)(x - 3)$

    et $y = -2(x - 1)(x - 3)$

d) $y = (x - 1)(x - 3)$

    et $y = 2(x - 1)(x - 4)$

9-14 En utilisant des rectangles horizontaux, calculer l'aire des surfaces bornées par les courbes suivantes:

a) $x = y^2$ $x = 5$

b) $x = 4 - y^2$ $x = 4 - 3y$

9-15 a) Calculer $\displaystyle\int_{-\pi/2}^{\pi/2} \cos x \, dx$.

b) Calculer $\displaystyle\int_{0}^{3\pi/2} \cos x \, dx$ et dire pourquoi le résultat est négatif.

c) Calculer $\displaystyle\int_{-\pi/2}^{3\pi/2} \cos x \, dx$ et dire ce que signifie ce résultat.

d) Calculer l'aire sous la courbe $f(x) = \cos x$ entre les verticales $x = -\pi/2$ et $x = 3\pi/2$.

9-16 Calculer l'aire de la surface bornée par $y = x^2$ et $y = 2x$.

9-17 Calculer l'aire de la surface bornée par les courbes $y = x - 2$ et $y = 2x - x^2$.

9-18 Calculer l'aire de la surface bornée par les courbes $y = 2(x^2 - 1)$ et $y = (x - 1)(x - 3)$.

9-19 Calculer l'aire de la surface bornée par l'axe OX et $f(x) = (x + 1)(x - 2)^2$. [Pour tracer rapidement la courbe, utiliser le "Serpent" explicité à l'annexe D.]

9-20 Calculer l'aire de la surface bornée par $y = x^2$ et $x = y^2$.

9-21 Calculer l'aire de la surface bornée par $y = x^2$ et $y = \sqrt{27x}$.

9-22 Calculer l'aire de la surface bornée par l'axe OX avec les courbes $x = \dfrac{\sqrt{y}}{2}$ et $\sqrt{-x + 17} = y$.

9-23 Calculer l'aire de la surface bornée par les courbes (1) et (2) sur l'intervalle mentionné:

a) (1) $y = x^2 + 1$ (2) $y = e^x$; $x \in [0; 2]$

b) (1) $y = \ln x$ (2) $y = e^x$; $x \in [2; 3]$

c) (1) $y = \sqrt{1 - x^2}$ (2) $y = x - 1$; $x \in [-1; 1]$

9-24 Calculer l'aire de la surface bornée par les droites $y = -x - 1$, $y = x + 5$ et $y = 3x$.

9-25 Soit la région triangulaire formée par les droites:

(1) $x = y$ (2) $x = 3y$ et   (3) $y = 4 - x$.

a) Calculer l'aire de cette région triangulaire.

b) Calculer l'aire de la plus grande surface délimitée par cette région triangulaire et la droite d'équation $x = 2$.

c) Calculer l'aire de la plus petite surface délimitée par cette région triangulaire et la droite d'équation $y = 1/2$.

9-26 Calculer l'aire de la surface bornée par l'axe OX et $y = (x - 1)(x - 3)(x - 4)$:

    a) entre les verticales $x = 0$ et $x = 1$;

    b) entre les verticales $x = 0$ et $x = 3$;

    c) entre les verticales $x = 1$ et $x = 5$.

9-27 Calculer l'aire de la région bornée par l'axe OX et $y = x^3 - 8x$.

9-28 Calculer l'aire de la surface bornée par $f(x) = x^2 + 64$, $g(x) = 2x^2$, $x = 0$ et $x = 15$.

9-29 Calculer l'aire de la surface bornée par les courbes $x^2y = 4$ et $3x + y - 7 = 0$ entre les droites $x = 1$ et $x = 3$. (Note: les courbes se croisent lorsque $x = 2$)

9-30 Calculer l'aire de la surface délimitée par $y = x - 2$ et $y = 2x - x^2$ sur l'intervalle où $x \in [-2, 3]$.

9-31 Calculer l'aire de la surface délimitée par les courbes $y^2 = x + 4$ et $y - x + 2 = 0$.

9-32 Vérifier que l'aire du trapèze dont les côtés sont portés par la droite $y = mx + b$, l'axe OX et les droites $x = a$ et $x = b$ est $G(b) - G(a)$ où

$$G(x) = \frac{mx^2}{2} + bx.$$

9-33 Étant donné $f(x) = \sqrt{x}$ définie sur l'intervalle $[0; 9]$. Trouver la valeur «a» telle que l'aire sous f entre $x = 0$ et $x = a$ soit égale à l'aire sous f entre $x = a$ et $x = 9$.

section 9.2

9-34 Soit $f(x) = x^3 - 8$. Déterminer la valeur «c» telle que:

a) $\displaystyle\int_{-4}^{1} f(x)\ dx = 5\, f(c)$ b) $\displaystyle\int_{-4}^{3} f(x)\ dx = 7\, f(c)$

9-35 Calculer la valeur moyenne des ordonnées de $y = \sin x$, entre $x = 0$ et $x = 3\pi/2$ si la distribution est uniformément répartie sur l'axe OX. Comment expliquer que le résultat soit positif ?

9-36 Calculer la valeur moyenne des ordonnées de $y = \cos x$, entre $x = 0$ et $x = 3\pi/2$ si la distribution est uniformément répartie sur l'axe OX. Expliquer le résultat.

9-37 Calculer la valeur moyenne des ordonnées de $y^2 = x$, du point $(0, 0)$ au point $(4, 2)$ si la distribution est uniformément répartie sur l'axe OX.

Niveau 2

9-38 Soit le graphique suivant:

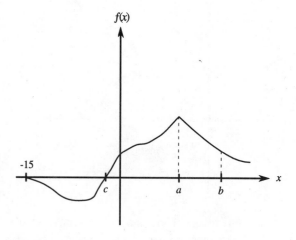

$$\int_{a}^{b} f(x)\, dx = 12 ; \qquad \int_{-15}^{b} f(x)\, dx = 28;$$

L'aire sous f entre $x = -15$ et $x = 0$ est égale à 5 et l'aire entre $x = 0$ et $x = a$ est cinq fois plus grande que l'aire entre $x = c$ et $x = 0$.

Étant donné ces informations, calculer:

a) $\displaystyle\int_{0}^{a} f(x)\, dx$ b) $\displaystyle\int_{-15}^{c} f(x)\, dx$

9-39 Les nombres a, b, c, d sont placés dans cet ordre sur l'axe des abscisses et ils sont les seuls endroits où f coupe OX. Calculer $\displaystyle\int_{a}^{d} f(x)\, dx$ si les trois conditions suivantes doivent être vérifiées:

- $\displaystyle\int_{a}^{c} f(x)\, dx = 8,$

- $\displaystyle\int_{b}^{c} f(x)\, dx$ est égale au double de l'aire sous la courbe entre $x = c$ et $x = d$,

- l'aire sous la courbe entre $x = a$ et $x = d$ est égale à 9.

9-40 Examiner la figure de l'exercice 9-38 et dire pour quelles valeurs de s et t, $\int_s^t f(x)\,dx$ égale l'aire sous la courbe entre les verticales $x = $ s et $x = $ t.

9-41 Calculer l'aire de la surface sous la courbe d'équation $y = x\,e^{x^2}$ entre les verticales $x = 0$ et $x = 2$. Pourquoi n'est-il pas vraiment nécessaire ici de tracer la courbe?

9-42 Trouver l'aire de la surface délimitée par $y = \dfrac{1}{25x + x^2}$, l'axe OX, $x = 1$ et $x = 5$. (voir le "Serpent" si nécessaire)

9-43 Calculer l'aire de la surface bornée par la courbe $\sqrt{x} + \sqrt{y} = \sqrt{a}$ et les axes de coordonnées.

9-44 Calculer l'aire totale des deux plus petites régions bornées par la parabole d'équation $y^2 = 5x$ et le cercle d'équation $(x-5)^2 + y^2 = 25$.

9-45 Calculer l'aire à l'intérieur de l'ellipse tracée ci-dessous dont l'équation est:

$$\frac{x^2}{a^2} + \frac{y^2}{b^2} = 1.$$

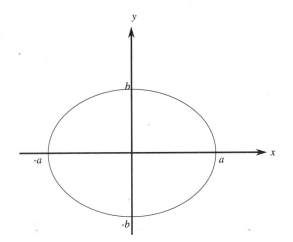

9-46 Calculer l'aire de la surface bornée par l'intersection des cercles d'équation $x^2 + y^2 = 169$ et $(x + 12)^2 + y^2 = 25$.

9-47 Soit $f(x) = x^2 + 2x$, la tangente à f en $x = 0$ et la droite $x = a$ où a est un nombre positif. Considérant la région entre les verticales $x = 0$ et $x = a$, déterminer la valeur qu'il faut attribuer à a pour que l'aire sous la tangente soit égale à l'aire entre cette tangente et f.(indice: être rusé et examiner les deux régions.)

9-48 Calculer l'aire entre la tangente et la courbe de la région décrite à l'exercice 9-47.

9-49 Soit $f(x) = \begin{cases} x & \text{si } 0 \leq x \leq 2 \\ 4 - x & \text{si } 2 < x \leq 4 \end{cases}$

Déterminer les valeurs «c» telles que

$$\int_0^4 f(x)\,dx = 4\,f(c).$$

9-50 Soit $f(x) = \begin{cases} x & \text{si } 0 \leq x \leq 2 \\ 4 - x & \text{si } 2 < x \leq 3 \\ \dfrac{x}{3} & \text{si } 3 < x \leq 6 \end{cases}$

Déterminer les valeurs «c» telles que

$$\int_0^6 f(x)\,dx = 6\,f(c).$$

9-51 Calculer la valeur moyenne des abscisses de $y^2 = x$, du point $(0, 0)$ au point $(4, 2)$ si la distribution est uniformément répartie sur l'axe OY.

9-52 Lorsqu'un objet est lancé dans le vide vers le bas avec une vitesse initiale v_0 m/s alors la vitesse après t secondes est $v = v_0 + 9{,}81\,t$ m/s et la vitesse après une chute de k mètres est $v = \sqrt{v_0^2 + 19{,}62\,k}$.

a) Si la vitesse initiale est nulle, calculer la vitesse moyenne durant les dix premières secondes.

b) Si la vitesse initiale est 3 m/s, calculer la vitesse moyenne durant les dix premières secondes.

c) Si la vitesse initiale est nulle, calculer la vitesse moyenne durant la chute des premiers vingt mètres.

d) Si la vitesse initiale est 3 m/s, calculer la vitesse moyenne durant la chute des premiers vingt mètres.

e) Calculer la vitesse moyenne entre les temps cinq et vingt secondes lorsque la vitesse initiale est de 8 m/s.

f) Calculer la vitesse moyenne entre le moment où l'objet a chuté de cinq mètres jusqu'au moment où il a chuté de vingt mètres, si la vitesse initiale est nulle.

Niveau 3

9-53 Soit $f(x) = -x^2 + 4$. Déterminer en fonction de «a» l'aire de la surface comprise entre la fonction f, la tangente à f au point $(a, f(a))$ et l'axe OX si «a» varie de 1 à 2.

9-54 Soit le cercle d'équation $x^2 + (y - 1)^2 = 1$. Calculer l'aire de la surface limitée par ce cercle, l'axe OX et la tangente au cercle lorsque le rayon correspondant fait un angle de 30° avec l'axe OY.

(il y a deux solutions possibles)

9-55 Soit le cercle d'équation $x^2 + (y - 1)^2 = 1$. Calculer l'aire de la surface entre T_1, T_2 et l'axe OX.

T_1 est la tangente au cercle lorsque l'angle entre le rayon correspondant à cette tangente et l'axe OY est 30°.

T_2 est la tangente au cercle lorsque l'angle entre le rayon correspondantr à cette tangente et l'axe OY est 45°.

(il y a 4 solutions possibles)

9-56 Soit $y = x^2$ et soit la normale à la courbe au point d'abscisse $x = a$. Cette normale coupe l'axe OX en $(b, 0)$. Trouver le point $(a, f(a))$ tel que l'aire de la surface entre f, la droite $x = b$ et la normale soit égale à l'aire de la surface entre f, la normale et l'axe OX.

9-57 Montrer que l'aire sous la courbe $y = x^n$ (où $n \neq -1$), entre les verticales $x = 2$ et $x = 5$ est égale à $1/n$ fois l'aire bornée par $y = x^n$, l'axe OY, $y = 2^n$ et $y = 5^n$.

9-58 Calculer l'aire de la surface entre le cercle C de rayon 1 centré à l'origine et le cercle centré en $(4, 4)$ qui coupe C en $(1, 0)$ et $(0, 1)$.

9-59 En utilisant le fait que l'aire de chaque petit rectangle infiniment mince est égale à $y\, dx$, calculer l'aire de la surface bornée par la courbe dont les équations paramétriques sont $x = 2 \sin t$ et $y = 2 \cos t$ lorsque t varie de 0 à 2π.

9-60 Calculer l'aire sous la courbe d'équations paramétriques $x = \cos^2 t + 2$ et $y = \sin^3 t$ lorsque t varie de 0 à $\pi/2$.

9-61 Calculer l'aire sous la courbe décrite sous forme paramétrique $x = t - 1$, $y = 1 - 2t$ lorsque t varie de 1 à 3.

9-62 Calculer l'aire sous la courbe $x = t - 1$ et $y = t^2(t - 3)$ lorsque:

  a) t varie de 2 à 3;

  b) t varie de 0 à 5.

9-63 Calculer l'aire sous la courbe d'équation $x = t - 2$ et $y = \cos t$ lorsque t varie de 0 à π.

9-64 Calculer l'aire sous la courbe d'équation $x = \cos t$ et $y = t - 2$ lorsque t varie de 0 à π.

10

CALCUL DE VOLUMES

Nous calculons dans ce chapitre le volume du solide engendré lorsque:

1) Nous faisons tourner une surface plane autour d'un axe (vertical ou horizontal).

2) Nous sectionnons un solide en tranches dont chaque section a une forme connue.

10.1 VOLUME D'UN SOLIDE DE RÉVOLUTION

Avant de commencer, rafraîchissons-nous la mémoire avec ces quelques préliminaires:

A)   Volume d'un disque plein.

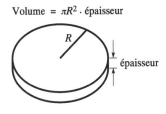

Volume $= \pi R^2 \cdot$ épaisseur

Pour imaginer un disque plein, nous pouvons penser par exemple à une pièce de monnaie de 10 cents.

B)   Volume d'un disque troué.

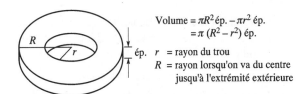

Volume $= \pi R^2$ ép. $- \pi r^2$ ép.
$\qquad = \pi \, (R^2 - r^2)$ ép.

ép. r = rayon du trou
R = rayon lorsqu'on va du centre jusqu'à l'extrémité extérieure

Pour imaginer un disque troué, nous pouvons penser par exemple à un disque laser (C.D.)

C)   Volume d'un cylindre dont la paroi est infiniment mince.

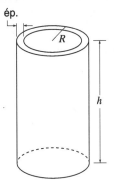

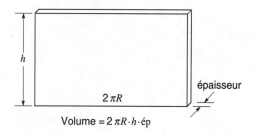

Volume $= 2\pi R \cdot h \cdot$ép

Pour saisir vraiment très bien le résultat donné ici, prenons une petite feuille de papier dans nos mains et roulons-la pour former un cylindre.

Cette feuille étant *excessivement* mince, nous remarquons que les rayons intérieur et extérieur se confondent quasiment.

La section circulaire du cylindre a un périmètre égal à $2\pi R$, où "R" représente le rayon aussi bien intérieur qu'extérieur du cylindre. La hauteur du cylindre est h.

Déroulons maintenant le papier et prenons bien soin de ne pas perdre de vue h et $2\pi R$. Nous savons que le volume de cette petite feuille est:

$$\text{base} \times \text{hauteur} \times \text{épaisseur}$$

Cela se traduit ici comme suit:

$$\text{Volume} = 2\pi R \times h \times \text{ép.}$$

Que ce soit des aires, des volumes ou quoi que ce soit d'autre, nous considérons dans ce livre uniquement les intégrales à une seule variable. Par conséquent, si l'élément différentiel est dx, il faut écrire toute l'intégrale *uniquement* en fonction de x, et si l'élément différentiel est dy, alors c'est en fonction de y que doit être écrite toute l'intégrale.

10.1.1 Calcul à l'aide de disques pleins

Exemple 10-1:

Calculer le volume engendré lorsque nous faisons tourner la région délimitée par les courbes (1) , (2) et (3) autour de l'axe OX.

(1) $y = 4x^2$

(2) $x = 1$

(3) $y = 0$

Solution:

Il est important de visualiser la surface S qui tourne.

Alors:

1ère chose à faire: UN DESSIN.

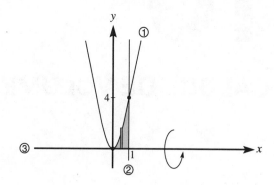

Figure 10-1

Traçons des rectangles verticaux entre $x = 0$ et $x = 1$.

De cette façon, chaque rectangle est borné, en haut par la courbe (1), et en bas par l'axe OX, c'est-à-dire par la droite (3).

Si nous traçons des rectangles infiniment minces, chacun de ces rectangles, en tournant autour de l'axe OX, engendrera un disque plein qui ressemblera à ceci:

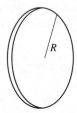

Le volume de chaque petit disque plein $= \pi R^2 \cdot$ép.

Remarque:

Il n'est pas nécessaire de dessiner le solide engendré par la rotation de S autour de l'axe de rotation. Par contre, il est essentiel de très bien visualiser ce qu'engendre le petit rectangle infiniment mince lorsqu'il tourne autour de cet axe.

Le volume total que nous cherchons est la *somme de tous ces petits volumes.* Cela revient à dire que nous cherchons la somme de tous ces petits $\pi R^2 \cdot$ép.

Ici, $R = y_1$ et ép. $= dx$

Rappelons-nous que y_1 est la valeur de l'ordonnée sur la fonction (1).

Le volume de chaque petit disque plein est donc:

$$\pi R^2 \cdot \text{ép.} = \pi (y_1)^2 \, dx$$

Voyant l'élément différentiel dx, nous concluons que l'intégrale sera en fonction de la variable x.

Il faut donc écrire y_1 et les bornes en fonction de x.

Nous référant aux données du problème, nous écrivons:

$$y_1 = 4x^2$$

Lorsque nous balayons la surface horizontalement, les valeurs de x varient de 0 à 1. D'où nos bornes d'intégration.

Nous comprenons très bien maintenant que "somme" veut dire intégrale, alors la somme de *tous les petits volumes* est:

$$\text{Volume total} = \int_0^1 \pi y_1^2 \, dx$$

$$= \int_0^1 \pi (4x^2)^2 \, dx$$

$$= 16\pi \int_0^1 x^4 \, dx = \frac{16\pi \, x^5}{5} \Big|_0^1$$

$$= 16\pi \left(\frac{1}{5} - 0 \right) = \frac{16\pi}{5}$$

Le volume cherché est égal à $\dfrac{16\pi}{5} \, u^3$.

u^3 signifie une unité de volume comme le cm^3, le mm^3, etc.

♦ ♦

10.1.2 Calcul à l'aide de cylindres creux

Exemple 10-2:

Calculons le même volume qu'à l'exemple 10-1 mais en traçant cette fois-ci des rectangles horizontaux.

Solution:

L'axe de rotation étant OX, nous obtenons, pour chacun des petits rectangles qui tournent, un cylindre creux d'épaisseur infiniment mince.

Le volume de chaque petit cylindre est:

$$2\pi R h \cdot \text{ép.}$$

Il est essentiel de tracer un rectangle représentatif *très mince* pour vraiment remarquer ce qui suit:

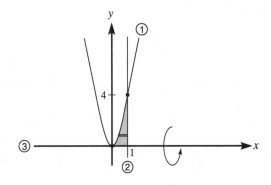

Figure 10-2

- Le rectangle a une épaisseur excessivement petite qui est représentée par un segment parallèle à l'axe OY, donc:

$$\text{épaisseur} = dy$$

- Le rayon R est aussi représenté par une longueur parallèle à l'axe OY. Cette mesure de rayon varie de 0 à 4.

- La hauteur h est représentée par une longueur parallèle à l'axe OX. Cette longueur est bornée à gauche et à droite respectivement par les courbes (1) et (2), alors:

$$h = x_2 - x_1.$$

N'oublions pas que c'est "x de droite moins x de gauche" lorsque nous cherchons une longueur horizontale.

Puisque nous intégrons par rapport à la variable y (à cause de ép. = dy), il faut que *tout* ce qui est à intégrer soit fonction de y.

R est déjà fonction de y.

Il faut transformer h pour l'écrire en fonction de y, car il est fonction de x. En effet, $h = x_2 - x_1$.

En nous fiant aux données du problème, nous avons:

$$h = x_2 - x_1 = 1 - \sqrt{\frac{y}{4}} = 1 - \frac{y^{1/2}}{2}$$

Nous avons maintenant tout ce dont nous avons besoin.

Le volume de *chaque petit cylindre* infiniment mince est:

$$2\pi y \left(1 - \frac{y^{1/2}}{2}\right) dy$$

Puisque le volume total "V" est la somme de tous ces petits volumes, il sera égal à:

$$V = 2\pi \int_0^4 y \left(1 - \frac{y^{1/2}}{2}\right) dy = 2\pi \int_0^4 \left(y - \frac{y^{3/2}}{2}\right) dy$$

$$= 2\pi \left(\frac{y^2}{2} - \frac{2y^{5/2}}{2 \times 5}\right) \Big|_0^4 = 2\pi \left[8 - \frac{32}{5} - 0\right]$$

$$= 2\pi \left[\frac{40 - 32}{5}\right] = 2\pi \left(\frac{8}{5}\right) = \frac{16\pi}{5}$$

Le volume engendré par la rotation de la surface hachurée autour de l'axe OX est donc égal à $16\pi/5u^3$.

◆ ◆

Remarquons ici que la réponse est exactement celle que nous avions trouvée à l'exemple 10-1 alors que nous considérions la somme d'une infinité de disques pleins infiniment minces juxtaposés les uns à côté des autres.

Cela ne devrait pas nous surprendre, car il serait au contraire bien insécurisant, voire inquiétant, d'arriver à deux nombres différents alors que nous avons

calculé le même volume!

10.1.3   Calcul à l'aide de disques troués

Exemple 10-3:
Calculer le volume engendré lorsque nous faisons tourner la région délimitée par les courbes (1), (2) et (3).

$$y = \frac{1}{x} \qquad\qquad (1)$$
$$x = 1 \qquad\qquad (2)$$
$$y = \frac{1}{5} \qquad\qquad (3)$$

autour de l'axe OX.

Solution:
Commençons par faire un dessin:

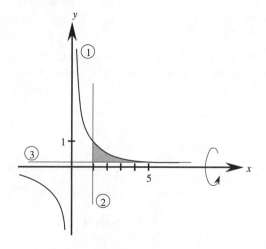

Figure 10-3 (a)

Les exemples 10-1 et 10-2 nous ont montré que nous pouvions choisir des rectangles horizontaux ou des rectangles verticaux tout en arrivant à la même réponse.

Pour certains problèmes, le choix des rectangles horizontaux s'avère plus avantageux, car il entraîne des calculs plus rapides. Pour d'autres problèmes, ce sont les rectangles verticaux qui entraînent une solution plus efficace.

S'il y a un choix plus avantageux, c'est précisément notre dessin qui nous en informera.

Il faut faire tourner la surface hachurée autour de l'axe OX.

Il n'y a rien de mieux que de visualiser ce qui se passe.

Pour ce faire, plaçons le crayon que nous avons dans la main parallèlement à l'axe OX. Balayons maintenant la surface hachurée avec le crayon. Nous remarquons que, pour des valeurs de y supérieures à 1/5, les petits rectangles sont bornés à gauche par (2), et à droite par la fonction (1).

Plaçons maintenant notre crayon parallèlement à l'axe OY. Nous imaginons bien les petits rectangles verticaux qui sont bornés en haut par la fonction (1) et en bas par la fonction (3).

Il est tout aussi avantageux de placer les rectangles horizontalement que verticalement, car il n'y a qu'une seule intégrale à calculer dans les deux cas. Nous devons faire un choix.

Choisissons des rectangles verticaux:

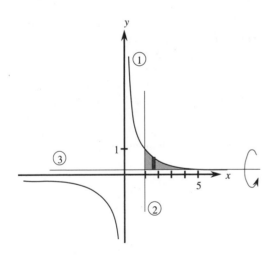

Figure 10-3 (b)

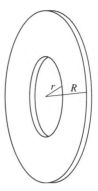

Figure 10-3 (c)

Les courbes (1) et (2) se coupent lorsque $\frac{1}{x} = \frac{1}{5}$, c'est-à-dire lorsque $x = 5$.

$$\text{Volume} = \pi (R^2 - r^2)\,\text{ép.}$$
$$\text{Ici, } R = y_1 - 0 = y_1$$
$$r = y_3 - 0 = y_3$$
$$\text{ép.} = dx$$

Puisque le volume total est la somme de *tous ces petits volumes* de disques troués, nous écrivons:

$$\text{Volume} = \int_1^5 \pi\,(y_1^2 - y_3^2)\,dx$$

$$= \int_1^5 \pi \left(\frac{1}{x^2} - \frac{1}{25} \right) dx$$

$$= \pi \left[\frac{-1}{x} - \frac{1}{25}x \right] \Bigg|_1^5$$

$$= \pi \left[\left(\frac{-1}{5} - \frac{1}{5} \right) - \left(-1 - \frac{1}{25} \right) \right] = \frac{16}{25}\,\pi$$

La figure 10-3 (c) indique ce à quoi ressemble chaque petit rectangle lorsqu'il tourne autour de l'axe OX.

Le volume engendré par la rotation autour de l'axe OX est donc égal à $\frac{16\pi}{25}\,u^3$.

♦   ♦

10.1.4 Exemples variés

Exemple 10-4:

Calculer le volume engendré par la rotation, autour de l'axe OY, de la surface décrite à l'exemple 10-3.

Faisons un dessin et remarquons que les rectangles horizontaux et verticaux sont aussi avantageux les uns que les autres si nous faisons tourner autour de l'axe OY. Nous faisons le choix de prendre encore des rectangles verticaux:

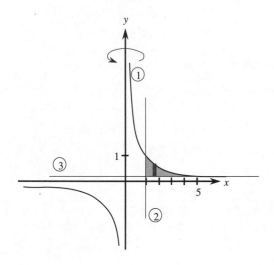

Figure 10-4

En tournant autour OY, chaque rectangle engendre un cylindre creux qui ressemble à ceci:

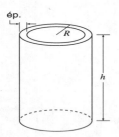

Le volume de chaque petit cylindre est $2\pi R h$ ép.

Ici, nous avons:

$$R = x$$
$$h = y_1 - y_3$$
$$\text{ép.} = dx$$

Le dx nous indique que nous intégrons selon x.

- Lorsque nous travaillons avec les cylindres creux, c'est toujours le rayon R qui pose un peu de difficulté: les rectangles touchent aux courbes (1) et (3), alors pourquoi, mis en fonction de x, R ne serait-il pas x_1, ou encore x_3?

Nous écrivons simplement "x" car les abscisses des rectangles qui balaient la surface verticalement, qu'ils soient considérés comme touchant à la courbe (1) ou à la courbe (3), ont des valeurs qui varient de 1 à 5. Les valeurs 1 et 5 constituent les bornes de notre intégrale.

Le volume total cherché est la somme de *tous* les petits $2\pi R h$ ép.

Ce qui revient à écrire:

$$\text{Volume total} = \int_1^5 2\pi x \, (y_1 - y_3) \, dx$$

$$= \int_1^5 2\pi x \left(\frac{1}{x} - \frac{1}{5}\right) dx$$

En distribuant le x à l'intérieur des parenthèses et en mettant 2π devant l'intégrale, nous obtenons:

$$\text{Volume total} = 2\pi \int_1^5 \left(1 - \frac{x}{5}\right) dx$$

ce qui, après intégration, donne:

$$= 2\pi \left(x - \frac{x^2}{10}\right)\Bigg|_1^5$$

et, après calculs:

$$= 2\pi\left(\frac{25}{10}\right) - 2\pi\left(\frac{9}{10}\right) = 2\pi\left(\frac{16}{10}\right) = \frac{16\pi}{5}$$

Le volume cherché est égal à $\dfrac{16\pi}{5} \, u^3$.

◆ ◆

Faisons maintenant des exemples qui permettront de synthétiser tout ce qui vient d'être vu.

Nous ne ferons pas l'élaboration de toute la solution mais, à la fin de chaque exemple, la réponse sera écrite pour le lecteur curieux de faire les calculs.

L'idée de ces exemples est de faire voir rapidement presque tout ce qui est susceptible de survenir lorsque nous sommes appelés à calculer le volume engendré par la rotation d'une surface autour d'un axe horizontal ou vertical.

Les exemples 10-5 à 10-13 expliciteront donc uniquement l'intégrale qu'il faudrait calculer pour obtenir le volume engendré par la rotation de la surface S autour de l'axe A. Nous écrirons selon le cas, le rayon extérieur R, le rayon intérieur r, la hauteur h et l'épaisseur ép. en fonction de x, y, x_i ou y_i.

Exemple 10-5:

La surface S est délimitée par les fonctions (1), (2), (3) et (4) suivantes:

(1) $y = \sin x$ (2) $y = 0$

(3) $x = 0$ (4) $x = \pi/6$

L'axe de rotation est A : $x = \pi/2$.

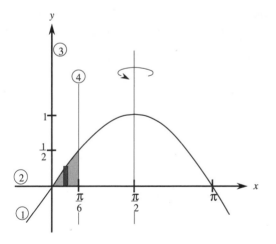

Figure 10-5

En tournant autour de l'axe $x = \pi/2$, chaque rectangle vertical engendre un cylindre creux de paroi infiniment mince.

Remarquons que les calculs seraient plus complexes si nous considérions des rectangles horizontaux car il faudrait écrire $R = \pi/2 - x_1 = \pi/2 - \arcsin y$.

Le volume d'un cylindre est $2\pi R h$ ép. et examinant la figure 10-5, nous écrivons:

$$R = \pi/2 - x$$
$$h = y_1 - y_2 = \sin x - 0 = \sin x$$
$$\text{ép.} = dx$$

Note: Lorsque nous effectuons le "x de droite" moins le "x de gauche" pour déterminer la longueur du segment représentant le rayon R, nous faisons le x de l'axe de rotation moins un x quelconque (qui variera entre 0 et $\pi/6$).

Le volume de chaque petit cylindre est:

$$2\pi \, (\pi/2 - x) \, \sin x \, dx$$

Le volume total est alors trouvé en évaluant l'intégrale définie:

$$\int_0^{\pi/6} 2\pi \, (\pi/2 - x) \sin x \, dx = 1,03$$

Le volume cherché est $1,03 \ u^3$.

♦ ♦

Exemple 10-6:

Considérer la surface S de l'exemple 10-5 qui tourne autour de l'axe $y = 0$ et calculer le volume.
Solution:

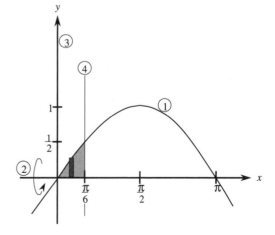

Figure 10-6

En tournant autour de l'axe $y = 0$, c'est-à-dire autour de l'axe OX, chaque rectangle vertical engendre un disque plein.

Le volume d'un disque plein est πR^2 ép.

Ici, $R = y_1 - y_2 = \sin x - 0 = \sin x$

$\quad$ ép. $= dx$

Le volume de chaque petit disque plein étant:

$$\pi \sin^2 x \, dx \, ,$$

nous concluons que le volume total est:

$$\int_0^{\pi/6} \pi \sin^2 x \, dx = 0,0453\pi$$

Le volume cherché est $0,0453\pi \, u^3$.

◆◆

Exemple 10-7:

Calculer le volume de la surface S de l'exemple 10-5 qui tourne autour de $y = 1$.

Solution:

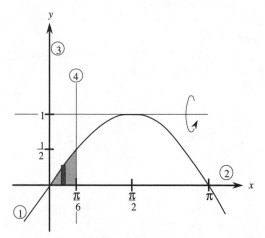

Figure 10-7

Chaque petit rectangle vertical engendre un disque troué.

Le volume d'un disque troué est:

$$\pi \left(R^2 - r^2 \right) \text{ ép.}$$

Ici, $\quad R = 1$

$\quad r = (1 - y_1) = 1 - \sin x$

$\quad$ ép. $= dx$

Le volume de chaque petit disque troué est égal à:

$$\pi \left[1^2 - (1 - \sin x)^2 \right] dx$$

c'est-à-dire $\quad \pi \left[2 \sin x - \sin^2 x \right] dx$

Le volume total engendré par la rotation de S autour de $y = 1$ est donné par:

$$\int_0^{\pi/6} \pi \left[2 \sin x - \sin^2 x \right] dx = 0,699$$

Le volume cherché est $0,699 \, u^3$

Exemple 10-8:

La surface S est la région délimitée par les courbes (1) et (2) suivantes:

$$(1) \quad y = -x + 5 \qquad (2) \quad x = (y - 1)(y - 5)$$

Calculer le volume engendré par la rotation de S autour de l'axe A: $x = -4$.

Solution:

(1) et (2) se coupent lorsque $x_1 = x_2$, i.e.,

$5 - y = (y - 1)(y - 5)$

$0 = (y - 1)(y - 5) - (5 - y)$

$= (y - 1 + 1)(y - 5) = y(y - 5)$

Donc $y = 0$ ou $y = 5$.

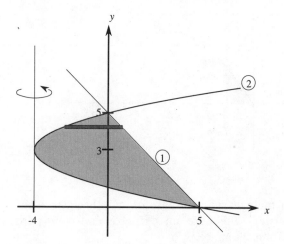

Figure 10-8

Balayant la surface avec notre crayon, nous réalisons que les rectangles horizontaux entraînent une solution plus aisée que celle avec des rectangles verticaux.

La raison est la suivante: partout dans S, les rectangles horizontaux sont bornés à droite par (1) et à gauche par (2). Quant aux rectangles verticaux, entre $x = -4$ et $x = 0$, ils sont bornés par (2), et entre $x = 0$ et $x = 5$, ils sont bornés en haut par (1) et en bas par (2).

Chaque rectangle horizontal engendre un disque troué en tournant autour de $x = -4$.

Le volume d'un disque troué est:

$$\pi\,(R^2 - r^2)\ \text{ép.}$$

Ici, $\quad R\ =\ x_1 - (-4)\ =\ x_1 + 4$

$\qquad r\ =\ x_2 - (-4)\ =\ x_2 + 4$

$\qquad \text{ép.}\ =\ dy$

Nous nous disons peut-être qu'au point précis $(-4, 3)$, ce n'est plus un disque troué, mais plutôt un disque plein que nous obtiendrons. Nous avons raison. Néanmoins, notre procédure est exacte, car en ce point précis, et *en ce point uniquement*,

$$r = x_2 + 4 = -4 + 4 = 0.$$

C'est un disque troué dont le rayon intérieur est nul. C'est donc effectivement un disque plein... Mais *seulement* au point $(-4, 3)$.

Nous intégrons par rapport à la variable y, donc écrivons R et r en fonction de y:

$$R\ =\ 5 - y + 4\ =\ 9 - y$$

$$r\ =\ (y - 1)\,(y - 5) + 4 = y^2 - 6y + 9$$

Le volume total cherché est donné par la somme de tous ces petits volumes de disques troués.

Ce qui est:

$$\int_0^5 \pi\left[(9 - y)^2 - (y^2 - 6y + 9)^2\right] dy\ =\ 166,\dot{6}\,\pi$$

Le volume cherché est égal à $166,\dot{6}\,\pi\ u^3$

♦   ♦

Exemple 10-9:

Considérer la surface de l'exemple 10-8. L'axe de rotation étant $y = -1$, calculer le volume engendré.

Solution:

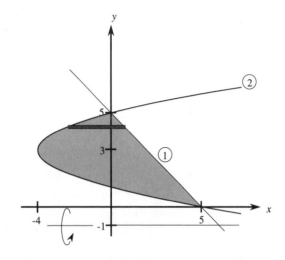

Figure 10-9

Les rectangles horizontaux engendrent des cylindres creux.

Le volume de chaque petit cylindre est $2\pi R h$ ép.
Ici:

$$R\ =\ y - (-1)\ =\ y + 1$$

$$h\ =\ x_1 - x_2\ =\ 5 - y - (y - 1)\,(y - 5)$$

$$\text{i.e.}\ \ h\ =\ 5y - y^2$$

$$\text{ép.}\ =\ dy$$

Le volume total est la somme des volumes de tous les petits cylindres. Ainsi, le volume total est:

$$\int_0^5 2\pi\,(y + 1)\,(5\,y - y^2)\,dy\ =\ 458{,}149$$

Le volume cherché est de $458{,}149\ u^3$.

♦   ♦

Exemple 10-10:

Calculer le volume engendré par la surface décrite à l'exemple 10-8 qui tourne autour de l'axe $y = 7$.

Solution:

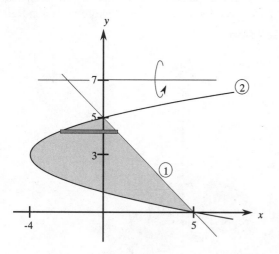

Figure 10-10

Solution:

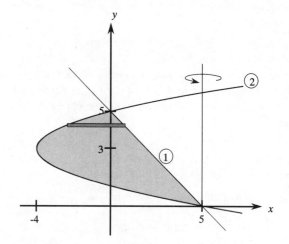

Figure 10-11

Tout comme dans l'exemple 10-9, les rectangles horizontaux engendrent des cylindres. Le seul élément qui change ici est le rayon du cylindre.

En effet, comme dans l'exemple 10-9:

$$h = 5y - y^2 \quad \text{et} \quad \text{ép.} = dy$$

Par contre le rayon R est:

$$R = 7 - y$$

L'intégrale qui donne le volume total est:

$$\int_0^5 2\pi \, (7 - y) \, (5y - y^2) \, dy = 187{,}5\pi$$

Le volume total est égal à 589,04862 u^3.

◆◆

Exemple 10-11:

Calculer le volume engendré par la rotation de la surface décrite à l'exemple 10-8 autour de l'axe $x = 5$.

Les rectangles horizontaux engendrent, comme dans l'exemple 10-8 des disques troués.

Ici, $R = 5 - x_2$

$r = 5 - x_1$

$\text{ép.} = dy$

Le volume total est donc:

$$\int_0^5 \pi \left[(5 - x_2)^2 - (5 - x_1)^2 \right] dy$$

Remplaçant x_1 et x_2 par leur expression de y, nous avons:

$$\int_0^5 \pi \left[[5 - (y - 1)(y - 5)]^2 - y^2 \right] dy$$

ce qui, en simplifiant un peu l'intégrande, devient:

$$\int_0^5 \pi \left[(6y - y^2)^2 - y^2 \right] dy = 208{,}\dot{3}\pi$$

Le volume cherché est égal à 654,4985 u^3.

◆◆

Exemple 10-12:

Calculer le volume engendré par la rotation de la surface S autour de la droite A.

S est l'intérieur de la boucle d'équation $y^2 = x(x-2)^2$ entre $x = 0$ et $x = 2$

A: $x = -1$

Solution:

Examinant la figure 10-12, nous remarquons que la partie de la boucle dans le quadrant I engendre un volume exactement égal à celui engendré par la partie de boucle située dans le quadrant IV.

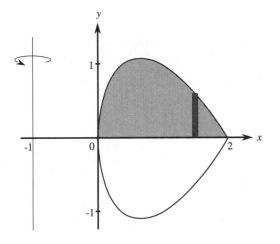

Figure 10-12

Afin d'amoindrir les calculs, nous ne considérons que la portion de la boucle dans le quadrant I qui tourne autour de $x = -1$. Lorsque nous en aurons trouvé le volume, nous multiplierons la valeur trouvée par 2 pour connaître le volume total qui était demandé.

Examinant encore la figure 10-12, nous imaginons facilement que les rectangles horizontaux entraîneraient une solution probablement plus compliquée, car ils sont bornés à gauche et à droite par la boucle: ce n'est qu'après avoir transformé l'équation et complété le carré que nous pourrions écrire l'expression de "x de droite" et de "x de gauche" en fonction de y.

Nous choisissons donc de calculer le volume à l'aide de rectangles verticaux qui, eux, sont bornés en haut par la boucle et en bas par l'axe OX.

En tournant autour de $x = -1$, chaque rectangle engendre un cylindre creux.

Le volume de chaque cylindre est $2\pi R h$ ép.

Ici:

$$R = x - (-1) = x + 1$$
$$h = y \text{ sur la boucle}$$
$$\text{ép.} = dx$$

Nous intégrons par rapport à la variable x, donc il faut écrire h en fonction de x.

Nous avons:

$$h = +\sqrt{x(x-2)^2}$$
$$\text{et non } h = \pm\sqrt{x(x-2)^2}$$

car nous considérons uniquement la portion où la valeur de y est toujours positive.

Le volume de chaque petit cylindre est alors:

$$2\pi(x+1)\sqrt{x(x-2)^2}\ dx$$

ce qui est:

$$2\pi(x+1)(2-x)\sqrt{x}\ dx$$

parce que la valeur de x est comprise entre 0 et 2.

Note: ici, le facteur $(2-x)$ *n'est pas une erreur*, car partout dans la région considérée, la valeur de x est inférieure à 2. Cela implique ainsi un facteur $(x-2)$ négatif. Nous devons donc écrire ceci:

$$\sqrt{(x-2)^2} = |x-2| = -(x-2) = 2-x$$

Si cela n'est pas compris, consulter l'annexe B.

Le volume engendré par la rotation de la surface dans le quadrant I est la somme de tous les petits volumes de cylindres. C'est-à-dire:

$$\int_0^2 2\pi(x+1)(2-x)\sqrt{x}\ dx$$

N'oublions pas que le volume total demandé est le double de celui que nous considérons ici.

Le volume total $= 4 \int_0^2 \pi (x+1)(2-x) \sqrt{x} \, dx \ u^3$

$= 11{,}20596 \, \pi \, u^3$

Exemple 10-13:

Considérer la surface S de l'exemple 10-12 et calculer le volume lorsqu'elle tourne autour de $y = -1{,}5$.

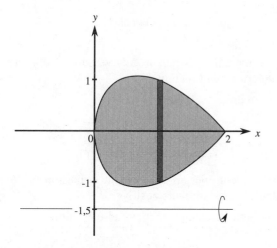

Figure 10-13

Si la surface S tourne autour de $y = -1{,}5$, nous ne pouvons pas considérer la demi-boucle située dans le quadrant I et ensuite multiplier le volume par deux.

Pourquoi ?

Parce que, même si les deux aires sont exactement égales, la surface dans le quadrant I, plus éloignée de l'axe de rotation, engendre un volume plus grand que celui engendré par la surface dans le quadrant IV (qui est plus proche de cet axe).

Chaque petit rectangle, en tournant autour de l'axe $y = -1{,}5$, engendre un disque troué dont le rayon extérieur R, le rayon intérieur r et ép. sont:

$R = y_I - (-1{,}5) = (2-x) \sqrt{x} + 1{,}5$
$r = y_{IV} - (-1{,}5) = -(2-x) \sqrt{x} + 1{,}5$
$ép. = dx$

Dans l'expression de R, y_I est l'expression de

l'ordonnée en fonction de x sur la boucle dans le quadrant I et dans l'expression de r, y_{IV} est l'expression de l'ordonnée en fonction de x sur la boucle dans le quadrant IV.

Le volume de chaque petit disque troué est:

$$\pi \left(R^2 - r^2 \right) ép.$$

ce qui est ici:

$$\pi \left[\left[(2-x)\sqrt{x} + 1{,}5 \right]^2 - \left[-(2-x)\sqrt{x} + 1{,}5 \right]^2 \right] dx$$

En élevant au carré, nous trouvons:

$$\pi \left[\; [(2-x)^2 x + 3(2-x)\sqrt{x} + 2{,}25] \right.$$
$$\left. - [(2-x)^2 x - 3(2-x)\sqrt{x} + 2{,}25 \,] \right] dx$$

ce qui, après avoir annulé les termes égaux mais de signes opposés, devient:

$$\pi \, 6 \, (2-x) \sqrt{x} \, dx$$

Nous cherchons le volume total, donc il faut la somme de tous les petits disques troués.

$$\text{Volume total} = \int_0^2 \pi \, 6 \, (2-x) \sqrt{x} \, dx = 9{,}050967 \, \pi$$

Le volume cherché est égal à $28{,}4345 \, u^3$.

♦   ♦

C'est réellement facile de calculer des volumes.

10.2 VOLUMES DE SOLIDES DE SECTION CONNUE

Le principe de ce que nous étudions dans ce chapitre est le suivant:

Nous avons un solide dont nous voulons calculer le volume. Nous ne connaissons pas nécessairement l'équation de la courbe qui borne ce solide.

Si, par tranches parallèles, nous coupons ce solide, la section exposée a une aire connue (par exemple celle d'un cercle, celle d'un carré, etc.)

Avant de calculer ces volumes, nous avons probablement besoin d'un petit rappel.

Volume d'une tranche de section carrée.

Si nous coupons notre solide en tranches et que la section de la tranche est carrée, alors le volume de cette tranche est:

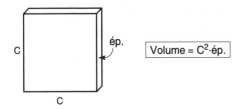

Pour imaginer un tel solide, nous pouvons penser à une disquette d'ordinateur.

Volume d'une tranche de section rectangulaire.

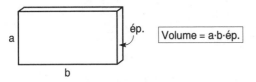

Volume d'une tranche de section triangulaire.

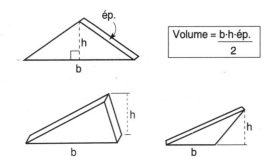

Pour imaginer un tel solide, nous pouvons penser à une pyramide d'Égypte coupée en tranchant perpendiculairement au sol (quel sacrilège!).

Volume d'une tranche de section circulaire.

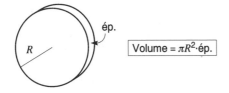

Nous pouvons penser à une boule de billard que nous tranchons.

Volume d'une tranche dont la section est un demi-cercle.

Exemple 10-14:

Un solide a une base circulaire de rayon 5 dans le plan XY. Chaque section perpendiculaire à la base est un carré. Calculer le volume de ce solide.

Solution:

Quels que soient les plans parallèles qui couperont le solide perpendiculairement à XY, le volume calculé sera le même. Nous décidons ici de couper le solide en tranches parallèles au plan YZ.

Couper parallèlement au plan YZ signifie couper perpendiculairement à l'axe OX.

Premièrement, il faut absolument réussir à dessiner la base de notre solide afin de visualiser le volume de chacune des tranches. Il n'est par contre pas nécessaire de réussir à concevoir le solide dont nous cherchons à calculer le volume:

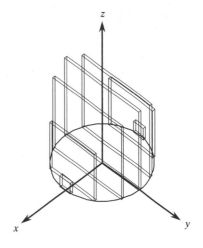

Figure 10-14 (a)

La figure 10-14 (a) n'expose que quelques tranches. La figure 10-14 (b) montre le solide dont nous voulons calculer le volume:

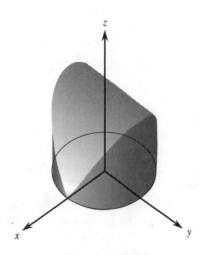

Figuer 10-14 (b)

Puisque les tranches sont toutes des carrés, les côtés dessinés horizontalement et verticalement sont de même longueur.

Nous voyons sur la figure 10-14 (a) que, pour chaque tranche, le côté dessiné horizontalement est égal à $2y$ et que l'épaisseur égale dx puisque l'épaisseur est parallèle à l'axe OX.

Cela nous permet alors d'écrire:

$$\begin{aligned} \text{Volume de chaque mince tranche} &= \text{base} \times \text{hauteur} \times \text{ép.} \\ &= 2y \cdot 2y\, dx \\ &= 4y^2\, dx \end{aligned}$$

Le volume total cherché est la somme des volumes de *toutes* ces minces tranches carrées.

Il faut faire la somme de tous les petits $4y^2\, dx$.

Pour les mêmes raisons qui ont été expliquées jusqu'à maintenant, nous devons intégrer par rapport à la variable x, donc le volume total est donné par l'expression:

$$\int_{-5}^{5} 4y^2\, dx.$$

Il nous suffit maintenant d'écrire y en fonction de la variable x et le tour sera joué.

Pour ce faire, examinons le dessin et remarquons que y est un segment qui débute sur l'axe OX pour se terminer sur le cercle.

L'équation du cercle:

$$y^2 + x^2 = 25$$

$$y^2 = 25 - x^2$$

Le volume est donc:

$$4 \int_{-5}^{5} (25 - x^2)\, dx$$

ce qui, après intégration, devient:

$$4 \left(25x - \frac{x^3}{3} \right) \Big|_{-5}^{5}$$

$$4 \left[\left(125 - \frac{125}{3} \right) - \left(-125 - \frac{-125}{3} \right) \right]$$

$$16 \left(\frac{125}{3} \right) = 666,\dot{6}$$

Le volume cherché est égal à $666,\dot{6}\ u^3$.

♦　　♦

Exemple 10-15:

La base d'un solide est dans le plan XY et elle est délimitée par les courbes d'équation:

$$y = x^3 \qquad\qquad (1)$$
$$x = 0 \qquad\qquad (2)$$
$$y = 8 \qquad\qquad (3)$$

Chaque tranche perpendiculaire à l'axe OY est un triangle dont la hauteur est égale à la moitié de la longueur de la base. Trouver le volume de ce solide.

Solution:

Dire qu'une tranche est perpendiculaire à l'axe OY est équivalent à dire qu'elle est parallèle au plan XZ.

Remarquons, sur la figure 10-15, la base de ce solide ainsi qu'une mince tranche:

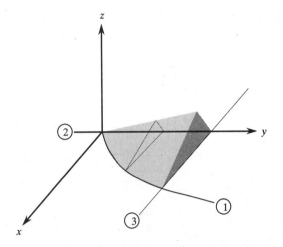

Figure 10-15

Chaque tranche a un volume égal à:

$$\frac{b\,h}{2} \text{ ép.}$$

Ici, nous avons:

$$b = x_1 - x_2 = x_1 - 0 = x_1$$

Remarquons que nous établissons $x_1 - x_2$, car c'est encore et toujours "la plus grande valeur de x moins la plus petite" qui donne une longueur positive:

$$h = \frac{b}{2} = \frac{x_1}{2}$$

$$\text{ép.} = dy$$

Nous intégrons par rapport à y, donc écrivons b et h en fonction de y:

$$b = x_1 = \sqrt[3]{y}$$

$$h = \frac{x_1}{2} = \frac{\sqrt[3]{y}}{2}$$

Le volume de chaque tranche infiniment mince est:

$$\frac{b\,h}{2} \text{ ép.} = \frac{\sqrt[3]{y}\,\sqrt[3]{y}}{4}\,dy$$

$$= \frac{y^{2/3}}{4}\,dy$$

Le volume demandé est la somme des volumes de toutes ces minces tranches lorsque y varie de 0 à 8. C'est-à-dire:

$$\int_0^8 \frac{y^{2/3}}{4}\,dy = \frac{3y^{5/3}}{20}\Bigg|_0^8 = \frac{24}{5}$$

Le volume du solide est $4{,}8\;u^3$.

◆◆

Exemple 10-16:

Un solide a une base dans le plan XY. La base de ce solide est bornée par:

$y = x^2$	(1)
$x = 2$	(2)
$y = 0$	(3)

Chaque tranche perpendiculaire à l'axe OX est un rectangle de hauteur 6. Calculer le volume de ce solide.

Solution:

La figure 10-16 (a) montre quelques tranches:

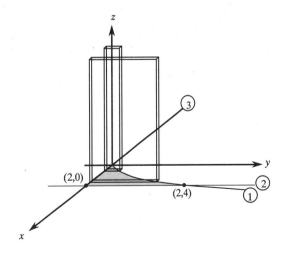

Figure 10-16 (a)

Et voici ce à quoi ressemble notre solide dont nous voulons calculer le volume:

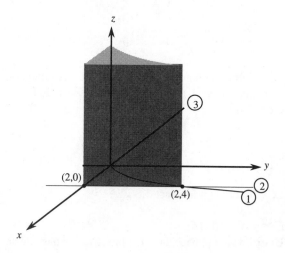

Figure 10-16 (b)

Le volume d'une mince tranche étant égal à

base × hauteur × épaisseur,

nous avons:

$$b \times h \times \text{ép.} = 6\,(y_1)\,dx = 6\,x^2\,dx$$

Le volume total est la somme de toutes ces minces tranches.

$$6 \int_0^2 x^2\,dx = 2x^3 \bigg|_0^2 = 16$$

Le volume total est 16 u^3.

◆   ◆

Note: Pour ce problème particulier, nous pouvons vérifier le résultat en multipliant par 6 l'aire comprise entre les courbes (1), (2) et (3). Tout simplement parce que la hauteur est toujours égale à 6. Le volume du solide est par conséquent égal à l'aire de la base multipliée par 6.

Exemple 10-17:

Un solide a comme base la région délimitée par les 3 droites suivantes:

$$y = x \qquad\qquad (1)$$
$$x = 18 \qquad\qquad (2)$$
$$3y = x \qquad\qquad (3)$$

Chaque tranche parallèle au plan XZ est un demi-cercle dont le diamètre appartient à la base. Calculer le volume de ce solide.

Solution:

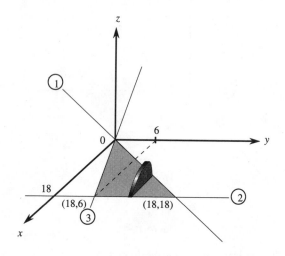

Figure 10-17

Couper parallèlement au plan XZ signifie couper perpendiculairement à l'axe OY.

La section de chaque mince tranche est celle d'un demi-cercle. Par conséquent, le volume est:

$$\frac{\pi R^2}{2} \cdot \text{ép.}$$

Avant de continuer, réalisons ceci:

• entre $y = 0$ et $y = 6$, le diamètre est borné par les courbes (1) et (3).

• entre $y = 6$ et $y = 18$, le diamètre est borné par les courbes (1) et (2).

Calculons d'abord le volume entre les plans $y = 0$ et $y = 6$.

Ici, nous avons:

$$R = \frac{x_3 - x_1}{2} = \frac{3y - y}{2} = y$$

$$\text{ép.} = dy$$

Le volume du solide entre les plans $y = 0$ et $y = 6$ est donné par l'expression suivante:

$$\int_0^6 \frac{\pi y^2}{2} \cdot dy = \frac{\pi y^3}{6} \Big|_0^6 = 36\pi$$

Le volume de cette portion est $36\,\pi u^3$.

Calculons maintenant le volume du solide entre les plans $y = 6$ et $y = 18$.

$$R = \frac{x_2 - x_1}{2} = \frac{18 - y}{2} = 9 - \frac{y}{2}$$

$$\text{ép.} = dy$$

Donc le volume entre les plans $y = 6$ et $y = 18$ est:

$$\int_6^{18} \frac{\pi}{2}\left(9 - \frac{y}{2}\right)^2 dy = \frac{-\pi}{3}\left(9 - \frac{y}{2}\right)^3 \Big|_6^{18} = 72\pi$$

Le volume total du solide est égal à:

$72\,\pi u^3 + 36\,\pi u^3 = 108\pi u^3$.

$\blacklozenge \quad \blacklozenge$

Consulter les toutes dernières pages du livre pour visualiser ce à quoi ressemblent les solides engendrés par la rotation autour d'un axe des surfaces mentionnées aux exemples 10-1 à 10-13.

EXERCICES – CHAPITRE 10

Niveau 1

section 10.1.1

10-1 Calculer, à l'aide de rectangles verticaux, le volume engendré par la rotation autour de l'axe OX de la région fermée délimitée par les droites $y = 0$, $x = 0$ et $y = -2x + 4$.

10-2 Calculer, à l'aide de rectangles verticaux, le volume engendré par la rotation autour de l'axe OX de la surface limitée par les courbes (1), (2) et (3):

$y = 4x^2$ (1)
$x = 1$ (2)
$y = 0$ (3)

10-3 Calculer le volume engendré par la rotation autour de l'axe OX de la région fermée délimitée par la parabole d'équation $y = -x^2 + 4$ et l'axe OX.

10-4 Calculer le volume engendré par la rotation autour de l'axe OY de la surface triangulaire délimitée par les droites $3y = -4x + 12$, $x = 0$ et $y = 0$.

10-5 Soit la surface triangulaire délimitée par les droites $3y = -4x + 12$, $x = -3$ et $y = 0$. À l'aide de rectangles horizontaux, calculer le volume du cône engendré par la rotation de cette surface autour de l'axe $x = -3$.

10-6 Utiliser des rectangles verticaux pour calculer le volume engendré par la rotation autour de l'axe $y = 1$ de la région fermée délimitée par les courbes $y = e^x$, $y = 1$ et $x = 1$.

section 10.1.2

10-7 Le but de cet exercice est de calculer le volume engendré par la rotation du cercle d'équation $x^2 + y^2 = 225$ autour de l'axe $x = 0$.

a) Sans calculer d'intégrale, donner la réponse en utilisant uniquement le fait que le volume d'une sphère de rayon R est $4/3\,\pi R^3$.

b) Calculer le volume en utilisant une intégrale appropriée.

10-8 Pourquoi était-il plus facile de choisir des rectangles verticaux dans la solution de l'exemple 10-5 ?

10-9 Calculer, à l'aide de rectangles verticaux, le volume engendré par la rotation autour de l'axe OY de la région fermée délimitée par les droites $y = 0$, $x = 0$ et $y = -2x + 4$.

10-10 Utiliser des rectangles verticaux pour calculer le volume engendré par la rotation de la région fermée délimitée par les courbes $y = e^x$, $y = 1$ et $x = 1$, autour:

a) de l'axe OY;

b) de l'axe $x = 3$.

10-11 Calculer le volume engendré par la rotation de la surface délimitée par les courbes suivantes autour de l'axe A indiqué:

a) (1) $y = x^2 + 3$ (2) $y = 1$
   (3) $x = 2$ (4) $x = 0$ A: OY;

b) (1) $y = x - 1$ (2) $3y = x - 1$
   (3) $x = 5 - y$ A: OY;

c) (1) $y^2 = x$ (2) $y = x - 6$ A: $y = 5$;

d) (1) $y = \sqrt{x} + 1$ (2) $y = x^2 + 1$ A: $x = 2$.

10-12 Montrer par intégration que le volume d'un cylindre droit de rayon R et de hauteur H est $\pi R^2 H$.

section 10.1.3

10-13 Soit le cercle de rayon 1 centré à l'origine. Considérons le demi-cercle situé dans les quadrants I et II. Pour calculer le volume engendré par la rotation de ce demi-cercle autour de l'axe $y = 2$, nous pouvons calculer le volume engendré par l'un des deux quarts de cercle, et multiplier ensuite le résultat obtenu par 2.

Pourquoi est-il incorrect de procéder de la même façon lorsque l'axe de rotation est $x = 2$?

10-14 Calculer, à l'aide de rectangles verticaux, le volume engendré par la rotation autour de l'axe $y = -2$ de la région fermée délimitée par les droites $y = -2x + 4$, $y = 0$ et $x = 0$.

10-15 Calculer le volume engendré par la rotation autour de l'axe A indiqué de la surface délimitée par les courbes (1) et (2) suivantes:

a) (1) $y = 1 - x^2$ (2) $y = 0$ A: $y = 1$;

b) (1) $y^2 = x$ (2) $y = x - 6$ A: OY.

10-16 Calculer le volume engendré par la rotation de la région fermée délimitée par les courbes $y = e^x$, $y = 1$ et $x = 1$, autour:

a) de l'axe OX;

b) de l'axe $y = 3$.

section 10.1.4

10-17 Calculer le volume engendré par la rotation autour de l'axe OX de la surface délimitée par les courbes $y = 1 - x^2$ et $y = 0$.

10-18 Calculer le volume engendré par la rotation autour de l'axe OY de la région fermée délimitée par la parabole d'équation $y = -x^2 + 4$ et l'axe OX.

10-19 Calculer le volume engendré par la rotation autour de l'axe $x = 4$ de la surface délimitée par les droites $y = x + 2$, $y = 4x - 7$ et $y = -2x + 5$.

10-20 Calculer le volume engendré par la rotation autour de l'axe OX de la surface formée par l'intersection des courbes $y = \sqrt{x + 3}$, $y = 1$ et $x = 1$.

10-21 Calculer le volume engendré par la rotation autour de l'axe OX de la surface formée par l'intersection des courbes $y = x^2$ et $x = y^2$.

section 10.2

10-22 Un solide a une base circulaire de rayon 5 dans le plan XY. Chaque section parallèle au plan YZ est un demi-cercle. Calculer le volume de ce solide.

10-23 La base d'un solide est dans le plan XY et elle est délimitée par les courbes $y = x^2$, $y = 0$ et $x = 4$. Calculer le volume de ce solide si chaque tranche perpendiculaire à l'axe OX est un carré.

10-24 La base d'un solide est dans le plan XY et elle est délimitée par les courbes $y = x^2$, $y = 0$ et $x = 4$. Calculer le volume de ce solide si chaque tranche perpendiculaire à l'axe OY est un carré.

10-25 Déterminer le volume du solide si, étant sectionné parallèlement à la tranche illustrée ci-contre, chaque tranche est un triangle rectangle isocèle. La base est un cercle de rayon 4.

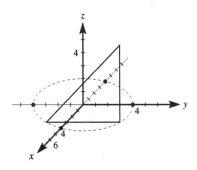

| Niveau 2 |

10-26 Calculer le volume engendré par la rotation, autour de l'axe OX, de la surface délimitée par les courbes (1), (2),(3) et (4) suivantes:

(1) $y = x$ (2) $y = x + 2$

(3) $y = -x + 4$ (4) $x = 0$.

10-27 Calculer le volume engendré lorsque la région commune à l'intérieur de C_1 et C_2 tourne autour de l'axe $x = 21$.

$$C_1: \quad x^2 + y^2 = 100$$
$$C_2: \quad (x - 21)^2 + y^2 = 289$$

10-28 Calculer le volume engendré par la rotation autour de l'axe OX de la surface délimitée par les courbes (1) et (2) suivantes:

(1) $y = -x + 3$ (2) $x = -y^2 + 9$.

10-29 Calculer le volume engendré par la rotation du cercle $x^2 + y^2 = 169$ autour de l'axe:

a) $x = 13$;

b) $x = 15$;

c) $x = 5$.

10-30 Calculer le volume engendré par la rotation de la surface intérieure de l'ellipse d'équation $4x^2 + 9y^2 = 36$ autour de l'axe $x = 5$.

10-31 La base d'un solide est dans le plan XY et elle est délimitée par les droites $x = 2$, $y = 4$ et $x = 2y - 2$. Calculer le volume de ce solide si chaque tranche perpendiculaire à l'axe OY est un triangle rectangle isocèle dont l'hypoténuse coïncide avec la base du solide.

[note: la hauteur relative à l'hypoténuse H d'un tel triangle est $H/2$.]

10-32 La base d'un solide, dans le plan XY, est bornée par $y = -x + 4$, $y = -2x + 6$, $y = 2$ et $y = 0$. Calculer le volume du solide si chaque tranche perpendiculaire à l'axe OX est:

a) un carré;

b) un triangle de hauteur 2.

10-33 La base d'un solide est dans le plan XY et elle est bornée par $x = y^2 - 3y$ et $x = 5y - y^2$. Calculer le volume du solide si chaque tranche perpendiculaire à l'axe OY est:

a) un demi-cercle;

b) un rectangle quatre fois plus haut que large.

| Niveau 3 |

10-34 Un des théorèmes de Pappus (mathématicien ayant vécu au début du quatrième siècle de notre ère) dit que le volume engendré par la rotation d'une surface S autour d'un axe est égal au produit de l'aire de S par la longueur du parcours effectué par le centre de gravité de cette surface durant la rotation. Utiliser ce théorème pour déterminer le volume engendré par la rotation autour de l'axe OX de la surface bornée par les droites (1), (2) et (3) suivantes:

(1) $y = x$ (2) $x + 2y = 6$ (3) $y = 0$.

Le centre de gravité est ici le point (8/3, 2/3).

Note: Durant la rotation de S, le centre de gravité décrit un cercle de circonférence égale à $2\pi R$.

10-35 Calculer le volume engendré par la rotation autour de l'axe OY de la région intérieure de l'ellipse:

$$(x - 2)^2 + \frac{y^2}{4} = 1.$$

10-36 Déterminer le volume du tore (beigne) engendré lorsque le cercle d'équation $x^2 + y^2 = 25$ tourne autour de l'axe $x = b$ où $b > 5$.

10-37 Calculer le volume engendré par la rotation autour de l'axe OX de la surface formée par l'intersection des courbes (1) et (2) suivantes:

(1) $y = (x-1)(x-3)(x+2)$ (2) $y = 6x - 6$.

Il est suggéré de faire un dessin assez précis afin de réaliser la perspicacité de cet exercice.

10-38 Calculer le volume engendré par la rotation autour de l'axe OX de la surface bornée par:

$$y = \sqrt{2}\, x + 2\sqrt{2}, \quad y^2 = x + 3 \quad \text{et} \quad x^2 + y^2 = 3.$$

10-39 Une perceuse perfore complètement une boule de billard de rayon 5 cm. Calculer le volume restant si le trou a un rayon de 3 cm.

10-40 Calculer le volume engendré par la rotation autour de l'axe OX de la région limitée par l'axe OX et la courbe décrite sous forme paramétrique:

$$x = 2 - t \qquad y = t^2 - 4.$$

10-41 Calculer le volume engendré par la rotation autour de l'axe OY de la région limitée par l'axe OX et la courbe décrite sous forme paramétrique:

$$x = 2 - t \qquad y = t^2 - 4.$$

10-42 Calculer le volume engendré par la rotation autour de l'axe OX de la surface bornée par l'axe OX et la courbe décrite sous forme paramétrique:

$$x = t^2 \quad \text{et} \quad y = 4t - t^2.$$

10-43 Étant donné le dessin de l'exercice 10-25, calculer le volume du solide si chaque tranche parallèle à celle illustrée, au lieu d'être un triangle, est une demi-ellipse dont la demi-longueur du petit axe vertical mesure le sixième du grand axe horizontal. (note: l'aire d'une ellipse est πab, a et b étant la demi-longueur de chaque axe de l'ellipse).

10-44 La base d'un solide est dans le plan XY et elle est bornée par $x = y^2 - 3y$ et $x = 5y - y^2$. Calculer le volume du solide si chaque tranche perpendiculaire à l'axe OX est:

a) un demi-cercle;

b) un rectangle quatre fois plus haut que large.

11

LONGUEUR D'UNE COURBE PLANE

Jusqu'à maintenant, nous avons vu à quel point le calcul différentiel et intégral était puissant. Il nous permet de calculer l'aire de toutes sortes de surfaces; il nous permet de calculer des volumes. L'imagination fertile des grands mathématiciens ne les a cependant pas limités à ces seules notions.

Nous approfondirons certaines de leurs découvertes en étudiant maintenant comment nous pouvons calculer la longueur d'une courbe.

Imaginons pour un instant, un ingénieur civil. C'est bien connu qu'à certains moments, il construit des routes.

Après avoir tracé une route sur papier, il doit la faire construire. Il a besoin, entre autres, de connaître la quantité d'asphalte requise.

D'une part, il ne veut pas commander trois fois trop de matériaux, et d'autre part, il veut en avoir assez pour la construire au complet.

S'il connaît précisément la longueur de la route à construire, il sera en mesure de commander la quantité appropriée d'asphalte, car il n'aura qu'à multiplier la longueur de la route par la largeur de celle-ci et par l'épaisseur d'asphalte désirée.

Il faut que l'ingénieur sache calculer cette longueur.

Naturellement, dans la vie courante, l'ingénieur ne la calcule pas à l'aide d'intégrales, mais plutôt en utilisant des tables. Il a fallu par contre qu'il comprenne les principes et les rudiments qui ont fait bâtir ces tables pour pouvoir bien les utiliser.

Nous ne ferons pas ici uniquement des problèmes d'ingénierie, mais cet exemple nous prouve l'utilité de calculer la longueur d'une courbe. C'est ce qui retiendra notre attention dans le présent chapitre.

Traçons une courbe quelconque et faisons un agrandissement à la loupe d'une portion étroite de celle-ci:

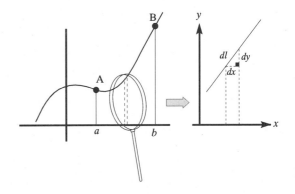

Figure 11-1

Si la région triangulaire est excessivement petite, nous pouvons écrire, en vertu du théorème de Pythagore:

$$dl = \sqrt{(dx)^2 + (dy)^2} \qquad (1)$$

En effet, si dx est très petit, la portion de courbe dl coïncide avec l'hypoténuse d'un triangle rectangle.

Nous cherchons la longueur totale L de la courbe entre les verticales $x = a$ et $x = b$. C'est donc *la somme de tous les petits dl*.

Rappel:

Si y est fonction de x, c'est-à-dire $y = f(x)$, alors $dy = f'(x)\, dx$.

De même, si x et y sont des fonctions d'un même paramètre t, alors:

$$dx = x' \cdot dt \quad \text{et} \quad dy = y' \cdot dt$$

Comprenons bien qu'ici, x' est la dérivée de x par rapport à t et y', la dérivée de y par rapport à ce même paramètre t.

Exemple 11-1:

Soit la courbe donnée sous forme paramétrique:

$$x = 2 \sin t + 2 \cos t$$
$$y = 2 \sin t - 2 \cos t$$

Calculer la longueur de cette courbe lorsque t varie de 0 à $\pi/2$.

Solution:

Nous déduisons:

$$dx = (2 \cos t - 2 \sin t)\, dt$$
$$dy = (2 \cos t + 2 \sin t)\, dt$$

Référons-nous à la figure 11-1 grossie à la loupe pour constater que nous avons besoin de:

$$\sqrt{(dx)^2 + (dy)^2}$$

$(dx)^2 + (dy)^2$ exige le calcul de:

$$[4\cos^2 t - 4 \cos t \sin t + 4\sin^2 t]\,(dt)^2$$
$$+ \ [4\cos^2 t + 4 \cos t \sin t + 4\sin^2 t]\,(dt)^2$$

Puisque $\sin^2 t + \cos^2 t = 1$, nous pouvons écrire:

$$(dx)^2 + (dy)^2 = [4 - 4 \cos t \sin t]\,(dt)^2$$
$$+ \ [4 + 4 \cos t \sin t]\,(dt)^2$$

Mettant $(dt)^2$ en évidence dans le membre de droite, nous retrouvons:

$$(dx)^2 + (dy)^2$$
$$= [4 - 4 \cos t \sin t + 4 + 4 \cos t \sin t]\,(dt)^2$$
$$= 8\,(dt)^2$$

Ne perdons pas de vue que nous cherchons dl, qui est:

$$\sqrt{(dx)^2 + (dy)^2}$$

c'est-à-dire $dl = \sqrt{8\,(dt)^2} = \sqrt{8}\ dt$

Il faut calculer maintenant la somme de *tous* ces petits dl, car nous voulons calculer la longueur totale "L" lorsque t varie de 0 à $\pi/2$.

Il s'agit donc de calculer:

$$L = \int_0^{\pi/2} \sqrt{8}\ dt = \int_0^{\pi/2} 2\sqrt{2}\ dt$$

ce qui est:

$$L = 2\sqrt{2}\ t\ \Big|_0^{\pi/2}$$

$$= 2\sqrt{2}\left(\frac{\pi}{2} - 0\right) = \sqrt{2}\,\pi$$

La longueur de la courbe est $\sqrt{2}\,\pi\ u$ où "u" est une unité de longueur comme le cm, le m, le km, etc.

♦ ♦

- Examinons ce que devient l'expression de dl lorsque la fonction n'est pas donnée sous forme paramétrique.

- Examinons le cas où, par exemple, y serait une fonction de la variable x.

Nous avons alors $dy = f'(x)\, dx$.

c'est-à-dire $dy = \left(\dfrac{dy}{dx}\right) dx$

Cela entraîne:

$$d\,\ell = \sqrt{(dx)^2 + (dy)^2}$$

$$= \sqrt{(dx)^2 + \left[\left(\dfrac{dy}{dx}\right) dx\right]^2}$$

$$= \sqrt{(dx)^2 + \left(\dfrac{dy}{dx}\right)^2 (dx)^2}$$

$$= \sqrt{\left(1 + \left(\dfrac{dy}{dx}\right)^2\right)(dx)^2}$$

$$= \sqrt{\left(1 + \left(\dfrac{dy}{dx}\right)^2\right)}\ |dx|$$

En intégrant de gauche à droite, $|dx| = dx$. Par conséquent,

$$\boxed{d\,\ell = \sqrt{\left(1 + \left(\dfrac{dy}{dx}\right)^2\right)}\ d\,x} \quad (2)$$

• lorsque x est fonction de y, une autre égalité peut être déduite en procédant *exactement* de la même façon que ci-haut.

À ce moment $dx = f'(y)\ dy = \left(\dfrac{dx}{dy}\right) dy$ et nous avons:

$$\boxed{d\,\ell = \sqrt{\left(1 + \left(\dfrac{dx}{dy}\right)^2\right)}\ d\,y} \quad (3)$$

Il n'est pas nécessaire d'apprendre par coeur les trois expressions signifiant $d\ell$. En se souvenant de l'expression (1), nous retrouverons immédiatement:

• l'expression (2) en divisant par $(dx)^2$ à l'intérieur du radical et en multipliant par dx *à l'extérieur* du radical;

• l'expression (3) en divisant par $(dy)^2$ à l'intérieur du radical et en multipliant par dy *à l'extérieur* du radical.

Suivant le choix que nous ferons de dériver une fonction par rapport à une variable ou par rapport à une autre, nous prendrons la formule correspondante ou nous la déduirons tout simplement à partir de:

$$d\ell = \sqrt{(dx)^2 + (dy)^2}$$

qui est la seule formule à retenir.

Exemple 11-2:

Tracer la fonction donnée sous forme paramétrique et calculer la longueur de cette courbe lorsque t varie de 0 à 2π.

Nous avons $x = \cos t \quad y = \sin t \quad$ et $\quad t \in [0, 2\pi]$

Solution:

Faisons un tableau de valeurs:

t	$x = \cos t$	$y = \sin t$
0	1	0
$\dfrac{\pi}{4}$	$\dfrac{\sqrt{2}}{2}$	$\dfrac{\sqrt{2}}{2}$
$\dfrac{\pi}{2}$	0	1
π	-1	0
$\dfrac{3\pi}{2}$	0	-1
2π	1	0

Représentons les points correspondant aux coordonnées que nous venons de tabuler.

Un cercle semble se dessiner.

En est-il vraiment ainsi ?

Nous savons que $\cos^2 t + \sin^2 t = 1$. Cela se traduit ici par $x^2 + y^2 = 1$ qui est l'équation d'un cercle de rayon 1 centré à l'origine.

Notre intuition était bonne!

La figure 11-2 montre ce à quoi ressemble notre courbe:

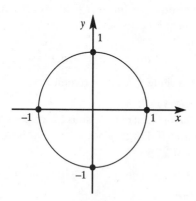

Figure 11-2

Nous voulons connaître la longueur de cette courbe. Pourquoi jongler avec les formules, alors que nous savons depuis longtemps que la circonférence d'un cercle de rayon R est égale à $2\pi R$.

La longueur de la courbe est donc $2\pi\ \dot u$ où "u" représente une unité de longueur.

◆◆

Exemple 11-3:

L'équation de la courbe d'un certain câble flexible, de densité uniforme et suspendu en deux points de même hauteur, est:

$$y = 50\ (e^{0,01x} + e^{-0,01x}) - 50$$

x et y sont en mètres.

Si le câble est suspendu entre deux pylônes d'électricité distants de 100 mètres, calculer:

- a) la longueur du câble qui les relie;
- b) la hauteur du câble au milieu des pylônes;
- c) la hauteur du câble au point de suspension;
- d) la longueur nécessaire pour border une route de 500 km.

Solution:

Pour calculer la longueur de la courbe, nous voudrons utiliser la formule (2) car y est explicitement écrit en fonction de x. Mais avant de l'utiliser, il faut examiner y et s'assurer que (dy/dx) **existe** sur le domaine d'intégration considéré. Ce qui est le cas ici.

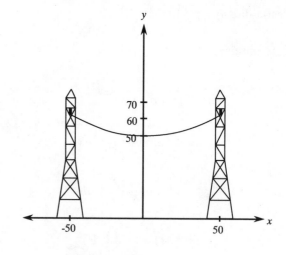

Figure 11-3

a) Pour déterminer la longueur du câble qui relie les pylônes, il faut calculer L lorsque x varie de -50 à $+50$. *

Trouvons d'abord l'expression de dy.

Nous nous intéressons à dy plutôt qu'à dx, car l'expression est donnée en fonction de x et les bornes selon x sont très faciles à déterminer:

$$y = 50(e^{0,01\,x} + e^{-0,01\,x}) - 50$$

$$dy = 50\left[\frac{e^{0,01\,x}}{100} - \frac{e^{-0,01\,x}}{100}\right]dx$$

$$= \frac{1}{2}\left[e^{0,01\,x} - \frac{1}{e^{0,01\,x}}\right]dx$$

Calculons maintenant $(dx)^2 + (dy)^2$:

$$(dx)^2 + (dy)^2 = (dx)^2 + \frac{1}{4}\left[e^{0,01\,x} - \frac{1}{e^{0,01\,x}}\right]^2 (dx)^2$$

Mettons $\dfrac{(dx)^2}{4}$ en évidence:

$$(dx)^2 + (dy)^2 = \left[4 + \left[e^{0,01\,x} - \frac{1}{e^{0,01\,x}}\right]^2\right]\frac{(dx)^2}{4}$$

$$(dx)^2 + (dy)^2 = \left[4 + e^{0,02\,x} - 2 + \frac{1}{e^{0,02\,x}}\right]\frac{(dx)^2}{4}$$

$$(dx)^2 + (dy)^2 = \left[e^{0,02\,x} + 2 + \frac{1}{e^{0,02\,x}}\right]\frac{(dx)^2}{4}$$

---

* La fonction y est symétrique par rapport à l'axe OY, car $y\,(-x) = y\,(x)$.

Le deuxième terme de ceux qui sont entre crochets, c'est-à-dire le +2, peut être considéré comme le double produit de:

$$e^{0,01x} \quad \text{et} \quad \frac{1}{e^{0,01x}}$$

induisant alors un carré parfait pour les termes entre crochets.

Nous pouvons donc écrire:

$$(dx)^2 + (dy)^2 = \left[e^{0,01x} + \frac{1}{e^{0,01x}}\right]^2 \frac{(dx)^2}{4}$$

Chaque petit élément $d\ell$ sur la courbe est de longueur:

$$d\ell = \sqrt{(dx)^2 + (dy)^2}$$

Donc:

$$d\ell = \sqrt{\left[e^{0,01x} + \frac{1}{e^{0,01x}}\right]^2 \frac{(dx)^2}{4}}$$

$$d\ell = \left[e^{0,01x} + \frac{1}{e^{0,01x}}\right] \frac{dx}{2}$$

La longueur totale L cherchée est la somme de tous ces petits $d\ell$, lorsque x varie de -50 à $+50$. Cela entraîne le calcul de:

$$L = \frac{1}{2} \int_{-50}^{50} \left[e^{0,01x} + \frac{1}{e^{0,01x}}\right] dx$$

$$= \frac{1}{2} \left[100\, e^{0,01x} - 100\, e^{-0,01x}\right]\Big|_{-50}^{50}$$

$$= \frac{1}{2} \left[(100\, e^{0,5} - 100\, e^{-0,5}) - (100\, e^{-0,5} - 100\, e^{0,5})\right]$$

$$= 100\, (e^{0,5} - e^{-0,5})$$

$$= 100 \left[\sqrt{e} - \frac{1}{\sqrt{e}}\right]$$

$$\approx 104,219$$

Il faut un peu plus de 104 mètres de câble suspendu pour relier les deux pylônes.

b) La hauteur du câble au milieu des pylônes est la valeur pour laquelle $x = 0$.

Nous trouvons $50\,(1 + 1) - 50 = 50$.

Le câble est à une hauteur de 50 mètres au-dessus du sol entre les pylônes, tel qu'il est indiqué sur la figure 11-3.

c) La hauteur du câble au point de suspension est la hauteur lorsque $x = 50$ ou lorsque $x = -50$.

Si nous remplaçons l'une ou l'autre de ces deux valeurs dans l'équation, nous déterminerons la valeur de y correspondante, c'est-à-dire la hauteur demandée:

$$50\,(e^{0,5} + e^{-0,5}) - 50$$
$$= 62{,}7625965205$$

Le câble est accroché à une hauteur d'un peu moins de 63 mètres.

d) À tous les cent mètres, il faut dérouler 104,219 m de câble, donc pour border 500 km de route, il faudra $104{,}219\, \frac{\text{m}}{100\,\text{m}} \times 500\,\text{km} \approx 521\,\text{km}$ de câble.

♦   ♦

Exemple 11-4:

Une rondelle de hockey roule sur un plancher parfaitement horizontal. Sur la face ronde et exactement au bord de sa circonférence, nous avons placé un petit clou. Lorsque la rondelle de rayon a roule, le clou décrit une trajectoire comme celle tracée sur la figure 11-4:

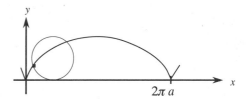

Figure 11-4

Les équations de x et de y sous forme paramétrique sont:

$$x = a(\theta - \sin \theta)$$
$$y = a(1 - \cos \theta)$$

Calculer la longueur d'un arc de la courbe.

Avant de débuter la solution, remarquons ceci. Le segment, sur l'axe OX, sous-tendu par un arc est $2\pi a$, puisque cette longueur est la circonférence de la rondelle. De plus, la hauteur au centre d'un arc est $2a$ puisque c'est le diamètre du cercle.

Solution:

Les différentielles de x et de y par rapport à θ sont respectivement:

$$dx = (a - a \cos \theta) d\theta \quad \text{et} \quad dy = a \sin \theta \, d\theta$$

D'où:

$$(dx)^2 = (a - a\cos\theta)^2 (d\theta)^2 = a^2(1 - \cos\theta)^2 (d\theta)^2$$
$$= a^2 (1 - 2\cos\theta + \cos^2\theta)(d\theta)^2$$

et

$$(dy)^2 = a^2 \sin^2\theta \, (d\theta)^2$$

Nous obtenons donc:

$$\sqrt{(dx)^2 + (dy)^2}$$
$$= \sqrt{a^2(1 - 2\cos\theta + \cos^2\theta) + a^2 \sin^2\theta} \; d\theta$$
$$= \sqrt{a^2 - 2a^2\cos\theta + a^2\cos^2\theta + a^2\sin^2\theta} \; d\theta$$
$$= \sqrt{2a^2 - 2a^2\cos\theta} \; d\theta$$
$$= a\sqrt{2} \; \sqrt{1 - \cos\theta} \; d\theta$$

Lorsque la rondelle effectue un tour complet, l'angle θ varie de 0 à 2π.

Nous pouvons alors écrire:

$$L = \int_0^{2\pi} a\sqrt{2} \; \sqrt{1 - \cos\theta} \; d\theta$$

En utilisant l'identité (5) de l'annexe E, nous pouvons écrire:

$$\cos\theta = \cos^2\frac{\theta}{2} - \sin^2\frac{\theta}{2}$$
$$\cos\theta = 1 - 2\sin^2\frac{\theta}{2}$$

Cela entraîne:

$$\sin\frac{\theta}{2} = \sqrt{\frac{1 - \cos\theta}{2}} = \frac{\sqrt{1 - \cos\theta}}{\sqrt{2}}$$

La longueur de la courbe cherchée est donc:

$$L = \int_0^{2\pi} a\sqrt{2} \; \sqrt{2} \; \sin\frac{\theta}{2} \; d\theta$$
$$L = 2a\int_0^{2\pi} \sin\frac{\theta}{2} \; d\theta$$
$$L = 2a\int_0^{\pi} \sin u \; 2du \qquad \text{où} \quad u = \theta/2$$
$$= 4a\,(-\cos u)\,\Big|_0^{\pi}$$
$$= (-4a\cos\pi) - (-4a\cos 0)$$
$$= -4a\,(-1) + 4a\,(1)$$
$$= 8a$$

La longueur de chaque arc de courbe est égale à 8 a u.

EXERCICES – CHAPITRE 11

Niveau 1

11-1 Écrire -mais ne pas résoudre- l'intégrale définie qu'il faudrait calculer pour connaître en fonction de dx la longueur des courbes suivantes, entre les verticales $x = 0$ et $x = 1$:

a) $y = ax^2 + bx + c$;

b) $y = x^2 + 3 \, \text{tg} \, x$.

11-2 Écrire -mais ne pas résoudre- l'intégrale définie qu'il faudrait calculer pour connaître la longueur de la courbe d'équation $y = \sin x$ entre les verticales $x = 0$ et $x = 1$, cette intégrale étant en fonction de:

a) dx;   b) dy.

11-3 Écrite sous forme paramétrique, l'équation d'un cercle de rayon R est:

$$x = R \cos \theta$$
$$y = R \sin \theta, \quad \text{où } \theta \in [0, 2\pi].$$

En utilisant la théorie du présent chapitre, déduire la formule représentant la circonférence d'un cercle de rayon R.

11-4 Soit la courbe dont l'équation sous forme paramétrique est: $\quad x = -\sin t + \cos t$

$$y = -\sin t - \cos t, \quad \text{où } t \in \mathbb{R}.$$

Calculer la longueur de cette courbe lorsque t varie de 0 à 2π.

11-5 Trouver la longueur de la courbe $y = ln(\sec x)$ entre les verticales $x = 0$ et $x = \pi/4$.

11-6 Calculer la longueur de l'arc $\rho = a\theta$ lorsque ρ varie de 0 à 2π. (a est une constante)

(Note pour les intéressés: la courbe $\rho = a\theta$ est appelée la spirale d'Archimède.)

11-7 Calculer la longueur des courbes sur l'intervalle $t \in [0, \pi]$:

a) $x = \sin t \qquad y = \cos t$;

b) $x = t^2 \qquad y = 1 + t$.

11-8 Calculer la longueur des courbes suivantes entre les points indiqués:

a) $y = 5 - x\sqrt{x}$ entre $(0, 5)$ et $(1, 4)$;

b) $y = 1 + 8x^2$ entre $(0, 1)$ et $(1, 9)$;

c) $y = 6 - 2x^2$ entre $(1, 4)$ et $(2, -2)$;

d) $y = x^2 - 6x + 8$ entre $(1, 3)$ et $(5, 3)$;

e) $y = x^{2/3}$ entre $(1, 1)$ et $(8, 4)$.

11-9 À St-Beau, le maire projette de relier deux monuments distants de 10 mètres et séparés par un fossé. Deux alternatives lui sont suggérées: construire une petite passerelle qui coûte 100 $ par mètre linéaire ou construire un petit trottoir au coût de 80 $ par mètre linéaire qui permettra de marcher facilement dans le fossé. L'équation qui traduit la courbe du fossé est $y = x^2/25$ et les deux monuments sont alors placés à $x = -5$ et $x = 5$.

Si Richard propose au maire l'alternative la moins coûteuse, laquelle suggère-t-il ?

11-10 L'arche d'un magnifique hall d'entrée suit la courbure de la parabole d'équation $4x^2 + y = 4$ où les unités sont en mètres.

Si l'épaisseur de l'arche est de 30 cm, déterminer la longueur de ruban d'une largeur de 5 cm qu'il faudra si l'arche doit être complètement recouverte de ce ruban.

11-11 Éric, un excellent golfeur, frappe des balles de golf sur un terrain de pratique. La première suit la courbe parabolique $y = \dfrac{x}{100}(100 - x)$ et la deuxième suit la courbe parabolique $y = \dfrac{x}{40}(80 - x)$.

a) Laquelle a fait la plus longue courbe dans les airs?

b) Si les unités sont en mètres, quelle est la longueur de courbe parcourue par la première balle?

11-12 Calculer la longueur du contour borné par les courbes suivantes $y = x^{3/2}$ et $x = y^{3/2}$.

11-13 Maxime, un grand designer, conçoit des verres. Un jour, Maxime décide de faire tracer une ligne d'or sur les verres d'une collection de haut prestige. Après avoir pris connaissance qu'il lui en coûterait 3 $ par centimètre pour sa fantaisie, il calcule la longueur de la paroi de chaque verre. Si l'emplacement à recouvrir d'or satisfait l'équation $y = \dfrac{2}{3}|x|^{3/2}$, pour x allant de -3 à 3, calculer le prix à payer pour mettre de l'or sur chaque verre.

11-14 Calculer la longueur de la courbe suivante donnée sous forme paramétrique:

$$y = e^t \cos t \qquad x = e^t \sin t \qquad t \in [0, 1].$$

11-15 Calculer la longueur des courbes suivantes entre les points indiqués. (L'usage des tables est suggéré)

a) $y = e^x \qquad$ entre $(0, 1)$ et $(4, e^4)$;

b) $y = ln\, x \qquad$ entre $(e^{-1}, -1)$ et $(e, 1)$.

11-16 Repensons à notre rondelle de hockey décrite à l'exemple 11-4: le clou décrivait alors une cycloïde dont une pointe était à l'origine. Si nous nous intéressons maintenant à la cycloïde ayant un *sommet* à l'origine, les équations paramétriques seront:

$$x = a\,(\alpha + \sin\alpha)$$
$$y = a\,(1 - \cos\alpha)$$

Prouver que la longueur de chaque petit arc est $8\,a$.

Niveau 2

11-17 Calculer la longueur des courbes suivantes entre les points indiqués:

a) $y = x^{2/3}$ entre $(-8, 4)$ et $(1, 1)$;

b) $\cos x = e^y$ entre $(0, 0)$ et $(\pi/3, -\ln 2)$;

c) $\sin y = e^x$ entre $(-\ln 2, \pi/6)$ et $(0, \pi/2)$.

11-18 Calculer la longueur de la frontière de la surface bornée par $y = -x^2 + 68$ et $y = x^{2/3}$. Les courbes se coupent lorsque $x = \pm\,8$.

11-19 Écrire -mais ne pas résoudre- l'intégrale définie qu'il faudrait calculer pour connaître en fonction de dx la longueur des courbes suivantes, entre les verticales $x = 0$ et $x = 1$:

a) $y^2 = -x^3 + 4x$;

b) $x^2 + y^2 = t^2$ $(t^2 > 1)$.

11-20 Écrire -mais ne pas résoudre- l'intégrale définie qu'il faudrait calculer pour connaître en fonction de dy la longueur des courbes suivantes, entre les verticales mentionnées:

a) $x^2 + y^2 = t^2$, $(t^2 > 1)$ entre $x = 0$ et $x = 1$;

b) $y = x^2 - 2x + 3$ entre $x = -2$ et $x = 0$.

11-21 Soit l'équation d'une courbe décrite sous forme paramétrique:

$x = -2\sin t$ $y = \sin t$

a) Calculer la longueur du chemin parcouru sur l'intervalle $t \in [0, \pi]$.

b) Calculer le déplacement parcouru sur l'intervalle $t \in [0, \pi]$.

11-22 L'équation d'une chaînette étant $y = \dfrac{a}{2}\left[e^{x/a} + e^{-x/a}\right] - \dfrac{a}{2}$, calculer sa longueur entre les verticales $x = -a$ et $x = a$.

11-23 a) Calculer la longueur de la parabole $x^2 = 2ky$ entre les verticales $x = 0$ et $x = k$.

b) À l'aide du résultat trouvé en a), évaluer la longueur de la parabole d'équation $y = x^2/2$ entre les points $(-1, 1/2)$ et $(1, 1/2)$.

11-24 Calculer la longueur de la courbe $e^x = 1 - y^2$ entre les verticales $x = -1$ et $x = 0$.

11-25 Calculer la longueur de la courbe $y = \ln(\sin x)$ lorsque x varie de $3\pi/4$ à π.

11-26 Trouver la longueur du contour *extérieur* de l'ombre faite par les deux surfaces circulaires dont les contours sont C_1 et C_2:

$$C_1 : x^2 + y^2 = 289$$
$$C_2 : (x - 44)^2 + y^2 = 1521.$$

11-27 Déterminer la longueur du contour délimitant la région commune aux deux cercles C_1 et C_2 décrits à l'exercice 11-26.

Niveau 3

11-28 Calculer la longueur de la courbe entre les deux points indiqués:

$$y = x^{2/3} + x \text{ entre } (1, 2) \text{ et } (8, 12).$$

11-29 Une courbe passe par le point $(0, h)$. Si *l'aire* sous la courbe entre deux verticales est égale à «h» fois la *longueur* de cette courbe entre ces mêmes verticales, montrer que la courbe est une chaînette. L'équation générale d'une chaînette est:

$$y = \frac{K}{2}(e^{x/K} + e^{-x/K}) \qquad K \in \mathbb{R}.$$

12

AIRE D'UNE SURFACE DE RÉVOLUTION

Après avoir appris à calculer l'aire d'une surface plane, nous avons étendu cette notion au calcul de volume du solide engendré par la rotation de cette surface plane autour d'un axe.

Maintenant que nous savons comment calculer la longueur d'une courbe plane, nous étendons cette connaissance au calcul d'aire de la surface engendrée par la rotation de la courbe autour d'un axe.

Brièvement, voici ce que nous faisons dans ce chapitre.

- Une courbe plane entre deux points A et B tourne autour d'un axe (horizontal ou vertical).

- En tournant autour de cet axe, la courbe engendre une surface.

- Nous nous intéressons ici à calculer l'aire de cette surface de révolution.

Examinons la figure 12-1 et insistons sur le fait que la longueur de la portion de courbe considérée est infiniment petite. À cause de cela, il est facile de concevoir que le rayon allant de l'axe de rotation jusqu'à la courbe soit de même longueur du côté gauche que du côté droit de cette petite portion de courbe.

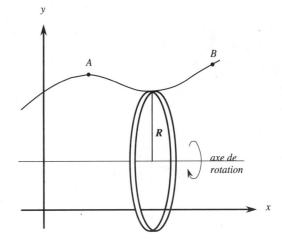

Figure 12-1

En tournant autour de l'axe, l'arc de courbe infiniment court décrit donc un cylindre de rayon R et de hauteur h. Sachant que l'aire d'un tel cylindre est $2\pi R h$, il suffira de déterminer R et h pour déduire l'aire de la bandelette infiniment étroite engendrée par la rotation de chaque portion de courbe infiniment courte.

Si nous nous référons à la figure 12-1, nous cernons aisément le rayon *R* du cylindre.

Il faut maintenant préciser la hauteur *h*. La hauteur du cylindre est en fait la longueur sur la courbe entre l'extrémité gauche et l'extrémité droite du petit arc de courbe infiniment court. C'est donc dire que *h* égale *dℓ*.

Nous pouvons en ce moment affirmer ceci: en tournant autour de l'axe, la portion de courbe infiniment courte engendre un cylindre dont l'aire est égale à $2\pi R\, d\ell$.

Si nous voulons obtenir l'aire totale de la surface engendrée par la rotation de toute la courbe *AB*, il faut effectuer la somme de *tous ces petits* $2\pi R d\ell$. Il faut alors calculer une intégrale.

Au chapitre 11, nous avons appris à calculer *dℓ*. Nous procédons encore ici exactement de la même façon.

Exemple 12-1:
Soit les portions du cercle d'équation $x^2 + y^2 = 25$ entre les verticales $x = -4$ et $x = 4$. Calculer l'aire de la surface engendrée lorsque ces deux portions tournent autour de l'axe OX.

Solution:

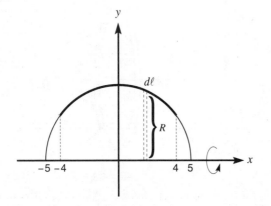

Figure 12-2

Parce que la portion de courbe au-dessous de l'axe OX et celle au-dessus engendrent exactement la même surface, nous n'en considérerons qu'une seule. Choisissons celle en trait gras au-dessus de l'axe OX.

En faisant tourner *dℓ* autour de l'axe OX, nous engendrons une surface dont l'aire est $2\pi R\, d\ell$.

Ici:
$$R = y$$

Souvenons-nous de la formule (2) citée au chapitre 11 à la page 205:
$$d\ell = \sqrt{\left[1 + \left(\frac{dy}{dx}\right)^2\right]}\; dx$$

Considérant notre portion de courbe, explicitons la fonction *y* pour ensuite la dériver:
$$y = \sqrt{25 - x^2}$$

donc:
$$\frac{dy}{dx} = \frac{-2x}{2\sqrt{25 - x^2}} = \frac{-x}{\sqrt{25 - x^2}}$$

Faisons les transformations nécessaires afin d'arriver à écrire *dℓ*.

$$\left(\frac{dy}{dx}\right)^2 = \frac{x^2}{25 - x^2}$$
$$1 + \left(\frac{dy}{dx}\right)^2 = 1 + \frac{x^2}{25 - x^2}$$
$$= \frac{25}{25 - x^2}$$

D'où:
$$d\ell = \sqrt{\frac{25}{25 - x^2}}\; dx$$

L'aire de la surface engendrée par la rotation de chaque petit arc de courbe est:
$$2\pi R\, d\ell = 2\pi \sqrt{25 - x^2}\,\sqrt{\frac{25}{25 - x^2}}\; dx$$

L'aire de la surface de révolution est donc:
$$\int_{-4}^{4} 2\pi \sqrt{25 - x^2}\,\sqrt{\frac{25}{25 - x^2}}\; dx$$

ce qui, après simplification, devient:

$$\int_{-4}^{4} 2 \pi \, (5) \, dx = \int_{-4}^{4} 10 \, \pi \, dx$$

$$= 10 \, \pi \, \Big|_{-4}^{4}$$

$$= 10 \, \pi \, (4 + 4)$$

$$= 80 \, \pi.$$

La surface est égale à $80\pi \, u^2$.

♦♦

Exemple 12-2:

Soit $C: \; x = 3 + \sin t$

$ y = 1 + \cos t$

$ $ où $t \in [0, 2\pi]$.

Calculer l'aire de la surface engendrée par la rotation de la courbe C autour de l'axe $x = 5$.

Solution:

Écrivons pour commencer quelques valeurs de x et de y correspondant à certaines valeurs de t.

t	x	y
0	3	2
$\dfrac{\pi}{2}$	4	1
π	3	0
$\dfrac{3\pi}{2}$	2	1
2π	3	2

Si nous essayons de relier ces points, nous nous rendons compte que ce n'est pas si facile.

Par contre, si nous examinons les définitions de x et de y, nous voyons que nous pouvons écrire:

$$\sin t = x - 3 \; \text{ et } \; \cos t = y - 1.$$

Puisque:

$$\sin^2 t + \cos^2 t = 1,$$

nous déduisons que:

$$(x - 3)^2 + (y - 1)^2 = 1.$$

Cette équation représente un cercle de rayon 1 centré au point $(3, 1)$. Il est donc maintenant facile de tracer tous les points de la courbe.

La figure 12-3 illustre la courbe C ainsi que l'axe de rotation $x = 5$.

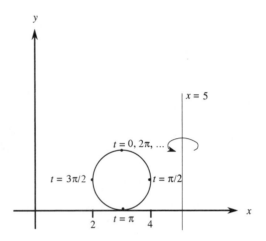

Figure 12-3

Pour faire tourner tout le cercle, il faut que t varie de 0 à 2π.

Quel que soit l'arc de courbe infiniment court que nous prenons sur C, si nous le faisons tourner autour de l'axe $x = 5$, nous aurons:

$$x = 3 + \sin t$$

$$y = 1 + \cos t$$

$$R = 5 - x$$

$$R = 5 - (3 + \sin t)$$

$$R = 2 - \sin t.$$

De plus, puisque:

$$d\ell = \sqrt{(dx)^2 + (dy)^2} \, ,$$

nous écrivons:

$$dl = \sqrt{(\cos t)^2 + (-\sin t)^2} \ dt$$

$$dl = \sqrt{\cos^2 t + \sin^2 t} \ dt$$

$$dl = dt \ .$$

L'aire de la surface engendrée par chaque petit élément infiniment court dl qui tourne autour de l'axe $x = 5$ est égale à:

$$2\pi R \ dl$$
$$2\pi (2 - \sin t) \ dt \ .$$

L'aire totale cherchée est donc:

$$\int_0^{2\pi} 2\pi (2 - \sin t) \ dt$$

$$2\pi (2t + \cos t) \Big|_0^{2\pi}$$

$$2\pi (4\pi + 1) - 2\pi (0 + 1) = 8\pi^2 \ .$$

L'aire de la surface de révolution est donc égale à $8\pi^2 \ u^2$.

♦   ♦

Nous aurions pu calculer l'aire de la surface engendrée par la rotation du demi-cercle pour lequel t varie de $\pi/2$ à $3\pi/2$ et multiplier ensuite le résultat trouvé par 2 afin de connaître l'aire totale de la surface engendrée par la rotation de tout le cercle. Nous aurions pu en faire autant avec le demi-cercle pour lequel t varie $3\pi/2$ à $5\pi/2$.

Nous pourrions tenir compte uniquement de l'un de ces deux demi-cercles puisque l'aire de la surface engendrée avec celui qui est situé sous le diamètre selon l'horizontale est égale à celle obtenue avec le demi-cercle situé au-dessus de ce même diamètre.

Signalons qu'il aurait été erroné de choisir le demi-cercle situé à gauche ou le demi-cercle situé à droite du diamètre selon la verticale et de multiplier par 2 puisque les aires engendrées par la rotation de ces deux demi-cercles ne sont pas égales. L'aire de la surface engendrée lorsque t varie de 0 à π est plus petite que l'aire de la surface engendrée lorsque t varie de π à 2π.

La surface de révolution de l'exemple 12-1 ressemble évidemment à un ballon creux parfaitement sphérique. Pour voir ce à quoi ressemble la surface de révolution de l'exemple 12-2, voir à la fin du livre.

EXERCICES – CHAPITRE 12

Niveau 1

12-1 Entre les verticales $x = 1$ et $x = 5$, calculer l'aire de la surface de révolution engendrée par la rotation de la droite $y = 2x$ autour de l'axe OX.

12-2 Calculer l'aire de la surface de révolution engendrée par la rotation, autour de l'axe OY, de la courbe décrite sous forme paramétrique:

$$x = \sin t$$
$$y = 2 - \sin t, \text{ où } t \in [\pi/2, \pi] \ .$$

12-3 Calculer l'aire de la surface engendrée par la rotation de la parabole d'équation $y = x^2$ autour de la droite $x = 0$ entre les verticales $x = -2$ et $x = 2$.

12-4 Calculer l'aire de la surface engendrée par la rotation de la parabole d'équation $y = x^2$ autour de la droite $x = 0$ entre les verticales $x = -2$ et $x = 1$.

12-5 Considérer la frontière de la surface bornée par la parabole $y = x^2$ et la droite $y = 4$. Calculer l'aire engendrée par la rotation de cette courbe autour de l'axe OY.

12-6 Calculer l'aire de la surface engendrée par la rotation de la frontière du triangle délimité par les droites (1), (2) et (3) si l'axe de rotation est OY:

a)   (1) $x = 0$ b)   (1) $x = 1$
     (2) $y = 1$ (2) $y = 0$
     (3) $y = -x + 6$ (3) $2y = -x + 7$

12-7 Calculer l'aire de la surface engendrée par la rotation de la frontière du triangle délimité par les droites (1), (2) et (3) si l'axe de rotation est OX:

a)   (1) $x = 0$ b)   (1) $x = 1$
     (2) $y = 1$ (2) $y = 0$
     (3) $y = -x + 6$ (3) $2y = -x + 7$

12-8 Calculer l'aire de la surface engendrée par la rotation de la droite $y = 2x - 7$ autour de l'axe OX:

a) entre les verticales $x = 5$ et $x = 10$;

b) entre les verticales $x = 0$ et $x = 10$.

12-9 Calculer l'aire de la surface engendrée par la rotation du triangle délimité par les droites (1), (2) et (3) si l'axe de rotation est OY:

a) (1) $2y = x + 2$ b) (1) $y = 4x - 2$

(2) $y = -x + 1$ (2) $3y + 5x = 28$

(3) $x = 4$ (3) $4y + x = 9$

12-10 Calculer l'aire de la surface engendrée par la rotation du triangle délimité par les droites (1), (2) et (3) si l'axe de rotation est OX:

a) (1) $2y = x + 2$ b) (1) $y = 4x - 2$

(2) $y = -x + 1$ (2) $3y + 5x = 28$

(3) $x = 4$ (3) $4y + x = 9$

12-11 Calculer l'aire de la surface engendrée par la rotation, autour de l'axe $x = 1$, du cercle d'équation $y = 4 + \sin t$, $x = -1 + \cos t$ où t varie de 0 à 2π.

12-12 Soit la courbe suivante:

$$y = \begin{cases} \sqrt{x} & \text{si } 0 \le x \le 4 \\ \sqrt{8-x} & \text{si } 4 < x \le 8 \end{cases}$$

Calculer l'aire de la surface engendrée par la rotation de cette courbe autour de l'axe:

a) OX;   b) OY;   c) $y = 3$

12-13 Calculer l'aire de la surface engendrée par la rotation, autour de l'axe OY, du contour de la région bornée par la parabole d'équation $y = ax^2$, ainsi que les droites $x = a$ et $y = 0$.

12-14 Calculer l'aire de la surface engendrée par la rotation, autour de l'axe OY, du contour de la région bornée par la parabole d'équation $y = 4x^2$, ainsi que les droites $x = 4$ et $y = 0$.

12-15 Considérons le cercle de rayon 5 centré à l'origine. La droite $y = -x + 5$ sépare le cercle en deux régions. Calculer l'aire de la surface engendrée par la rotation du contour de la plus petite des deux régions autour de l'axe:

a) OX;   b) OY;   c) $x = 6$;   d) $y = -1$.

12-16 Calculer l'aire de la surface engendrée par la rotation de $y = e^{2x}$ entre les verticales $x = 0$ et $x = 1/2$ autour de l'axe OX.

Niveau 2

12-17 Considérer le contour borné par la parabole $y = x^2$ et la droite $y = 4$. Calculer l'aire engendrée par la rotation de cette courbe autour de l'axe:

a) $x = 5$;   b) $y = -1$.

12-18 Calculer l'aire de la surface engendrée par la rotation de la parabole d'équation $y = x^2$ autour de la droite $y = 0$ entre les verticales $x = -2$ et $x = 2$.

12-19 Considérer la frontière de la surface bornée par la parabole $y = x^2$ et la droite $y = 4$. Calculer l'aire engendrée par la rotation de cette courbe autour de l'axe:

a) OX;   b) $y = 4$.

12-20 Calculer l'aire de la surface engendrée par la rotation de la parabole $y = x^2 - 4$ autour de OX entre les verticales:

a) $x = 0$ et $x = 3$;   b) $x = -3$ et $x = 4$.

12-21 Déterminer l'aire de la surface engendrée par la rotation autour de l'axe OX de la courbe $x = e^t$, $y = e^{-t}$ lorsque t varie de 0 à 1.

Niveau 3

12-22 Déterminer la valeur qu'il faut donner à k pour que l'aire de la surface engendrée par la rotation autour de l'axe OX de la courbe donnée sous forme paramétrique suivante soit égale à $8\pi^2 u^2$:

$$x = k + \sin t \text{ et } y = 2 + \cos t.$$

12-23 Montrer que l'aire d'une surface de révolution est égale à $2\pi R d\ell$ en utilisant le fait que l'aire latérale d'un cône d'apothème A est $2\pi A$.

13

INTÉGRALES IMPROPRES

Jusqu'à maintenant, nous nous sommes limités aux intégrales qui, en plus d'être calculées sur un domaine d'intégration *borné*, étaient *définies* partout dans ce domaine.

Il n'en sera pas toujours ainsi.

Par exemple, si nous voulons intégrer la fonction $f(x) = \dfrac{1}{x-1}$ entre les valeurs $x = 0$ et $x = 2$, nous remarquons que f n'existe pas en 1:

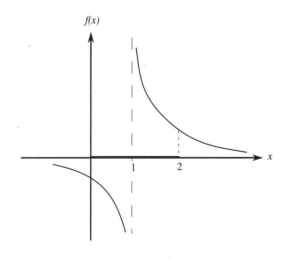

Figure 13-1

Pensons aussi à la fonction $g(x) = \dfrac{1}{x^2}$ que nous voudrions intégrer sur le domaine $]-\infty, +\infty[$. Ce domaine d'intégration n'est pas borné:

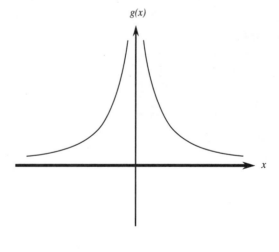

Figure 13-2

Dans ce chapitre, nous nous intéressons aux intégrales qui auront, soit:

• un domaine d'intégration illimité;

• une ou plusieurs valeur(s) pour laquelle (lesquelles) la fonction n'existe pas sur le domaine d'intégration.

• soit les deux possibilités ci-haut mentionnées qui surviennent dans une même intégrale.

Nous étudions les intégrales impropres parce qu'elles voient des applications excessivement importantes, entre autres, dans les domaines de la statistique et de l'électricité.

Définition:

Une intégrale définie est dite impropre lorsqu'au moins une de ses bornes d'intégration est +∞ ou −∞. Elle est aussi dite impropre lorsque l'intégrande possède une ou plusieurs fuites à l'infini dans le domaine d'intégration.

Considérons les 4 alternatives qui peuvent survenir.

Nous disons que l'intégrale:

$$\int_a^b f(x)\,dx$$

est une intégrale impropre:

$\boxed{\text{I}}$ si a est un nombre réel précis et si b est ∞;

Exemple 13-1:

$$\int_3^\infty \frac{5x}{x^2+1}\,dx$$

♦♦

$\boxed{\text{II}}$ si a est $-\infty$ et b est un nombre réel précis;

Exemple 13-2:

$$\int_{-\infty}^5 \frac{x+1}{x^2+1}\,dx$$

♦♦

$\boxed{\text{III}}$ si a est $-\infty$ et b est ∞;

Exemple 13-3:

$$\int_{-\infty}^\infty \sin x\,dx$$

♦♦

$\boxed{\text{IV}}$ si dans le domaine d'intégration $[a, b]$, il existe une valeur c pour laquelle l'intégrande tend vers $+\infty$ ou $-\infty$. (Il faut comprendre qu'il peut y avoir un nombre fini de valeurs c pour lesquelles l'intégrande a une fuite à l'infini.)

Exemple 13-4:
Dire pourquoi l'intégrale:

$$\int_3^5 \frac{dx}{(4-x)}$$

est une intégrale impropre.

Solution:

$$f(x) = \frac{1}{(4-x)}$$

tend vers $-\infty$ ou $+\infty$ selon que x s'approche de 4 par des valeurs supérieures ou par des valeurs inférieures. De plus, 4 est dans le domaine d'intégration. Nous sommes donc devant une intégrale impropre puisque f a une fuite à l'infini dans le domaine d'intégration.

♦♦

Définition:

Soit $\int_a^b f(x)\,dx$. Si f tend vers l'infini pour une certaine valeur c entre a et b, alors par définition nous écrivons:

$$\int_a^b f(x)\,dx = \int_a^c f(x)\,dx + \int_c^b f(x)\,dx$$

si ces deux intégrales existent.

Voici l'exemple 13-5 qui regroupe les alternatives II et IV.

Exemple 13-5:

Dire pourquoi $\int_{-\infty}^{10} \frac{dx}{x^2}$ est une intégrale impropre.

Solution:

$\int_{-\infty}^{10} \frac{dx}{x^2}$ est une intégrale impropre, car le domaine d'intégration est illimité et, en plus, dans ce domaine d'intégration, il y a une valeur pour laquelle f tend vers ∞, en l'occurrence, en $x = 0$.

◆◆

Définition:

Si nous avons à calculer l'intégrale $\displaystyle\int_k^\infty f(x)\, dx$ où k est une constante réelle bien précise, nous écrirons par définition:

$$\int_k^\infty f(x)\, dx = \lim_{a \to \infty} \int_k^a f(x)\, dx$$

Définition:

Si nous avons à calculer l'intégrale $\displaystyle\int_{-\infty}^k f(x)\, dx$ où k est une constante réelle bien précise, nous écrirons par définition:
$$\int_{-\infty}^k f(x)\, dx = \lim_{a \to -\infty} \int_a^k f(x)\, dx$$

Définition:

Si nous avons à calculer $\displaystyle\int_{-\infty}^\infty f(x)\, dx$, nous écrirons par définition:

$$\int_{-\infty}^\infty f(x)\, dx = \int_{-\infty}^k f(x)\, dx + \int_k^\infty f(x)\, dx$$

Il faut en fait scinder l'intégrale en deux à un endroit quelconque k pour lequel f existe. Nous avons à ce moment-là deux intégrales élémentaires.

Définition:

Si pour une valeur c dans le domaine d'intégration, la fonction f tend vers $\pm\infty$, alors il faut scinder l'intégrale en deux autres intégrales de la façon décrite ci-dessous:

$$\int_a^b f(x)\, dx = \lim_{r \to c^-} \int_a^r f(x)\, dx + \lim_{s \to c^+} \int_s^b f(x)\, dx$$

L'exemple 13-6 clarifie ces dires:

Exemple 13-6:

Calculer $I = \displaystyle\int_3^5 f(x)\, dx$, où f tend vers $+\infty$ ou $-\infty$ pour une certaine valeur c entre 3 et 5.

Solution:

Nous devons éviter cette valeur c, car le théorème fondamental du calcul intégral est énoncé pour une fonction f qui est définie *partout* sur le domaine d'intégration.

Écrire les deux intégrales élémentaires dont nous avons besoin devient facile lorsque nous représentons le domaine d'intégration à l'aide d'un segment:

Figure 13-3

Pour éviter la valeur c, il est évident que nous devons intégrer:

- de 3 à c^- (car nous devons aller de 3 jusqu'à une valeur inférieure à c, aussi près de c, mais sans être c);
- et ensuite de c^+ à 5 (car nous devons aller d'une valeur supérieure à c, aussi près de c, mais sans être c jusqu'à 5).

Notre intégrale devient:

$$I = \lim_{r \to c^-} \int_3^r f(x)\, dx + \lim_{s \to c^+} \int_s^5 f(x)\, dx$$

◆ ◆

Exemple 13-7:

Calculer $\qquad I = \displaystyle\int_{-1}^1 \frac{e^x}{1 - e^x}\, dx$

Solution:

La valeur 0 n'appartient pas au domaine de l'intégrande mais 0 appartient au domaine d'intégration. Par conséquent, I est une intégrale impropre.

[en fait, si $x \to 0^+$, alors $f(x) \to -\infty$ et si $x \to 0^-$, alors $f(x) \to +\infty$].

Pour éviter de traîner indûment les limites d'intégration, calculons l'intégrale indéfinie de I et appelons-la I_1.

Posons:

$$u = 1 - e^x$$

d'où:

$$du = -e^x \, dx$$

L'intégrale I_1 devient:

$$I_1 = \int \frac{-du}{u}$$

$$= -ln|u| + K$$

$$= -ln|1 - e^x| + K$$

Traçons d'abord l'intervalle d'intégration en spécifiant l'endroit où nous scinderons l'intégrale impropre:

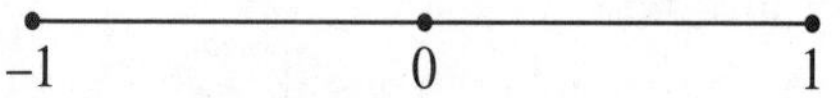

Figure 13-4

Nous pouvons maintenant calculer l'intégrale impropre demandée:

$$I = \int_{-1}^{1} \frac{e^x}{1 - e^x} \, dx$$

$$= \lim_{a \to 0^-} \int_{-1}^{a} \frac{e^x}{1 - e^x} \, dx + \lim_{b \to 0^+} \int_{b}^{1} \frac{e^x}{1 - e^x} \, dx$$

$$= \lim_{a \to 0^-} \left(-ln\left|1 - e^x\right| \right) \Big|_{-1}^{a} + \lim_{b \to 0^+} \left(-ln\left|1 - e^x\right| \right) \Big|_{b}^{1}$$

qui devient:

$$= \lim_{a \to 0^-} -ln\left|1 - e^a\right| + ln\left|1 - e^{-1}\right|$$

$$- ln\left|1 - e^1\right| + \lim_{b \to 0^+} ln\left|1 - e^b\right|$$

$$= -ln\left|0^+\right| + ln\left|1 - \frac{1}{e}\right| - ln\left|1 - e\right| + ln\left|0^-\right|$$

$$= -ln\, 0^+ + ln\left|0{,}63\right| - ln\left|-1{,}72\right| + ln\, 0^+$$

$$= \infty + \text{un nombre réel} + (-\infty) = \infty - \infty$$

Ce qui est indéterminé.

♦♦

Note: il est impossible de contourner cette indétermination $\infty - \infty$ de la façon dont nous l'avons fait au chapitre 2 (comme, disons à l'exemple 2-9), car pour ces deux limites, la variable x ne s'approche pas de la même valeur.

Comme l'intégrale ne donne pas un nombre réel précis, nous disons que l'intégrale *diverge*.

Définition:

Une intégrale impropre est dite convergente si chacune de ses intégrales élémentaires converge. Si l'une ou l'autre de ses intégrales élémentaires diverge, nous disons que l'intégrale impropre diverge.

Exemple 13-8:

Résoudre $\displaystyle I = \int_{-\infty}^{\infty} \frac{dx}{1 + x^2}$

Solution:

Cette intégrale est impropre à cause de l'intervalle d'intégration qui est illimité.

Nous connaissons l'intégrale indéfinie de I, puisque c'est la formule de l'arctangente.

Séparons cette intégrale en deux intégrales élémentaires afin que l'une ait une borne $-\infty$ et que l'autre ait une borne ∞.

Nous pourrions intégrer de $-\infty$ à 2 pour ensuite continuer de 2 à ∞; ou encore intégrer de $-\infty$ à -7 pour ensuite continuer de -7 à ∞. Il faut prendre une décision: nous choisissons d'intégrer de $-\infty$ à 0 pour ensuite intégrer de 0 à ∞.

Ainsi, nous avons:

$$I = \int_{-\infty}^{\infty} \frac{dx}{1 + x^2}$$

$$= \lim_{a \to -\infty} \int_a^0 \frac{dx}{1 + x^2} + \lim_{b \to \infty} \int_0^b \frac{dx}{1 + x^2}$$

$$= \lim_{a \to -\infty} \operatorname{arctg} x \Big|_a^0 + \lim_{b \to \infty} \operatorname{arctg} x \Big|_0^b$$

$$= \operatorname{arctg} 0 - \lim_{a \to -\infty} \operatorname{arctg} a$$

$$+ \lim_{b \to \infty} \operatorname{arctg} b - \operatorname{arctg} 0$$

$$= \operatorname{arctg} 0 - \left(\frac{-\pi}{2} \right) + \left(\frac{\pi}{2} \right) - \operatorname{arctg} 0$$

$$= 0 + \pi/2 + \pi/2 - 0 = \pi$$

◆◆

Nous disons que l'intégrale converge. Nous pouvons même affirmer que l'intégrale converge vers la valeur π.

Que signifie cette valeur π ?

Puisque, sur le domaine d'intégration, l'intégrande est partout positive, nous concluons que l'intégrale est égale à l'aire sous la courbe.

Aussi bizarre que cela puisse paraître, nous pourrions mathématiquement peinturer cette surface infinie et n'avoir besoin que d'une quantité finie de peinture! (Il faut bien lire "mathématiquement" car personne ne survivra assez longtemps pour peinturer toute la surface).

Exemple 13-9:

Résoudre l'intégrale $I = \int_0^{+\infty} e^{-x} \cos x \, dx$:

a) en utilisant la technique de l'intégration par parties;

b) en utilisant les tables d'intégration écrites à la fin du livre.

Solution:

a) Déterminons en premier lieu l'intégrale indéfinie associée à notre intégrale impropre.

Écrivons:

$$u = \cos x \qquad\qquad dv = e^{-x} \, dx$$
$$du = -\sin x \, dx \qquad\qquad v = -e^{-x}$$

$$I = uv - \int v \, du$$

$$I = -\cos x \, e^{-x} - \int e^{-x} \sin x \, dx$$

Posons maintenant, pour résoudre cette dernière intégrale:

$$u = \sin x \qquad\qquad dv = e^{-x} \, dx$$
$$du = \cos x \, dx \qquad\qquad v = -e^{-x}$$

Nous avons alors:

$$I = -\cos x \, e^{-x} - \left[-\sin x \, e^{-x} + \int e^{-x} \cos x \, dx \right]$$

$$I = -\cos x \, e^{-x} + \sin x \, e^{-x} - I$$

$$I = \frac{-\cos x \, e^{-x} + \sin x \, e^{-x}}{2} + K$$

Connaissant une primitive de l'intégrale indéfinie, nous pouvons calculer la valeur (si elle existe) de l'intégrale impropre:

$$I = \lim_{a \to \infty} \left[\frac{e^{-x}}{2} (-\cos x + \sin x) \right] \Big|_0^a$$

$$= \lim_{a \to \infty} \frac{e^{-a} (-\cos a + \sin a)}{2} - \frac{e^0 (-1)}{2}$$

$$= \lim_{a \to \infty} \frac{e^{-a} (-\cos a + \sin a)}{2} + \frac{1}{2}$$

Pour le calcul de cette limite, référer à l'exemple 2-12 du chapitre 2 (page 26).

Nous calculons une limite égale à 0, donc l'intégrale impropre égale 0 +1/2, c'est-à-dire 1/2.

Nous concluons que l'intégrale converge vers 1/2.

b) Utilisons la définition de l'intégrale impropre:

$$I = \int_0^{+\infty} e^{-x} \cos x \, dx = \lim_{a \to \infty} \int_0^a e^{-x} \cos x \, dx$$

Par la formule 161, nous pouvons écrire:

$$I = \lim_{a \to \infty} \left[\frac{e^{-x}}{2} (-\cos x + \sin x) \right] \Big|_0^a$$

La suite de la solution se fait exactement comme la solution de a). Nous concluons évidemment encore que l'intégrale converge vers 1/2.

◆ ◆

Exemple 13-10:

Calculer l'intégrale impropre $I = \int_{\pi/4}^{\infty} \sin x \, dx$.

Solution:

C'est effectivement une intégrale impropre, car l'intervalle est illimité:

$$I = \lim_{a \to \infty} \left(-\cos x \right) \Big|_{\pi/4}^a$$

$$I = \lim_{a \to \infty} \left(-\cos a \right) - \left(-\cos \frac{\pi}{4} \right)$$

$$I = \lim_{a \to \infty} \left(-\cos a \right) + \frac{\sqrt{2}}{2}$$

C'est une valeur entre $1 + \frac{\sqrt{2}}{2}$ et $-1 + \frac{\sqrt{2}}{2}$.

Il nous est impossible de donner la valeur vers laquelle tend le cosinus de a lorsque a tend vers l'infini. Tout ce que nous savons, c'est qu'il se situe entre −1 et 1. Cela ne nous avance à rien car une valeur inconnue entre −1 et 1 additionnée à $\frac{\sqrt{2}}{2}$ sera à son tour une valeur inconnue entre − 0,2929 et 1,7071.

Puisque l'intégrale n'égale pas une valeur réelle **précise**, nous concluons que l'intégrale diverge.

◆◆

Exemple 13-11:

Calculer l'aire de la région délimitée par l'équation:

$$y = \frac{x}{(x^2 + 4)^{3/2}}$$

et l'axe OX.

Solution:

Tout comme au chapitre 9 où il était recommandé de faire le dessin de la région dont nous avions à calculer l'aire, nous la dessinerons encore ici.

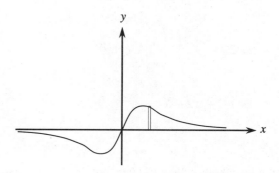

Figure 13-5

Il est toutefois intéressant de réaliser que nous n'avions pas vraiment besoin de faire le dessin, car:

si x est positif, alors y l'est aussi;

si x est négatif, alors y l'est aussi;

y est symétrique par rapport à l'origine, car:

$$-y(x) = y(-x).$$

À cause de la symétrie, nous n'avons qu'à calculer l'aire de la région sous la courbe dans le quadrant I et pour déterminer l'aire totale, nous n'aurons qu'à multiplier le résultat trouvé par 2.

Examinons le petit rectangle dessiné. Pour avoir l'aire totale, il faut faire la somme des aires de tous les petits rectangles.

Aire d'un petit rectangle = (base) (hauteur) = $y\,dx$.

$$= \frac{x}{(x^2+4)^{3/2}}\,dx$$

Donc l'aire totale $= 2\int_0^\infty \frac{x}{(x^2+4)^{3/2}}\,dx$

Calculons l'intégrale indéfinie I_1 pour ne pas avoir à changer les bornes au moment du changement de variable.

Trouvons $I_1 = 2\int \frac{x}{(x^2+4)^{3/2}}\,dx$

En posant $u = x^2+4$, nous avons $du = 2x\,dx$. Cela permet d'écrire:

$$\int \frac{du}{u^{3/2}} = \int u^{-3/2}\,du$$

c'est-à-dire

$$I_1 = \frac{u^{-1/2}}{-1/2}+K = \frac{-2}{\sqrt{u}}+K = \frac{-2}{\sqrt{x^2+4}}+K$$

L'aire cherchée est égale à:

$$I = \lim_{a\to\infty} \frac{-2}{\sqrt{x^2+4}}\Big|_0^a$$

ce qui est:

$$\lim_{a\to\infty} \frac{-2}{\sqrt{a^2+4}} - \frac{-2}{\sqrt{0^2+4}}$$

c'est-à-dire $0 + \frac{2}{2} = 1$

L'aire totale est égale à 1 u^2, où u^2 est une unité d'aire.

♦ ♦

Nous avons mentionné que les intégrales impropres voyaient des applications très importantes dans le domaine de la statistique, entre autres. En voici un exemple.

Étant donné une fonction continue représentant un concept comme la grandeur, le poids, le temps, l'intégrale suivante permet d'en calculer la moyenne:

$$\int_{-\infty}^\infty x f(x)\,dx$$

Exemple 13-12:

Étant donné la fonction définie par branches:

$$f(x) = 5e^{-5x} \quad \text{si } x \geq 0$$
$$f(x) = 0 \quad \text{si } x < 0$$

Calculer la moyenne de cette fonction.

Solution:

Pour calculer la moyenne, il faut multiplier $f(x)$ par x et ensuite l'intégrer entre $-\infty$ et ∞. C'est-à-dire qu'il faut calculer :

$$\int_{-\infty}^0 0\,dx + \int_0^\infty 5xe^{-5x}\,dx$$

C'est-à-dire:

$$\int_{-\infty}^0 0\,dx + \lim_{a\to\infty} 5\int_0^a xe^{-5x}\,dx$$

$$= \lim_{a\to\infty} 5\int_0^a xe^{-5x}\,dx$$

Après une intégration par parties, ou après avoir utilisé la formule 158 des tables d'intégration avec $a=-5$ et $m=1$, nous déduisons que les calculs à effectuer sont:

$$\lim_{a\to\infty} 5\left\{ \frac{xe^{-5x}}{-5}\Big|_0^a + \frac{1}{5}\int_0^a e^{-5x}\,dx \right\}$$

$$= \lim_{a\to\infty} -xe^{-5x}\Big|_0^a + \lim_{a\to\infty} \frac{e^{-5x}}{-5}\Big|_0^a$$

$$= \lim_{a\to\infty} -ae^{-5a}-(-0e^0) + \lim_{a\to\infty} \frac{e^{-5a}}{-5}-\frac{e^0}{-5}$$

$$= 0+0-0+1/5 = 0{,}2$$

0,2 est donc la valeur moyenne que prend la fonction f.

♦ ♦

La première limite qui est une indétermination de la forme $-\infty \times 0$ peut être contournée en utilisant les notions du chapitre 2. Cette forme d'indétermination a entre autres été contournée à la sous-question a) de l'exercice 2-23.

Les intégrales impropres sont grandement utiles en statistiques et nous aurons l'occasion de vérifier cette assertion dans les exercices. Ce qui retiendra maintenant notre attention, c'est le calcul d'une intégrale relativement simple, mais vraiment très importante pour ce qui suivra au chapitre sur les séries.

Exemple 13-13:

Montrer que:

$$\int_1^\infty \frac{1}{x^p}dx \quad \begin{array}{l} \text{converge si } p > 1 \\[2mm] \text{diverge si } p \le 1 \end{array}$$

Solution:

Le domaine de l'intégrande est $\mathbb{R}/\{0\}$. Puisque $0 \notin \,]1, \infty[$, il s'ensuit que l'intégrale est impropre uniquement à cause de la borne supérieure ∞.

• 1° cas: <u>si $p = 1$</u>

$$\int_1^\infty \frac{1}{x^1}\,dx = \int_1^\infty \frac{dx}{x}$$

$$= \lim_{a \to \infty} \ln x \,\Big|_1^a$$

Remarquons que nous n'avons pas mis les valeurs absolues car, partout, les valeurs de x sont positives:

$$= \lim_{a \to \infty} \ln a - \ln 1$$

$$= \infty - 0 = \infty$$

Donc l'intégrale diverge lorsque $p = 1$.

• 2° cas <u>si $p \ne 1$</u>

$$\int_1^\infty \frac{dx}{x^p} = \int_1^\infty x^{-p}\,dx$$

$$= \lim_{a \to \infty} \frac{x^{-p+1}}{-p+1}\bigg|_1^a = \lim_{a \to \infty} \frac{x^{1-p}}{1-p}\bigg|_1^a$$

$$= \lim_{a \to \infty} \frac{a^{1-p}}{1-p} - \frac{1}{1-p}$$

Si p est différent de 1, il peut être plus grand que 1 ou plus petit que 1. Considérons ces deux cas pour évaluer l'intégrale impropre:

$$\int_1^\infty \frac{1}{x^p}dx\,.$$

• <u>si $p > 1$</u>, cela implique que $1 - p < 0$ donc:

$$\lim_{a \to \infty} a^{1-p} = \left[\frac{1}{\infty}\right] = 0$$

D'où:

$$\int_1^\infty \frac{dx}{x^p} = 0 - \frac{1}{1-p} = \frac{1}{p-1}$$

qui est un nombre réel bien précis, donc l'intégrale converge si $p > 1$.

• <u>si $p < 1$</u> alors $1 - p > 0$ donc:

$$\lim_{a \to \infty} \frac{a^{1-p}}{1-p} = \frac{\infty}{1-p} = \infty$$

Alors:

$$\int_1^\infty \frac{dx}{x^p} = \infty - \frac{1}{1-p} = \infty$$

qui n'est pas un nombre réel précis, donc l'intégrale diverge si $p < 1$.

En résumé:

$$\boxed{\int_1^\infty \frac{1}{x^p}dx \quad \begin{array}{l} \text{converge si } p > 1 \\[2mm] \text{diverge si } p \le 1 \end{array}}$$

EXERCICES – CHAPITRE 13

Niveau 1

13-1 Sans toutefois évaluer les intégrales impropres ci-dessous, utiliser les définitions pour écrire la ou les intégrale(s) élémentaire(s) qu'il faudrait calculer pour connaître le résultat de:

a) $\int_{-\infty}^{0} \frac{dx}{x-1}$

b) $\int_{2}^{5} \frac{dx}{x^2-9}$

c) $\int_{-\infty}^{\infty} e^x\, dx$

d) $\int_{0}^{\infty} \frac{dx}{1-e^x}$

e) $\int_{-1}^{\infty} \frac{dx}{1-e^x}$

13-2 Montrer que:

a) $\int_{0}^{\infty} e^{-ax}\, dx = \frac{1}{a}$, a étant un nombre positif.

b) $\int_{0}^{\infty} e^{-ax}\, dx = \infty$, a étant un nombre négatif.

13-3 Dire toutes les raisons pour lesquelles les intégrales suivantes sont impropres:

a) $\int_{0}^{\infty} \cos x\, dx$

b) $\int_{2}^{\infty} \frac{x}{x^2-1}\, dx$

c) $\int_{2}^{\infty} \frac{x}{(x^2-1)^2}\, dx$

d) $\int_{3}^{11} \frac{dx}{\sqrt[3]{x-3}}$

e) $\int_{3}^{\infty} \frac{dx}{\sqrt{(4x-10)^3}}$

f) $\int_{3}^{6} \frac{dx}{\sqrt[3]{(3x-10)}}$

g) $\int_{-\infty}^{\infty} \frac{x\, dx}{(3x^2+2)^2}$

h) $\int_{0}^{9} \frac{dx}{(x-1)^{2/3}}$

i) $\int_{0}^{\pi} \frac{\operatorname{tg} x}{\cos x}\, dx$

j) $\int_{3}^{\infty} \frac{dx}{x^2-1}$

k) $\int_{0}^{1} \frac{x^3+x^2+4x+8}{x^2(x^2+4)}\, dx$

l) $\int_{-\infty}^{0} x\, e^x\, dx$

m) $\int_{-\infty}^{\pi/2} e^{2x} \cos(3x)\, dx$

n) $\int_{-2}^{2} \frac{dx}{\sqrt{4-x^2}}$

13-4 Calculer les intégrales impropres des sous-questions a) à i) inclusivement de l'exercice 13-3.

13-5 Calculer la valeur moyenne que prend la fonction f:

$$f(x) = \begin{cases} \dfrac{1}{(1+x^2)^{3/2}} & \text{si } 0 \le x \\ 0 & \text{ailleurs} \end{cases}$$

13-6 Calculer l'aire de la surface sous la courbe de E en se référant à la définition de E ci-dessous et, au besoin à la figure 13-6.
(A et R sont des constantes.)

$$E = \begin{cases} 0 & \text{si } 0 \le r < R \\ \dfrac{A}{r^2} & \text{si } R \le r \end{cases}$$

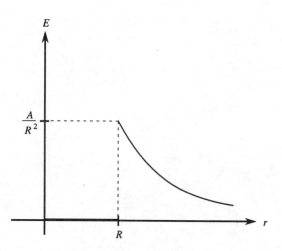

Figure 13-6

13-7 Calculer l'aire de la surface sous la courbe de V en se référant à la définition de V ci-dessous et, au besoin à la figure 13-7.
(A et R sont des constantes.)

$$V = \begin{cases} \dfrac{A}{R} & \text{si } 0 \le r < R \\ \dfrac{A}{r} & \text{si } R \le r \end{cases}$$

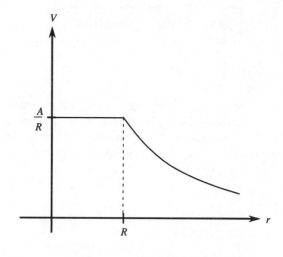

Figure 13-7

13-8 Calculer l'aire de la surface sous la courbe de E en se référant à la définition de E ci-dessous et, au besoin à la figure 13-8.
(A et R sont des constantes.)

$$E = \begin{cases} \dfrac{A}{R^3}\, r & 0 < r < R \\ \dfrac{A}{r^2} & R \le r \end{cases}$$

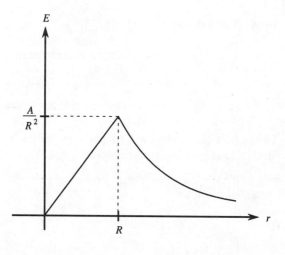

Figure 13-8

13-9 Soit la fonction f définie par branches:

$$f(x) = \begin{cases} \dfrac{1}{x^2} & \text{si } x > 1 \\ x^2 & -1 < x \le 1 \\ 2 & -5 \le x \le -1 \\ 0 & \text{ailleurs} \end{cases}$$

a) Calculer $\displaystyle\int_{-\infty}^{+\infty} f(x)\,dx$;

b) Calculer l'aire de la surface sous f;

c) pourquoi les réponses a) et b) sont-elles égales ?

13-10 Calculer l'aire sous la courbe d'équation $y = xe^{-x^2}$ lorsque $x \in [0, \infty[$. L'intégrale converge-t-elle?

13-11 Calculer l'aire de la région délimitée par les courbes suivantes:

$$y = \frac{1}{\sqrt[5]{x-5}} \; ; \; x = 4 \; ; \; x = 37 \; ; \; y = 0.$$

[Note: le «Serpent» peut être utilisé si nous pensons au fait que $\sqrt[5]{x-5}$ est le radical d'indice impair d'un facteur élevé à une puissance impaire.]

> En statistiques, nous définissons une fonction non négative f comme étant une *fonction de densité* si l'aire de la surface sous la courbe est égale à 1.
>
> C'est-à-dire: $\displaystyle\int_{-\infty}^{\infty} f(x)\,dx = 1$

13-12 Soit la fonction f définie par branches comme suit:

$$f(x) = \begin{cases} C\,xe^{-x^2} & \text{si } x \ge 0 \\ 0 & \text{ailleurs} \end{cases}$$

Tracer la fonction f et déterminer la valeur qu'il faut attribuer à C pour que f soit une fonction de densité.

13-13 Pour des valeurs de x supérieures à 1, nous définissons $f(x)$ égale à K/x^n ($n > 1$) et pour toutes

les autres valeurs réelles, $f(x)$ est égale à 0. Déterminer K pour que f soit une fonction de densité.

13-14 Pourquoi $\displaystyle\int_0^{\infty} \frac{dx}{(x-1)^2}$ diverge-t-elle, alors

que $\displaystyle\int \frac{dx}{(x-1)^2} = \frac{-1}{x-1} + K$

et que $\displaystyle\lim_{x \to \infty} \frac{-1}{x-1} - \frac{-1}{0-1} = -1$?

Niveau 2

13-15 Dire toutes les raisons pour lesquelles les intégrales suivantes sont impropres et évaluer ensuite si possible la valeur de celles-ci:

a) $\displaystyle\int_{-2}^{23} \frac{dx}{(x-23)\sqrt{x+2}}$

b) $\displaystyle\int_0^{\pi/2} \cos x \; ln\,(\sin x) \; dx$

c) $\displaystyle\int_0^{\infty} \frac{5e^{2x} + 8e^x + 2}{e^x\,(e^x - 1)} \; dx$

d) $\displaystyle\int_0^{\infty} (\sec^2 x) \; dx$

13-16 Étant donné les hypothèses suivantes, déterminer l'aire sous la courbe f entre $-\infty$ et 0, si f est continue sur IR et si les deux seules racines de f sont 0 et a:

$$\int_a^b f(x)\,dx = 20; \quad 0 < a < b \;;$$

$$\int_{-\infty}^b f(x)\,dx = 16; \quad \int_0^a f(x)\,dx = 9$$

13-17 Soit:

$$f(x) = \begin{cases} \dfrac{5}{x^2} & x > 1 \\ -3\,x^2 & 0 < x \le 1 \\ k & k \le x \le 0 \\ 0 & \text{ailleurs} \end{cases}$$

a) Calculer $\displaystyle\int_k^\infty f(x)\,dx$.

b) Déterminer k pour que $\displaystyle\int_k^\infty f(x)\,dx = 0$.

c) Est-il possible, pour une certaine valeur k, que l'aire de la surface sous f soit égale à:

$$\int_k^\infty f(x)\,dx?$$

d) Déterminer k pour que:

$$\int_k^1 f(x)\,dx = -\int_1^\infty f(x)\,dx \ .$$

13-18 Calculer l'aire de la surface sous la courbe:

$$y = \frac{2}{e^x + e^{-x}} \ , \ \text{où } x \in \ ]-\infty, \infty[.$$

13-19 Calculer l'aire de la surface sous la courbe de V en se référant à la définition de V ci-dessous et, au besoin à la figure 13-9.

$$V = \frac{B}{Br^2 + 1} \qquad (B \text{ est une constante})$$

Montrer ensuite que l'abscisse du point d'inflexion de la courbe est celui indiqué sur la figure 13-9.

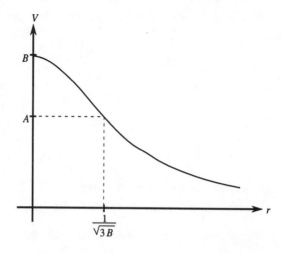

Figure 13-9

13-20 Solutionner l'exemple 11-4 de la page 207 de façon à obtenir une intégrale impropre.

Niveau 3

13-21 La fonction Γ (appelée Gamma) est définie comme suit:

$$\Gamma(n) = \int_0^\infty x^{n-1}\,e^{-x}\,dx$$

a) Intégrer $\Gamma(n)$ par parties pour montrer que
$$\Gamma(n) = (n-1)\ \Gamma(n-1)$$

b) En utilisant le fait que $\Gamma(1) = 1$, montrer que
$$\Gamma(n) = (n-1)!$$

(Voir si nécessaire la définition de la factorielle "!" à l'annexe A)

13-22 Un cercle d'équation $x^2 + y^2 = R^2$ est coupé par une droite $x = a$ où $-R \le a \le R$. Quelle est, en fonction de a et de R, la longueur de la courbe à gauche de la droite?

13-23 En considérant que «a» est une constante positive, utiliser la formule suggérée pour montrer les égalités suivantes:

a) $\displaystyle\int_0^\infty e^{-ax}\cos(mx)\,dx = \frac{a}{a^2+m^2}$

(suggestion: formule 161)

b) $\displaystyle\int_0^\infty e^{-ax}\sin(mx)\,dx = \frac{m}{a^2+m^2}$

(suggestion: formule 160)

13-24 Montrer que:

$$\int_0^{\pi/2} \frac{dx}{a^2\cos^2(x)+b^2\sin^2(x)} = \frac{\pi}{2ab}$$

13-25 Montrer que:

a) $\displaystyle\int_0^\pi \frac{dx}{a+b\cos x} = \frac{\pi}{\sqrt{a^2-b^2}} \qquad 0 \le b < a.$

b) $\displaystyle\int_0^{2\pi} \frac{dx}{1+a\cos x} = \frac{2\pi}{\sqrt{1-a^2}} \qquad -1 < a < 1.$

13-26 Si a est une constante positive, montrer:

a) $\displaystyle\int_0^\infty x\,e^{-ax}\cos(bx)\,dx = \frac{a^2-b^2}{(a^2+b^2)^2}$

b) $\displaystyle\int_0^\infty x\,e^{-ax}\sin(bx)\,dx = \frac{2\,a\,b}{(a^2+b^2)^2}$

(indice: suivre la démarche de l'exemple 7-41 en changeant l'exposant de «e» et l'argument du cosinus.)

14

LES SUITES

Depuis le début du Calcul II, nous avons vu vers quels horizons les seules sommes de Riemann nous ont menés. Avec les calculs d'intégrales définies qui ont permis les calculs d'aires, de volumes et de longueurs, nous nous sentons maintenant très forts et riches en connaissances.

Nous avons été avertis, peut-être nous en souvenons-nous, que les intégrales de Riemann ne pouvaient pas réussir à résoudre toutes les intégrales imaginables.

Certaines fonctions, sans être intégrables directement, le seront après un développement en une somme d'une infinité de termes. Cette somme infinie s'appelle une série. C'est avec cette notion grandement puissante que nous terminerons l'étude du Calcul II.

Mais avant de concevoir la somme d'une infinité de termes, saisissons d'abord comment se présente une infinité de termes. Abordons immédiatement les suites.

Définition:
Une suite est une fonction réelle dont le domaine est $\mathbb{N} = \{1, 2, 3, 4 \ldots \}$.

Nous notons une suite ainsi:

$$\{a_k\} \text{ ou } \{b_k\} \text{ ou } \{c_k\} \ldots$$

Nous choisissons généralement une lettre minuscule avec un indice écrit dans le coin inférieur droit. Les indices les plus fréquemment utilisés sont "i", "k" et "n". Nous avons le choix mais ici, nous favoriserons l'indice "k".

$$\{a_k\} = \{a_1, a_2, a_3, \cdots, a_n, \cdots\}$$

a_k est le terme général de la suite $\{a_k\}$ et parce que le domaine est l'ensemble des entiers naturels, k variera de 1 à ∞.

a_1, a_2, a_3, ..., a_n, ... sont appelés les termes de la suite et l'indice n signifie le $n^{\text{ième}}$ terme de celle-ci.

Examinons quelques exemples de suites:

Exemple 14-1:

La suite $\{a_k\} = \{k^2\}$, écrite en extension, est:

$$\{a_k\} = \{1^2, 2^2, 3^2, 4^2, \cdots, n^2, \cdots\}.$$

Le premier terme est 1, le $7^{\text{ième}}$ terme est 49.

La fonction tracée ci-après d'un trait continu est la fonction $f(x) = x^2$ où le domaine est $\mathbb{R}$.

Pour ce qui est de la suite $\{k^2\}$, il ne faut s'intéresser qu'aux entiers positifs $k=1$, $k=2$, $k=3$, etc. Ce qui entraîne, comme nous venons de le voir, la suite de nombres:

$$\{1, 4, 9, 16, 25, \ldots\}.$$

Les termes de la suite sont indiqués par des petits segments verticaux:

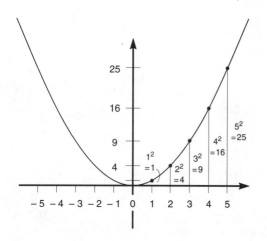

Figure 14-1

Exemple 14-2:
Écrire en extension les termes de la suite:

$$\{b_k\} = \{\sin k\}.$$

Solution:
$$\{b_k\} = \{\sin 1, \sin 2, \sin 3, \ldots\}$$
$$= \{0,84; 0,91; 0,14; -0,75; -0,96; \ldots\}$$

◆   ◆

Note: Il ne faut pas oublier de sélectionner le mode "radian" sur la calculatrice car 1, 2, 3, . . . sont des nombres réels et non des degrés.

Sur la figure 14-2, la fonction tracée d'un trait discontinu est la fonction $f(x) = \sin x$ où $x \in \mathbb{R}$.

Pour représenter la suite, il faut considérer uniquement $k=1$, $k=2$, $k=3$, etc. Nous avons donc uniquement les valeurs sin 1, sin 2, sin 3, sin 4, etc. qui sont indiquées par des segments verticaux.

Visualisons cette suite:

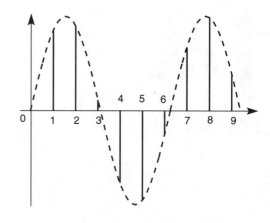

Figure 14-2

Exemple 14-3:
Écrire les quatre premiers termes des suites

$$\{c_k\} = \left\{\frac{k^2 + 1}{k + 4}\right\} \quad \text{et} \quad \{d_k\} = \left\{\frac{k^3 + 100}{(k+1)^3}\right\}$$

et indiquer le $n^{\text{ième}}$ terme de chacune d'elles.

Solution:

$$\{c_k\} = \left\{\frac{k^2 + 1}{k + 4}\right\} = \left\{\frac{2}{5}, \frac{5}{6}, \frac{10}{7}, \frac{17}{8}, \ldots, \frac{n^2 + 1}{n + 4}, \ldots\right\}$$

$$\{d_k\} = \left\{\frac{k^3 + 100}{(k+1)^3}\right\}$$
$$= \left\{\frac{101}{8}, \frac{108}{27}, \frac{127}{64}, \frac{164}{125}, \ldots, \frac{n^3 + 100}{(n+1)^3}, \ldots\right\}$$

◆   ◆

14.1 NATURE D'UNE SUITE

Définition:
Nous disons qu'une suite $\{a_k\}$ converge vers A si $\lim_{n \to \infty} a_n = A$, où A est un nombre réel précis.

Cette définition nous dit que plus nous avancerons dans la suite, plus les termes se rapprocheront du nombre fixe A.

Référons-nous aux exemples 14-1 à 14-3, où nous avions:

$$\{a_k\} = \{k^2\}$$

$$\{b_k\} = \{\sin k\}$$

$$\{c_k\} = \left\{\frac{k^2+1}{k+4}\right\}$$

$$\{d_k\} = \left\{\frac{k^3+100}{(k+1)^3}\right\}$$

Exemple 14-4:

Déterminer si la suite de l'exemple 14-1 converge ou diverge.

Solution:

$$\lim_{n\to\infty} a_n = \lim_{n\to\infty} n^2 = \infty$$

Plus nous écrirons de termes pour représenter cette suite, plus les nombres deviendront gros, et cela sans frontière.

∞ n'est pas un nombre réel, donc $\{a_n\}$ diverge.

♦ ♦

Exemple 14-5:

Déterminer si la suite de l'exemple 14-2 converge.

Solution:

$$\lim_{n\to\infty} b_n = \lim_{n\to\infty} \sin n = \sin \infty = ?$$

Tout ce que nous savons, c'est qu'aussi longtemps que nous écrirons les termes de cette suite, ceux-ci resteront toujours entre -1 et $+1$.

b_n oscille uniformément entre -1 et 1 donc la limite n'existe pas. Par conséquent, $\{b_k\}$ diverge. Nous disons que la suite diverge par oscillation.

♦ ♦

Exemple 14-6:

Déterminer la nature de la suite $\{c_k\}$ de l'exemple 14-3.

Déterminer la nature d'une suite signifie que nous devons déterminer si oui ou non elle converge.

Solution:

$$\lim_{n\to\infty} c_n = \lim_{n\to\infty} \frac{n^2+1}{n+4} \overset{\text{H}}{=} \lim_{n\to\infty} 2n = \infty$$

Nous concluons que $\{c_k\}$ diverge.

♦ ♦

Que signifie ce ∞?

Il annonce que plus nous "avancerons" dans la suite, plus les termes augmenteront et cela sans frontière.

Nous aurions aussi pu démontrer la divergence de la suite en calculant la limite de la façon suivante:

$$\lim_{n\to\infty} \frac{n^2+1}{n+4} = \lim_{n\to\infty} \frac{n^2\left(1+\frac{1}{n^2}\right)}{n\left(1+\frac{4}{n}\right)}$$

$$= \lim_{n\to\infty} \frac{n\left(1+\frac{1}{n^2}\right)}{1+\frac{4}{n}}$$

$$= \frac{\infty(1+0)}{(1+0)} = \infty$$

Exemple 14-7:

Déterminer la nature de la suite $\{d_k\}$ de l'exemple 14-3.

Solution:

$$\lim_{n\to\infty} d_n = \lim_{n\to\infty} \frac{n^3+100}{(n+1)^3}$$

$$\overset{\text{H}}{=} \lim_{n\to\infty} \frac{3n^2}{3(n+1)^2}$$

$$\overset{\text{H}}{=} \lim_{n\to\infty} \frac{6n}{6(n+1)}$$

$$\overset{\text{H}}{=} \lim_{n\to\infty} \frac{6}{6} = 1$$

Donc la suite $\{d_n\}$ converge vers 1.

♦ ♦

Il faut bien saisir ce que signifie ce "1", parce que calculer la limite sans trop savoir pourquoi nous le faisons est complètement dénudé de sens.

Le 1 signifie que, malgré que nous commencions à écrire les termes de la suite avec 101/8, plus nous avancerons dans la suite, c'est-à-dire, plus nous écrirons de termes, plus ceux-ci se rapprocheront de 1.

Le calcul de la valeur vers laquelle converge cette suite aurait pu être effectué sans utiliser la règle de L'Hospital:

$$\lim_{n \to \infty} \frac{n^3 + 100}{(n+1)^3} = \lim_{n \to \infty} \frac{n^3 (1 + 100/n^3)}{\left[n (1 + 1/n)\right]^3}$$

$$\lim_{n \to \infty} \frac{n^3 (1 + 100/n^3)}{n^3 (1 + 1/n)^3} = \frac{1 + 0}{(1 + 0)^3} = 1$$

Nous étudions les suites dans le but d'accéder aux séries et lorsque nous discuterons de séries, nous devrons très bien saisir la notion de suite, car les séries y font énormément appel.

Les séries demandent une bonne compréhension de ce qu'est une suite croissante et de ce qu'est une suite décroissante; elles exigent aussi que nous ayons bien assimilé la notion de bornes d'une suite.

Nous commençons donc immédiatement à examiner ces notions afin qu'elles soient naturelles pour nous lorsque nous aborderons le chapitre 15.

14.2 COMPORTEMENT D'UNE SUITE

Définitions:
• Une suite $\{a_k\}$ est croissante si:

$$a_{n+1} \geq a_n \text{ pour tout entier } n.$$

• Une suite $\{a_k\}$ est décroissante si:

$$a_{n+1} \leq a_n \text{ pour tout entier } n.$$

• Une suite $\{a_k\}$ est *strictement* croissante si:

$$a_{n+1} > a_n \text{ pour tout entier } n.$$

• Une suite $\{a_k\}$ est *strictement* décroissante si:

$$a_{n+1} < a_n \text{ pour tout entier } n.$$

• Une suite est ni croissante ni décroissante si:

$$a_{n+1} < a_n \text{ pour certaines valeurs de } n$$
$$\text{et } a_{n+1} > a_n \text{ pour d'autres valeurs de } n.$$

Pour étudier la croissance ou la décroissance d'une suite $\{a_k\}$, nous pourrons utiliser deux méthodes:

1) Utiliser la dérivée du terme général:

• si $(a_k)' > 0 \ \forall k$ alors $\{a_k\}$ croît
• si $(a_k)' < 0 \ \forall k$ alors $\{a_k\}$ décroît.

2) Comparer le $n^{\text{ème}}$ terme avec le $(n+1)^{\text{ème}}$ terme de la suite.

Exemple 14-8:
Déterminer la croissance ou la décroissance de la suite $\{k^2\}$ de l'exemple 14-1.

Solution:
Définissons une fonction f telle que $f(n) = a_n = n^2$, $\forall n \in [1, \infty[$.

Étudions le comportement de cette suite à l'aide de la dérivée de f.

$$f'(n) = (n^2)' = 2n$$

Puisque $2n > 0$ pour tout nombre réel positif, il s'ensuit que $2n > 0$ pour tout $n \in \mathbb{N}$. Par conséquent, la valeur des termes de la suite augmente.

Nous concluons donc que $\{a_k\}$ est strictement croissante. (Si nous nous référons à la figure 14-1, nous nous en convaincrons !!)

♦ ♦

Exemple 14-9:
Déterminer si la suite $\{\sin k\}$ de l'exemple 14-2 croît.

Solution:

$$\{b_k\} = \{\sin k\}$$
$$\{\sin k\} = \{0,84; 0,91; 0,14; -0,65; -0,96; \dots\}$$

Nous voyons que, parmi les 5 premiers termes de la suite, les termes croissent pour ensuite décroître. La suite est donc ni croissante, ni décroissante.

♦♦

Exemple 14-10:

Déterminer le comportement de la suite:

$$\left\{\frac{k^3 + 100}{(k+1)^3}\right\} \text{ de l'exemple 14-3.}$$

Solution:

Définissons une fonction f telle que

$$f(n) = d_n = \frac{n^3 + 100}{(n+1)^3}, \ \forall n \in [1, \infty[.$$

Puisque f se dérive facilement, nous procéderons par dérivation pour étudier le comportement de cette suite.

$$f'(n) = \frac{3n^2(n+1)^3 - (n^3 + 100)\cdot 3(n+1)^2}{(n+1)^6}$$

Après une simple mise en évidence, $f'(n)$ devient:

$$\frac{3(n+1)^2 \ [\ n^2(n+1) - (n^3 + 100)\ ]}{(n+1)^6}$$

$$= \frac{3 \ [n^3 + n^2 - n^3 - 100]}{(n+1)^4}$$

$$= \frac{3 \ [n^2 - 100]}{(n+1)^4}$$

$f'(n)$ sera de même signe que le facteur $[n^2 - 100]$, car 3 et $(n+1)^4$ seront toujours positifs.

Lorsque $n < 10$, la suite est décroissante, car la dérivée est négative et lorsque $n > 10$, alors la suite croît.

Donc notre suite n'est ni croissante ni décroissante.

♦   ♦

Exemple 14-11:

Étudier le comportement de la suite $\left\{\dfrac{(-1)^k 2^k}{k!}\right\}$

Solution:

$$\left\{\frac{(-1)^k 2^k}{k!}\right\} = \left\{-2, 2, -\frac{4}{3}, \ ..., \frac{(-1)^n 2^n}{n!}, \ ...\right\}$$

Nous ne pouvons dériver $n!$, donc pour étudier le comportement de la suite, nous n'avons pas d'autres choix que de comparer le $n^{\text{ème}}$ terme avec le $(n+1)^{\text{ème}}$ terme. (... à priori!)

Si nous nous arrêtons un peu, nous réalisons que tous les termes de la suite ont des signes alternés. Par le fait même, la suite croît et décroît, car elle passe constamment de $+$ à $-$ et vice versa.

Nous concluons que notre suite n'est ni croissante ni décroissante.

♦   ♦

N'est-ce pas pratique d'analyser un peu la situation avant d'entamer des calculs savants qui pourraient s'avérer beaucoup plus longs et tortueux ?

Exemple 14-12:

Étudier le comportement de la suite:

$$\left\{\frac{2^k}{k!}\right\} = \left\{2, 2, \frac{4}{3}, \frac{2}{3}, ..., \frac{2^n}{n!}, ...\right\}$$

Solution:

Cette suite étant composée uniquement de termes positifs, nous ne pouvons pas conclure aussi rapidement qu'à l'exemple 14-11. Il y a par contre encore une factorielle qui nous empêche d'étudier le comportement de la suite à l'aide de la dérivée.

Nous devons comparer deux termes consécutifs:

$$n^{\text{ème}} \text{ terme } = \frac{2^n}{n!} \quad (n+1)^{\text{ème}} \text{ terme } = \frac{2^{n+1}}{(n+1)!}$$

Les termes semblent décroître, mais pouvons-nous affirmer qu'il en sera ainsi pour tous les termes de la suite?

Il faut prouver ce que nous avançons.

Nous nous posons la question:"les termes décroissent-ils?"

C'est-à-dire:

$$a_{n+1} \overset{?}{\le} a_n$$

Si nous voulons montrer la décroissance de la suite, il faut réussir à montrer cette inégalité pour tout n:

$$\frac{2^{n+1}}{(n+1)!} \overset{?}{\le} \frac{2^n}{n!}$$

Multiplions les termes extrêmes et les moyens termes:

$$2^{n+1}\, n! \overset{?}{\le} 2^n\,(n+1)!$$

Transformons la puissance de 2 écrite dans le membre de gauche et simplifions ensuite par 2^n et $n!$:

$$2^n \cdot 2 \cdot n! \overset{?}{\le} 2^n\, n!\,(n+1)$$

$$2 \overset{?}{\le} n+1$$

2 est-il plus petit ou égal à $n+1$?

La réponse est: "oui".

L'inégalité étant vérifiée pour tous les entiers naturels, nous concluons que la suite est décroissante.

♦ ♦

La preuve de cela serait en fait la succession d'inégalités qui, allant de bas en haut, débuterait à la ligne $2 \le n+1$ et se terminerait à la ligne $a_{n+1} \le a_n$.

Voyons maintenant quelques exemples qui nous familiariseront avec la notion de bornes d'une suite. Pour nous entendre sur certaines appellations, voici quelques définitions.

14.3 BORNES

Définition:

Soit $\{a_k\}$ une suite quelconque de nombres réels. S'il existe un nombre réel M tel que $a_n \le M$ pour tout n, alors nous disons que la suite $\{a_k\}$ est bornée supérieurement et que M est une borne supérieure de cette suite.

Définition:

Si M est une borne supérieure d'une suite $\{a_k\}$ et qu'il n'existe pas de nombres réels plus petits possédant cette propriété, alors nous disons que M est la *borne supérieure précise* ou majorant de cette suite.

Définition:

Soit $\{a_k\}$ une suite quelconque de nombres réels. S'il existe un nombre réel m tel que $a_n \ge m$ pour tout n, alors nous disons que la suite $\{a_k\}$ est bornée inférieurement et que m est une borne inférieure de cette suite.

Définition:

Si m est une borne inférieure d'une suite $\{a_k\}$ et qu'il n'existe pas de nombres réels plus grands possédant cette propriété, alors nous disons que m est la *borne inférieure précise* ou minorant de cette suite.

Théorème 1

Toute suite croissante bornée supérieurement par "M" est convergente, c'est-à-dire que la limite de cette suite est au plus égale à M.

Théorème 2

Toute suite décroissante bornée inférieurement par "m" est convergente, c'est-à-dire que la limite de cette suite est au moins égale à m.

Propriété des nombres Réels

Toute suite de nombres réels bornée supérieurement possède une *borne supérieure précise* dans $\mathbb{R}$ et toute suite de nombres réels bornée inférieurement possède une *borne inférieure précise* dans $\mathbb{R}$. Ces bornes inférieure et supérieure précises sont uniques.

Exemple 14-13:

Déterminer, si elles existent, les bornes supérieure précise et inférieure précise de la suite $\{a_k\}$ de l'exemple 14-1.

Solution:

Nous avons vu que la limite de cette suite était ∞, donc il n'y a évidemment pas de majorant. $\{a_k\}$ est constamment croissante et son premier terme est 1, donc son minorant est 1.

♦ ♦

Entendons-nous bien sur la distinction entre "borne" et "borne précise".

Ici, la borne inférieure précise de $\{a_k\}$ est 1 parce qu'aucun nombre plus grand que 1 ne remplit la condition d'être plus petit que tous les termes de notre suite $\{a_k\}$.

Pour ce qui est d'une borne inférieure de notre suite, nous avons l'embarras du choix: 0, 1/2, – 6, – 74, etc. En effet, tous ces nombres sont plus petits que *tous* les termes de notre suite $\{a_k\}$.

Généralement, dans les manuels, lorsque les bornes inférieure et supérieure sont demandées, les réponses attendues sont les bornes inférieure et supérieure *précises*. En ce qui nous concerne, si une borne supérieure ou inférieure est demandée, nous pourrons choisir un nombre quelconque qui répond à la définition de borne, et si les bornes précises sont demandées, c'est que nous devrons déterminer la seule et unique borne possible.

Exemple 14-14:

Déterminer, si elles existent, les bornes supérieure précise et inférieure précise de la suite $\{b_k\}$ de l'exemple 14-2.

Solution:

$\{\sin k\}$ varie entre –1 et +1 inclusivement sans jamais être à l'extérieur de cet intervalle. La borne inférieure précise est -1 et la borne supérieure précise est + 1.

◆ ◆

Exemple 14-15:

Déterminer, si elles existent, les bornes supérieure précise et inférieure précise de la suite ci-dessous:

$$\{a_k\} = \left\{ \frac{k - 100}{-4 \, k^2} \right\}$$

Solution:

Déterminons tout d'abord le comportement de cette suite, car si nous savons que la suite est par hasard toujours croissante, la borne inférieure demandée sera naturellement le premier terme de notre suite et la borne supérieure sera le "dernier terme" c'est-à-dire $\lim\limits_{n \to \infty} a_n$, si cette limite existe. Si la suite est par hasard constamment décroissante, le premier terme sera naturellement la borne supérieure demandée et, allant toujours en décroissant, la borne inférieure demandée sera le "dernier terme" de la suite, c'est-à-dire $\lim\limits_{n \to \infty} a_n$, si cette limite existe.

Le terme général de notre suite se dérive facilement, donc utilisons la dérivée pour étudier la croissance ou la décroissance de la suite:

$$a_k{}' = \left(\frac{k - 100}{-4k^2} \right)' = \frac{-4k^2 + (k - 100) \, 8k}{16k^4}$$

$$= \frac{-4k^2 + 8k^2 - 800k}{16k^4} = \frac{4k^2 - 800k}{16k^4}$$

$$= \frac{k - 200}{4k^3}$$

- Si $k < 200$, alors la dérivée est négative.
- Si $k > 200$, alors la dérivée est positive.

Notre suite décroît du premier terme jusqu'au 200 ième et croît indéfiniment à partir de là.

La borne inférieure précise sera a_{200}:

$$a_{200} = \frac{100}{-4 \, (200)^2} = -0,000625$$

La borne supérieure précise sera sûrement, soit le premier terme, soit le "dernier" terme de la suite.

Pourquoi ?

Parce que la valeur des termes de la suite décroît de a_1 jusqu'à a_{200} pour ensuite croître sans arrêt jusqu'à a_∞.

Calculons la valeur vers laquelle converge notre suite:

$$\lim_{n \to \infty} \frac{n - 100}{-4n^2} = 0$$

Les termes de la suite débutent avec:

$$a_1 = -99/-4 = 24,75,$$

décroissent jusqu'à:

$$a_{200} = -0,000625$$

et croissent à nouveau jusqu'à la limite 0. La borne supérieure précise est donc 24,75.

◆◆

Examinons maintenant certaines catégories de suites qui nous aideront dans l'étude des séries.

14.4 TYPES DE SUITES

14.4.1 Suite arithmétique

Définition:

Une suite *arithmétique* est formée de nombres qui, après le premier, sont tous obtenus en *ajoutant* un nombre fixe au précédent.

Une suite arithmétique est de la forme $\{a + (k-1)d\}$ où k varie de 1 à ∞. Elle s'écrit en extension de la façon suivante:

$$\{a, a + d, a + 2d, a + 3d, ..., a + nd, ...\}$$

La différence entre deux termes consécutifs est constante et nous appelons "raison" cette différence.

Dans une suite arithmétique, la raison est alors le nombre *constant* qui permet d'obtenir par addition chaque terme à partir du précédent.

Voici des exemples de suites arithmétiques:

$$\{-7, -3, 1, 5, 9, 13, \cdots\}$$
$$\{a, a - u, a - 2u, a - 3u, a, -4u, a - 5u, \cdots\}$$

Dans la première suite, la raison est $+4$ car nous additionnons toujours 4 pour passer d'un terme au suivant.

Dans la deuxième suite, la raison est $-u$. Notons que si u est négatif, alors la suite croîtra et que si u est positif, la suite décroîtra.

Exemple 14-16:

Écrire les cinq premiers termes d'une suite *arithmétique* dont les sixième et septième termes sont respectivement a et a^2.

Solution:

Notons les termes de la suite:

$$\{a_1, a_2, a_3, a_4, a_5, \cdots, a_n, \cdots\}$$

Nous savons que a_6 égale a et que a_7 égale a^2, mais les autres termes nous sont inconnus pour l'instant.

Nous sommes dans cette situation:

$$\{?, ?, ?, ?, ?, a, a^2, ... \}$$

C'est une suite arithmétique, donc la différence entre deux termes consécutifs est toujours la même. Pour passer du sixième au septième terme, il a fallu ajouter a^2 et soustraire a donc, pour passer du sixième au cinquième terme, il faudra soustraire a^2 et ajouter a.

Il faudra effectuer $(a - a^2)$.

Le cinquième terme est alors:

$$a + (a - a^2) = 2a - a^2,$$

le quatrième terme est:

$$(2a - a^2) + (a - a^2) = 3a - 2a^2 .$$

Et ainsi de suite, jusqu'au premier terme de la suite:

$$a_3 = 3a - 2a^2 + (a - a^2) = 4a - 3a^2$$
$$a_2 = 4a - 3a^2 + (a - a^2) = 5a - 4a^2$$
$$a_1 = 5a - 4a^2 + (a - a^2) = 6a - 5a^2$$

Les cinq premiers termes de la suite sont alors:

$$6a - 5a^2, 5a - 4a^2, 4a - 3a^2, 3a - 2a^2, 2a - a^2$$

◆◆

Exemple 14-17:

$1 + 2x$, 3, $2 - x$ sont trois termes consécutifs d'une suite. Déterminer x pour qu'ils appartiennent à une suite arithmétique.

Solution:

Il faut que la différence entre 3 et $(1 + 2x)$ soit la même que celle entre $(2 - x)$ et 3.

Cela revient à écrire:

$$3 - (1 + 2x) = (2 - x) - 3$$
$$3 - 1 - 2x = 2 - x - 3$$
$$2 - 2x = -x - 1$$
$$3 = x$$

Pour que les termes fassent partie d'une suite arithmétique, il faut que $x = 3$.

♦ ♦

La séquence de trois termes consécutifs mentionnés serait 7, 3, −1.

Exemple 14-18:

Utiliser la notion de suite arithmétique pour montrer que le point milieu x de deux nombres a et b est:

$$x = \frac{a+b}{2}$$

Solution:

La différence entre x et a est la même que celle entre b et x, donc:

$$a \quad x \quad b$$

$$x - a = b - x$$
$$2x = a + b$$
$$x = \frac{a+b}{2}$$

♦ ♦

Maintenant que nous savons un peu à quoi ressemble une suite arithmétique, arrêtons-nous à déterminer si une telle suite converge.

Le terme général est de la forme $a + (k-1)d$ où a et d sont des nombres réels et k est un entier positif variant de 1 à ∞.

Lorsque nous désirons savoir si une suite arithmétique converge, il faut calculer:

$$\lim_{n \to \infty} [a + (n-1)d]$$

Ce qui est égal à:

$$\lim_{n \to \infty} a + \lim_{n \to \infty} (n-1)d$$
$$a + d \times \lim_{n \to \infty} (n-1)$$

Ce résultat donnera un nombre réel uniquement si d est égal à 0, auquel cas la suite arithmétique convergera vers a et les termes qui composent cette suite seront $a, a, a, a, a, a, \ldots$

Cela ne donne vraiment pas une suite captivante et nous constatons qu'une suite arithmétique dont les termes ne sont pas constants diverge toujours.

Les suites arithmétiques, avec leur air peu fascinant, servent toutefois à former les suites harmoniques qui, elles, sont très intéressantes.

14.4.2 Suite harmonique

Définition:

Une suite harmonique est une progression qui est formée des inverses multiplicatifs des termes d'une progression arithmétique.

Exemple 14-19:

Déterminer les suites harmoniques associées aux suites arithmétiques citées à la page 238.

Solution:

La suite harmonique associée à la suite:

$$\{-7, -3, 1, 5, 9, 13, \cdots\}$$

est:

$$\left\{ \frac{1}{-7}, \frac{1}{-3}, \frac{1}{1}, \frac{1}{5}, \frac{1}{9}, \frac{1}{13}, \cdots \right\}$$

La suite harmonique associée à la suite:

$$\{a, a-u, a-2u, a-3u, a, -4u, a-5u, \cdots\}$$

est:

$$\left\{ \frac{1}{a}, \frac{1}{a-u}, \frac{1}{a-2u}, \frac{1}{a-3u}, \frac{1}{a-4u}, \frac{1}{a-5u}, \cdots \right\}$$

♦ ♦

Notons que la suite harmonique associée à la suite arithmétique des nombres naturels $\mathbb{N}^*$ est:

$$\left\{\frac{1}{1}, \frac{1}{2}, \frac{1}{3}, \frac{1}{4}, \frac{1}{5}, \frac{1}{6}, \cdots \right\}$$

Nous verrons au chapitre 15 (page 261) que la série reliée à cette suite particulière a un lien direct avec la musique.

Exemple 14-20:

Montrer que la séquence suivante est celle d'une suite harmonique:

$$\frac{1}{4}, \frac{1}{7}, \frac{1}{10}, \frac{1}{13}, \cdots$$

Solution:

Les inverses des termes de cette séquence sont 4, 7, 10, 13, ... Cette nouvelle séquence est une suite arithmétique de raison 3. Puisque la séquence à étudier est formée des inverses multiplicatifs des termes d'une suite arithmétique, nous concluons que nous sommes devant une suite harmonique.

◆ ◆ ◆

14.4.3 Suite géométrique

Définition:

Une suite géométrique est une suite de nombres qui, après le premier, sont tous obtenus en *multipliant* un nombre fixe au précédent.

Une suite géométrique est de la forme $\{a\,r^{k-1}\}$.

Écrite en extension, une suite géométrique ressemble à ceci:

$$\left\{a, a \times r, a \times r^2, a \times r^3, ..., a \times r^n, ...\right\}$$

Note: Constatons que $a \times r^n$ est le $(n+1)^{\text{ième}}$ terme de la suite et non le $n^{\text{ième}}$.

Voici des exemples de suites géométriques:

$$\{-3, -15, -75, -375, -1875, -9375, \cdots\}$$

$$\left\{8, 4, 2, 1, \frac{1}{2}, \frac{1}{4}, ... \right\}$$

$$\left\{3, -2, \frac{4}{3}, \frac{-8}{9}, \frac{16}{27}, \frac{-32}{81}, ... \right\}$$

La première suite est géométrique, car à partir du premier terme -3, nous obtenons tous les termes en multipliant le précédent par 5.

Les termes de la deuxième suite sont obtenus en multipliant 1/2 au terme précédent, et ceci à partir du premier terme.

Tous les termes de la troisième suite sont obtenus en multipliant $-2/3$ au terme précédent, et ceci à partir du premier terme.

Définition:

Nous appelons "raison d'une suite géométrique" le *rapport commun* entre deux termes consécutifs et nous le désignons par la lettre "r".

Gardons bien à l'esprit que la seule distinction entre une suite arithmétique et une suite géométrique est que, dans la première, la raison *additionne* un terme pour dévoiler le suivant et que, dans la seconde, la raison *multiplie* un terme pour déterminer le suivant.

Exemple 14-21:

Soit la séquence de trois termes consécutifs d'une suite, $2x - 7$, $2x + 3$, $7x + 3$.

Déterminer x pour que ces termes soient dans une progression géométrique et écrire cette séquence avec le terme qui vient immédiatement avant et celui qui vient immédiatement après.

Solution:

Le rapport entre deux termes consécutifs est r, donc si le premier terme est a, le deuxième sera ar et le troisième sera ar^2.

Ici, $a = 2x - 7$ et $ar = 2x + 3$.

Nous pouvons donc écrire:

$$r = \frac{ar}{a} = \frac{2x+3}{2x-7}$$

Nous devons avoir pour un certain r, l'égalité suivante:

$$7x + 3 = ar^2$$

Remplaçons r et a par les expressions que nous venons d'obtenir:

$$7x + 3 = ar^2$$

$$= (2x - 7)\left(\frac{2x + 3}{2x - 7}\right)^2$$

$$= \frac{(2x + 3)^2}{(2x - 7)}$$

Il faut donc résoudre l'équation:

$$(2x - 7)(7x + 3) = (2x + 3)^2$$

$$14x^2 - 43x - 21 = 4x^2 + 12x + 9$$

$$10x^2 - 55x - 30 = 0$$

$$2x^2 - 11x - 6 = 0$$

$$(2x + 1)(x - 6) = 0$$

$$x = -\frac{1}{2} \text{ ou } x = 6$$

Si $x = -1/2$, la séquence demandée est:

$$32, -8, 2, -1/2, 1/8.$$

Si $x = 6$, la séquence demandée est:

$$5/3, 5, 15, 45, 135.$$

◆ ◆

Remarquons que la raison égale $-1/4$ si $x = -1/2$ et qu'elle égale 3 si $x = 6$.

EXERCICES – CHAPITRE 14

Niveau 1

14-1 Écrire en extension les suites ci-dessous:

a) $\left\{\dfrac{k^2 - 1}{k + 2}\right\}$ b) $\{k + \ln k\}$ dériver

c) $\left\{2 + \dfrac{k - 5}{k}\right\}$ d) $\{3k - k^2\}$

e) $\left\{\dfrac{\cos k}{k}\right\}$ f) $\left\{\dfrac{k^2}{k!}\right\}$

g) $\left\{(-1)^k \dfrac{\cos k}{k}\right\}$ h) $\left\{\dfrac{2^k}{k!}\right\}$

14-2 Identifier le terme général de la suite dont les cinq premiers termes sont:

a) 9, 12, 15, 18, 21

b) 0, 1/3, 1, 9/5, 16/6

c) 0, 1/4, 1/3, 3/8, 2/5

d) 1, 18/16, 27/25, 1, 45/49

section 14.1

14-3 Dire, s'il y a lieu, la valeur vers laquelle les suites de l'exercice 14-2 convergent.

14-4 Déterminer la nature des suites de l'exercice 14-1. S'il y a convergence, en donner la limite.

14-5 Déterminer, si elle existe, la limite des suites ci-dessous:

a) $\left\{\dfrac{1}{k + 4}\right\}$ b) $\left\{\dfrac{k^2 + k - 3}{k + 1}\right\}$

c) $\left\{2 - \dfrac{7}{k} + \dfrac{5}{k^6}\right\}$ d) $\{\sin k\}$

e) $\left\{\dfrac{(-1)^{k+1}}{k}\right\}$ f) $\left\{(-1)^k\left(\dfrac{2k - 1}{3k + 1}\right)\right\}$

g) $\left\{\dfrac{\ln k}{k}\right\}$ h) $\left\{\sin\left(\dfrac{k\pi}{2k + 3}\right)\right\}$

14-6 Expliquer brièvement pourquoi $\{s_k\}$ et $\{t_k\}$ ne divergent pas pour les mêmes raisons:

$$\{s_k\} = \left\{(-1)^k\left(\dfrac{5 - k}{2 + 3k}\right)\right\} \qquad \{t_k\} = \left\{\dfrac{k^2 - 4}{2k + 4}\right\}$$

14-7 Vrai ou Faux ? Expliquer la réponse.

a) Si la limite d'une suite est 3 alors la suite converge.

b) Si la limite d'une suite est 0, il est possible que la suite ne converge pas.

section 14.2

14-8 Montrer que la suite ci-dessous est décroissante:

$$\left\{\frac{-2k+1}{k+1}\right\}.$$

14-9 Montrer que la suite ci-dessous est ni croissante ni décroissante:

$$\left\{\frac{-3+k}{e^k}\right\}.$$

14-10 Déterminer le comportement des suites de l'exercice 14-1.

14-11 Si une suite est croissante, faut-il conclure que les valeurs de la suite tendent vers l'infini? Écrire un exemple qui explique la réponse.

14-12 Écrire en extension la suite $\left\{\frac{(-2)^k}{k^2}\right\}$ et en déterminer sa nature et son comportement.

section 14.3

14-13 En utilisant le fait que le comportement de chacune des huit suites de l'exercice 14-1 a été étudié à l'exercice 14-10, déterminer si possible les bornes supérieure précise et inférieure précise de chacune de ces suites. [Il s'agit en fait de déterminer un majorant et un minorant.]

14-14 Déterminer une borne supérieure et inférieure pour chacune des suites de l'exercice 14-2.

section 14.4

14-15 Si les 2 premiers termes d'une progression arithmétique sont respectivement a et b, écrire les 3 termes suivants.

14-16 Les angles intérieurs d'un triangle sont en progression arithmétique. Trouver ces angles si le plus petit est 30°.

14-17 Étant donné les séquences suivantes, déterminer x pour qu'elles représentent des termes d'une progression arithmétique:

a) $1+3x, 6, 3-x$

b) $5+x, 1, -3-x$

c) $6+x, 1, -x$

d) $4x, x^2+4, x^2+2x$

e) $-3x, 2x^2, 2x^2+2x$

f) $2x-1, \frac{3}{x}, 3-x+\frac{3}{x}$

g) $\sqrt{2-x}, 5, 2\sqrt{12-2x}$

14-18 Montrer que les séquences suivantes sont des progressions harmoniques en déterminant la raison de la suite arithmétique correspondante:

a) $\frac{1}{4}, \frac{1}{7}, \frac{1}{10}, \frac{1}{13}, \cdots$

b) $3, \ 1,5, \ 1, \ 0,75, \ 0,6, \ 0,5, \cdots$

c) $4, 3, \frac{12}{5}, 2, \cdots$

14-19 Dire dans chacun des cas s'il s'agit d'une progression géométrique ou arithmétique:

a) 2, −1, −4, −7, −10, ...

b) 1/2, 1, 3/2, 2, 5/2, ...

c) 2, −2, 2, −2, 2, −2, ...

d) 4, 2, 1, 1/2, 1/4, 1/8, ...

Niveau 2

14-20 Déterminer la nature, le comportement et, si elle existe, la limite des suites suivantes:

a) $\left\{\frac{2^k-1}{2^k+5}\right\}$

b) $\left\{\frac{k\,(\ln k)^2}{k^2}\right\}$

c) $\left\{\frac{e^{2k}}{\cos k}\right\}$

14-21 Vrai ou Faux ? Expliquer la réponse:

a) Étant donné la suite $\{a_k\}$, si $a_n' \le 0$ pour $n = 2$, 3, 4, ... et si $a_1' > 0$, alors la suite peut être strictement décroissante;

b) Étant donné les mêmes conditions qu'à la sous-question a), il est possible d'imaginer une suite qui soit ni croissante ni décroissante.

14-22 Déterminer x pour que les expressions suivantes soient en progression harmonique:

a) $\dfrac{2x}{5}, \dfrac{x}{4}, \dfrac{x+2}{11}$

b) $x + 1, \; x - 2, \; x - 3$

c) $x + 7, \; x + 11, \; x - 1$

14-23 Soit trois termes consécutifs de progressions:

a) $\dfrac{x}{10} - 4, \; 1, \; \dfrac{x}{2} - 16$

b) $1, \; x - 2, \; 16$

c) $\dfrac{1}{3}\sqrt{x-1}, \; 2, \; 3\sqrt{x-1}$

d) $2x - 7, \; 2x + 3, \; 7x + 3$

e) $2x - 1, \; 2x + 3, \; x + 3$

Pour chacune de ces progressions, déterminer si possible la valeur qu'il faut attribuer à x pour que les trois termes cités soient dans une progression géométrique; écrire le nombre qui vient immédiatement avant ces trois termes, celui qui vient immédiatement après et donner ensuite la raison r de la suite géométrique ainsi formée.

14-24 Trouver le 5ème terme d'une progression géométrique dont le 2ème terme est 1/2 et dont le septième est 16.

14-25 Trouver le 10ème terme d'une progression géométrique si le 2ème terme est 3 et si le 6ème est 1/27.

14-26 Déterminer la raison de la suite composée des termes donnant, après chaque demi-vie, le nombre d'éléments radioactifs présents dans un échantillon de carbone-14. S'agit-il d'une suite géométrique ou d'une suite arithmétique?

Niveau 3

14-27 Gabrielle reçoit en cadeau un collier d'agathes monté de telle façon que les plus précieuses se retrouvent au centre et les deux moins dispendieuses valant chacune 5$ se retrouvent aux extrémités. Calculer le prix de l'agathe centrale si le collier retient 81 agathes et si, de l'une ou l'autre des deux extrémités jusqu'au centre, chaque agathe coûte 2 $ de plus que la précédente.

Quel est le prix du collier ?

14-28 Soit la fonction $y = e^{kx}$. Montrer que si les valeurs successives de x suivent une progression arithmétique alors «y» suit une progression géométrique.

14-29 Démontrer par récurrence que pour tout $n \in \{4, 5, 6, ... \}$, l'inégalité $2^n < n!$ est vérifiée.

15

LES SÉRIES

Dans ce chapitre, nous nous intéressons à l'étude des séries et à la convergence de celles-ci.

Les séries, tout comme la différentielle, nous rendent capables de faire l'approximation de certains résultats et grâce à elles, nous permettent d'intégrer des fonctions non intégrables par les seules techniques ou formules vues jusqu'à maintenant.

Une série notée:

$$\sum_{k=1}^{\infty} a_k$$

est la somme d'une infinité de termes et, écrite en extension, elle ressemble à ceci:

$$\sum_{k=1}^{\infty} a_k = a_1 + a_2 + a_3 + a_4 + \cdots + a_n + \cdots$$

où a_n est le n ième terme de la série.

Il faut bien distinguer la différence entre une suite et une série.

Une suite est une **énumération** d'une infinité de termes.

Une série est une **somme** d'une infinité de termes.

15.1 NATURE D'UNE SÉRIE

Définition:

Nous disons qu'une série:

$$\sum_{k=1}^{\infty} a_k$$

converge si le résultat de la somme:

$$\sum_{k=1}^{\infty} a_k$$

est un nombre réel *bien précis*.

Il peut sembler bizarre de penser que la somme d'une infinité de termes puisse donner un nombre réel fini, mais il suffit de repenser aux sommes de Riemann vues au chapitre 6: nous additionnions alors l'aire d'une infinité de petits rectangles et la somme totale résultait en un nombre réel fini et bien précis.

Écrivons la série:

$$\sum_{k=1}^{\infty} a_k = a_1 + a_2 + a_3 + a_4 + \cdots + a_n + \cdots$$

Et écrivons la suite:

$$\{ s_k \} = \{ s_1, s_2, s_3, s_4, s_5, ..., s_n, ... \}$$

où s_n est la somme des n premiers termes de la série:

$$\sum_{k=1}^{\infty} a_k.$$

Nous appelons $\{s_k\}$ une suite de sommes partielles. Puisque s_n est le $n^{\text{ième}}$ terme de la suite des sommes partielles, il est par conséquent représenté par la somme suivante:

$$\sum_{k=1}^{n} a_k.$$

Ne pouvant écrire le dernier terme d'une suite infinie, nous le symbolisons par $\lim_{n \to \infty} s_n$.

Le dernier terme de cette suite, si nous pouvions y arriver un jour, serait donc la somme de *tous* les a_k de la série:

$$\sum_{k=1}^{\infty} a_k.$$

Cela revient à dire que le *tout dernier terme* de la suite $\{s_k\}$ serait $\sum_{k=1}^{\infty} a_k$. Le "dernier terme" de la suite des sommes partielles serait la somme de l'infinité des termes de la série.

Nous pouvons alors écrire:

$$\boxed{\lim_{n \to \infty} s_n = \sum_{k=1}^{\infty} a_k}$$ **Très important**

Définition:

Soit une série $\sum_{k=1}^{\infty} a_k$ et la suite des sommes partielles $\{s_k\}$ qui y est associée.

Si $\lim_{n \to \infty} s_n$ converge, alors la $\sum_{k=1}^{\infty} a_k$ converge.

Nous devons comprendre qu'une série:

$$\sum_{k=1}^{\infty} a_k$$

converge uniquement si:

$$\lim_{n \to \infty} s_n$$

est une nombre réel bien précis, c'est-à-dire si la suite des sommes partielles converge.

Voici des remarques excessivement importantes:

- Si la suite des sommes partielles $\{s_k\}$ converge alors la somme:

$$\sum_{k=1}^{\infty} a_k$$ est un nombre réel bien précis et ainsi la série

$$\sum_{k=1}^{\infty} a_k \text{ converge.}$$

- D'autre part, si la suite des sommes partielles $\{s_k\}$ ne converge pas, alors la somme:

$$\sum_{k=1}^{\infty} a_k$$

n'est pas égale à un nombre réel bien précis et ainsi la série:

$$\sum_{k=1}^{\infty} a_k \text{ diverge.}$$

Exemple 15.1:
Dire si la série:

$$\sum_{k=1}^{\infty} \left(\frac{1}{2}\right)^k$$

converge ou si elle diverge.

Solution:

Nous savons que la série convergera si $\lim_{n \to \infty} s_n$ est un nombre réel:

$$\sum_{k=1}^{\infty} \left(\frac{1}{2}\right)^k = \frac{1}{2} + \frac{1}{4} + \frac{1}{8} + \frac{1}{16} + ...$$

Identifions chacun des termes de la suite des sommes partielles.

s_1 est la somme constituée uniquement du premier terme de notre série:

$$s_1 = \frac{1}{2}$$

s_2 est la somme des deux premiers termes de notre série:

$$s_2 = \frac{1}{2} + \frac{1}{4} = \frac{2+1}{4} = \frac{3}{4}$$

s_3 est la somme des trois premiers termes de notre série, et ainsi de suite:

$$s_3 = \frac{1}{2} + \frac{1}{4} + \frac{1}{8} = \frac{4+2+1}{8} = \frac{7}{8}$$

$$s_4 = \frac{1}{2} + \frac{1}{4} + \frac{1}{8} + \frac{1}{16} = \frac{8+4+2+1}{16} = \frac{15}{16}$$

s_n est composée de la somme des n premiers termes de la série.

Voyant 2, 4, 8, 16 au dénominateur et toujours 1 de moins au numérateur, nous imaginons facilement que le terme général s_k de la suite des sommes partielles sera:

$$s_k = \frac{2^k - 1}{2^k}$$

En effet:

$$s_1 = \frac{1}{2} = \frac{2^1 - 1}{2^1}$$

$$s_2 = \frac{3}{4} = \frac{4-1}{4} = \frac{2^2 - 1}{2^2}$$

$$s_3 = \frac{7}{8} = \frac{8-1}{8} = \frac{2^3 - 1}{2^3}$$

$$s_4 = \frac{15}{16} = \frac{2^4 - 1}{2^4}$$

Ce n'est pas parce que notre supposition est vraie pour les quatre premiers termes qu'elle le demeurera pour tous les entiers naturels!

Pour prouver que notre supposition est vraie pour tous les entiers, nous procéderons par induction.

(voir l'annexe E pour une brève exposition du principe d'induction)

• Premièrement, est-ce vrai pour $k = 1$?

Oui, car $s_1 = \dfrac{1}{2^1} = \dfrac{2^1 - 1}{2}$.

• Deuxièmement, supposons que:

$$s_k = \frac{2^k - 1}{2^k}$$

pour un entier positif quelconque k.

• Troisièmement, montrons que notre supposition est encore vraie pour le suivant, c'est-à-dire pour $k + 1$.

s_{k+1} est la somme des $(k + 1)$ premiers termes de la série. C'est donc la somme des k premiers termes (c'est-à-dire s_k), et du $(k+1)^{\text{ème}}$ terme de la série.

$$s_{k+1} = s_k + \text{le } (k+1)^{\text{ème}} \text{ terme de la série}$$

$$s_{k+1} = s_k + \frac{1}{2^{k+1}}$$

ce qui est:

$$s_{k+1} = \frac{2^k - 1}{2^k} + \frac{1}{2^{k+1}}$$

Après avoir mis les termes du membre de droite au même dénominateur. C'est-à-dire après avoir multiplié par 2 le premier terme du membre de droite, nous obtenons:

$$s_{k+1} = \frac{2^{k+1} - 2}{2^{k+1}} + \frac{1}{2^{k+1}}$$

$$= \frac{2^{k+1} - 2 + 1}{2^{k+1}}$$

$$= \frac{2^{k+1} - 1}{2^{k+1}}$$

Par induction, ou par récurrence, nous venons de prouver que l'expression:

$$s_k = \frac{2^k - 1}{2^k}$$

est vraie pour tout entier naturel.

Nous connaissons l'expression générale de la suite des sommes partielles.

Pour savoir si notre série de départ converge ou si elle diverge, il suffit d'examiner la suite des sommes partielles:

- si la suite des sommes partielles converge, il en sera de même pour la série;
- si la suite des sommes partielles diverge, il en sera de même aussi pour la série.

Calculons donc $\lim_{n \to \infty} s_n$:

$$\lim_{n \to \infty} s_n = \lim_{n \to \infty} \frac{2^n - 1}{2^n}$$

En mettant 2^n en évidence au numérateur, nous obtenons:

$$= \lim_{n \to \infty} \frac{2^n \left[1 - \frac{1}{2^n} \right]}{2^n}$$

$$= \lim_{n \to \infty} \left[1 - \frac{1}{2^n} \right] = 1$$

La suite des sommes partielles converge vers 1.

C'est-à-dire que la *somme de tous les termes de la série* converge vers le nombre réel précis "1".

Nous concluons alors que la série $\sum_{k=1}^{\infty} (1/2)^k$ converge et, en plus, nous pouvons affirmer que cette somme d'une infinité de termes égale 1.

◆   ◆

Exemple 15-2:

Évaluer $\sum_{k=3}^{\infty} \frac{-2}{k^2 - 2k}$ en décomposant au préalable

le terme général $\frac{-2}{k^2 - 2k}$ en fractions partielles.

Solution:

Utilisons les notions vues au chapitre 7 alors que nous avons appris à décortiquer une fraction en une somme de fractions partielles:

$$\frac{-2}{k^2 - 2k} = \frac{-2}{k(k-2)} = \frac{A}{k} + \frac{B}{k-2}$$

$$= \frac{A(k-2) + Bk}{k(k-2)}$$

Il faut que:

$$Ak - 2A + Bk = -2$$

c'est-à-dire:

$$k(A + B) - 2A = 0k - 2$$

Il faut ainsi:

$$-2A = -2$$

$$A + B = 0$$

d'où:

$$A = 1 \quad \text{et} \quad B = -1$$

La série de départ peut donc être écrite ainsi:

$$\sum_{k=3}^{\infty} \frac{-2}{k^2 - 2k} = \sum_{k=3}^{\infty} \left(\frac{1}{k} - \frac{1}{k-2} \right)$$

Écrivons la suite des sommes partielles en faisant bien attention de commencer à $k = 3$.

La série ne peut pas débuter à $k = 1$, car aussitôt à $k = 2$, le terme est indéterminé. En effet, si $k = 2$, le terme est -2/0.

s_1, le premier terme de la suite des sommes partielles, est constitué du premier terme de la série:

$$s_1 = \frac{1}{3} - \frac{1}{3-2} = \frac{1}{3} - 1$$

s_2, le deuxième terme de la suite, est la somme des deux premiers termes de la série:

$$s_2 = \left(\frac{1}{3} - 1 \right) + \left(\frac{1}{4} - \frac{1}{2} \right)$$

Continuant ainsi, nous avons:

$$s_3 = \left(\frac{1}{3} - 1\right) + \left(\frac{1}{4} - \frac{1}{2}\right) + \left(\frac{1}{5} - \frac{1}{3}\right)$$

$$= -1 + \frac{1}{4} - \frac{1}{2} + \frac{1}{5}$$

$$s_4 = -1 + \frac{1}{4} - \frac{1}{2} + \frac{1}{5} + \left(\frac{1}{6} - \frac{1}{4}\right)$$

$$= -1 - \frac{1}{2} + \frac{1}{5} + \frac{1}{6}$$

$$s_5 = -1 - \frac{1}{2} + \frac{1}{5} + \frac{1}{6} + \left(\frac{1}{7} - \frac{1}{5}\right)$$

$$= -1 - \frac{1}{2} + \frac{1}{6} + \frac{1}{7}$$

Nous pourrions montrer par induction, comme dans l'exemple 15-1, que le terme général de la suite des sommes partielles est:

$$s_k = -1 - \frac{1}{2} + \frac{1}{k+1} + \frac{1}{k+2}$$

Mais nous supposerons que ce résultat est vrai compte tenu que la démonstration sera demandée à l'exercice 15-38.

Nous voulons trouver la somme de *tous* les termes de la série et il y en a une infinité.

Nous cherchons donc la valeur vers laquelle converge la suite des sommes partielles (si elle converge).

Calculons:

$$\lim_{n \to \infty} \left(-1 - \frac{1}{2} + \frac{1}{n+1} + \frac{1}{n+2}\right)$$

$$= -1 - \frac{1}{2} + 0 + 0$$

$$= -\frac{3}{2} = -1,5$$

Puisque la suite des sommes partielles converge vers −1,5, nous concluons que notre série converge aussi vers −1,5.

Cela signifie que si nous pouvions additionner toute l'infinité des termes de la série:

$$\sum_{k=3}^{\infty} \frac{-2}{k^2 - 2k},$$

nous obtiendrions −1,5.

❖   ❖

N'oublions pas que si la suite des sommes partielles avait divergé, alors la série aurait divergé aussi.

Élaborons un critère très simple qui nous permettra de conclure la divergence d'une série.

Soit une série:

$$\sum_{k=1}^{\infty} a_k.$$

Puisqu'il s'agit de la somme d'une *infinité* de termes, il faut absolument que le terme général a_k s'approche de 0 (à mesure que k grandit) pour que la série ait "espoir" de converger, c'est-à-dire:

$$\lim_{n \to \infty} a_n = 0.$$

Il faut absolument qu'il en soit ainsi, car imaginons-nous en train d'additionner les termes d'une série dont le terme général tendrait par exemple vers 1/10 000 000. Ce nombre est effectivement petit et très près de 0, mais cela n'est pas suffisant, car additionné une infinité de fois, la somme *explosera* inévitablement vers l'infini!

Retenons ceci
Cause certaine de divergence:

Si le terme général d'une série ne tend pas vers 0, nous pouvons conclure sans l'ombre d'un doute que la série diverge.

Si le terme général d'une série tend vers 0, alors ce n'est *pas certain* que la série converge puisqu'il existe des séries *divergentes* dont le terme général s'approche de plus en plus près de 0.

La condition du terme général qui doit tendre vers 0 est donc *nécessaire* mais *pas suffisante*. L'exemple 15-3 illustre ces dires.

Exemple 15-3:

$$\sum_{n=1}^{\infty} \frac{1}{n} \text{ diverge}$$

$$\sum_{n=1}^{\infty} \frac{1}{n^2} \text{ converge}$$

$$\sum_{n=1}^{\infty} \frac{(2n+3)^2}{(n^2-4)^{3/2}} \text{ diverge}$$

Le terme général de chacune de ces trois séries tend vers 0, pourtant, seule la deuxième converge.

◆◆

Exemple 15-4:

Vérifier que la série $\sum_{n=1}^{\infty} \frac{1}{1000}$ diverge.

Solution:

$$\sum_{n=1}^{\infty} \frac{1}{1000} \text{ diverge, car } \lim_{n \to \infty} \frac{1}{1000} = \frac{1}{1000} \neq 0$$

$\frac{1}{1000}$ est un très petit nombre, mais il ne faut pas oublier que si nous cherchons à connaître:

$$\sum_{n=1}^{\infty} \frac{1}{1000}$$

alors c'est que nous voulons faire la somme de $\frac{1}{1000}$, et de $\frac{1}{1000}$, et de $\frac{1}{1000}$, une infinité de fois...
Des "peu" font des "beaucoup":

$$\frac{1}{1000} + \frac{1}{1000} + \frac{1}{1000} + \dots = \infty$$

ce qui n'est pas un nombre réel.

◆◆

Exemple 15-5:

Dire si la série $\sum_{n=1}^{\infty} \frac{(4n-5)^2}{3n^2}$ converge ou si elle diverge.

Solution:

Utilisons l'intuition que nous avons développée lorsque nous calculions des limites au chapitre 2.

Puisque le numérateur ressemble beaucoup à $(4n)^2$, nous pouvons avoir l'impression que le terme général de notre série ressemble beaucoup à:

$$\frac{(4n)^2}{3n^2} \quad \text{c'est-à-dire à } \frac{16}{3}.$$

Le terme général ne semble pas tendre vers 0.

Si nous réussissons à montrer cela, le tour sera joué: nous aurons prouvé par le fait même que notre série diverge:

$$\lim_{n \to \infty} a_n = \lim_{n \to \infty} \frac{(4n-5)^2}{3n^2}$$

En utilisant la règle de L'Hospital pour contourner l'indétermination de la forme ∞/∞, nous écrivons:

$$\overset{H}{=} \lim_{n \to \infty} \frac{2(4n-5)4}{6n}$$

$$= \lim_{n \to \infty} \frac{4(4n-5)}{3n} \quad \left(\text{forme } \frac{\infty}{\infty}\right)$$

$$\overset{H}{=} \lim_{n \to \infty} \frac{4 \cdot 4}{3} = \frac{16}{3}$$

Puisque le terme général ne tend pas vers 0, nous concluons que la série diverge.

◆◆

Pour nous convaincre que la somme ne donne pas un nombre réel bien précis, réfléchissons au fait que nous additionnons une infinité de fois des nombres très près de 16/3.

Maintenant que nous sommes un peu familiers avec la notion de série, nous pouvons en examiner certaines plus en détails.

Faisons toutefois certaines considérations avant cela.

Théorème 15-1:

Si une série converge, alors elle demeure convergente, malgré que nous y enlevions un nombre fini de termes.

L'explication de ce théorème est simple: si la somme de toute l'infinité des termes d'une série résulte en un nombre **réel fini et bien précis**, alors en supprimant un ou plusieurs termes, c'est une somme finie que nous soustrayons.

Un nombre fini moins un nombre fini égale un nombre fini. D'où la conclusion du théorème.

Théorème 15-2:

Si une série diverge, alors elle demeure divergente, même si nous y enlevons un nombre fini de termes.

L'explication de ce théorème est aussi simple: si la somme de toute l'infinité des termes de la série résulte en un nombre **réel infini ou indéterminé**, alors en supprimant un ou plusieurs termes, c'est une somme finie que nous soustrayons.

Un nombre infini moins un nombre fini égale un nombre infini et un nombre indéterminé moins un nombre fini demeure un nombre indéterminé. D'où la conclusion du théorème.

Les théorèmes 15-1 et 15-2 demeurent valides si nous ajoutons un nombre fini de termes.

Théorème 15-3:

Soit une série $\sum\limits_{k=1}^{\infty} a_k$ et une constante quelconque K.

Si $\sum\limits_{k=1}^{\infty} a_k$ converge, alors $\sum\limits_{k=1}^{\infty} K a_k$ converge aussi.

Théorème 15-4:

Si $\sum\limits_{k=1}^{\infty} a_k$ diverge, alors $\sum\limits_{k=1}^{\infty} K a_k$ diverge aussi.

Si tous les termes d'une série sont multipliés par une constante réelle, alors la nature de la série reste inchangée. Cela revient à dire qu'une série demeure convergente ou divergente si nous la multiplions par une constante. Si elle était convergente, alors elle le demeure. Il en va de même si la série était divergente.

Théorème 15-5:

Si $\sum\limits_{k=1}^{\infty} a_k$ et $\sum\limits_{k=1}^{\infty} b_k$ convergent, alors leur somme et leur différence convergent.

Ce résultat, combiné au théorème 15-3 nous permet d'écrire:

$$\sum_{k=1}^{\infty} [K a_k + T b_k] = K \sum_{k=1}^{\infty} a_k + T \sum_{k=1}^{\infty} b_k$$

où K et T sont des constantes réelles.

Théorème 15-6:

Si $\sum\limits_{k=1}^{\infty} a_k$ et $\sum\limits_{k=1}^{\infty} b_k$ ne convergent pas, nous ne **pouvons pas** écrire:

$$\sum_{k=1}^{\infty} a_k + \sum_{k=1}^{\infty} b_k = \sum_{k=1}^{\infty} [a_k + b_k]$$

Illustrons le théorème 15-6 avec un exemple.

Exemple 15-6:

La série $\sum\limits_{k=1}^{\infty} -1 = -\infty$ et la série $\sum\limits_{k=1}^{\infty} +1 = \infty$ sont toutes les deux divergentes.

Pourtant, remarquons que la série:

$$\sum_{n=1}^{\infty} (-1+1) = \sum_{n=1}^{\infty} 0 = 0 \quad \text{converge.}$$

◆   ◆

15.2   TYPES DE SÉRIES

Abordons maintenant l'étude de certaines séries particulières en commençant avec les séries géométriques.

15.2.1   Séries géométriques

Les séries géométriques ont des applications particulières dans le domaine des mathématiques financières: elles permettent de calculer le montant que nous nous engageons à payer par mois pour rembourser une automobile ou une maison; elles permettent aussi, entre autres, de calculer le montant que nous devrons débourser par année pour établir un capital disponible à notre retraite.

Une série géométrique est de la forme:

$$a + ar + ar^2 + ar^3 + \ldots + ar^k + \ldots$$

Chacun des termes est r fois le précédent. Une série géométrique est constituée de la somme des termes d'une progression géométrique.

Pour déterminer la somme de tous ces termes, il faut étudier la suite des sommes partielles $\{s_k\}$ où le terme général s_k est:

$$s_k = a_1 + a_2 + a_3 + \cdots + a_k.$$

s_k est la somme des k premiers termes de la série.

Ici:

$$s_k = a + ar + ar^2 + \cdots + ar^{k-1}. \qquad (1)$$

"$k - 1$" est l'exposant de r au dernier terme, car commençant avec un exposant 0, nous nous rendons jusqu'à un exposant "k - 1" au $k^{\text{ième}}$ terme.

Multipliant les deux membres de l'égalité (1) par r, nous obtenons:

$$rs_k = ar + ar^2 + ar^3 + \cdots + ar^{k-1} + ar^k \qquad (2)$$

Examinant le membre de droite des équations (1) et (2), nous constatons qu'elles contiennent des termes exactement égaux. Si nous soustrayons les deux équations membre à membre, nous éliminerons ces termes.

$$
\begin{array}{r}
s_k = a + \cancel{ar} + \cancel{ar^2} + \cdots + \cancel{ar^{k-1}} \\
- \quad rs_k = \cancel{ar} + \cancel{ar^2} + \cancel{ar^3} + \cdots + \cancel{ar^{k-1}} + ar^k \\
\hline
s_k - rs_k = a - ar^k
\end{array}
$$

En faisant les mises en évidence qui s'imposent, nous écrivons:

$$s_k(1 - r) = a(1 - r^k)$$

Nous travaillons pour obtenir s_k, le terme général de la suite des sommes partielles. Ainsi:

$$s_k = \frac{a(1 - r^k)}{(1 - r)}$$

Est-ce que cette suite de sommes partielles converge? C'est-à-dire, est-ce que:

$$a + ar + ar^2 + \cdots = \lim_{n \to \infty} s_n \quad \text{existe ?}$$

Connaissant s_k, nous pouvons écrire:

$$a + ar + ar^2 + \cdots = \lim_{n \to \infty} \frac{a(1 - r^n)}{(1 - r)}$$

Après une simple mise en évidence, nous obtenons:

$$a + ar + ar^2 + \cdots = \frac{a}{(1 - r)} \cdot \lim_{n \to \infty} (1 - r^n)$$

Nous connaissons maintenant l'expression qui donne la somme de l'infinité des termes d'une série géométrique. Il faut maintenant examiner pour quelles valeurs de r cette série converge.

Si nous nous référons à l'exercice 2-27 qui a été fait au chapitre 2, nous nous rappelerons ceci:

- $\lim_{n \to \infty} (1 - r^n) = 1$ si $-1 < r < 1$

- $\lim_{n \to \infty} (1 - r^n) \neq$ nombre réel si r est inférieur à -1 ou supérieur à 1.

Nous affirmons alors pour l'instant que:

- la série converge vers:

$$\frac{a}{1 - r} \lim_{n \to \infty} (1 - r^n) = \frac{a}{1 - r} \quad \text{si} -1 < r < 1$$

- la série diverge si $r < -1$ ou si $1 < r$,

puisque $\dfrac{a}{1 - r} \lim_{n \to \infty} (1 - r^n)$ n'est pas un nombre réel.

Il reste à examiner si la série converge lorsque r est égal à 1 et lorsque r est égal à -1.

Pour $r = 1$, nous ne pouvons pas utiliser l'expression:

$$\frac{a}{(1 - r)} \cdot \lim_{n \to \infty} (1 - r^n)$$

puisque $a/(1-r)$ est indéterminé. Étudions donc la série géométrique obtenue lorsque $r = 1$.

- si $r = 1$, nous écrivons la série:

$$a + a(1) + a(1)^2 + a(1)^3 + \cdots$$

c'est-à-dire $a + a + a + a + a \ldots$

qui diverge (*sauf si $a = 0 \ldots$ ce qui n'est vraiment pas intéressant, car la série est constituée des seuls nombres* 0).

• si $r = -1$, nous écrivons la série:

$$a + a(-1) + a(-1)^2 + a(-1)^3 + \cdots$$

c'est-à-dire: $a - a + a - a + a - a \ldots$

Scrutant la suite des sommes partielles, nous avons:

$$s_1 = a \quad s_2 = 0 \quad s_3 = a \quad s_4 = 0 \ldots$$

La suite des sommes partielles diverge, car $\lim_{n \to \infty} s_n$

n'existe pas. En effet, la suite des sommes partielles oscille entre 0 et a.

Par conséquent, la suite des sommes partielles diverge et il en est de même pour la série qui y est associée. La série diverge par oscillation.

> **Résumé à savoir par coeur:**
> Une série géométrique converge **uniquement** si
> $-1 < r < 1$. Dans ce cas, $\sum_{k=1}^{\infty} ar^{k-1} = \dfrac{a}{1-r}$.
> où a est le premier terme de la série et r, sa raison.

Une série géométrique peut être notée de différentes façons:

$$\sum_{n=0}^{\infty} ar^n = a + ar + ar^2 + \cdots$$

$$\text{ou bien } \sum_{n=1}^{\infty} ar^n = ar + ar^2 + ar^3 + \cdots$$

$$\text{ou bien } \sum_{n=p}^{\infty} ar^n = ar^p + ar^{p+1} + ar^{p+2} + \cdots$$

Mais, quel que soit le premier chiffre choisi pour l'indice n, chaque terme d'une série *géométrique* est retrouvé en faisant "r" fois le terme précédent.

Exemple 15-7:

Trouver, si elle existe, la somme $\sum_{k=3}^{\infty} 2(0,1)^k$

Solution:

$$\sum_{k=3}^{\infty} 2(0,1)^k = 2(0,1)^3 + 2(0,1)^4 + 2(0,1)^5 + \cdots$$

Malgré le fait que nous voyions un exposant 3 au premier terme, nous pouvons affirmer que cette série est de la forme:

$$a + ar + ar^2 + ar^3 + \ldots$$

puisque chacun des termes est $(0,1)$ fois le précédent.

Ici: $a = 2(0,1)^3$ et $ar = 2(0,1)^4$

et $\quad r = \dfrac{ar}{a} = \dfrac{2(0,1)^4}{2(0,1)^3} = 0,1$

Nous concluons immédiatement que la série converge, car r est compris entre -1 et 1.

La série géométrique converge vers:

$$\frac{a}{1-r} = \frac{2(0,1)^3}{(1-0,1)} = \frac{0,002}{0,9} = 0,00\dot{2}$$

♦ ♦

Que signifie ce nombre ?

Il signifie que plus nous additionnons de termes appartenant à cette série géométrique, plus la somme se rapproche de $0,00\dot{2}$.

Exemple 15-8:

Évaluer, si elle existe, la somme suivante:

$$\sum_{k=0}^{\infty} \frac{(-2)^k}{3^{k+2}}$$

$$= \frac{(-2)^0}{3^2} + \frac{(-2)^1}{3^3} + \frac{(-2)^2}{3^4} + \frac{(-2)^3}{3^5} + \frac{(-2)^4}{3^6} + \cdots$$

Solution:

La série peut être écrite ainsi:

$$\frac{1}{9} + \frac{-2}{27} + \frac{4}{81} + \frac{-8}{243} + \frac{16}{729} - \cdots$$

$$= \frac{1}{9} - \frac{2}{27} + \frac{4}{81} - \frac{8}{243} + \frac{16}{729} - \cdots$$

Chaque terme est $(-2/3)$ fois le terme précédent.

Pour obtenir tous les termes successifs, nous devons, à chaque passage, multiplier par -2/3.

C'est une série géométrique où:

$$a = \frac{1}{9} \quad \text{et} \quad ar = -\frac{2}{27}$$

nous avons donc:

$$r = \frac{ar}{a} = \frac{-\dfrac{2}{27}}{\dfrac{1}{9}} = -\frac{2}{27} \times \frac{9}{1} = -\frac{2}{3}$$

$r = -2/3$ est compris entre -1 et 1, donc la série converge vers:

$$\frac{a}{1-r} = \frac{\dfrac{1}{9}}{1 - \left(\dfrac{-2}{3}\right)} = \frac{\dfrac{1}{9}}{\dfrac{5}{3}} = \frac{1}{15}$$

Si nous pouvions nous rendre jusqu'à l'infini et ainsi additionner tous les termes de la série (ce que nous ne pourrons évidemment jamais faire) nous trouverions un total de 1/15.

◆◆

Exemple 15-9:
Économique

L'équation traduisant le montant d'argent dans un compte lorsque celui-ci rapporte des intérêts proportionnels à la somme présente est:

$$\frac{dM}{dt} = rM$$

où "r" est une constante.

La résolution de cette équation se fait **exactement** de la même façon que celle de l'équation spécifiant la demi-vie (voir les équations différentielles du chapitre 5).

Nous trouvons:

$$M(t) = M_o \, e^{rt}$$

où r est le taux d'intérêt consenti, M_o est le montant déposé au début et $M(t)$ est le montant accumulé après t années.

Montrons ce résultat à l'aide de la notion de séries géométriques.

Supposons qu'un montant M_o est placé à la banque dans un compte à intérêts "r" composés 2 fois par année.

Après 6 mois, il y aura dans ce compte M_o + les intérêts

c'est-à-dire $\quad M_o + \dfrac{r}{2}(M_o) = M_o(1 + \dfrac{r}{2})$

Après 1 an, c'est-à-dire après une autre période de 6 mois, il y aura:

$$M_o(1 + \frac{r}{2}) + \text{les intérêts}$$

c'est-à-dire: $\quad M_o(1 + \dfrac{r}{2}) + \dfrac{r}{2} M_o(1 + \dfrac{r}{2})$

c'est-à-dire: $\quad M_o(1 + \dfrac{r}{2})(1 + \dfrac{r}{2})$

c'est-à-dire: $\quad M_o\left(1 + \dfrac{r}{2}\right)^2$

Après trois périodes de 6 mois, il y aura:

$$M_o\left(1 + \frac{r}{2}\right)^3$$

Après n périodes de 6 mois, il y aura:

$$M_o\left(1 + \frac{r}{2}\right)^n$$

Or, "n" périodes de 6 mois correspondent à $n/2$ années.

Si nous nous intéressons à savoir combien il y aura d'argent dans le compte après n années, nous écrirons:

$$M_0\left(1 + \frac{r}{2}\right)^{2n}$$

où M_o est le montant investi au départ, r est le taux d'intérêt consenti à la banque (c'est un nombre entre 0 et 1) et n est le nombre d'années où le montant est laissé dans le compte.

Nous avons abouti à un terme $r/2$ et un terme $2n$. Le dénominateur est 2, car souvenons-nous, les intérêts étaient capitalisés 2 fois par année.

Poursuivons le raisonnement un peu plus loin.

Si les intérêts sont composés k fois par année, nous devrons avoir, après n années, un montant de

$$M_0\left(1 + \frac{r}{k}\right)^{kn}$$

Si les intérêts sont composés à chaque mois, $k = 12$;

s'ils sont composés à chaque jour, $k = 365$;

s'ils le sont à chaque heure, $k = 8\,760$;

et ainsi de suite.

Nous pouvons nous demander quel sera le montant accumulé après n années si les intérêts sont composés continuellement, c'est-à-dire si $k \to \infty$.

Nous sommes alors amenés à calculer:

$$\lim_{k \to \infty} M_0\left(1 + \frac{r}{k}\right)^{nk}$$

c'est-à-dire: $\qquad M_0 \lim_{k \to \infty} \left(1 + \frac{r}{k}\right)^{nk}$

Cette limite a été calculée à la sous-question n) de l'exercice 2-40. Après avoir vérifié que le résultat trouvé était $M_0 e^{rn}$, nous déduisons que le montant $M_0(n)$ accumulé après n années est:

$$M_0(n) = M_0 e^{rn}.$$

♦ ♦

Exemple 15-10

Un petit moustique titube le long d'un trajet tel que celui dessiné sur la figure ci-dessous:

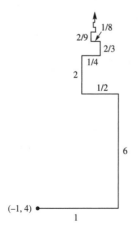

Si notre petit moustique débute son périple au point $(-1, 4)$, quel serait son point d'arrivée s'il pouvait continuer indéfiniment de cette façon?

Solution:
Trouvons d'abord la valeur de l'abscisse x au point d'arrivée.

$$x = -1 + 1 - \frac{1}{2} + \frac{1}{4} - \frac{1}{8} + \frac{1}{16} - \frac{1}{32} \cdots$$

$$= -\frac{1}{2} + \frac{1}{4} - \frac{1}{8} + \frac{1}{16} - \frac{1}{32} \cdots$$

$$= a + ar + ar^2 + \cdots$$

Ici:

$$a = \frac{-1}{2} \quad \text{et} \quad ar = \frac{1}{4}$$

d'où:

$$r = \frac{ar}{a} = \frac{1/4}{-1/2} = \frac{-1}{2}.$$

Puisque $-1 < \dfrac{-1}{2} < 1$, nous déduisons que la série converge vers:

$$\frac{a}{1 - r} = \frac{-1/2}{1 - \left(-\frac{1}{2}\right)} = \frac{-1}{3}$$

D'où x au point d'arrivée est $\dfrac{-1}{3}$.

Déterminons maintenant la valeur de l'ordonnée y au point d'arrivée:

$$y = 4 + \left(6 + 2 + \frac{2}{3} + \frac{2}{9} + \frac{2}{27} + \frac{2}{81} + \cdots\right)$$

$$= 4 + \left(a + ar + ar^2 + ar^3 + \cdots\right)$$

Le 4 est isolé du reste, car il ne cadre pas avec les autres termes.

Ici:

$$a = 6 \text{ et } ar = 2$$

donc:

$$r = \frac{ar}{a} = \frac{2}{6} = \frac{1}{3}$$

La série entre parenthèses converge vers:

$$\frac{a}{1-r} = \frac{6}{\left(1-\frac{1}{3}\right)} = \frac{18}{2} = 9$$

La valeur de y à l'arrivée est donc $9 + 4 = 13$.

Si notre petit moustique survivait jusqu'à la fin des temps, il se rendrait au point $\left(\dfrac{-1}{3}, 13\right)$

◆ ◆

Si nous nous intéressions maintenant à calculer la distance sur laquelle le moustique tituberait, que ferions- nous ?

Il faudrait additionner toutes les longueurs des segments horizontaux (ce qui donnerait la distance parcourue selon x) et ensuite, calculer toutes les longueurs des segments verticaux (ce qui donnerait la distance parcourue selon y).

Que le moustique aille de gauche à droite ou de haut en bas, les distances seront nécessairement positives. La distance totale parcourue est alors:

$$6 + 1 + 2 + \frac{1}{2} + \frac{2}{3} + \frac{1}{4} + \frac{2}{9} + \frac{1}{8} + \frac{2}{27} + \frac{1}{16} + \frac{2}{81} + \cdots$$

Réarrangeant les termes, nous écrivons:

$$\left(6 + 2 + \frac{2}{3} + \frac{2}{9} + \frac{2}{27} + \cdots\right)$$
$$+ \left(1 + \frac{1}{2} + \frac{1}{4} + \frac{1}{8} + \frac{1}{16} + \cdots\right)$$

La première série entre parenthèses étant géométrique et de raison 1/3, elle converge vers $\dfrac{6}{1-\dfrac{1}{3}} = 9$.

La deuxième série entre parenthèses étant géométrique aussi et de raison 1/2, elle converge vers

$$\frac{1}{1-\dfrac{1}{2}} = 2.$$

La distance totale parcourue est donc $9u + 2u = 11u$.*

Nous avons étudié au chapitre 14 les suites arithmétiques. Si nous considérons la somme des termes d'une suite arithmétique, nous l'appelons une série arithmétique.

15.2.2 Séries arithmétiques

Exemple 15-11:
Montrer que la somme des n premiers termes d'une progression arithmétique est égale à la moitié du produit de n par la somme du premier avec le dernier terme.

Solution:
Soit la somme des n termes de la progression

$$S = a_1 + a_2 + a_3 + \cdots + a_n$$

Il y a une différence de "r" entre chaque terme, donc:

$$S = a_1 + (a_1 + r) + (a_1 + 2r) + \cdots + (a_1 + (n-1)r)$$

Écrivons les termes en ordre inverse:

$$S = (a_1 + (n-1)r) + (a_1 + (n-2)r) + \cdots + (a_1 + r) + a_1$$

En additionnant les deux expressions de S, nous avons:

$$2S = (2a_1 + (n-1)r) + (2a_1 + (n-1)r)$$
$$+ \cdots + (2a_1 + (n-1)r)$$

ce qui est:

$$2S = n\,(2a_1 + (n-1)r)$$
$$= n\,(a_1 + a_1 + (n-1)r)$$
$$= n\,(a_1 + a_n)$$

En divisant par 2 des deux côtés, nous obtenons le résultat demandé:

---

* le u désigne une unité de longueur telle que le cm, le m, etc.

$$S = \frac{n(a_1 + a_n)}{2}$$

Il est très facile de comprendre qu'une série arithmétique de raison différente de 0 diverge toujours, car elle contient une infinité de termes . Notons toutefois que toutes les séries ne sont pas aussi faciles à étudier, c'est pourquoi nous élaborons certains critères qui nous permettent de conclure la convergence ou la divergence d'une série.

Nous avons étudié jusqu'à maintenant les séries géométrique et arithmétique. Nous avons pu trouver la somme de l'infinité des termes d'une série géométrique si celle-ci convergeait; nous avons aussi constaté que la somme de l'infinité des termes d'une série arithmétique était toujours ∞ ou $-\infty$.

Il ne sera pas toujours facile de calculer la somme de l'infinité des termes d'une série. C'est pourquoi, nous nous concentrerons ici presqu'uniquement sur l'étude de la convergence des séries. Nous ne chercherons pas à savoir la valeur vers laquelle une série s'approche, mais plutôt si oui ou non elle converge.

La démonstration de plusieurs critères de convergence n'est toutefois pas explicitée car certaines démonstrations dépassent les objectifs du cours.

15.3 CRITÈRE DE CONVERGENCE POUR UNE SÉRIE À TERMES POSITIFS

Définition:

Une série à termes positifs est une série de la forme:

$$\sum_{k=1}^{\infty} a_k \text{ où } a_k \text{ est positif pour tout } k \in \mathbb{N}.$$

Commençons notre étude par un critère de convergence assez facile. Ce critère, demandant une habileté essentiellement technique, nous initie en douceur à l'étude de la convergence des séries.

15.3.1 Critère de convergence de d'Alembert (aussi appelé test du rapport)

Étant donné une série à termes positifs:

$$\sum_{k=1}^{\infty} a_k$$

et le calcul de la limite suivante:

$$\lim_{n \to \infty} \frac{a_{n+1}}{a_n} = r;$$

- si $r < 1$, alors la série converge;
- si $r > 1$, alors la série diverge;
- si $r = 1$ alors nous ne pouvons rien conclure.

  (*il faut alors utiliser autre chose*)

Ce critère est bien utile lorsque le terme général contient une factorielle ou une puissance variable. Les six séries suivantes illustrent bien certains cas où il faut penser à utiliser le critère de d'Alembert.

$$\sum_{k=1}^{\infty} \frac{k! \, 2^k}{5^k} \qquad \sum_{k=1}^{\infty} \frac{e^{k+1}}{4^k} \qquad \sum_{k=1}^{\infty} \frac{k! \, (k-1)!}{(3k)!}$$

$$\sum_{k=1}^{\infty} \frac{3^k}{k!} \qquad \sum_{k=1}^{\infty} \frac{(3k)!}{k^3} \qquad \sum_{k=1}^{\infty} \frac{k! \, (k+2)! \, e^{k+1}}{k!}$$

Exemple 15-12:

Étudier la convergence de $\sum_{k=1}^{\infty} \frac{2^k}{3^k \, k!}$

Nous remarquons les puissances variables et en plus une factorielle: tout pour nous faire penser à utiliser le critère de d'Alembert.

Ici, $a_n = \frac{2^n}{3^n \, n!}$ et $a_{n+1} = \frac{2^{n+1}}{3^{n+1} \, (n+1)!}$

Par d'Alembert, il faut calculer :

$$\lim_{n \to \infty} \frac{a_{n+1}}{a_n}$$

ce qui est:

$$\lim_{n \to \infty} \frac{a_{n+1}}{a_n} = \lim_{n \to \infty} \frac{2^{n+1}}{3^{n+1} \, (n+1)!} \cdot \frac{3^n \, n!}{2^n}$$

a_{n+1} étant divisé par a_n, il est plus aisé de multiplier immédiatement par l'inverse de la fraction a_n que d'écrire une fraction à "quatre étages" qui serait la fraction a_{n+1} sur la fraction a_n.

Simplifiant l'expression dont nous avons à calculer la limite, nous arrivons à:

$$\lim_{n\to\infty}\frac{2}{3(n+1)}=0$$

$0 < 1$, donc la série converge en vertu du critère de d'Alembert.

◆◆

Exemple 15-13:

Déterminer la nature de la série $\sum\limits_{i=1}^{\infty}(0,2)^{i-1}$.

Solution:

Déterminer la nature d'une série signifie que nous devons dire si oui ou non cette série converge.

Le critère de d'Alembert nous commande d'écrire:

$$\lim_{n\to\infty}\frac{a_{n+1}}{a_n}=\lim_{n\to\infty}\frac{(0,2)^n}{(0,2)^{n-1}}$$
$$=0,2<1$$

La valeur "r" calculée est inférieure à 1, donc la série converge.

◆◆

Exemple 15-14:

Déterminer la nature de la série $\sum\limits_{i=1}^{\infty}\frac{(2/3)^i}{i!}$.

Solution:

Utilisons encore le critère de d'Alembert, parce que nous observons une factorielle:

$$\lim_{n\to\infty}\frac{(2/3)^{n+1}}{(n+1)!}\cdot\frac{n!}{(2/3)^n}$$
$$=\lim_{n\to\infty}\frac{(2/3)}{n+1}=0<1$$

La valeur "r" est inférieure à 1, donc la série converge.

◆◆

Passons maintenant à l'étude d'un autre critère de convergence qui est aussi très technique.

Encore ici, la démonstration n'est pas exposée, car elle dépasse les objectifs d'un premier cours portant sur les suites et séries.

15.3.2 Critère de la racine $n^{\text{ième}}$ (aussi appelé critère de Cauchy)

Étant donné une série à termes positifs $\sum\limits_{k=1}^{\infty}a_k$ et le calcul de $\lim\limits_{n\to\infty}\sqrt[n]{a_n}=r$.

- Si $r<1$, alors la série converge;
- si $r>1$, alors la série diverge;
- si $r=1$, nous ne pouvons rien conclure (il faut alors utiliser un autre critère).

Le critère de la racine $n^{\text{ième}}$ est bien utile lorsque:

- le terme général de la série a un facteur constitué d'une base variable écrite avec un *exposant variable*;
- le terme général contient une constante écrite avec un exposant variable.

Les six séries ci-dessous illustrent bien certains cas où il faut penser à utiliser le critère de Cauchy:

$$\sum_{k=1}^{\infty}\left(\frac{k}{k+1}\right)^k \qquad \sum_{k=1}^{\infty}\left(\frac{5}{8}\right)^k$$

$$\sum_{k=1}^{\infty}\frac{3}{(k)^k} \qquad \sum_{k=1}^{\infty}\frac{1}{(\log_{10}k)^k}$$

$$\sum_{k=1}^{\infty}\frac{2^{k+3}}{4^k} \qquad \sum_{k=1}^{\infty}\frac{2^{k+3}}{k^k}$$

Exemple 15-15:
Étudier la convergence de:

$$\sum_{k=1}^{\infty}\frac{(2k^2-4k+3)^k}{(k+1)^{2k}}.$$

Solution:

Nous remarquons des puissances variables et des bases variables, nous pensons donc au critère de la racine $n^{\text{ième}}$.

Ici, $a_n = \dfrac{(2n^2 - 4n + 3)^n}{(n+1)^{2n}}$

Il faut prendre la racine $n^{\text{ième}}$ du terme général. Ce qui fait:

$$\sqrt[n]{a_n} = \sqrt[n]{\dfrac{(2n^2 - 4n + 3)^n}{(n+1)^{2n}}}$$

$$= \dfrac{(2n^2 - 4n + 3)}{(n+1)^2}$$

Calculant maintenant la limite lorsque n tend vers l'infini, nous écrivons:

$$\lim_{n \to \infty} \sqrt[n]{a_n} = \lim_{n \to \infty} \dfrac{(2n^2 - 4n + 3)}{(n+1)^2}$$

Cela est une indétermination de la forme $\frac{\infty}{\infty}$, alors nous utilisons la règle de L'Hospital pour la contourner.

Après avoir utilisé la règle de L'Hospital à deux reprises, nous avons:

$$\lim_{n \to \infty} \dfrac{2n^2 - 4n + 3}{(n+1)^2} \qquad \left(\text{forme } \dfrac{\infty}{\infty}\right)$$

$$\overset{\text{H}}{=} \lim_{n \to \infty} \dfrac{4n - 4}{2(n+1)} \qquad \left(\text{forme } \dfrac{\infty}{\infty}\right)$$

$$\overset{\text{H}}{=} \lim_{n \to \infty} \dfrac{4}{2}$$

$$= 2$$

Puisque $\lim\limits_{n \to \infty} \sqrt[n]{a_n} = 2$ est une valeur "r" supérieure à 1, nous concluons que la série de départ diverge en vertu du critère de la racine $n^{\text{ième}}$.

♦   ♦

Les indices cités ci-haut ne sont pas infaillibles, car à certains moments, le critère de la racine $n^{\text{ième}}$ peut s'avérer impuissant malgré que le terme général de la série ressemble à l'une ou l'autre des formes mentionnées.

Exemple 15-16:

À l'aide du critère de la racine $n^{\text{ième}}$, étudier, si possible, la convergence de:

$$\sum_{k=1}^{\infty} \left(1 + \dfrac{1}{k}\right)^k$$

Solution:

Nous sommes effectivement en présence d'un terme général contenant une base variable écrite avec un exposant variable. Il est donc logique de penser à utiliser le critère de Cauchy.

Ici, $a_n = \left(1 + \dfrac{1}{n}\right)^n$

d'où: $\displaystyle\lim_{n \to \infty} \sqrt[n]{a_n} = \lim_{n \to \infty} \sqrt[n]{\left(1 + \dfrac{1}{n}\right)^n}$

$$= \lim_{n \to \infty} \left(1 + \dfrac{1}{n}\right)^{n/n} = \lim_{n \to \infty} \left(1 + \dfrac{1}{n}\right) = 1$$

Le critère de Cauchy donne le résultat 1, nous ne pouvons donc rien conclure. Il faut utiliser autre chose.

♦   ♦

Attention à l'erreur suivante qui est très grave et malheureusement trop répandue : Ce n'est pas parce que nous avons le résultat 1, qui est un nombre réel précis et fini que nous concluons que la série converge!!! Il faut *très bien savoir utiliser et interpréter* les critères de convergence. Le critère de la racine $n^{\text{ième}}$ nous dit que si r est égal à 1, la série peut aussi bien diverger que converger. Le critère de Cauchy est donc impuissant si r est égal à 1.

Repensons au nombre que nous avons tant vu au cours de la lecture de ce livre. Repensons à "e", défini comme étant:

$$e = \lim_{n \to \infty} \left(1 + \dfrac{1}{n}\right)^n$$

Le terme général de notre série est $\left(1 + \dfrac{1}{k}\right)^k$.

Si k tend vers l'infini, alors le terme général s'approche de e.

Le terme général ne tendant pas vers 0, il était évident dès le départ (si nous y avions pensé) que la série divergerait.

Souvenons-nous que pour converger, le terme général d'une série doit obligatoirement tendre vers 0.

Nous concluons, non pas en vertu du critère de la racine $n^{\text{ième}}$, mais bien en vertu de la cause certaine de divergence que:

$$\sum_{k=1}^{\infty} \left(1 + \frac{1}{k}\right)^k \text{ diverge.}$$

◆ ◆

Remarque:
Puisque tous les termes de cette série sont positifs et que cette série diverge, il est clair que:

$$\sum_{k=1}^{\infty} \left(1 + \frac{1}{k}\right)^k = \infty.$$

Exemple 15-17:

Étudier la nature de la série $\sum_{k=1}^{\infty} \frac{5}{7^k}$.

Solution:
Étudier la nature d'une série, nous le savons, signifie que nous devons déterminer si elle converge ou si elle diverge.

Le terme général n'est pas exprimé au complet avec un exposant variable, mais nous pouvons remédier à cela:

$$\sum_{k=1}^{\infty} \frac{5}{7^k} = 5 \sum_{k=1}^{\infty} \frac{1}{7^k} = 5 \sum_{k=1}^{\infty} \left(\frac{1}{7}\right)^k$$

Étudions la série $\sum_{k=1}^{\infty} \left(\frac{1}{7}\right)^k$, car la série de départ étant un multiple de celle-ci, toutes deux seront de même nature, c'est-à-dire qu'elles divergeront ou convergeront en même temps (consulter le théorème 15-3 et 15-4).

Utilisons le critère de la racine $n^{\text{ième}}$:

$$\lim_{n \to \infty} \sqrt[n]{a_n} = \lim_{n \to \infty} \sqrt[n]{\left(\frac{1}{7}\right)^n}$$
$$= \lim_{n \to \infty} \left(\frac{1}{7}\right)^{n/n}$$
$$= \lim_{n \to \infty} \frac{1}{7} = \frac{1}{7}$$

La valeur "r" étant inférieure à 1, nous concluons, en vertu du critère de la racine $n^{\text{ième}}$ et du théorème 15-3, que la série de départ converge.

◆ ◆

Réalisons que la convergence de cette série aurait pu être déduite par le critère de d'Alembert ou par nos connaissances des séries géométriques.

15.3.3 Critère de l'intégrale de Cauchy

Soit une série à termes positifs ou nuls: $\sum_{k=1}^{\infty} a_k$.

Si une fonction non négative, continue et décroissante f est telle que $f(n) = a_n$ pour tout entier n appartenant à $\mathbb{N}$, alors:

l'intégrale, $\int_1^{\infty} f(x)\,dx$ et la série $\sum_{k=1}^{\infty} a_k$

convergent ou divergent en même temps. C'est-à-dire que la série et l'intégrale sont de même nature.

La preuve formelle n'est pas faite ici. Par contre l'aspect visuel est grandement satisfaisant:

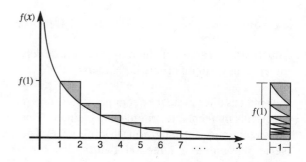

Figure 15-1

Puisque les a_k sont non négatifs, la sommation de tous ceux-ci est en fait la sommation des aires des rectangles illustrés à la figure 15-1.

Constatons de plus, à la figure 15-1, que $\int_1^\infty f(x)\, dx$ est l'aire sous la courbe sur le domaine $[1, \infty[$.

Examinons les rectangles dessinés. La largeur de chacun égale 1 et le côté supérieur gauche est sur la courbe. Évidemment, la somme des aires de ces rectangles est supérieure à l'aire sous la courbe. Toutes les parties excédentaires entre les rectangles et la courbe sont reportées à la droite du graphique. (La forme de chaque partie ressemble à un triangle)

L'aire totale de cet excédent est plus petite que l'aire du rectangle de largeur 1 et de hauteur $f(1)$. Donc la différence entre l'aire sous la courbe et l'aire totale des rectangles est inférieure à $f(1) \times 1 = f(1)$. Par conséquent, la différence entre ces aires est inférieure à un *nombre fini*.

Nous concluons qu'une série égale un nombre fini si et seulement si l'intégrale qui y est associée égale un nombre fini.

Comprenons bien ce que signifie le "si et seulement si". Si l'intégrale converge, alors la série qui y est associée converge aussi, et si l'intégrale diverge, alors il en sera de même pour la série associée.

Exemple 15-18:

Déterminer la nature de la série suivante:

$$\sum_{k=1}^\infty \frac{ln\,(k+3)}{k+3}$$

Solution:

Pour utiliser le critère de l'intégrale, il faut déterminer une fonction f telle que, pour tout entier n:

$$f(n) = \frac{ln\,(n+3)}{n+3}.$$

Le calcul de l'intégrale impropre de f entre 1 et ∞ nous renseignera sur la nature de la série si les hypothèses du critère de l'intégrale de Cauchy sont respectées. Il faut donc vérifier que f est non négative et décroissante (nous savons qu'elle est continue).

Écrivons f en fonction de la variable réelle x:

$$f(x) = \frac{ln\,(x+3)}{x+3}.$$

f est non négative sur $[1, \infty[$, car sur ce même intervalle, $ln\,(x+3) \geq 0$ et $x+3 > 0$.

f est décroissante sur $[1, \infty[$, car sur ce même intervalle, $f'(x) = \dfrac{1 - ln\,(x+3)}{(k+3)^2} < 0$.

Nous avons:

$$\int_1^\infty \frac{ln\,(x+3)}{x+3}\, dx = \lim_{a \to \infty} \int_1^a \frac{ln\,(x+3)}{x+3}\, dx$$

En posant $u = ln\,(x+3)$, nous avons $du = dx/(x+3)$. Les nouvelles bornes pour la variable u sont alors $ln\,4$ et $ln\,\infty = \infty$.

$$\lim_{a \to \infty} \int_1^a \frac{ln\,(x+3)}{x+3}\, dx = \lim_{a \to \infty} \int_{ln\,4}^a u\, du$$

$$\lim_{a \to \infty} \left. \frac{u^2}{2} \right|_{ln\,4}^a = \lim_{a \to \infty} \frac{a^2}{2} - \frac{ln^2\,4}{2} = \infty$$

Puisque l'intégrale diverge, nous concluons que la série qui y est associée diverge aussi.

◆◆

15.3.4 Critère des séries-p (aussi appelé critère des séries de Riemann)

Soit une série à termes positifs de la forme $\displaystyle\sum_{k=1}^\infty \frac{1}{k^p}$, où p est une constante réelle quelconque.

- Si $p > 1$, alors la série converge;
- si $p \leq 1$, alors la série diverge.

Soulignons, avant de continuer, un élément pour notre culture personnelle.

Si $p = 1$, nous appelons cette série particulière, la série harmonique. Ce nom vient du fait que lorsque nous pinçons n'importe quel choix de deux cordes (de violon, de piano, etc.) affligées d'une même tension, si les longueurs sont dans les rapports de la série harmonique, alors le son qui en ressort est harmonieux.

Lorsque nous avons traité des intégrales impropres au chapitre 13, nous avons étudié:

$$\int_1^\infty \frac{dx}{x^p}$$

et nous avons montré que cette intégrale convergeait lorsque $p > 1$ et qu'elle divergeait lorsque $p \le 1$. (Revoir si nécessaire l'exemple 13-13 à la page 224)

Les hypothèses du critère de l'intégrale étant évidemment respectées, nous concluons qu'une série-p converge si $p > 1$ et qu'elle diverge si $p \le 1$.

Le critère des séries-p est très avantageux puisqu'à chaque fois que nous pouvons nous en prévaloir, il est concluant. En effet, tout nombre réel p ne pourra jamais être autrement que plus petit que 1, plus grand que 1 ou égal à 1.

Exemple 15-19:
Déterminer la convergence ou la divergence de la série:

$$\sum_{k=1}^{+\infty} \frac{8}{\sqrt{k}}$$

Solution:
Cette série n'est pas exactement une série-p à cause du "8" au numérateur. Nous pouvons, en sortant le "8" de la sommation, transformer notre série pour qu'elle devienne exactement conforme à une série-p.

Nous avons:

$$\sum_{k=1}^{\infty} \frac{8}{\sqrt{k}} = 8 \sum_{k=1}^{\infty} \frac{1}{\sqrt{k}} = 8 \sum_{k=1}^{\infty} \frac{1}{k^{1/2}}$$

Examinons bien la logique du cheminement:

i) La série $\sum_{k=1}^{\infty} \frac{1}{k^{1/2}}$ diverge en vertu du critère des séries-p; $(p = 1/2 < 1)$

ii) La série $8 \sum_{k=1}^{\infty} \frac{1}{k^{1/2}}$ diverge, car elle est le multiple d'une série divergente (théorème 15-4).

iii) Donc la série de départ $\sum_{k=1}^{\infty} \frac{8}{\sqrt{k}}$ diverge, car elle est exactement égale à celle écrite en *ii*).

♦ ♦

Certains diront qu'il y a perte de temps à mentionner tout cela, mais il est fondamental de très bien saisir la portée de chaque test, en étant à la fois très conscient de la puissance de chacun de ceux-ci et de leurs limites.

Par exemple, il aurait été abusif d'affirmer que notre série $\sum_{k=1}^{+\infty} \frac{8}{\sqrt{k}}$ divergeait uniquement en vertu du critère des séries-p.

Très bientôt, nous serons habilités à distinguer rapidement les séries convergentes de celles qui ne le sont pas.

Même si cela peut paraître inconcevable, à la fin de l'étude de ce chapitre, nous pourrons affirmer après *un simple coup d'oeil* que les séries (1), (2), et (4) ci-dessous convergent mais que la série (3) diverge.

Ayons l'oeil aiguisé comme nous l'avions en intégrant et nous constaterons que toute série, aussi compliquée qu'elle puisse paraître, restera simple à étudier.

$$\sum_{k=1}^{\infty} \frac{2}{(k+5)^3} \qquad (1)$$

$$\sum_{k=1}^{\infty} \frac{|\sin k|}{k(k+2)^2 \sqrt{k+9}} \qquad (2)$$

$$\sum_{k=1}^{\infty} \frac{(k+1)}{(2k+1)(k+2)} \qquad (3)$$

$$\sum_{k=1}^{\infty} \frac{-2k+7}{\sqrt{(2k+1)^5}} \qquad (4)$$

Un des critères excessivement puissants qui permet rapidement de voir si une série est convergente ou non est le critère de comparaison.

Le critère des séries-*p* sera très souvent, voire pres-que toujours, utilisé en tandem avec le critère de comparaison. Les quatre séries ci-dessus illustrent bien certains cas où il faut penser à utiliser le critère de comparaison harmonisé avec les séries-*p*.

15.3.5 Critère de comparaison

Étant donné deux séries à termes positifs (ou nuls):

$$\sum_{k=1}^{\infty} a_k \quad \text{et} \quad \sum_{k=1}^{\infty} b_k$$

telles que $0 \le a_k \le b_k$ pour tout entier k.

Comme chacun des termes de la première série est inférieur ou égal à chacun des termes de la deuxième série, il est certain que la somme de tous les termes de la première série ne sera pas plus grande que la somme de tous les termes de la deuxième série. C'est-à-dire:

$$\sum_{k=1}^{\infty} a_k \le \sum_{k=1}^{\infty} b_k$$

Regardons logiquement ce que nous pouvons conclure de cette inégalité.

• Si la série $\sum_{k=1}^{\infty} b_k$ converge

alors ⇓

la somme de *tous* les b_k donne un nombre réel fini et bien précis, par exemple C;

alors ⇓

la somme de tous les a_k (étant au plus égale à la somme de tous les b_k) égale un nombre réel plus petit ou égal à C;

alors ⇓

la série $\sum_{k=1}^{\infty} a_k$ converge.

Ce qui nous fait écrire:

> • Si $\sum_{k=1}^{\infty} b_k$ converge, alors $\sum_{k=1}^{\infty} a_k$ converge aussi.

• Si la série $\sum_{k=1}^{\infty} a_k$ converge

alors ⇓

la somme de tous les termes a_k donne un nombre réel fini et précis, par exemple T;

alors ⇓

tout ce que nous pouvons conclure c'est que la somme de tous les b_k sera au moins égale à T (car la somme de tous les b_k est plus grande ou égale à la somme de tous les a_k),

alors ⇓

la série $\sum_{k=1}^{\infty} b_k$ peut être un nombre réel fini, *mais* elle *peut aussi être* ∞.

Cela nous fait donc écrire:

> • Si $\sum_{k=1}^{\infty} a_k$ converge, alors nous ne pouvons rien conclure.

• Si $\sum_{k=1}^{\infty} a_k$ diverge,

alors ⇓

la somme de tous les a_k explose vers l'infini,*

alors ⇓

la somme de tous les b_k explose aussi vers l'infini (cette somme étant encore plus grande que la somme des a_k),

alors ⇓

la série $\sum_{k=1}^{\infty} b_k$ diverge.

Nous pouvons donc écrire:

> • Si $\sum_{k=1}^{\infty} a_k$ diverge, alors $\sum_{k=1}^{\infty} b_k$ diverge aussi.

---

*La somme d'une infinité de termes positifs tend obligatoirement vers ∞.

• Si $\sum\limits_{k=1}^{\infty} b_k$ diverge,

alors ⇓

la somme de tous les b_k est ∞ ,

alors ⇓

la somme de tous les a_k qui donne un résultat inférieur ou égal à celui de la somme des b_k *peut* tendre vers ∞ et *peut aussi* s'approcher d'un nombre réel fini. En fait, nous ne pouvons pas le savoir.

Nous écrivons donc:

• Si $\sum\limits_{k=1}^{\infty} b_k$ diverge, alors nous ne pouvons rien conclure sur la nature de $\sum\limits_{k=1}^{\infty} a_k$ (cette série pouvant converger ou diverger).

Schématiquement, nous verrons l'inégalité qui suit tout au long de cette section de chapitre.

série à étudier $\leq C$

où C est une série convergente.

Il faut comprendre de cette inégalité que nous désirons prouver la convergence d'une série en la comparant à une série *connue, plus grande, qui converge.*

Schématiquement, dans cette section, nous verrons aussi:

série à étudier $\geq D$

où D est une série divergente.

Il faut comprendre que nous désirons prouver la divergence d'une série en la comparant à une série *connue, plus petite, qui diverge.*

Exemple 15-20:

Étudier la nature de la série $\sum\limits_{k=1}^{\infty} \dfrac{1}{(k+10)^2}$, c'est-à-dire déterminer si cette série converge ou si elle diverge.

Solution:

Lorsque k est "grand", la série:

$$\sum_{k=1}^{\infty} \frac{1}{(k+10)^2}$$

ressemble beaucoup à:

$$\sum_{k=1}^{\infty} \frac{1}{k^2}$$

puisque lorsque k est "grand", $(k+10)$ et k se ressemblent beaucoup.

Pour nous en convaincre, pensons à une personne millionnaire qui reçoit 10 \$ en cadeau ... ça ne change pas sa vie!

La série $\sum\limits_{k=1}^{\infty} \dfrac{1}{k^2}$ converge en vertu des séries-p (car $2 > 1$).

Ceci ne *prouve pas* que la série dont nous avons à faire l'étude converge, mais ceci nous donne un très bon indice à savoir comment utiliser le test de comparaison.

Notre série $\sum\limits_{k=1}^{\infty} \dfrac{1}{(k+10)^2}$ ressemble tellement à une série convergente que nous allons essayer de prouver qu'elle converge effectivement.

Nous partirons donc avec:

série à étudier $\leq C$

Il faut trouver une série convergente C telle que:

$$\sum_{k=1}^{\infty} \frac{1}{(k+10)^2} \leq C$$

Concentrons-nous d'abord sur le dénominateur du terme général de notre série:

$$k + 10 \geq k$$

Ceci est vrai quel que soit l'entier k.

Élevons au carré les deux membres de l'inégalité afin de se rapprocher de plus en plus du terme général de la série que nous voulons "bâtir".

$$(k + 10)^2 \geq k^2$$

Prenons maintenant l'inverse multiplicatif de chaque membre. Nous obtenons une expression *identique* à celle de notre terme général.

$$\frac{1}{(k + 10)^2} \leq \frac{1}{k^2} \qquad \text{(A)}$$

Cette inégalité est vraie pour tout entier k.

Puisque l'inégalité (A) est toujours vraie lorsque $k \in \mathbb{N}$, alors cette inégalité demeurera valide si nous faisons la somme de l'infinité des termes. Ainsi:

$$\sum_{k=1}^{\infty} \frac{1}{(k + 10)^2} \leq \sum_{k=1}^{\infty} \frac{1}{k^2}$$

La série $\displaystyle\sum_{k=1}^{\infty} \frac{1}{k^2}$ converge en vertu des séries-p.

Donc la série:

$$\sum_{k=1}^{\infty} \frac{1}{(k + 10)^2}$$

converge en vertu du critère de comparaison.

◆   ◆

Voyons un autre exemple.

Exemple 15-21:
Déterminer la nature de la série:

$$\sum_{i=1}^{\infty} \frac{i + 1}{(2i + 8i^2)^{2/3}}$$

Solution:
• Le terme général de cette série se comporte environ comme:

$$\frac{i}{(8i^2)^{2/3}} = \frac{i}{8^{2/3} \, i^{4/3}} = \frac{1}{8^{2/3} \, i^{1/3}} = \frac{1}{4i^{1/3}}$$

Par le critère des séries-p , $\displaystyle\sum_{i=1}^{\infty} \frac{1}{i^p}$ converge si $p > 1$ et diverge si $p \leq 1$.

Donc la série $\dfrac{1}{4} \displaystyle\sum_{i=1}^{\infty} \dfrac{1}{i^{1/3}}$ diverge.

Il reste à montrer, par le critère de comparaison, que:

$$\sum_{i=1}^{\infty} \frac{i + 1}{(2i + 8i^2)^{2/3}} \quad \text{diverge aussi.}$$

Il suffit de montrer:

$$\sum_{i=1}^{\infty} \frac{i + 1}{(2i + 8i^2)^{2/3}} \geq D$$

Montrons que le terme général de notre série:

$$\frac{i + 1}{(2i + 8i^2)^{2/3}}$$

est supérieur au terme général d'une série divergente que nous devons déterminer.

Illustrons ainsi:

$$\frac{i + 1}{(2i + 8i^2)^{2/3}} \geq \textit{terme général d'une série divergente}$$

Il faut:

$$i + 1 \;\; \geq \;\; \boxed{}$$

et

$$(2i + 8i^2)^{2/3} \;\; \leq \;\; \triangle$$

Remarquons bien le sens des inégalités qui n'est pas choisi au hasard. En effet, considérons deux fractions quelconques. Si le numérateur de la première fraction est plus grand que celui de la seconde, et qu'en plus, le dénominateur de la première est plus petit que celui de la seconde, alors le résultat de la première fraction sera sûrement plus grand que le résultat de la seconde.

Il est facile de voir que nous pouvons placer "i" dans le rectangle ☐.

Ce n'est pas aussi évident pour ce qui est de l'espace à combler dans le triangle △.

Procédons par étape: $2i + 8i^2 \leq 9i^2$ (ceci est vrai à partir de $i = 2$).

Par conséquent, en élevant les deux membres de l'inégalité à la puissance 2/3, nous écrivons:

$$\left(2i + 8i^2\right)^{2/3} \leq \left(9i^2\right)^{2/3}$$

$$\left(2i + 8i^2\right)^{2/3} \leq 9^{2/3} \, i^{4/3}$$

Plaçons dans le triangle, l'expression $9^{2/3} \, i^{4/3}$.
Nous avons donc:

$$i + 1 \geq i \quad \text{et}$$
$$\left(2i + 8i^2\right)^{2/3} \leq 9^{2/3} \, i^{4/3}$$

D'où:

$$\frac{i + 1}{\left(2i + 8i^2\right)^{2/3}} \geq \frac{i}{9^{2/3} \, i^{4/3}}$$

Après simplification du membre de droite, nous obtenons:

$$\frac{i + 1}{\left(2i + 8i^2\right)^{2/3}} \geq \frac{1}{9^{2/3} \, i^{1/3}}$$

Puisque cette inégalité est vraie à partir de $i = 2$, il en sera de même pour la sommation suivante:

$$\sum_{i=2}^{\infty} \frac{i + 1}{\left(2i + 8i^2\right)^{2/3}} \geq \frac{1}{9^{2/3}} \sum_{i=2}^{\infty} \frac{1}{i^{1/3}}$$

En vertu du critère des séries-p, nous affirmons la divergence de la série:

$$\sum_{i=1}^{\infty} \frac{1}{i^{1/3}}$$

Le théorème 15-2 nous permet de statuer la divergence de:

$$\sum_{i=2}^{\infty} \frac{1}{i^{1/3}}$$

Donc $\dfrac{1}{9^{2/3}} \displaystyle\sum_{i=2}^{\infty} \dfrac{1}{i^{1/3}}$ diverge, car nous multiplions une série divergente par une constante (théorème 15-4).

La série $\displaystyle\sum_{i=2}^{\infty} \dfrac{i+1}{\left(2i + 8i^2\right)^{2/3}}$ diverge, car elle est plus grande qu'une série divergente.

Nous concluons finalement, en vertu du théorème 15-2, que $\displaystyle\sum_{i=1}^{\infty} \dfrac{i+1}{\left(2i + 8i^2\right)^{2/3}}$ diverge, car nous avons ajouté un nombre fini de termes à une série divergente. (en l'occurrence un seul terme)

◆ ◆

Note: il est très avantageux de choisir un monôme à placer dans le ☐ et dans le △ afin de pouvoir simplifier et ainsi arriver à la forme $\displaystyle\sum_{i=1}^{\infty} \dfrac{1}{i^{p}}$.

Nous nous sommes attardés uniquement aux séries à termes positifs jusqu'à maintenant. Il est temps de regarder ce qui se passe si tous les termes ne sont pas positifs.

Abordons maintenant les séries alternées.

15.4 CRITÈRE DE CONVERGENCE POUR UNE SÉRIE ALTERNÉE

Une série est dite alternée si les signes de cette série sont, comme son nom l'indique, alternés.

Exemple 15-22:

$$\sum_{k=1}^{\infty} (-1)^k \left(\frac{2}{3}\right)^k = -\frac{2}{3} + \frac{4}{9} - \frac{8}{27} + \cdots$$

$$\sum_{k=1}^{\infty} (-1)^{k+1} \frac{k^2}{k^3+3} = \frac{1}{4} - \frac{4}{11} + \frac{9}{30} - \cdots$$

$$\sum_{k=4}^{\infty} \frac{(-1)^{k-1} k}{\sqrt{k^3-30}} = -\frac{4}{\sqrt{34}} + \frac{5}{\sqrt{95}} - \frac{6}{\sqrt{186}} + \cdots$$

Une série alternée est notée de l'une ou l'autre de ces deux façons:

$$\sum_{k=1}^{\infty} (-1)^k a_k \quad \text{ou} \quad \sum_{k=1}^{\infty} (-1)^{k+1} a_k$$

a_k est positif.

La première série débute avec un signe – et la seconde, avec un signe +.

◆ ◆

Le critère de convergence des séries alternées est le suivant:

Énoncé du critère de convergence d'une série alternée

Étant donné une série alternée:

$$\sum_{k=1}^{\infty} (-1)^k a_k \quad \text{ou} \quad \sum_{k=1}^{\infty} (-1)^{k+1} a_k,$$

1. si les valeurs a_k de la série décroissent à partir d'un certain rang* et
2. si a_k s'approche de plus en plus de 0,

c'est-à-dire: $\lim_{n \to \infty} a_n = 0$

alors la série alternée converge.

---

* C'est-à-dire qu'après un certain terme de la série, tous ceux qui le succèdent lui seront inférieurs en grandeur. Ne pas oublier que a_k est positif.

Exemple 15-23:

Étudier la nature de la série $\displaystyle\sum_{k=1}^{\infty} (-1)^k \frac{2}{k+3}$

Cette série est en fait:

$$-\frac{2}{4} + \frac{2}{5} - \frac{2}{6} + \frac{2}{7} - \frac{2}{8} + \cdots + (-1)^n \frac{2}{n+3} + \cdots$$

La série est alternée à cause du $(-1)^k$ écrit dans le terme général, qui appose les signes –, +, –, +, –, +, –, etc.

> Il faut obligatoirement que les deux conditions du critère de convergence des séries alternées soient vérifiées pour conclure sur la convergence de notre série.

1. Examinons si la première condition est remplie:

les termes a_k de la série décroissent-ils?

Si les termes a_k décroissent, c'est que la dérivée de a_k est négative (revoir si nécessaire la section sur les croissances et décroissances de suites à la section 14.2)

$$a_n = 2(n+3)^{-1}$$

alors:

$$a_n' = -2(n+3)^{-2} = \frac{-2}{(n+3)^2}$$

Puisque la dérivée est négative pour toute valeur de n, nous concluons que:

les termes a_n de la série décroissent.

2. Vérifions la deuxième condition du théorème:

a_n s'approche-t-il de 0 ?

Calculons $\displaystyle\lim_{n \to \infty} a_n$:

$$\lim_{n \to \infty} a_n = \lim_{n \to \infty} \frac{2}{n+3} = 0$$

Les deux conditions sont vérifiées. Nous pouvons conclure, en vertu du critère de convergence des séries alternées, que notre série:

$$\sum_{k=1}^{\infty} (-1)^k \frac{2}{k+3} \quad \text{converge.}$$

♦ ♦

> **ATTENTION**: Même si nous ne nous servons que des a_k sans égard aux signes, cela ne veut pas dire que le critère des séries alternées servira pour les séries à termes positifs. La démonstration de ce critère n'est pas faite, mais il faut bien comprendre que la conclusion est correcte en autant que nous ayons affaire à une *série alternée et que nous considérions les a_k positifs.*

Exemple 15-24:

Dire si la série alternée:

$$\sum_{k=0}^{\infty} (-1)^k \frac{k}{k!}$$

est convergente ou divergente.

Solution:

Notre série est en fait:

$$\frac{0}{1} - \frac{1}{1} + \frac{2}{2} - \frac{3}{6} + \frac{4}{24} - \frac{5}{120} + \cdots$$

ou encore:

$$0 - 1 + 1 - \frac{1}{2} + \frac{1}{6} - \frac{1}{24} + \cdots + (-1)^n \frac{1}{(n-1)!} + \cdots$$

Le terme général n'est pas valide pour $n = 0$, car nous aurions alors $(-1)!$, ce que nous n'avons jamais défini.

Ce terme général n'a de sens qu'à partir de $n = 1$, c'est-à-dire à partir du deuxième terme de la sommation. Si nous débutons à $n = 1$, cela ne fait qu'éliminer le premier terme de la série, soit 0.

Notre série de départ et la série:

$$\sum_{k=1}^{\infty} (-1)^k \frac{1}{(k-1)!}$$

seront automatiquement de même nature.

Étudions la convergence de $\sum_{k=1}^{\infty} (-1)^k \frac{1}{(k-1)!}$

1° À cause de la factorielle, nous ne pouvons pas utiliser la dérivée pour déterminer si oui ou non les termes $\frac{1}{(k-1)!}$ décroissent.

Nous n'avons d'autre choix que de comparer les termes a_k et a_{k+1}.

Nous savons que:

$$a_k = \frac{1}{(k-1)!} \quad \text{et} \quad a_{k+1} = \frac{1}{k!}.$$

Donc:
$$a_{k+1} = \frac{1}{k!} = \frac{1}{(k-1)! \, k}$$

$$= \frac{1}{(k-1)!} \times \frac{1}{k} = a_k \times \frac{1}{k} = \frac{a_k}{k}.$$

Ainsi:

$$a_{k+1} = \frac{a_k}{k}$$

Nous venons de prouver que a_{k+1} est plus petit que a_k et alors les termes de la série (sans égard aux signes) décroissent.

2° Le facteur a_k de la série tend-il vers 0 ? *

Calculons $\lim_{n \to \infty} a_n$:

$$\lim_{n \to \infty} a_n = \lim_{n \to \infty} \frac{1}{(n-1)!} = 0$$

Les termes de la série $\sum_{k=1}^{\infty} (-1)^k \frac{1}{(n-1)!}$ décroissent et tendent vers 0, alors en vertu du critère de convergence des séries alternées, nous concluons que la série:

$$\sum_{k=1}^{\infty} (-1)^k \frac{1}{(n-1)!} \quad \text{converge.}$$

---

* Nous pourrions aussi parler du terme général (de la série) qui tend vers 0 puisque $(-1)^k$ ne fait qu'altérer le signe. Notons aussi que a_k s'approche de 0 si et seulement si $(-1)^k a_k$ s'approche de 0.

Puisque cette dernière série est exactement égale à notre série de départ, nous concluons:

$$\sum_{k=0}^{\infty} (-1)^k \frac{k}{k!} \text{ converge.}$$

◆   ◆

Nous avons élaboré certains critères de convergence pour les séries à termes positifs. Nous avons ensuite étendu nos notions sur des séries alternées.

Mais une série peut être encore plus spéciale! Elle peut avoir une séquence de signes tout à fait quelconque. Dans ce cas, que faisons-nous pour étudier la nature de cette série ?

Nous considérons la série formée de la valeur absolue de chacun des termes de la série initiale puis nous faisons l'étude de la convergence absolue de la série initiale.

15.5   CONVERGENCE ABSOLUE

Soit une série $\sum_{k=1}^{\infty} a_k$ où les signes de chacun des termes sont tout à fait quelconques, c'est-à-dire a_k est un nombre positif, négatif ou nul.

Si les termes de cette série, après tous avoir été écrits en valeurs absolues, font en sorte que la nouvelle série converge, alors la série:

$$\sum_{k=1}^{\infty} a_k$$

(sans les valeurs absolues) converge aussi.

Nous disons à ce moment que:

$$\sum_{k=1}^{\infty} a_k \text{ converge } \textit{absolument.}$$

Symboliquement, tous ces mots reviennent à écrire:

Définition:

si $\sum_{k=1}^{\infty} |a_k|$ converge, alors $\sum_{k=1}^{\infty} a_k$ converge absolument.

Avant de voir des exemples, il est important de bien comprendre la portée de cette définition.

Quel que soit le terme a_k, qu'il soit positif, négatif ou nul, nous pouvons écrire:

$$-|a_k| \leq a_k \leq |a_k|.$$

Cette inégalité étant valide pour k quelconque, elle le demeure pour la somme des entiers k de 1 à ∞. D'où:

$$\sum_{k=1}^{\infty} (-|a_k|) \leq \sum_{k=1}^{\infty} a_k \leq \sum_{k=1}^{\infty} |a_k|$$

Si la série $\sum_{k=1}^{\infty} |a_k|$ converge, alors la somme est un nombre fini bien précis.

Alors ⇓

la série $\sum_{k=1}^{\infty} a_k$ converge puisqu'elle égale un résultat encore plus petit que $\sum_{k=1}^{\infty} |a_k|$.

Notons que $\sum_{k=1}^{\infty} a_k$ ne peut pas être $-\infty$.

Pourquoi est-ce impossible?

Tout simplement parce que la série des valeurs absolues converge et que

$$\sum_{k=1}^{\infty} (-|a_k|) = -\sum_{k=1}^{\infty} |a_k|$$

La série que nous avons à étudier est par conséquent coincée entre un certain nombre **réel négatif** et un autre nombre **réel positif**.

Retenons ceci:

Il est très avantageux de commencer l'étude de la convergence d'une série avec l'étude de la série des valeurs absolues.

La page suivante nous explique pourquoi.

Si la série des valeurs absolues converge, nous pouvons dire que la série (qu'elle soit alternée ou de signes quelconques) converge absolument et alors l'étude de convergence se termine là.

Si par contre nous commençons l'étude de convergence de notre série de départ avec le critère de convergence des séries alternées, nous ne pourrons pas en déduire la nature exacte. Assurément, en dépit du fait que ce critère stipulerait la convergence de notre série de départ, nous serions *de toute façon* obligés d'étudier la série des valeurs absolues pour savoir s'il y a convergence conditionnelle ou convergence absolue... Donc, aussi bien commencer par examiner la série des valeurs absolues pour risquer de déduire la convergence absolue et d'ainsi terminer le problème immédiatement.

Exemple 15-25:
Étudier la convergence de:

$$\sum_{n=1}^{\infty} (-1)^n \left(\frac{2}{3}\right)^n .$$

Solution:
Vérifions s'il y a convergence absolue, c'est-à-dire

examinons s'il y a convergence de $\sum_{n=1}^{\infty} \left(\frac{2}{3}\right)^n$.

Constatons que pour l'étude de la série des valeurs absolues, nous pouvons *oublier* le $(-1)^n$ lorsque le terme général contient des termes positifs avec une puissance de (-1).

Nous pouvons étudier la nature de cette série avec le critère de d'Alembert, avec nos notions des séries géométriques ou avec le critère de la racine $n^{\text{ième}}$. Nous décidons de prendre le critère de la racine $n^{\text{ième}}$.

$$\lim_{n \to \infty} \sqrt[n]{\left(\frac{2}{3}\right)^n} = \lim_{n \to \infty} \left(\frac{2}{3}\right)^{n/n} = \frac{2}{3}$$

Nous obtenons $\frac{2}{3} < 1$, donc $\sum_{n=1}^{\infty} \left(\frac{2}{3}\right)^n$ converge.

Puisque la série des valeurs absolues converge, alors notre série initiale, sans les valeurs absolues:

$$\sum_{n=1}^{\infty} (-1)^n \left(\frac{2}{3}\right)^n$$

converge aussi.

Nous pouvons même dire que:

$$\sum_{n=1}^{\infty} (-1)^n \left(\frac{2}{3}\right)^n$$

converge absolument par définition de la convergence absolue.

◆ ◆

L'étude de cette série pouvait être faite d'une toute autre façon.

Nous vérifierons avec cette seconde solution que, tout en étant exacte, elle est probablement encore meilleure que la première, car elle atteste une bonne connaissance des séries.

Cette nouvelle solution dénote que, ayant étudié diverses notions, nous n'avons pas peur de les utiliser.

La série $\sum_{n=1}^{\infty} (-1)^n \left(\frac{2}{3}\right)^n$ n'est rien d'autre qu'une série géométrique.

Notre série géométrique peut être écrite ainsi:

$$-\left(\frac{2}{3}\right) + \left(\frac{2}{3}\right)^2 - \left(\frac{2}{3}\right)^3 + \left(\frac{2}{3}\right)^4 - \cdots$$

Ici, $a = -\frac{2}{3}$ et $ar = \left(\frac{2}{3}\right)^2$

d'où:

$$r = \frac{ar}{a} = \frac{-2}{3}$$

Cette valeur de r est comprise entre -1 et 1 et c'est la seule condition à remplir pour déduire qu'une série géométrique converge.

Donc, notre série $\sum_{n=1}^{\infty} (-1)^n \left(\frac{2}{3}\right)^n$ converge.

◆ ◆

Nous pouvons même affirmer que notre série de départ (qui est alternée) converge absolument.

Pourquoi ?

Puisque notre série des valeurs absolues aura une raison r égale à +2/3, valeur encore comprise entre +1 et –1.

Ce n'est pas parce que nous étudions la convergence absolue que nous devons oublier tout le reste. Il faut exploiter nos connaissances!

Ce qui suit n'est pas demandé dans la question, mais nous pouvons quand même prendre quelques instants pour calculer la valeur vers laquelle notre série converge.

Nous savons qu'une série géométrique convergente converge vers $\dfrac{a}{1-r}$.

C'est donc dire que notre série alternée converge vers:

$$\frac{\dfrac{-2}{3}}{1-\dfrac{-2}{3}} = \frac{\dfrac{-2}{3}}{\dfrac{5}{3}} = \frac{-2}{5} = -0,4.$$

Tout en permettant de déterminer *exactement* la somme de l'infinité des termes de cette série, nous montrons que nous sommes de fins renards!

Exemple 15-26:

Déterminer la nature de $\displaystyle\sum_{n=1}^{\infty} (-1)^{n+1} \frac{n^2}{n^3+3}$.

Solution:

Étudions la convergence de la série des valeurs absolues, c'est-à-dire étudions la série:

$$\sum_{n=1}^{\infty} \frac{n^2}{n^3+3} \ .$$

$\displaystyle\sum_{n=1}^{\infty} \frac{n^2}{n^3+3}$ ressemble beaucoup à:

$$\sum_{n=1}^{\infty} \frac{n^2}{n^3}$$

c'est-à-dire elle ressemble beaucoup à $\displaystyle\sum_{n=1}^{\infty} \frac{1}{n}$ qui diverge.

Notre série des valeurs absolues ressemble tellement à une série divergente que nous allons essayer de montrer qu'elle diverge. (Et nous réussirons!)

Montrons que $\displaystyle\sum_{n=1}^{\infty} \frac{n^2}{n^3+3}$ diverge.

Remarquons ici que nous avons à faire l'étude d'une série à termes positifs. Nous utilisons donc les différents critères de convergence des séries à termes positifs qui sont à notre disposition:

$$\sum_{n=1}^{\infty} \frac{n^2}{n^3+3} \ge D$$

(cette série divergente D reste à trouver)

Il faut trouver une puissance 2 de n qui vérifie l'inégalité suivante:

$$n^2 \ge \boxed{}$$

Rien ne nous empêche d'écrire

$$n^2 \ge n^2$$

Il faut aussi trouver une puissance 3 de n à inscrire dans le triangle △ de telle sorte que, pour tous les entiers n supérieurs à 1, nous aurons:

$$n^3 + 3 \le \triangle$$

Si nous écrivons $n^3 + 3 \le n^3$, c'est carrément faux.

Si nous écrivons $n^3 + 3 \le 2n^3$, c'est vrai pour tout n sauf pour $n = 1$.

Si nous écrivons $n^3 + 3 \le 3n^3$, c'est toujours vrai et si nous écrivons $n^3 + 3 \le 7n^3$, c'est aussi toujours vrai.

En fait, si nous écrivons n'importe laquelle constante positive supérieure ou égale à 3 devant n^3, l'inégalité sera vérifiée. Si nous choisissons, par exemple, de remplacer la constante par 10, nous écrirons:

$$n^2 \geq n^2$$
$$n^3 + 3 \leq 10n^3$$

Ces deux inégalités demeurent vraies quel que soit l'entier n.

Donc, "puisqu'un nombre plus grand divisé par un nombre plus petit donne un rapport plus grand", nous écrivons:

$$\frac{n^2}{n^3+3} \geq \frac{n^2}{10n^3}$$

En simplifiant le membre de droite, nous avons:

$$\frac{n^2}{n^3+3} \geq \frac{1}{10n}$$

Cette inégalité est vraie pour tout n. Par conséquent, si n varie de 1 à ∞, la somme de l'infinité des termes écrits dans le membre de gauche demeurera plus grande ou égale à la somme de l'infinité des termes écrits dans le membre de droite. Ainsi:

$$\sum_{n=1}^{\infty} \frac{n^2}{n^3+3} \geq \sum_{n=1}^{\infty} \frac{1}{10n}$$

La série du membre de droite est:

$$\frac{1}{10} \sum_{n=1}^{\infty} \frac{1}{n}$$

Nous savons que la série harmonique:

$$\sum_{n=1}^{\infty} \frac{1}{n}$$

diverge. En vertu du théorème 15-4, nous savons qu'un multiple de cette série diverge aussi, c'est-à-dire:

$$\frac{1}{10} \sum_{n=1}^{\infty} \frac{1}{n} \text{ diverge.}$$

Notre série des valeurs absolues donne un résultat encore plus grand que la somme résultant de:

$$\frac{1}{10} \sum_{n=1}^{\infty} \frac{1}{n}.$$

Par conséquent, en vertu du critère de comparaison, nous concluons que la série des *valeurs absolues* diverge.

Nous semblons avoir travaillé pour rien car nous ne pouvons pas même encore dire si notre série alternée diverge. Tout ce que nous pouvons affirmer à ce stade-ci est:

La série $\sum_{n=1}^{\infty} (-1)^{n+1} \frac{n^2}{n^3+3}$ ne converge pas absolument car la série des valeurs absolues diverge.

Souvenons-nous que nous désirons connaître la nature de:

$$\sum_{n=1}^{\infty} (-1)^n \frac{n^2}{n^3+3}$$

Ce n'est pas une série connue et le seul outil qu'il nous reste est le critère des séries alternées.

Examinons si les deux conditions de ce critère sont vérifiées.

1° Les termes (sans égard au signe) décroissent-ils à partir d'un certain rang?

Procédons comme aux pages 234 et 235. Définissons une fonction f telle que $f(n) = \frac{n^2}{n^3+3}, \forall\, n \in \mathbb{N}$.

Utilisons la dérivée.

$$f'(n) = \frac{2n(n^3+3) - n^2(3n^2)}{(n^3+3)^2} = \frac{2n^4+6n-3n^4}{(n^3+3)^2}$$

$$= \frac{6n-n^4}{(n^3+3)^2} = \frac{n(6-n^3)}{(n^3+3)^2}$$

La dérivée est négative pour toute valeur de "n" à l'exception de $n = 1$.

Par conséquent, les termes décroissent à partir d'un certain rang (en l'occurrence à partir de $n = 2$).

2° Le terme général tend-il vers 0?

$$\lim_{n \to \infty} a_n = \lim_{n \to \infty} \frac{n^2}{n^3 + 3} \quad \left(\text{forme } \frac{\infty}{\infty}\right)$$

$$\overset{H}{=} \lim_{n \to \infty} \frac{2n}{3n^2} = \lim_{n \to \infty} \frac{2}{3n} = 0$$

a_n décroît à partir de $n = 2$ et a_n s'approche de plus en plus près de 0.

Nous concluons que la série alternée converge conditionnellement.

Définition:

Lorsque la série des valeurs absolues diverge et que la série des termes précédés des signes + et des signes − (non nécessairement alternés) converge, nous disons que la série converge conditionnellement.

15.6   RÉSUMÉ DES CRITÈRES DE CONVERGENCE

Séries particulières

Série arithmétique:

$$\sum_{k=1}^{\infty} a + (k - 1)r$$

$$= a + a + r + a + 2r + a + 3r + \cdots + a + (n-1)r + \cdots$$

• a et r sont des constantes

• diverge toujours (sauf si a et r sont nuls).

Série harmonique:

$$\sum_{k=1}^{\infty} \frac{1}{k} = 1 + \frac{1}{2} + \frac{1}{3} + \cdots + \frac{1}{n} + \cdots$$

• *elle diverge*

Série géométrique:

$$\sum_{k=1}^{\infty} a\,(r)^{k-1} = a + ar + ar^2 + \ldots + ar^{n-1} + \cdots$$

• a et r sont des constantes

• converge vers $a/(1-r)$ si $|r| < 1$ i.e. $-1 < r < 1$

• diverge si $|r| \geq 1$

Critère de convergence d'une série à termes positifs

Critère de comparaison

Soit $\displaystyle\sum_{k=1}^{\infty} a_k \leq \sum_{k=1}^{\infty} b_k$ où a_k et b_k sont positifs.

Si $\displaystyle\sum_{k=1}^{\infty} b_k$ converge, alors $\displaystyle\sum_{k=1}^{\infty} a_k$ converge

Si $\displaystyle\sum_{k=1}^{\infty} a_k$ diverge, alors $\displaystyle\sum_{k=1}^{\infty} b_k$ diverge

Si $\displaystyle\sum_{k=1}^{\infty} a_k$ converge alors nous ne **savons rien** sur $\displaystyle\sum_{k=1}^{\infty} b_k$

Si $\displaystyle\sum_{k=1}^{\infty} b_k$ diverge alors nous ne **savons rien** sur $\displaystyle\sum_{k=1}^{\infty} a_k$

Critère de d'Alembert

Soit une série à termes positifs $\displaystyle\sum_{k=1}^{\infty} a_k$ et le calcul de la limite $\displaystyle\lim_{n \to \infty} \frac{a_{n+1}}{a_n} = r$.

• si $r < 1$, alors la série converge

• si $r > 1$, alors la série diverge

• si $r = 1$, alors nous ne savons rien

　　　　　(il faut utiliser autre chose)

Critère de l'intégrale de Cauchy

Soit une série $\sum\limits_{k=1}^{\infty} a_k$ où $a_k \geq 0$ et une fonction f continue, non négative et décroissante telle que $a_n = f(n)$ $\forall\, n \in \mathbb{N}$, alors:

$$\int_1^{\infty} f(x)\, dx \quad \text{et} \quad \sum_{k=1}^{\infty} a_k \text{ convergent ou divergent en}$$

même temps.

Critère des séries-p de Riemann

Soit $\sum\limits_{k=1}^{\infty} \dfrac{1}{k^p}$

• si $p > 1$, alors la série converge

• si $p \leq 1$, alors la série diverge.

Lorsque $p = 1$, nous l'appelons la série harmonique.

Critère de la racine $n^{i\text{ème}}$

Soit $\sum\limits_{k=1}^{\infty} a_k$ (où $a_k \geq 0$) et $\lim\limits_{n \to \infty} \sqrt[n]{a_n} = r$

• si $r > 1$, alors la série diverge

• si $r < 1$, alors la série converge

• si $r = 1$, alors nous ne savons rien

(il faut envisager autre chose)

Critère de convergence d'une série alternée

$$\sum_{k=1}^{\infty} (-1)^k a_k \quad \text{ou} \quad \sum_{k=1}^{\infty} (-1)^{k+1} a_k, \; a_k \geq 0.$$

Si les valeurs a_k décroissent à partir d'un certain rang et que $\lim\limits_{n \to \infty} a_n = 0$, alors la série alternée converge.

Critère de convergence d'une série dont les termes sont précédés de signes quelconques

Quels que soient les termes a_k qui composent une série $\sum\limits_{k=1}^{\infty} a_k$, qu'ils soient positifs, négatifs, nuls, croissants ou décroissants, si nous prouvons qu'il y a convergence de la série formée des valeurs absolues de ces termes, alors nous prouvons par le fait même que la série initiale converge absolument.

TABLEAU RÉCAPITULATIF

Étant donné une série $\sum\limits_{k=1}^{\infty} a_k$ où les a_k sont de signes quelconques. Voici un tableau qui regroupe les divers types de convergence:

si $\sum\limits_{k=1}^{\infty} \lvert a_k \rvert$	et $\sum\limits_{k=1}^{\infty} a_k$	alors $\sum\limits_{k=1}^{\infty} a_k$
converge		converge absolument
diverge	converge	converge conditionnellement
diverge	diverge	diverge

Retenons ceci:
• Cause certaine de divergence: si le terme général d'une série ne tend pas vers 0, alors la série diverge.
• Si une série converge, alors le terme général tend vers 0.
• Si le terme général tend vers 0, alors nous ne pouvons rien conclure sur la nature de la série.

15.7 SÉRIES ENTIÈRES

Nous avons étudié la convergence de diverses séries de la forme:

$$\sum_{k=1}^{\infty} a_k$$

où a_k était uniquement fonction de l'indice k et, mis à part cet indice qui variait, les termes demeuraient constants.

Nous abordons maintenant les séries entières qui contiennent, à l'intérieur de chacun de leurs termes, une puissance de x ou de $(x - a)$ où $a \in \mathbb{R}$. Ce sont des séries de la forme:

$$\sum_{k=0}^{\infty} a_k(x)$$

Voici 3 exemples de séries entières:

Exemple 15-28:

$$\sum_{k=1}^{\infty} \frac{(x-3)^k}{k!} \qquad (A)$$

$$\sum_{k=1}^{\infty} \frac{(-x)^k}{k} = \sum_{k=0}^{\infty} \frac{(-x)^{k+1}}{k+1} \quad (B)$$

$$\sum_{k=1}^{\infty} x^k \sin k \qquad (C)$$

Explicitons les termes de ces séries:

(A) $\dfrac{(x-3)}{1} + \dfrac{(x-3)^2}{2!} + \dfrac{(x-3)^3}{3!} + \cdots$

(B) $-x + \dfrac{x^2}{2} - \dfrac{x^3}{3} + \dfrac{x^4}{4} - \cdots$

(C) $(x)^1 \sin 1 + (x)^2 \sin 2 + (x)^3 \sin 3 + \cdots$

Cette catégorie de séries, celle des séries entières, nous est indispensable pour résoudre certaines intégrales, telles que par exemple:

$$\int \frac{e^x}{x} \, dx \quad \text{ou} \quad \int \sin(x)^2 \, dx$$

Comme cela a déjà été mentionné, malgré toutes les techniques d'intégration que nous avons vues jusqu'à maintenant, certaines intégrales restent insolubles. Certaines fonctions ne sont intégrables qu'après avoir été écrites sous la forme d'une série entière.

Si nous scrutons la série (B), nous réalisons que, si $x = 1$, nous obtenons:

$$\sum_{k=1}^{\infty} \frac{(-1)^k}{k}$$

qui converge en vertu du critère de convergence des séries alternées.

Si nous examinons la série (C), nous devons nous rendre à l'évidence qu'elle diverge sûrement si x est un nombre supérieur à 1.

Pourquoi ?

Parce que le terme général ne tend pas vers 0.

Nous constatons donc facilement que la nature d'une série entière dépend de la valeur choisie pour la variable, en l'occurrence x.

Cette considération nous amène à nous poser la question suivante: "Étant donné une série entière, quelles sont les valeurs de la variable qui impliquent une série convergente?"

Donc, voici une définition:

Définition:

L'ensemble des valeurs de la variable qui font en sorte qu'une série entière est convergente s'appelle l'intervalle de convergence.

Comment procédons-nous pour déterminer ces valeurs?

En utilisant uniquement ce que nous savons déjà.

Nous n'apprendrons rien de nouveau ici. Nous ne ferons qu'appliquer ce que nous avons appris depuis le début du chapitre.

Une série entière, rappelons-le, est de la forme:

$$\sum_{k=0}^{\infty} a_k(x)^k \qquad \text{ou} \qquad \sum_{k=0}^{\infty} a_k(x-a)^k$$

(a est un nombre réel)

Selon les diverses valeurs que la variable x prendra, nous serons confrontés à une série ayant tantôt seulement des termes positifs ou négatifs, tantôt des termes de signes alternés, et tantôt des termes de signes quelconques.

Nous ne subdiviserons pas toutes ces possibilités. Nous utiliserons plutôt le fait qu'une série absolument convergente est convergente.

Clarifions en quoi cela peut nous être utile.

Quelle que soit notre série entière de départ, nous déterminons les valeurs de x qui rendent notre série absolument convergente. La connaissance de ces valeurs nous renseignera par le fait même sur les valeurs de la variable x qui rendront notre série de départ convergente.

15.7.1 Détermination de l'intervalle de convergence

Nous travaillons déjà depuis quelque temps avec les séries. Nous avons élaboré différents critères qui nous permettent de conclure à la convergence ou à la divergence des séries. Nous élaborons ici une façon de déterminer pour quelles valeurs de la variable une série entière converge.

Exemple 15-29:
Déterminer l'intervalle de convergence de:

$$\sum_{k=1}^{\infty} \frac{(2x-5)^k}{k}$$

Solution:
Il faut trouver les valeurs de x pour lesquelles cette série converge.

Considérons la série des valeurs absolues afin que les termes soient tous positifs. De cette façon, nous pouvons utiliser les critères de convergence déjà étudiés (sauf celui des séries alternées évidemment).

Considérons:

$$\sum_{k=1}^{\infty} \left| \frac{(2x-5)^k}{k} \right|$$

Ici:

$$a_n = \left| \frac{(2x-5)^n}{n} \right| \quad \text{et} \quad a_{n+1} = \left| \frac{(2x-5)^{n+1}}{n+1} \right|$$

Par le critère de d'Alembert, nous écrivons:

$$\lim_{n \to \infty} \left| \frac{a_{n+1}}{a_n} \right| = \lim_{n \to \infty} \left| \frac{(2x-5)^{n+1}}{n+1} \cdot \frac{n}{(2x-5)^n} \right|$$

$$= \lim_{n \to \infty} \left| \frac{(2x-5)\, n}{n+1} \right| = \lim_{n \to \infty} \left| (2x-5) \cdot \frac{n}{n+1} \right|$$

Nous pouvons sortir le facteur $(2x-5)$ hors de la limite, car ce facteur est indépendant de n; il ne faut toutefois pas oublier de conserver la valeur absolue, car nous travaillons avec les valeurs positives.

Nous avons:

$$\lim_{n \to \infty} \left| \frac{a_{n+1}}{a_n} \right| = \left| (2x-5) \right| \lim_{n \to \infty} \frac{n}{n+1} \quad \left(\text{forme } \frac{\infty}{\infty} \right)$$

$$\overset{H}{=} \left| (2x-5) \right| \lim_{n \to \infty} \frac{1}{1}$$

$$= \left| 2x-5 \right|$$

Le critère de d'Alembert nous fait écrire:

$$\left| 2x-5 \right| = r$$

Le critère de d'Alembert nous dit:

si $r < 1$, alors la série converge.

Cela revient à dire que si $| 2x-5 | < 1$, alors la série des valeurs absolues converge.

Pour que la série converge, il faut donc:

$$-1 < 2x-5 < 1$$

En additionnant 5 des 2 côtés pour ainsi n'avoir que la variable x au centre, nous écrivons:

$$4 < 2x < 6$$

d'où $\quad 2 < x < 3$

La série des valeurs absolues converge si x est une valeur comprise strictement entre 2 et 3.

Ainsi notre série de départ $\displaystyle\sum_{k=1}^{\infty} \frac{(2x-5)^k}{k}$ *converge* *absolument* si la valeur de x est choisie *strictement entre* 2 et 3.

Le critère de d'Alembert ne dit rien si $|2x-5| = 1$.

C'est-à-dire, si $x = 2$ ou si $x = 3$, nous ne pouvons rien conclure si nous ne nous fions qu'au critère de d'Alembert.

Nous examinons alors ce qui se passe dans notre série de départ lorsque $x = 2$ et lorsque $x = 3$.

• Si $x = 2$, nous avons:

$$\sum_{k=1}^{\infty} \frac{(2x-5)^k}{k} = \sum_{k=1}^{\infty} \frac{(-1)^k}{k}$$

C'est une série alternée, alors, pour l'étudier, nous utilisons le critère de convergence des séries alternées. Naturellement, il est inutile d'utiliser le critère de d'Alembert... Nous venons de voir qu'il n'était pas concluant pour $x = 2$ ou $x = 3$.

Le terme général $\frac{1}{k}$ décroît puisque sa dérivée est négative pour tout k. En effet, $(1/k)' = -1/k^2 < 0$.

De plus, $\displaystyle\lim_{k\to\infty} \frac{1}{k} = 0$

Donc la **série alternée converge** en vertu du critère de convergence des séries alternées.

Après avoir remplacé x par 2 dans la série de départ et avoir pris la valeur absolue de tous les termes, nous obtenons la série harmonique qui diverge. La série de départ dont les termes sont en **valeurs absolues est donc divergente**.

Nous sommes maintenant en mesure d'affirmer que, pour $x = 2$, la série:

$$\sum_{k=1}^{\infty} \frac{(2x-5)^k}{k}$$

converge conditionnellement, car, pour $x = 2$, notre série des valeurs absolues diverge, tandis que notre série alternée de départ converge. *

• Si $x = 3$, nous avons:

$$\sum_{k=1}^{\infty} \frac{(2x-5)^k}{k} = \sum_{k=1}^{\infty} \frac{(1)^k}{k}$$

ce qui est:

$$\sum_{k=1}^{\infty} \frac{1}{k}$$

Cette série diverge en vertu du critère des séries-p puisque $p = 1$. C'est la série harmonique.

Résumé de l'exemple 15-29:

Pour des valeurs strictement comprises entre 2 et 3, notre série de départ converge absolument, donc elle converge.

Si $x = 2$, notre série de départ converge conditionnellement, donc la valeur $x = 2$ fait partie de l'intervalle de convergence.

Si $x = 3$, notre série de départ diverge.

L'intervalle de convergence est donc:

$$x \in [2, 3\,[$$

◆   ◆

Cela veut dire que si nous remplaçons x par une valeur quelconque située dans l'intervalle semi-ouvert $[2, 3\,[$, la somme:

$$\sum_{k=1}^{\infty} \frac{(2x-5)^k}{k}$$

donnera un nombre réel fini bien précis... que nous n'aurons généralement pas le courage de calculer, même si nous savons très bien qu'il existe.

D'autre part, si nous remplaçons x par une valeur située hors de cet intervalle de convergence, nous sommes certains que la série divergera.

---

* Il n'est pas obligatoire de déterminer si la série converge conditionnellement ou si elle converge absolument. Il faut tout simplement déterminer si elle converge oui ou non.

Exemple 15-30:
Déterminer l'intervalle de convergence de:

$$\sum_{k=0}^{\infty} (8x+1)^k$$

Solution:
Nous remarquons une puissance variable, donc nous pouvons considérer la série des valeurs absolues et utiliser le critère de d'Alembert, ou bien utiliser le critère de la racine $n^{\text{ième}}$. Les deux choix sont aussi bons, mais pour illustrer le problème un peu différemment du précédent, nous utiliserons le critère de la racine $n^{\text{ième}}$.

La série des valeurs absolues est $\sum_{k=0}^{\infty} \left| (8x+1)^k \right|$ et nous savons qu'elle converge si, à mesure que n tend vers ∞, la racine $n^{\text{ième}}$ du $n^{\text{ième}}$ terme est inférieure à 1.

Calculons donc la limite et examinons-la ensuite pour cerner les valeurs de x qui rendent le résultat de cette limite inférieur à 1.

$$\lim_{n \to \infty} \sqrt[n]{\left| (8x+1)^n \right|} = \lim_{n \to \infty} |8x+1| = r$$

Le critère de Cauchy nous dit que la valeur r de la limite doit être inférieure à 1. Cela entraîne:

$$-1 < 8x+1 < 1$$
$$-2 < 8x < 0$$
$$-1/4 < x < 0$$

La série des valeurs absolues converge si x est strictement compris entre $-1/4$ et 0.

Lorsque la valeur de x est supérieure à 0 ou inférieure à $-1/4$, la série diverge, car la valeur de r sera supérieure à 1.

Si $x = -1/4$ ou si $x = 0$, le critère de Cauchy n'est pas en mesure de se prononcer, Il faut donc étudier séparément la série obtenue lorsque x prend les valeurs aux frontières de l'intervalle.

• Si $x = 0$, alors la série $\sum_{k=0}^{+\infty} 1$ diverge puisque la somme est ∞.

• Si $x = -1/4$, la série de départ devient $\sum_{k=0}^{+\infty} (-1)^k$ qui diverge par oscillation. (voir la section 15.2.1) Nous concluons que notre série de départ converge uniquement pour les valeurs comprises entre $-1/4$ et 0.

L'intervalle de convergence est donc $]-1/4, 0[$.

◆ ◆

Définition
Le rayon de convergence est toujours égal à la moitié de la longueur de l'intervalle de convergence.

La série de l'exemple 15-29 a un rayon de convergence égal à 1/2 tandis que celle de l'exemple 15-30 a un rayon de convergence égal à 1/8.

15.7.2 Développement en série de Maclaurin

Maclaurin a énoncé que toute fonction indéfiniment dérivable pouvait être écrite sous la forme de série entière, c'est-à-dire sous la forme d'un polynôme de degré infini tel que:

$$f(x) = a_0 + a_1 x + a_2 x^2 + a_3 x^3 + a_4 x^4 + \cdots$$

Cela est bien beau à dire, mais comment trouver les coefficients $a_0, a_1, a_2, \ldots a_n, \ldots$?

C'est ici que l'idée géniale des grands mathématiciens entre en jeu.

Si f est indéfiniment dérivable, nous pouvons dériver son expression, une fois:

$$f'(x) = a_1 + 2a_2 x + 3a_3 x^2 + \cdots + ka_k x^{k-1} + \cdots$$

puis 2 fois:

$$f^{(2)}(x) = 2a_2 + 3 \times 2 a_3 x + \cdots$$
$$+ k \times (k-1) a_k x^{k-2} + \cdots$$

puis 3 fois:

$$f^{(3)}(x) = 3 \times 2a_3 + \cdots$$
$$+ k \times (k-1) \times (k-2)\, a_k\, x^{k-3} + \cdots$$

et ainsi de suite:

$$f^{(4)}(x) = 4!\, a_4 + \cdots$$
$$+ k\,(k-1)\,(k-2)\,(k-3)\, a_k\, x^{k-4} + \cdots$$
$$\cdots$$

$$f^{(n)}(x) = n!\, a_n + \frac{(n+1)!}{1!}\, a_{n+1}\, x$$
$$+ \frac{(n+2)!}{2!}\, a_{n+2}\, x^2 + \cdots$$

Avant de continuer, prenons le temps de vérifier que nous saisissons bien que, pour x quelconque, l'expression de la $n^{\text{ième}}$ dérivée de f est bel et bien celle écrite ci-haut.

En mettant maintenant $x = 0$ dans chacune de ces équations dérivées, nous obtenons:

$$f(0) = a_0$$
$$f'(0) = a_1$$
$$f''(0) = 2!\, a_2$$
$$f^{(3)}(0) = 3!\, a_3$$
$$\cdots$$
$$f^{(n)}(0) = n!\, a_n$$
$$\cdots$$

Ce qui nous permet d'écrire les coefficients cherchés:

$$a_0 = f(0)$$
$$a_1 = f'(0)$$
$$a_2 = \frac{f''(0)}{2!}$$
$$a_3 = \frac{f^{(3)}(0)}{3!}$$
$$\cdots$$

$$a_n = \frac{f^{(n)}(0)}{n!}$$

Sachant comment déterminer les coefficients, nous pouvons écrire le développement de f sous la forme d'un polynôme de degré infini:

$$f(x) = f(0) + f'(0)\, x + \frac{f''(0)}{2!}\, x^2 + \frac{f^{(3)}(0)}{3!}\, x^3$$
$$+ \frac{f^{(4)}(0)}{4!}\, x^4 + \ldots + \frac{f^{(n)}(0)}{n!}\, x^n + \ldots$$

C'est ce que nous appelons le développement de $f(x)$ en série de Maclaurin.

C'est un développement fait autour de la valeur 0.

Remarquons qu'il faut calculer les dérivées successives de f en 0.

Exemple 15-31:

Développer $f(x) = \cos x$ en série de Maclaurin.

Solution:

$f(x) = \cos x$	$f(0) = 1$
$f'(x) = -\sin x$	$f'(0) = 0$
$f''(x) = -\cos x$	$f''(0) = -1$
$f^{(3)}(x) = \sin x$	$f^{(3)}(0) = 0$
$f^{(4)}(x) = \cos x$	$f^{(4)}(0) = 1$
$\cdots$	$\cdots$

Remplaçons maintenant les valeurs calculées de la colonne de droite dans le développement en série de Maclaurin. Nous retrouvons:

$$\cos x = 1 + 0 - \frac{x^2}{2!} + 0 + \frac{x^4}{4!} + \ldots$$

$$= 1 - \frac{x^2}{2!} + \frac{x^4}{4!} - \frac{x^6}{6!} + \frac{x^8}{8!} + \ldots$$

♦   ♦

Les quatrième et cinquième termes de l'expression représentant cos *x* sont déduits du fait que, par observation, nous constatons que les puissances grimpent par bond de deux et que les signes alternent.

Exemple 15-32:

Développer $f(x) = \cos(x^3)$ en série de Maclaurin.

Nous n'avons pas besoin de refaire tout le cheminement tel que celui élaboré à l'exemple 15-31 puisque f est une fonction. Nous n'avons qu'à remplacer x par x^3 dans le développement de $\cos x$.

Nous obtenons ainsi:

$$\cos(x^3) = 1 - \frac{x^6}{2!} + \frac{x^{12}}{4!} - \frac{x^{18}}{6!} + \frac{x^{24}}{8!} - \dots$$

◆◆

Exemple 15-33:

Développer $f(x) = x \sin x$ en série de Maclaurin.

Solution:

Nous savons que sin *x* peut être écrit en série de Maclaurin, c'est-à-dire avec des puissances entières de *x*.

Développons $f(x) = \sin x$ en série de Maclaurin et, lorsque nous aurons déterminé cette série, nous n'aurons qu'à la multiplier par x pour obtenir le résultat demandé.

Déterminons donc tout d'abord le développement de sin *x*:

$$
\begin{aligned}
f(x) &= \sin x & f(0) &= 0 \\
f'(x) &= \cos x & f'(0) &= 1 \\
f''(x) &= -\sin x & f''(0) &= 0 \\
f^{(3)}(x) &= -\cos x & f^{(3)}(0) &= -1 \\
f^{(4)}(x) &= \sin x & f^{(4)}(0) &= 0 \\
f^{(5)}(x) &= \cos x & f^{(5)}(0) &= 1
\end{aligned}
$$

Ainsi:

$$\sin x = 0 + x + 0 - \frac{x^3}{3!} + 0 + \frac{x^5}{5!} \dots$$

$$= x - \frac{x^3}{3!} + \frac{x^5}{5!} - \frac{x^7}{7!} + \frac{x^9}{9!} \dots$$

En multipliant par *x*, nous obtenons le développement en série de *x* sin *x*:

$$x \sin x = x^2 - \frac{x^4}{3!} + \frac{x^6}{5!} - \frac{x^8}{7!} + \dots$$

◆◆

Note: À l'aide du développement de cos *x* déterminé à l'exemple 15-31, il est intéressant de voir que nous pouvions écrire en quelques lignes le développement de *x* sin *x*.

L'exemple 15-34 montre la façon de procéder.

Exemple 15-34:

$$\sin x = -(\cos x)'$$

$$\sin x = -\frac{d}{dx}\left[1 - \frac{x^2}{2!} + \frac{x^4}{4!} - \frac{x^6}{6!} + \frac{x^8}{8!} - \dots\right]$$

$$\sin x = -\left[-x + \frac{4x^3}{4!} - \frac{6x^5}{6!} + \frac{8x^7}{8!} - \dots\right]$$

$$\sin x = x - \frac{x^3}{3!} + \frac{x^5}{5!} - \frac{x^7}{7!} + \dots$$

Donc:

$$x \sin x = x^2 - \frac{x^4}{3!} + \frac{x^6}{5!} - \frac{x^8}{7!} + \dots$$

◆◆

Remarque: Quelle que soit la façon que nous nous y prenons, si deux développements en série d'une *même* fonction sont correctement obtenus, alors ces deux développements sont égaux.

Les développements en série de Maclaurin sont utiles dans le domaine particulier de l'électricité comme nous le montre l'exemple suivant.

Exemple 15-35:

Lorsqu'une tension *V* est appliquée subitement à un circuit *RL* série, le courant qui circule dans ce circuit est de la forme $i = \frac{V}{R}(1 - e^{-Rt/L})$.

Utiliser le développement en série de e^x explicité à l'exercice 15-29, remplacer ensuite x par $-Rt/L$ et a par 0 dans ce développement pour connaître l'expression de i lorsque R s'approche de 0.

Solution:

Si nous développons $e^{-Rt/L}$ en série de Maclaurin, nous obtenons:

$$\frac{V}{R}\left\{1 - \left[1 - \frac{Rt}{L} + \frac{1}{2!}\left(\frac{Rt}{L}\right)^2 - \frac{1}{3!}\left(\frac{Rt}{L}\right)^3 + \frac{1}{4!}\left(\frac{Rt}{L}\right)^4 - \cdots\right]\right\}(1)$$

Note: L'expression entre crochets est le développement de $e^{-Rt/L}$ en série de Maclaurin.

Si R tend vers 0, alors le courant i est de la forme $\frac{V}{0}\{0\}$ c'est-à-dire l'expression (1) est une indétermination de la forme $\frac{0}{0}$. Le recours aux séries nous permet de calculer la valeur de i à mesure que R s'approche de 0.

Puisque R s'approche subitement de 0, il s'ensuit que Rt est vite très très petit, donc les termes de puissances t élevées sont négligeables. Si nous négligeons tous les termes à l'exception des deux premiers, la série (1) se réduit à:

$$i = \frac{V}{R}\left\{1 - \left[1 - \frac{Rt}{L}\right]\right\} = \frac{VRt}{RL} = \frac{Vt}{L}$$

Si nous avions utilisé la règle de L'Hospital, après avoir dérivé par rapport à R, nous aurions obtenu:

$$\lim_{R\to 0}\frac{V}{R}(1 - e^{-Rt/L}) \overset{H}{=} \lim_{R\to 0}\frac{Vt}{L}e^{-Rt/L} = \frac{Vt}{L}$$

C'est donc dire comment tout se tient !

◆◆

Exemple 15-36:

Développer $ln(1+x)$ en série de Maclaurin.

Solution:

Nous devons écrire un développement comportant des puissances de la variable x.

Nous savons que la dérivée de $ln(1+x)$ est $1/(1+x)$.

Cela peut nous aider grandement car $1/(1+x)$ ressemble étrangement à $a/(1-r)$.

Souvenons-nous que $a/(1-r)$ est la valeur vers laquelle converge une série géométrique de raison "r" et dont le premier terme est "a".

Nous voyons donc poindre une série.

Mais il faut vérifier l'égalité suivante:

$$\frac{1}{1+x} = \frac{a}{1-r}$$

c'est-à-dire:

$$a = 1 \text{ et } r = -x.$$

La série géométrique correspondante est alors:

$$a + ar + ar^2 + ar^3 + ar^4 + ar^5 + \cdots$$

Si cette série converge, la somme sera:

$$\frac{a}{1-r}$$

Remplaçant maintenant a par 1 et r par $-x$, nous avons:

$$\frac{1}{1+x} = 1 - x + x^2 - x^3 + x^4 - x^5 \cdots$$

Remplaçant $\dfrac{1}{1+x}$ par la dérivée de $ln(1+x)$, nous écrivons:

$$\frac{d}{dx}\left[ln(1+x)\right] = 1 - x + x^2 - x^3 + x^4 - x^5 \cdots$$

et après avoir multiplié par l'élément différentiel dx:

$$d\,ln(1+x) = \left[1 - x + x^2 - x^3 + x^4 - x^5 \cdots\right]dx$$

Intégrons les deux membres et écrivons:

$$\int d\,ln(1+x)$$
$$= \int (1 - x + x^2 - x^3 + x^4 - x^5 \cdots)\,dx$$

$$ln(1+x) = x - \frac{x^2}{2} + \frac{x^3}{3} - \frac{x^4}{4} + \cdots + K$$

En remplaçant x par 0 dans les deux membres de l'égalité, nous obtenons $ln\,1 = 0 + K$. Puisque $ln\,1$ égale 0, nous déduisons que $K = 0$.

Le développement demandé de $ln\,(1 + x)$ en série de Maclaurin est:

$$ln\,(1 + x) = x - \frac{x^2}{2} + \frac{x^3}{3} - \frac{x^4}{4} + \cdots$$

◆ ◆

Remarquons la dualité suivante: les développements en séries sont vus pour nous permettre d'intégrer des fonctions qui ne seraient pas intégrables autrement, et les intégrales nous sont utiles pour développer des fonctions en série. Un peu plus tard nous verrons sous quelles conditions une série peut être obtenue à partir d'une intégration.

Exemple 15-37:
Utiliser le développement de l'exemple 15-36 pour évaluer différentes valeurs de logarithme.

Évaluer $ln\,1,1$.

Pour obtenir la valeur désirée, nous devons remplacer x par 0,1 dans le développement.

$$ln\,(1,1) = 0,1 - \frac{(0,1)^2}{2} + \frac{(0,1)^3}{3} - \frac{(0,1)^4}{4} + \frac{(0,1)^5}{5} \cdots$$

$$= 0,0953103333333$$

La valeur de $ln\,1,1$ donnée par une calculatrice est 0,0953101798043. Puisque la différence entre les deux valeurs de $ln\,1,1$ est de 0,0000001535287, nous constatons que notre développement en série de Maclaurin nous donne une valeur excessivement près de la vraie valeur.

Évaluer maintenant $ln\,8$ à l'aide du développement en série déterminé à l'exemple 15-36.

Nous devons maintenant prendre la valeur $x = 7$ puisque $x + 1$ doit égaler 8 dans le développement.

Avec les 5 premiers termes de notre série de Maclaurin, nous obtenons:

$$ln\,8 = 7 - \frac{7^2}{2} + \frac{7^3}{3} - \frac{7^4}{4} + \frac{7^5}{5} = 2857,98\overset{.}{3}$$

Alors que le développement en série nous donne une valeur tout près de 3000, la calculatrice nous donne

$$ln\,8 = 2,07944154168$$

Le développement en série nous donne une valeur atrocement mauvaise.

Pourquoi ?

Parce que la série de Maclaurin est développée autour de 0. Pour utiliser un tel développement en série, il faut choisir des valeurs de x *proches* de 0 et ces valeurs doivent obligatoirement se situer aussi dans l'intervalle de convergence de la série.

Lorsque nous aurons résolu l'exercice 15-26, nous saurons que l'intervalle de convergence de la série à laquelle nous avons affaire est $]-1, 1]$.

Cela indique que la série converge uniquement pour des valeurs de x entre -1 et 1.

Si nous tenons à obtenir la valeur de $ln\,8$ à l'aide d'un développement en série de la fonction $ln(x+1)$, ce n'est donc plus autour de 0 qu'il faudra développer : la série de Maclaurin ne nous étant d'aucun secours.

Il faut pouvoir développer la fonction autour d'une autre valeur.

Si nous nous intéressons au développement d'une fonction autour d'une autre valeur que 0, c'est que nous considérons un développement en série de Taylor.

15.7.3 Développement en série de Taylor
Un développement en série de Taylor autour de la valeur "a" s'écrit ainsi:

$$f(x) = f(a) + f'(a)\,(x - a) + \frac{f''(a)}{2!}(x - a)^2$$
$$+ \frac{f^{(3)}(a)}{3!}(x - a)^3 + ... + \frac{f^{(n)}(a)}{n!}(x - a)^n + ...$$

Le développement est déterminé exactement de la même façon que celui de Maclaurin à la différence près que les dérivées successives, au lieu d'être évaluées en 0, le sont en a.

Il faut considérer des puissances de $(x - a)$ afin que les dérivées successives s'annulent lorsque x prend la valeur a.

Exemple 15-38:

Développer $f(x) = e^x$ en série de Taylor autour de $a = 5$.

$$f(x) = e^x \qquad\qquad f(5) = e^5$$

$$f'(x) = e^x \qquad\qquad f'(5) = e^5$$

$$f''(x) = e^x \qquad\qquad f''(5) = e^5$$

$$\vdots \qquad\qquad\qquad \vdots$$

Nous savons que le développement en série de Taylor autour de $a = 5$ sera de la forme suivante:

$$f(x) = e^x = f(5) + f'(5)(x-5) + \frac{f''(5)(x-5)^2}{2!}$$

$$+ \frac{f^{(3)}(5)(x-5)^3}{3!} + \cdots + \frac{f^{(n)}(5)(x-5)^n}{n!} + \cdots$$

D'où, en remplaçant la valeur de chacune des dérivées évaluées en 5 par e^5 et en effectuant ensuite une mise en évidence de ce facteur, nous écrivons:

$$e^x = e^5\left[1 + (x-5) + \frac{(x-5)^2}{2!} + \cdots + \frac{(x-5)^n}{n!} + \cdots \right]$$

$$\blacklozenge \quad \blacklozenge$$

Tous les développements en série de Taylor peuvent se faire de cette façon, c'est-à-dire à partir de la définition. Cependant, bien souvent, lorsque les dérivées successives que nous devons trouver s'avèrent trop difficiles, nous pouvons nous y prendre autrement...De toutes sortes de façons.

Malheureusement, ou heureusement, il n'y a pas de trucs. Ce n'est que l'observation et la volonté d'utiliser nos connaissances qui nous feront trouver les allées les plus habiles.

Les exemples 15-39 et 15-40 illustrent ces dires.

Exemple 15-39:

Développer $f(x) = \dfrac{4-x}{x+5}$ en série de Taylor autour de $a = 3$.

Solution:

Nous pourrions faire le développement de la façon conventionnelle, c'est-à-dire à l'aide de la définition. C'est-à-dire:

$$f(x) = \frac{4-x}{x+5}$$

$$f'(x) = \frac{-(x+5)-(4-x)}{(x+5)^2} = \frac{-9}{(x+5)^2}$$

$$f''(x) = \cdots$$

Mais nous avons plus d'un tour dans notre sac!

Notre développement devant être autour de 3, si nous remplaçons x par $(x-3)$, notre développement se fera autour de 0.

$$\text{Posons } y = x - 3.$$

nous avons donc: $\dfrac{4-x}{x+5}$

qui devient: $\dfrac{4-(y+3)}{y+3+5} = \dfrac{-y+1}{y+8}$ (car $x = y+3$)

Faisons la division de $(-y+1)$ par $(y+8)$.

Il faut ordonner les puissances dans un ordre **croissant**, de façon à avoir un développement infini:

$$
\begin{array}{r|l}
1-y & \underline{\;8+y} \\
-\left(1+\dfrac{y}{8}\right) & \dfrac{1}{8} - \dfrac{9}{64}y + \dfrac{9}{8^3}y^2 - \dfrac{9}{8^4}y^3 \cdots \\
\hline
-\dfrac{9}{8}y & \\
-\left(-\dfrac{9}{8}y - \dfrac{9y^2}{64}\right) & \\
\hline
+\dfrac{9y^2}{64} &
\end{array}
$$

Nous avons donc:

$$\frac{-y+1}{y+8} = \frac{1}{8} - \frac{9}{64}y + \frac{9}{8^3}y^2 - \frac{9}{8^4}y^3$$

$$+ \frac{9}{8^5}y^4 - \frac{9y^5}{8^6} + \cdots$$

Remplaçant maintenant y par $(x - 3)$, nous avons:

$$\frac{4-x}{x+5} = \frac{1}{8} - \frac{9}{64}(x-3) + \frac{9}{8^3}(x-3)^2 - \frac{9}{8^4}(x-3)^3$$

$$+ \frac{9}{8^5}(x-3)^4 - \cdots$$

C'est notre développement en série de Taylor autour de $a = 3$.

◆◆

Nous avons obtenu ce développement sans même avoir effectué une seule dérivée!

Exemple 15-40:

Développer lnx en série de Taylor autour de $a = 1$.

Solution:

Encore ici, nous pouvons prendre le temps de développer cette fonction selon la définition, c'est-à-dire prendre de longues minutes à déterminer les dérivées successives de lnx, évaluer celles-ci en $x = 1$ et écrire enfin le développement correspondant demandé.

Mais nous avons développé $ln(1 + x)$ à l'exemple 15-36, alors pourquoi ne pas nous en servir ?

Si nous remplaçons x par $(x - 1)$ dans le développement:

$$ln(1+x) = x - \frac{x^2}{2} + \frac{x^3}{3} - \frac{x^4}{4} + \cdots \ ,$$

le "$1 + x$" écrit dans le membre de gauche du développement deviendra "$1 +(x-1)$", c'est-à-dire "x". De plus, tous les "x" du membre de droite, après

avoir été remplacés par "$x - 1$" deviendront des puissances de $(x-1)$. C'est exactement ce qu'il nous faut pour un développement en série de Taylor autour de la valeur 1.

Nous déterminons donc le développement en série de Taylor autour de $a = 1$ après quelques instants seulement:

$$lnx = (x-1) - \frac{(x-1)^2}{2} + \frac{(x-1)^3}{3} - \frac{(x-1)^4}{4} + \cdots$$

◆◆

15.7.4 Construction des tables de logarithmes

À tous les jours où nous avons à effectuer rapidement des calculs, nous utilisons la calculatrice. Nous sommes probablement intéressés de savoir comment une calculatrice est programmée pour donner, entre autres, la valeur des logarithmes.

À l'exemple 15-36, nous avons vu le développement en série de $ln(1 + x)$ qui, rappelons-le, est:

$$ln(1+x) = x - \frac{x^2}{2} + \frac{x^3}{3} - \frac{x^4}{4} + \cdots$$

Si nous remplaçons la variable x par $-x$ dans ce développement, nous obtenons:

$$ln(1-x) = -x - \frac{x^2}{2} - \frac{x^3}{3} - \frac{x^4}{4} - \cdots$$

Si ces deux séries ont l'air banal, nous verrons immédiatement jusqu'à quel point elles deviennent utiles lorsque nous les soustrayons. Nous obtenons:

$$ln\left(\frac{1+x}{1-x}\right) = 2x + \frac{2x^3}{3} + \frac{2x^5}{5} + \cdots \qquad (1)$$

Nous pouvons vérifier à l'aide d'une série de Maclaurin que chacune de ces séries converge uniquement lorsque x est entre -1 et 1. Donc la série résultant de la différence de celles-ci convergera aussi uniquement pour ces valeurs.

Si x varie de -1 à 1, l'expression $(1+x)/(1-x)$ varie de 0^+ à ∞.

Si nous désirons la valeur de $ln4$, nous n'avons qu'à remplacer x par $0,6$ dans le développement (1), et la somme des 5 premiers termes nous donnera $1,385341659$. En remplaçant x par $-9/11$, nous obtenons $-2,254800054$, ce qui est une valeur approchée de $ln0,1$.

Les valeurs ne sont pas exactes, mais la calculatrice ne considère pas que les 5 premiers termes.

Dans ce qui suit, nous verrons comment nous pouvons utiliser les séries afin d'obtenir une approximation d'une valeur.

15.7.5 Approximations

Voici un élément intéressant concernant les séries de Taylor.

Si nous remplaçons x par $x_0 + h$ et a par x_0 dans le développement en série de Taylor explicité précédemment, l'expression de $f(x)$ devient:

$$f(x_0 + h) = f(x_0) + f'(x_0)\,h + \frac{f''(x_0)}{2!}\,h^2 + \frac{f^{(3)}(x_0)}{3!}\,h^3$$
$$+ \frac{f^{(4)}(x_0)}{4!}\,h^4 + ... + \frac{f^{(n)}(x_0)}{n!}\,h^n + ...$$

$$(*)$$

Nous avons maintenant des puissances de h plutôt que des puissances de $(x - a)$ à cause du $a = x_0$ qui nous permet d'écrire:

$$x - a = x_0 + h - a$$
$$= a + h - a$$
$$= h$$

Transférant le terme $f(x_0)$ du côté droit au côté gauche de l'égalité (*), nous avons une nouvelle façon d'écrire la série de Taylor, soit:

$$f(x_0 + h) - f(x_0) = f'(x_0)\,h + \frac{f''(x_0)}{2!}\,h^2 + \frac{f^{(3)}(x_0)}{3!}\,h^3$$
$$+ \frac{f^{(4)}(x_0)}{4!}\,h^4 + ... + \frac{f^{(n)}(x_0)}{n!}\,h^n + ...$$

$$(**)$$

Cette nouvelle façon nous donne la différence entre la valeur réelle de f en x_0 et la valeur de f que nous chercherions pour une abscisse égale à $(x_0 + h)$.

Il serait profitable à ce stade-ci de réaliser que tout ce qui a été vu depuis le début du livre est intimement lié. Cette dernière série (**) à laquelle nous venons d'arriver convergera d'autant plus vite que h sera petit. C'est donc dire que si nous développons une fonction en série de Taylor autour d'une certaine valeur "a", la valeur de f calculée en une autre valeur b, différente de "a", sera trouvée plus vite si b est très près de a que si b est plus éloigné de a. De plus, si b est trop éloigné de a, voire à l'extérieur de l'intervalle de convergence, le développement en série ne nous sera d'aucune utilité, car la série divergera. (L'exercice 15-29 fera bien saisir tous ces dires.)

Remarquons aussi que (*) nous permet d'écrire une généralisation de la formule (3) du chapitre 3 qui définissait l'approximation d'une fonction par la différentielle. En effet, prenons uniquement le *premier* terme du côté droit de l'égalité et laissons tomber tous les autres. Nous retrouvons:

$$f(x_0 + h) \approx f(x_0) + f'(x_0)\,h$$

Le signe est maintenant celui d'une approximation puisque l'égalité subsiste uniquement lorsque toute l'infinité des termes est considérée.

Nous obtenons en effet la formule (3) élaborée à la page 40 lorsque $x_0 = x$ et $h = dx$.

La figure 15-2 illustre trois approximations de e^x à l'aide de polynômes dont les degrés sont de plus en plus élevés.

La courbe (1) représente: $1 + x + \dfrac{x^2}{2!}$

La courbe (2) représente: $1 + x + \dfrac{x^2}{2!} + \dfrac{x^3}{3!}$

La courbe (3) représente: $1 + x + \dfrac{x^2}{2!} + \dfrac{x^3}{3!} + \dfrac{x^4}{4!}$

Si le polynôme est de degré infini, nous retrouvons la courbe bien connue de l'exponentielle e^x.

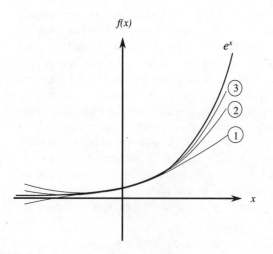

Figure 15-2

Théorème 15-7:

Soit $f(x)$ écrite sous la forme d'une série entière:

$$\sum_{k=1}^{\infty} a_k\,(x).$$

Pour toutes les valeurs de la variable x *dans l'intervalle de convergence*, l'intégrale de f est égale à la somme des intégrales de chacun des termes composant la série entière. Cela revient à dire:

• Si $f(x) = a_1(x) + a_2(x) + a_3(x) + ...$

alors:

$$\int_a^b f(x)\,dx$$

$$= \int_a^b a_1(x)\,dx + \int_a^b a_2(x)\,dx + \int_a^b a_3(x)\,dx + ...$$

> **Le domaine d'intégration doit obligatoirement être inclus dans l'intervalle de convergence.**

Exemple 15-41:

Calculer $\displaystyle\int_{0,5}^1 \frac{e^x}{x}\,dx$ à l'aide d'une série appropriée.

Solution:

Développons $f(x) = e^x$ en série de Maclaurin, car les valeurs de x sont proches de 0 partout dans le domaine d'intégration.

$$f(x) = e^x \qquad f(0) = 1$$

$$f'(x) = e^x \qquad f'(0) = 1$$

$$f''(x) = e^x \qquad f''(0) = 1$$
$$\vdots \qquad\qquad \vdots$$

Nous avons:

$$e^x = 1 + x + \frac{x^2}{2\,!} + \frac{x^3}{3\,!} + \frac{x^4}{4\,!} + ...$$

D'où:

$$\frac{e^x}{x} = \frac{1}{x} + 1 + \frac{x}{2\,!} + \frac{x^2}{3\,!} + \frac{x^3}{4\,!} + ...$$

et alors:

$$\int_{0,5}^1 \frac{e^x}{x}\,dx = \int_{0,5}^1 \left[\frac{1}{x} + 1 + \frac{x}{2\,!} + \frac{x^2}{3\,!} + \frac{x^3}{4\,!} + ...\right]dx$$

$$= \left[\ln x + x + \frac{x^2}{2 \times 2!} + \frac{x^3}{3 \times 3!} + \frac{x^4}{4 \times 4!}\right.$$

$$\left.\left. + \frac{x^5}{5 \times 5!} + ...\right]\right|_{0,5}^1$$

En considérant les quatre premiers termes non nuls du développement, nous obtenons:

$$\approx \ln 1 + 1 + \frac{1}{4} + \frac{1}{18} - \left(\ln 0,5 + \frac{1}{2} + \frac{1}{16} + \frac{1}{144}\right)$$

$$\approx 1,429258$$

Un théorème équivalent peut être énoncé pour la dérivée.

Théorème 15-8:

Soit $f(x)$ écrite sous la forme d'une série entière:

$$f(x) = \sum_{k=1}^{\infty} a_k\,(x).$$

Pour toutes les valeurs de la variable x *dans l'intervalle de convergence*, la dérivée de f est égale à la somme des dérivées de chacun des termes composant la série entière. Cela revient à dire:

- Si $f(x) = a_1\,(x) + a_2\,(x) + a_3\,(x) + \cdots$

alors:

$$\frac{df(x)}{dx} = \frac{d}{dx}a_1\,(x) + \frac{d}{dx}a_2\,(x) + \frac{d}{dx}a_3\,(x) + \cdots$$

15.7.6   Résumé

séries entières

$\sum_{k=0}^{\infty} a_k\,(x)$ où $a_k\,(x)$ est une puissance de x ou de $(x-a)$, où $a \in \mathbb{R}$

$$a_0 + a_1\,x + a_2\,x^2 + \cdots + a_n\,x^n + \cdots \quad \text{ou}$$

$$a_0 + a_1\,(x-a) + a_2\,(x-a) + \cdots + a_n\,(x-a)^n + \cdots$$

série de Maclaurin

$f(x)$ est développée autour de 0:

$$f(x) = f(0) + f'(0)\,x + \frac{f''(0)}{2!}\,x^2$$

$$+ \frac{f^{(3)}(0)}{3!}\,x^3 + \cdots + \frac{f^{(n)}(0)}{n!}\,x^n + \cdots$$

Série de Taylor

$f(x)$ est développée autour de a:

$$f(x) = \sum_{i=0}^{\infty} a_i\,(x-a)^i = a_0 + a_1\,(x-a)$$

$$+ a_2\,(x-a)^2 + a_3\,(x-a)^3$$

$$+ \cdots + a_n\,(x-a)^n + \cdots$$

Lorsque les coefficients sont remplacés par leurs expressions respectives, nous avons la fonction:

$$f(x) = f(a) + f'(a)\,(x-a) + \frac{f''(a)}{2!}\,(x-a)^2$$

$$+ \frac{f^{(3)}(a)}{3!}\,(x-a)^3 + \cdots + \frac{f^{(n)}(a)}{n!}\,(x-a)^n + \cdots$$

Tous les coefficients sont des fonctions des dérivées successives de la fonction f évaluée en a.

Remarque:

La série de Maclaurin est un cas particulier des séries de Taylor, car si nous remplaçons a par 0 dans le développement en série de Taylor, nous obtenons la série de Maclaurin.

Note: • Pour faire un développement en série de Maclaurin ou en série de Taylor d'une fonction f, il faut évidemment que les dérivées de tout ordre (f', f'', f''', $f^{(4)}$, ...) existent au point considéré.

Par exemple, nous ne pourrions pas développer $f(x) = ln\,x$ autour de 0, car étant donné que $f'(x) = 1/x$ il s'ensuit que $f'(0)$ n'existe pas.

EXERCICES – CHAPITRE 15

Niveau 1

section 15.1

15-1 Soit deux séries $\sum\limits_{k=1}^{\infty} a_k$ et $\sum\limits_{k=1}^{\infty} b_k$. Répondre par vrai ou par faux aux énoncés suivants et expliquer brièvement l'assertion.

a) Si $\sum\limits_{k=1}^{\infty} a_k$ et $\sum\limits_{k=1}^{\infty} b_k$ convergent alors

$\sum\limits_{k=1}^{\infty} (a_k + b_k)$ converge aussi.

b) Si $\sum\limits_{k=1}^{\infty} a_k$ et $\sum\limits_{k=1}^{\infty} b_k$ divergent alors $\sum\limits_{k=1}^{\infty} (a_k + b_k)$ diverge aussi.

15-2 À l'aide des sommes partielles, calculer:

a) $\sum\limits_{k=1}^{\infty} \left[\dfrac{1}{k} - \dfrac{1}{k+1} \right]$ b) $\sum\limits_{k=1}^{\infty} \left[\dfrac{1}{2^k} - \dfrac{1}{2^{1+k}} \right]$

15-3 Montrer que les séries suivantes divergent en utilisant la cause certaine de divergence:

a) $\sum\limits_{k=1}^{\infty} \dfrac{2k-1}{2k+1}$ b) $\sum\limits_{k=1}^{\infty} \dfrac{-e^k}{2^k}$

c) $\sum\limits_{k=1}^{\infty} \dfrac{(k+2)!\, e^{k+1}}{k!}$ d) $\sum\limits_{k=1}^{\infty} \dfrac{k^2}{-4k^2+k+1}$

15-4 Montrer que la série $\sum\limits_{k=1}^{\infty} \dfrac{1}{(r+k-1)(r+k)}$ converge vers $1/r$ lorsque r est un entier positif.

15-5 Après avoir utilisé une propriété des logarithmes, montrer en utilisant une suite de sommes partielles que la série $\sum\limits_{k=1}^{\infty} ln\left(\dfrac{k+1}{k}\right)$ diverge.

section 15.2

15-6 Vérifier que les séries ci-dessous représentent des séries géométriques en explicitant leur raison et si possible leur somme:

a) $1 + 0{,}1 + 0{,}01 + 0{,}001 + 0{,}0001 + ...$

b) $1 - 3/2 + 9/4 - 27/8 + 81/16 - ...$

c) $\dfrac{-1}{256} + \dfrac{1}{64} - \dfrac{1}{16} + \dfrac{1}{4} - 1 + ...$

d) $1 - 1 + 1 - 1 + 1 - 1 + ...$

e) $\sum\limits_{k=1}^{\infty} \dfrac{e^{k+1}}{4^k}$ f) $\sum\limits_{k=1}^{\infty} \dfrac{e^k}{2^k}$

g) $\sum\limits_{k=1}^{\infty} 3\,(0{,}2)^k$ h) $\sum\limits_{k=3}^{\infty} \dfrac{(-5)^k}{6^k}$

i) $\sum\limits_{k=1}^{\infty} \dfrac{-4^k}{3^{2k}}$ j) $\sum\limits_{k=1}^{\infty} \dfrac{(-e)^{2k+1}}{(-8)^k}$

15-7 On programme la trajectoire d'une bille de la façon suivante: le départ étant le point $(5, 9)$ dans le plan XY, elle tasse alternativement vers la gauche selon la suite $1/2, 1/4, 1/8, ...$ et vers le bas selon la suite $2/3, 4/9, 8/27, ...$

a) Si cette bille pouvait continuer indéfiniment de cette façon, quel serait son point de convergence?

b) De quel point devrait-elle partir pour converger vers le point $(0, 0)$?

section 15.3

15-8 Utiliser le critère de d'Alembert pour déterminer la nature des séries suivantes:

a) $\sum\limits_{k=1}^{\infty} \dfrac{k}{5^k}$ b) $\sum\limits_{k=1}^{\infty} \dfrac{3^k}{k!}$ c) $\sum\limits_{k=1}^{\infty} \left(\dfrac{2}{3}\right)^{k-1}$

d) $\sum\limits_{k=1}^{\infty} \dfrac{k!\, 5^k}{6^k}$ e) $\sum\limits_{k=1}^{\infty} \dfrac{k!\, 7^k}{2^k}$ f) $\sum\limits_{k=1}^{\infty} \dfrac{(k-1)!}{(k!)^2}$

g) $\sum\limits_{k=1}^{\infty} \dfrac{e^{k+1}}{k!(k+3)!}$ h) $\sum\limits_{k=1}^{\infty} \dfrac{(\sqrt{k}-1)}{k!}$

15-9 Utiliser le critère de la racine $n^{\text{ième}}$ de Cauchy pour déterminer la nature des séries suivantes:

a) $\sum\limits_{k=1}^{\infty} \left(\dfrac{2k+3}{k}\right)^k$ 　　 b) $\sum\limits_{k=1}^{\infty} \left(\dfrac{k}{100}\right)^k$

c) $\sum\limits_{k=1}^{\infty} \left(\dfrac{2k+5}{3k^2-8}\right)^k$ 　 d) $\sum\limits_{k=1}^{\infty} \dfrac{e^{2k}}{3^{k-2}}$

e) $\sum\limits_{k=1}^{\infty} \dfrac{1}{(\log_{10} k)^k}$ 　 f) $\sum\limits_{k=1}^{\infty} \dfrac{2^{k+3}}{k^k}$

15-10 À l'aide du critère de comparaison, déterminer la nature des séries suivantes:

a) $\sum\limits_{k=1}^{\infty} \dfrac{1}{2k+1}$ 　　 b) $\sum\limits_{k=1}^{\infty} \dfrac{k^2}{k^3+1}$

c) $\sum\limits_{k=1}^{\infty} \dfrac{1}{2k^2+k}$ 　 d) $\sum\limits_{k=1}^{\infty} \dfrac{(k+2)}{k^2}$

e) $\sum\limits_{k=1}^{\infty} \dfrac{1}{\sqrt{k+8}}$ 　 f) $\sum\limits_{k=1}^{\infty} \left[\dfrac{1}{k+1}+\dfrac{1}{k!}\right]$

g) $\sum\limits_{k=1}^{\infty} \dfrac{1}{3^k+5}$

section 15.4

15-11 Dire lesquelles des séries suivantes sont alternées:

a) $\sum\limits_{k=0}^{\infty} \dfrac{(-5)^k}{6^k}$ 　　 b) $\sum\limits_{k=4}^{\infty} \dfrac{(-1)^{2k+1} k^2}{k^3+3}$

c) $\sum\limits_{k=1}^{\infty} (-1)^{k+1} \sin k$ 　 d) $\sum\limits_{k=1}^{\infty} \dfrac{\cos(k\pi)}{k}$

e) $\sum\limits_{k=1}^{\infty} (-1)^k \cos(k\pi)$

15-12 Vérifier la convergence des séries suivantes à l'aide du critère des séries alternées:

a) $\sum\limits_{k=1}^{\infty} \dfrac{(-1)^k}{2^k}$ 　　 b) $\sum\limits_{k=1}^{\infty} \dfrac{(-1)^k (k^2+8)}{k^3+2}$

c) $\sum\limits_{k=1}^{\infty} \dfrac{(-1)^k}{(k+3)!}$ 　 d) $\sum\limits_{k=1}^{\infty} \dfrac{(k-5)}{(-2)^k (k+2)}$

section 15.5

15-13 Déterminer la nature exacte des séries suivantes, c'est-à-dire déterminer s'il y a convergence absolue, convergence conditionnelle ou divergence.

a) $\sum\limits_{k=1}^{\infty} \dfrac{(-1)^{k+1}}{k^{4/3}}$

b) $\sum\limits_{k=1}^{\infty} \dfrac{(-1)^{k+1}}{3k}$

c) $\sum\limits_{k=1}^{\infty} \dfrac{(-4)^k}{k^2}$

d) $\sum\limits_{k=1}^{\infty} \dfrac{(-1)^{k+1}}{k!}$

e) $\sum\limits_{k=1}^{\infty} (-1)^k \left(\dfrac{k+2}{3k-1}\right)^k$

f) $\sum\limits_{k=1}^{\infty} \dfrac{(-1)^k (k^2+k-5)}{(k+2)(k-1/3)}$

g) $\sum\limits_{k=1}^{\infty} \dfrac{(-1)^k (k^2+7)}{(k^4-2)(k-1/3)}$

h) $\sum\limits_{k=1}^{\infty} \dfrac{(-1)^k (4k^2-7)}{k^3}$

section 15.6

15-14 Vrai ou faux? Expliquer brièvement.

a) Si le terme général d'une suite tend vers π, alors la suite diverge.

b) Si une série converge, alors le terme général tend vers 0.

c) Si le premier terme d'une série géométrique est 5 et le deuxième est 3, alors la série converge.

d) La série harmonique converge toujours.

e) Lorsque la valeur «r» obtenue en vertu du critère de d'Alembert est inférieure à un, alors le terme général de la série s'approche probablement de 0.

15-15 Déterminer si les séries suivantes convergent ou si elles divergent (dans le cas d'une série alternée convergente, préciser s'il y a convergence absolue ou convergence conditionnelle):

a) $\displaystyle\sum_{k=1}^{\infty} \frac{k+2}{k(k+1)}$

b) $\displaystyle\sum_{k=1}^{\infty} \frac{(-1)^k (k^2+8)}{k^3+2}$

c) $\displaystyle\sum_{k=1}^{\infty} \frac{1}{2k^2+k}$

d) $\displaystyle\sum_{k=1}^{\infty} \left(e^{-1}+e^{-k}\right)^k$

e) $\displaystyle\sum_{k=1}^{\infty} \frac{(-1)^k 3^k}{\sqrt{k+1}}$

f) $\displaystyle\sum_{k=1}^{\infty} \frac{2^{k+3}}{4^k}$

g) $\displaystyle\sum_{n=1}^{\infty} \frac{(-1)^n \left(2n^3+n-1\right)}{4n^6+n^2}$

h) $\displaystyle\sum_{k=1}^{\infty} \frac{(k-1)!}{(k!)^{2,3}}$

i) $\displaystyle\sum_{k=1}^{\infty} \frac{(-1)^k}{3^k}$

j) $\displaystyle\sum_{k=1}^{\infty} \frac{2(-3)^k}{7^{k-1}}$

k) $\displaystyle\sum_{k=1}^{\infty} \frac{(-e)^{2k+1}}{3^k}$

l) $\displaystyle\sum_{k=1}^{\infty} \frac{(-2)^k}{k^2}$

m) $\displaystyle\sum_{n=1}^{\infty} \frac{(-e)^n}{n^2+5}$

n) $\displaystyle\sum_{k=1}^{\infty} \frac{3}{(k)^k}$

o) $\displaystyle\sum_{n=1}^{\infty} \frac{2}{(-1)^{4n+5}}$

p) $\displaystyle\sum_{n=1}^{\infty} \frac{(-1)^{n+1}}{n^{\pi/4}}$

q) $\displaystyle\sum_{k=1}^{\infty} 5^{1/(k+1)}$

r) $\displaystyle\sum_{n=1}^{\infty} \frac{(-1)^{n+1}\cos(n\pi)}{\sqrt{n+1}}$

s) $\displaystyle\sum_{n=1}^{\infty} \frac{3^n}{n!+n}$

section 15.7.1

15-16 Déterminer l'intervalle de convergence des séries suivantes:

a) $\sum\limits_{k=1}^{\infty} \dfrac{x^k}{\sqrt{k}}$ b) $\sum\limits_{k=1}^{\infty} k\,(-x)^k$

c) $\sum\limits_{k=1}^{\infty} \dfrac{x^k}{2^k}$ d) $\sum\limits_{k=1}^{\infty} \dfrac{(x+3)^k}{k}$

e) $\sum\limits_{k=1}^{\infty} \dfrac{(x-5)^k}{k^2}$ f) $\sum\limits_{k=1}^{\infty} \dfrac{(3x-4)^k}{k}$

g) $\sum\limits_{k=1}^{\infty} \dfrac{(-x)^k}{(k-1)\,!}$ h) $\sum\limits_{k=1}^{\infty} \dfrac{(4-3x)^k}{k}$

section 15.7.2

15-17 Que signifie développer une fonction en série ?

15-18 Développer $f(x) = e^{x-1}$ autour de $a = 0$.

15-19 Développer $f(x) = ln\,(1-x)$ autour de $a = 0$ et déterminer l'intervalle de convergence.

15-20 Développer les fonctions suivantes en série de Maclaurin en utilisant le développement en série de e^x . Déterminer ensuite l'intervalle de convergence après avoir identifié le terme général de chaque série:

a) $f(x) = x\,e^x$ b) $f(x) = e^{-x}$

c) $f(x) = x\,e^{-x}$ d) $f(x) = \dfrac{e^x + e^{-x}}{2}$

e) $f(x) = e^{-x^2}$ f) $f(x) = \dfrac{e^{-3x} - 1}{x}$

g) $f(x) = (1+x)\,e^x$ h) $f(x) = e^{x-2}$

i) Quel facteur dans ces développements entraîne que chacune de ces séries converge sur $\mathbb{R}$?

15-21 Après avoir effectué une division, développer f en série de Maclaurin:

a) $f(x) = \dfrac{x^2 + x + 1}{1 + x^4}$ b) $f(x) = \dfrac{1}{1 - x - x^2}$

c) Comment expliquer qu'en remplaçant x par 1 dans l'expression déterminée à la sous-question b), nous obtenions $-1 = \infty$?

15-22 Trouver l'erreur dans ce qui suit.

Après division, nous obtenons de $\dfrac{1}{1+x}$ la série

$1 - x + x^2 - x^3 + x^4 \,...$

Si $x = 1$, nous pouvons écrire:

$\dfrac{1}{2} = 1 - 1 + 1 - 1 + 1 - 1 \,...$

Cela veut-il dire qu'une série puisse converger malgré que son terme général ne tende pas vers 0?

15-23 a) Développer $ln\left(\dfrac{1}{1-x}\right)$ en série de Maclaurin et trouver l'intervalle de convergence.

b) Montrer que $ln\,2 = \sum\limits_{k=1}^{\infty} \dfrac{(-1)^{k+1}}{k}$.

15-24 Utiliser le fait que la dérivée de $ln(x+2)$ est $1/(x+2)$ pour écrire le développement de $ln(x+2)$ autour de $a = 0$. Ensuite, calculer à l'aide des 4 premiers termes non nuls de ce développement, la valeur de $ln\,(2,01)$. Quelle est la différence entre la valeur trouvée et celle donnée par une calculatrice ?

Comment expliquer cette différence si faible ?

15-25 Démontrer l'identité trigonométrique $sin\,(x + \pi/2) = cos\,x$ en développant $sin\,(x + \pi/2)$ autour de 0.

section 15.7.3

15-26 Développer en série de Taylor autour de $a = 1$ la fonction $f(x) = ln\,(x+1)$ et déterminer son intervalle de convergence.

15-27 Vérifier au moyen d'une série de Taylor développée autour de la valeur «a», l'égalité:

$$ln\,(a+x) = ln\,a + \dfrac{x}{a} - \dfrac{x^2}{2a^2} + \dfrac{x^3}{3a^3} - \dfrac{x^4}{4a^4} + \cdots$$

En utilisant l'égalité précédente, écrire les séries correspondant aux expressions ci-dessous, expliciter le terme général pour déterminer ensuite l'intervalle de convergence et le rayon de convergence:

a) $ln(1 + x)$ b) $ln(a - x)$

c) $ln(1 - x)$ d) $ln(x - 1)$

15-28 a) Développer e^{-x} selon les puissances de $(x + 1)$.

b) Développer e^{-x} selon les puissances de $(x - 2)$.

c) Développer $\cos x$ selon les puissances de $(x - \pi/4)$ en explicitant uniquement les quatre premiers termes non nuls du développement.

section 15.7.5

15-29 Vérifier au moyen d'une série de Taylor développée autour de la valeur «a», l'égalité suivante:

$$e^x = e^a \left[1 + (x - a) + \frac{(x-a)^2}{2!} + \frac{(x-a)^3}{3!} + \cdots \right]$$

Déterminer les valeurs approchées de $e^{2,01}$ et $e^{2,1}$ en remplaçant a par 2 dans ce développement [tenir compte du fait que l'intervalle de convergence est l'ensemble de tous les nombres réels]. Avec les 3 premiers termes non nuls, arrivons-nous à une approximation bonne au centième près?

15-30 Déterminer une approximation de $f(x) = e^x$ à l'aide d'un polynôme de degré 5 dont les termes sont des puissances de $(x - 1)$. Quelle est alors une valeur approchée de $e^{1,1}$?

15-31 Déterminer une approximation de $f(x) = ln\,x$ à l'aide d'un polynôme de degré 4 développé selon les puissances de $(x - 2)$. Quelle est alors une valeur approchée de $ln\,2{,}04$?

15-32 Évaluer les intégrales suivantes en utilisant les quatre premiers termes non nuls d'un développement en série de Maclaurin:

a) $\displaystyle\int_{0,5}^{1} \frac{e^x}{x}\, dx$ b) $\displaystyle\int_{0}^{1} \frac{\sin x}{x}\, dx$

c) $\displaystyle\int_{0}^{1} \frac{e^x - 1}{x}\, dx$ d) $\displaystyle\int_{0}^{1} \frac{e^x + x - 1}{2\,x}\, dx$

e) $\displaystyle\int_{\pi/4}^{\pi/2} ln(x)\, dx$

15-33 Montrer que, pour des petites valeurs de x, $e^x + e^{-x}$ peut être approché par l'équation d'une parabole. Quelle est l'équation de cette parabole?

15-34 Écrire le développement en série de Maclaurin de $\dfrac{1}{1 + x^2}$, déterminer l'intervalle de convergence et utiliser l'égalité $\dfrac{d}{dx}(\text{arctg } x) = \dfrac{1}{1 + x^2}$ pour calculer une approximation de $\displaystyle\int_{0}^{0,5} \frac{\text{arctg } x}{x}\, dx$ à l'aide des trois premiers termes non nuls.

15-35 En utilisant le fait qu'une série géométrique de raison $r \in\ ]$-1, 1$[$ et de premier terme «a» converge vers $\dfrac{a}{1 - r}$,

a) déterminer la série correspondant à:

$$f(x) = \frac{2}{1 - x^2} ;$$

b) calculer si possible $\displaystyle\int_{0}^{1/2} \frac{2}{1 - x^2}\, dx$ et $\displaystyle\int_{0}^{2} \frac{2}{1 - x^2}\, dx$ en intégrant terme à terme le développement trouvé à la sous-question a).

15-36 Le but de cet exercice est de développer une expression excessivement utilisée en statistiques. La loi normale qui est une fonction ayant la forme d'une cloche est définie de la façon suivante:

$$\frac{1}{\sqrt{2\pi}} \int e^{-x^2/2}\, dx$$

a) Dans le développement de e^x, remplacer successivement x par $-x$, par $x/2$ et enfin par x^2 pour obtenir le développement de la fonction qui constitue l'intégrande.

b) Vérifier, à l'aide des 3 premiers termes non nuls d'un développement, que l'intégrale définie sur le domaine $[0, 1]$ est près de 0,3413 (cette valeur est inscrite dans la table de la distribution normale).

15-37 Utiliser le développement en série de Taylor de la fonction $f(x) = \cos x$ autour de la valeur $a = \pi/2$ pour calculer, à l'aide des trois premiers termes non nuls, une valeur approchée de:

$$\int_{\pi/2}^{\pi} \frac{\cos x}{x - \pi/2} \, dx$$

Niveau 2

15-38 Montrer par induction que la série

$\sum\limits_{k=3}^{\infty} \dfrac{-2}{k^2 - 2k}$ est formée de la suite des sommes

partielles dont le terme général est:

$$s_k = -1 - \frac{1}{2} + \frac{1}{k+1} + \frac{1}{k+2}$$

15-39 Démontrer par récurrence le résultat suivant:

$$\frac{1}{1 \cdot 2} + \frac{1}{2 \cdot 3} + \frac{1}{3 \cdot 4} + \frac{1}{4 \cdot 5} + \dots + \frac{1}{n \cdot (n+1)} = \frac{n}{n+1}$$

15-40 Considérer une progression géométrique finie.

a) Montrer que le produit de deux termes également distants des extrémités est constant.

b) Quelle est cette constante?

15-41 Utiliser les notions de progressions arithmétiques pour montrer que la somme des n premiers nombres impairs est égale à n^2.

15-42 Déterminer la nature des séries suivantes:

a) $\sum\limits_{k=1}^{\infty} (\sin k)^k$
b) $\sum\limits_{k=1}^{\infty} \left[\sin \frac{(4k+1)\pi}{2} \right]^{2k}$

c) $\sum\limits_{k=1}^{\infty} \dfrac{1}{(2k)!}$
d) $\sum\limits_{k=1}^{\infty} \dfrac{(3k)!}{k^3}$

e) $\sum\limits_{k=1}^{\infty} \dfrac{5\sin^2 k}{k!}$
f) $\sum\limits_{k=1}^{\infty} \left(\dfrac{k}{k+1} \right)^k$

15-43 Déterminer la nature de $\sum\limits_{k=0}^{\infty} \dfrac{x^{2k}(-1)^k}{(2k)!}$ pour diverses valeurs de la variable x.

15-44 Développer $e^{(x-1)(x+1)}$ selon les puissances de x.

15-45 Lorsqu'un objet tombe en chute libre dans un milieu offrant une résistance proportionnelle à la vitesse de l'objet, la vitesse de cet objet en tout temps t est donnée par l'expression:

$$v = \frac{32}{k} - \frac{32}{k} e^{-kt} = \frac{32}{k} [1 - e^{-kt}]$$

k est une constante.

Utiliser les trois premiers termes non nuls d'une série adéquate pour évaluer la vitesse de l'objet à tout instant t.

15-46 Étant donné:

$$y = -\frac{32}{k} t + \frac{32 + 1000 k}{k^2} (1 - e^{-kt})$$, développer e^{-kt}

selon les puissances de t pour déterminer la valeur vers laquelle s'approche y lorsque k tend vers 0.

15-47 Utiliser un développement en série pour montrer les égalités suivantes:

a) $\lim\limits_{x \to 0^+} \dfrac{\ln x}{x} = -\infty$
b) $\lim\limits_{n \to 0} \dfrac{n^2 + 2}{n - 1} = -2$

c) $\lim\limits_{x \to \infty} \dfrac{e^x}{x^{203}} = \infty$
d) $\lim\limits_{x \to 0} \dfrac{\sin 2x + \text{tg } x}{x} = 3$

e) $\lim\limits_{x \to \infty} (e^x - x^2) = \infty$

15-48 Utiliser une série de Maclaurin pour déduire le développement de $(1 + x)^n$ lorsque n est un entier positif.

15-49 Allons à la recherche de π. (*Note historique: Le symbole π a été introduit par William Jones en 1706. Jusqu'en 1739, Euler a utilisé la lettre p pour signifier π.*)

a) Développer en série la fonction $f(x) = \text{arctg } x$. Utiliser le fait que $\pi/4 = \text{arctg}(1/2) + \text{arctg}(1/3)$ pour évaluer π.

b) Développer en série la fonction $f(x) = \arcsin x$ autour d'une valeur appropriée pour évaluer la valeur de π.

15-50 Développer $1/(x-k)$ selon les puissances de $1/x$ et utiliser le résultat pour calculer $1/98$.

15-51 Utiliser le fait que $ln\,(x+1) = \int \dfrac{dx}{x+1}$

lorsque $x > -1$ pour obtenir la série de Taylor développée autour de $a = 2$ de la fonction $ln\,(x-1)$.

15-52 Sans expliciter les termes du développement en série autour de $a = 2$ de la fonction $e^x\, ln(x-1)$, déterminer son intervalle de convergence et dire si

nous pourrions calculer $\displaystyle\int_5^7 e^x \; ln\,(x-1)\; dx$ à l'aide

de ce développement.

> **Niveau 3**

15-53 Étudier la nature de $\displaystyle\sum_{k=1}^{\infty} \dfrac{e^k \; \sin\left[\dfrac{k\pi}{k+1}\right]}{\sqrt{k+1}}$.

15-54 Développer $f(x) = e^{\sin x}$ selon les puissances de x.

15-55 Une mère veut assurer à son fils Philippe, maintenant âgé de 11 ans, un montant de 100 000 \$ qu'il toucherait à l'âge de 21 ans. Quel montant doit-elle alors déposer au début de chacune des dix prochaines années dans un compte qui rapporte 6% d'intérêts composés annuellement ?

15-56 Pendant 6 années consécutives, Pauline dépose au début de chaque semaine une somme de 10 \$ à la caisse populaire. Quel est le montant accumulé dans son compte après ces années si le taux annuel est de 5 % et les intérêts sont capitalisés hebdomadairement ?

15-57 Un câble de densité uniforme tendu entre deux points symétriques suit la courbe d'une caténaire

qui est d'équation: $y = \dfrac{k\,(e^{x/k} + e^{-x/k})}{2}$

a) Vérifier à l'aide d'un développement en série que si x est près de 0, alors une approximation de y peut être écrite ainsi:

$$g\,(x) = \dfrac{k}{2}\left(2 + \dfrac{x^2}{k^2}\right) = k + \dfrac{x^2}{2\,k}$$

b) En utilisant les deux premiers termes non nuls de g, trouver la longueur approximative du câble reliant les points:

$$\left(-k, +\dfrac{k\,(e^{-1}+e)}{2}\right) \quad \text{et} \quad \left(k, \dfrac{k\,(e+e^{-1})}{2}\right)$$

c) Après avoir calculé la longueur exacte du câble entre les deux points mentionnés, expliquer graphiquement la minime différence.

15-58 Développer en série de Maclaurin $x\,ln\,(1+x)$ ainsi que $x\,ln\,(1-x)$. Utiliser ensuite le fait que

$$\int_0^1 x\,ln\,(1-x)\,dx = -3/4$$

et l'égalité de l'exercice 15-39 pour montrer que

$$\int_0^1 x\,ln\,(1+x) = 1/4.$$

15-59 $\displaystyle\int (\sin x \; ln x)\,dx$ ne peut pas être déterminée sans l'aide des séries. Utiliser une série appropriée

pour évaluer $\displaystyle\int_{1/2}^1 (\sin x \; ln x)\,dx$.

ANNEXES

ANNEXE A

Notation factorielle (!)

Définition:

La factorielle d'un nombre entier positif n est notée $n!$. Nous écrivons $n!$ pour désigner le produit de tous les entiers naturels positifs inférieurs ou égaux à n.

Exemple A-1:

$$5! = 1 \times 2 \times 3 \times 4 \times 5 = 120$$
$$3! = 1 \times 2 \times 3 = 6$$
$$n! = 1 \times 2 \times 3 \times 4 \times ... \times n$$
$$(n + 1)! = 1 \times 2 \times 3 \times 4 \times ... \times n \times (n + 1)$$

De ces deux dernières égalités, nous écrivons:

$$\underbrace{1 \times 2 \times 3 \times 4 \times ... \times n}_{n!} \times \underbrace{(n + 1)}_{(n + 1)}$$

C'est-à-dire:

$$\boxed{(n + 1)! = n!\,(n + 1)} \qquad \textbf{important}$$

Remplaçons n par 0 dans l'égalité ci-dessus. Nous obtenons ainsi:

$$(0 + 1)! = 0!\,(0 + 1)$$
$$1! = 0!\,(1)$$
$$1! = 0!$$
$$1 = 0!$$

Par définition de la factorielle, nous devons admettre:

$$\boxed{0! = 1}$$

Note:

Il faut réussir à bien manipuler la factorielle, car la calculatrice ne peut généralement pas donner plus que la valeur de $69!$.

Par exemple, la calculatrice ne parviendra pas à donner une réponse si nous appuyons sur les touches

pour obtenir $437!$ divisé par $435!$. Il faut, tout d'abord, simplifier les expressions:

$$\frac{437!}{435!} = \frac{1 \times 2 \times ... \times 437}{1 \times 2 \times ... \times 435}$$

$$= \frac{1 \times 2 \times 3 \times ... \times 435 \times 436 \times 437}{1 \times 2 \times 3 \times ... \times 434 \times 435}$$

Après la simplification de tous les nombres jusqu'à 435, nous obtenons:

$$= 436 \times 437 = 190\,532$$

Après un peu d'habitude, nous réussirons à écrire immédiatement:

$$\frac{437!}{435!} = 436 \times 437 = 190\,532$$

Lorsque nous "pitonnons" $70!$, la calculatrice écrit "erreur" non pas parce que $70!$ n'existe pas, mais bien parce que la capacité de la calculatrice a été "défoncée". La valeur de $70!$ est $1{,}1978572 \times 10^{100}$.

Exemple A-2:

Examinons comment la factorielle d'un nombre peut s'écrire en fonction de celui qui le précède:

$$k! = 1 \times 2 \times 3 \times ... \times (k-1) \times k$$
$$k! = (k-1)! \times k$$

Exemple A-3:

Examinons comment la factorielle d'un nombre peut s'écrire en fonction du nombre qui le succède:

$$(k + 1)! = 1 \times 2 \times 3 \times \cdots \times (k-1) \times k \times (k+1)$$
$$(k + 1)! = k! \times (k + 1)$$
$$\frac{(k + 1)!}{(k + 1)} = k!$$

Toutes ces considérations seront particulièrement importantes lorsque le temps sera venu d'étudier les séries au chapitre 15 ou, lorsqu'au chapitre 2, nous contournerons des indéterminations comportant des factorielles.

ANNEXE B

Valeurs absolues

Avant de passer aux considérations sur les valeurs absolues, signalons le principe qui fait que certains n'emploient pas encore correctement les valeurs absolues.

Nous avons souvent l'idée (les étudiants... pas les professeurs de mathématiques!) que $-x$ est négatif à cause du signe "−", mais il faut bien réaliser que le signe "−" devant une expression ou un nombre ne fait que changer le signe de celle-ci ou de celui-ci.

Si un nombre est positif, il est vrai que, précédé d'un "−", il deviendra négatif... Tous, y compris les étudiants, seront d'accord avec cela.

Là où il y a souvent des frictions, c'est lorsque nous disons que $-x$ est positif.

"Positif ?" des étudiants diront.

Oui ! nous répondrons.

Si x est négatif, alors il deviendra positif s'il est précédé du signe "−".

Nous sommes maintenant prêts à revoir la définition de la valeur absolue et de la comprendre une fois pour toute.

Nous savons, et maintenant est le moment de le comprendre, que la valeur absolue d'un nombre est *toujours positive*. C'est pourquoi, nous avons la définition suivante.

Définition:

$$|x| = \begin{cases} x \text{ si } x \text{ est positif ou nul} \\ -x \text{ si } x \text{ est négatif} \end{cases}$$

En effet, si x est un nombre positif ou nul, alors, qu'il soit mis entre valeurs absolues ou non, ce sera la même valeur. D'où:

$$|x| = x.$$

Par contre, si x est un nombre négatif, alors s'il est mis entre valeurs absolues, il changera de signe.

$$\text{D'où } |x| = -x.$$

Exemple B-1:

Lorsque x est positif, $|x| = x$ $\quad |5| = 5$

$$|235| = 235$$

Lorsque x est négatif, $|x| = -x$ $\quad |-5| = -(-5) = 5$

Le raisonnement est exactement similaire lorsque nous considérons la valeur absolue d'une expression variable.

> Quelle que soit l'expression E entre valeurs absolues:
>
> si cette expression E est positive, alors $|E| = E$.
>
> si cette expression E est négative, alors $|E| = -E$.

Exemple B-2:

Si $x-3$ est positif ou nul, c'est-à-dire si x est supérieur ou égal à 3, alors $|x-3| = x-3$

Si $x-3$ est négatif, c'est-à-dire si x est inférieur à 3, alors $|x-3| = -(x-3) = -x+3$.

Exemple B-3:

La valeur absolue de $-x^2 + 100$ sera:

$$\bullet \left|-x^2 + 100\right| = -x^2 + 100$$

si $-x^2 + 100$ est positif ou nul, c'est-à-dire si x prend une valeur dans l'intervalle $[-10, 10]$.

$$\bullet \left|-x^2 + 100\right| = -(-x^2 + 100) = x^2 - 100$$

si $-x^2 + 100$ est négatif, c'est-à-dire si x est supérieur à 10 ou inférieur à −10.

Cela revient à écrire:

$$\left|-x^2 + 100\right| = -x^2 + 100 \quad \text{si } |x| \leq 10$$
$$\left|-x^2 + 100\right| = x^2 - 100 \quad \text{si } |x| > 10$$

ANNEXE C

Complétion d'un carré

Tout polynôme de degré 2 peut se transformer sous la forme $a(x + h)^2 + k$, c'est-à-dire en la somme d'une constante k et du carré d'une expression variable "$x + h$".

En effet, tout polynôme de degré deux tel que $ax^2 + bx + c$ peut se transformer en une expression qui ne contiendra plus de terme en x^2.

Avant de compléter le carré, voici des remarques à prendre en considération: $(x + h)^2 = x^2 + 2hx + h^2$. Dans l'élaboration de la somme formée par $(x + h)^2$, nous remarquons que le terme central est le double produit de h et de x.

Si nous devons expliciter les termes de $(x + 5)^2$, nous écrirons $x^2 + 10x + 25$ et si nous devons expliciter ceux qui proviennent de $(x - 12)^2$, nous écrirons $x^2 - 24x + 144$.

Nous remarquons aisément que l'écriture du terme de degré un engendré par le produit $(x + h)^2$ exige toujours un coefficient égal au double de la constante h: le $+5$ impliquait $+10$ devant x et le -12 impliquait -24.

Si nous effectuons le chemin inverse, c'est-à-dire si nous partons d'un polynôme tel que $+1\, x^2 + bx + c$ pour écrire un facteur $(x + h)$ à la puissance deux, il faudra prendre la moitié du coefficient de x pour la valeur de h: la valeur de h sera obligatoirement $b/2$.

Nous avons remarqué le coefficient de x^2 qui est $+1$. Cela est très important d'avoir exactement ce coefficient avant de procéder à la complétion d'un carré.

Si nous devons écrire un carré parfait à partir de $x^2 + 2tx + t^2$, nous écrirons $(x + t)^2$ et si nous devons partir de $x^2 - 16x + 64$ pour écrire un carré parfait, nous écrirons $(x - 8)^2$. Il faut écrire la variable x à l'intérieur des parenthèses et l'additionner à une constante qui soit égale à la moitié du coefficient de x dans le polynôme de départ.

Malheureusement, les trois termes du polynôme ne sont pas toujours écrits de façon à former immédiatement un carré parfait, c'est pourquoi il faut effectuer des transformations pour l'obtenir.

Définition

Nous appelons complétion d'un carré les transformations effectuées en vue d'obtenir un carré parfait.

Si nous désirons compléter le carré de $x^2 + 8x + 25$, nous considérons d'abord *uniquement* le coefficient de x et nous écrivons pour commencer $(x + 4)^2$ puisque 4 est la moitié du coefficient 8.

Mais si nous calculons $(x + 4)^2$, nous découvrons $x^2 + 8x + 16$... Il y a un "16" à la place du "25" que nous avions.

Nous pouvons remédier à cela en ajoutant et en retranchant 16.

Ainsi,

$$x^2 + 8x + 25 = x^2 + 8x + \mathbf{16 - 16} + 25$$

Nous avons écrit $+16 - 16$ afin d'avoir exactement $x^2 + 8x + 16$ qui est le carré de $(x + 4)$.

Nous écrivons maintenant:

$$x^2 + 8x + 25 = (x + 4)^2 - 16 + 25$$
$$= (x + 4)^2 + 9$$

Nous complétons le carré de $(x + 4)$ en y ajoutant 9.

Exemple C-1:

Compléter le carré de $x^2 + 18x - 1$.

Le "18" qui est le coefficient de x dans le polynôme demande d'écrire $(x + 18/2)^2$, c'est-à-dire $(x + 9)^2$.

Or, $(x + 9)^2 = x^2 + 18x + 81$

Ajoutons et retranchons 81 pour réussir à écrire le carré de $(x + 9)$.

$$x^2 + 18\,x - 1 = \underbrace{x^2 + 18\,x + \mathbf{81}} - \mathbf{81} - 1$$
$$= (x+9)^2 - 82$$

Exemple C-2:

Compléter le carré de $x^2 - 7x + 2$.

Nous devons écrire $(x - 7/2)^2$ qui est:

$$x^2 - 7x + 49/4.$$

Donc,

$$x^2 - 7\,x + 2 = \underbrace{x^2 - 7\,x + \mathbf{49/4}} - \mathbf{49/4} + 2$$
$$= (x - 7/2)^2 - 49/4 + 2$$
$$= (x - 7/2)^2 - 41/4$$

Remarquons que nous ajoutons $(b/2)^2$ et que nous retranchons aussitôt $(b/2)^2$ pour maintenir l'équilibre.

Exemple C-3:

Compléter le carré de $2x^2 - 32x - 20$.

Il faut que le coefficient de x^2 soit "+1", donc mettons 2 en évidence et nous compléterons le carré ensuite.

$$2x^2 - 32x - 20 = 2\,(x^2 - 16x - 10)$$

Il faut maintenant compléter le carré de l'expression qui est entre parenthèses. Le " -16 " devant x commande le facteur $(x - 8)$.

Ainsi,

$$(x^2 - 16x - 10) = (x - 8)^2 - 64 - 10$$
$$= (x - 8)^2 - 74$$

Nous avions $2\,(x^2 - 16x - 10)$. Ce qui est:

$$2\,(x^2 - 16x - 10) = 2\,((x - 8)^2 - 74)$$
$$= 2\,(x - 8)^2 - 148$$

Nous pouvons donc maintenant écrire:

$$2x^2 - 32x - 20 = 2\,(x - 8)^2 - 148$$

La technique de complétion d'un carré, si elle n'est pas maîtrisée au début du cours de Calcul II, devra l'être au chapitre 7 alors que nous compléterons le carré de certaines expressions polynomiales dans le but d'intégrer.

Voici quelques résultats qui permettront de nous exercer si nous le désirons.

$$x^2 - (2/5)\,x + 28/75 = (x - 1/5)^2 + 1/3$$
$$x^2 + (3/2)\,x + 5/8 = (x + 3/4)^2 + 1/16$$
$$3x^2 + 6\,x - 2 = 3(x + 1)^2 - 5$$
$$-x^2 + 12\,x - 38 = -(x - 6)^2 - 2$$
$$-x^2/2 + 4\,x - 7 = -(1/2)(x - 4)^2 + 1$$

Résolution d'une équation du second degré

Nous voulons ici obtenir l'expression d'une variable en fonction d'une autre lorsque nous sommes confrontés à une équation du second degré.

Exemple C-4:

Résoudre $2x^2 + 4 - 2y^2 = (x + 1)^2$ (1)

• Si nous voulons déterminer x en fonction de y, nous écrirons:

$$2x^2 + 4 - 2y^2 = x^2 + 2x + 1$$

pour ensuite mettre tous les termes en x d'un même côté et les autres termes de l'autre.

$$2x^2 - x^2 - 2x = 1 - 4 + 2y^2$$
$$x^2 - 2x = -3 + 2y^2$$

Nous devons déterminer x. Remarquons qu'il est absolument inutile de mettre x en évidence, car cela ne nous permettra pas d'isoler cette variable. Complétons plutôt le carré.

$x^2 - 2x = (x - 1)^2 - 1$ nous fait écrire:

$$(x - 1)^2 - 1 = -3 + 2y^2$$
$$(x - 1)^2 = -3 + 1 + 2y^2$$
$$(x - 1)^2 = -2 + 2y^2$$
$$x - 1 = \pm \sqrt{2y^2 - 2}$$
$$x = 1 \pm \sqrt{2y^2 - 2}$$

Nous écrivons "±" tout comme nous écririons $r = \pm 5$ si nous avions à résoudre $r^2 = 25$.

• Si nous résolvons l'équation (1) mais que, cette fois-ci, nous désirons y en fonction de x, nous écrirons:

$$2x^2 + 4 - 2y^2 = (x+1)^2 \qquad (1)$$
$$2x^2 + 4 - 2y^2 = x^2 + 2x + 1$$

Il faut maintenant placer y d'un côté de l'égalité et laisser le reste des termes de l'autre.

$$-2y^2 = x^2 + 2x + 1 - 2x^2 - 4$$
$$-2y^2 = -x^2 + 2x - 3$$
$$y^2 = \frac{1}{2}(x^2 - 2x + 3)$$
$$y = \pm\sqrt{\frac{x^2 - 2x + 3}{2}}$$

Un bref coup d'oeil à (1) nous révélait qu'il était nettement plus facile d'isoler y que d'isoler x.

Pourquoi ?

Parce que l'équation (1) ne comportait qu'un seul terme contenant la variable y alors qu'elle en avait plus d'un contenant la variable x [parce que la variable x est présente des deux côtés de l'égalité (1)].

Exemple C-5:

Résoudre $-x^2 - y^2 + 6y - 2 = -7$ en écrivant y en fonction de x.

Il faut tout d'abord écrire d'un seul et même côté de l'égalité tous les termes et seulement ceux-là qui contiennent la variable y, car nous désirons y en fonction de x.

$$-y^2 + 6y = -7 + 2 + x^2$$
$$-y^2 + 6y = -5 + x^2$$

Avant de compléter le carré des termes écrits dans le membre gauche de l'égalité, il faut s'assurer que le coefficient de y^2 est +1.

Ainsi nous écrivons, et cela est très important:

$$y^2 - 6y = 5 - x^2. \qquad (2)$$

Maintenant nous pouvons compléter le carré.

$$y^2 - 6y = (y-3)^2 - 9$$

L'équation (2) nous permet d'écrire:

$$(y-3)^2 - 9 = 5 - x^2$$

$$(y-3)^2 = 14 - x^2$$

donc, $$y - 3 = \pm\sqrt{14 - x^2}$$

c'est-à-dire, $$y = 3 \pm \sqrt{14 - x^2}$$

• Nous aurions pu concevoir le problème d'une toute autre façon.

Voilà comment.

Écrire $-x^2 - y^2 + 6y - 2 = -7$

revient à écrire:
$$-x^2 - y^2 + 6y - 2 + 7 = 0$$
$$-y^2 + 6y - x^2 + 5 = 0$$
$$-y^2 + 6y + (-x^2 + 5) = 0$$

Ceci ressemble grandement à $ay^2 + by + c = 0$ où $a = -1$, $b = 6$ et $c = -x^2 + 5$.

La formule quadratique nous dit que les racines de l'équation, si elles existent, sont:

$$y = \frac{-b \pm \sqrt{b^2 - 4ac}}{2a}$$

Nous avons donc:

$$y = \frac{-6 \pm \sqrt{36 - 4(-1)(-x^2 + 5)}}{-2}$$

$$y = \frac{-6 \pm \sqrt{4\left(9 + \left(-x^2 + 5\right)\right)}}{-2}$$

$$y = \frac{-6 \pm 2\sqrt{9 - x^2 + 5}}{-2}$$

$$y = \frac{-6 \pm 2\sqrt{14 - x^2}}{-2}$$

$$y = \frac{-2\left(3 \pm \sqrt{14 - x^2}\right)}{-2} = 3 \pm \sqrt{14 - x^2}$$

La formule quadratique est utile pour la résolution d'une équation telle que $ax^2 + bx + c = 0$ même si a, b et c ne sont pas des nombres purs !

Aussitôt que nous avons un polynôme du second degré, si nous déterminons correctement les coefficients de la puissance 2, celui de la puissance 1 et celui de la puissance 0, nous pouvons utiliser la formule quadratique.

ANNEXE D

Le Serpent

La technique du "Serpent" exposée ici nous permettra de **tracer rapidement une fonction** dont nous connaissons les racines réelles.

Avec l'acquisition d'un peu d'aisance, elle nous permettra même de **tracer des fonctions rationnelles**, c'est-à-dire des fonctions comportant un polynôme au numérateur et un polynôme au dénominateur.

Cette notion, qui n'est pas une de mes inventions, est toutefois, à mon avis, une primeur puisqu'elle n'a jamais été exposée comme telle dans les manuels scolaires. Le Serpent, tout en permettant de tracer grossièrement et parfois très précisément des fonctions polynomiales, nous permettra de **déterminer en un clin d'oeil le domaine de plusieurs fonctions.** À vous d'en profiter!

Étant donné une fonction polynomiale f décomposée sous forme d'un produit de facteurs premiers $(x - a_i)$ élevés à des puisances p_i et possiblement d'un facteur irréductible.

Nous avons:

$$f(x) = (x - a_1)^{p_1} (x - a_2)^{p_2} (x - a_3)^{p_3} \cdots (x - a_n)^{p_n} g(x)$$

où $g(x)$ est un facteur irréductible, c'est-à-dire qui ne possède aucune racine réelle.

Pour tracer rapidement l'allure grossière de f il faut placer sur l'axe OX toutes les valeurs a_i qui annulent f.

Pour commencer à tracer nous déterminons l'image par f de n'importe quelle valeur autre que les racines de f et nous traçons en suivant cette règle:

- si p_i est pair, alors f ne changera pas de signe de part et d'autre près de a_i.
- si p_i est impair, alors f changera de signe de part et d'autre près de a_i.

Commençons par un exemple simple, celui d'une parabole.

Exemple D- 1:

Tracer $f(x) = (x - 2)(x - 3)$.

Les racines de f sont 2 et 3. Plaçons-les sur l'axe horizontal:

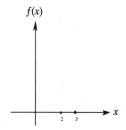

Choisissons une valeur autre que 2 ou 3. Disons 0 (car c'est cette valeur qui facilite le plus les calculs).

Calculons l'image par f de 0. Nous obtenons $f(0) = 6$, ce qui est positif. Mettons un point sur la partie positive de l'axe OY... peu importe s'il est très haut ou plus bas... L'important c'est que $f(0)$ soit positif.

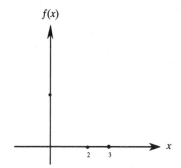

Nous commençons à tracer.

La puissance de $(x - 2)$ est *impaire*, donc, de part et d'autre de $x = 2$, la *fonction changera de signe*.

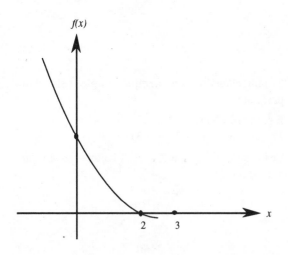

Pour continuer à tracer, il faudra encore changer de signe à $x = 3$, car la puissance du facteur $(x - 3)$ est impaire. Nous n'avons pas d'autres choix que de remonter vers le point $(3, 0)$.

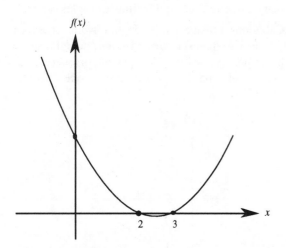

À gauche de l'axe OY, il faut tracer la courbe en remontant constamment vers la gauche, car la fonction ne s'annule pas pour d'autres valeurs que 2 ou 3.

Nous avons dessiné la parabole et nous n'avions pas vraiment besoin du Serpent pour y arriver. Cet

exemple a par contre illustré aisément la façon de procéder.

Les exemples qui suivent démontreront toute la puissance du Serpent.

Exemple D-2:

Tracer grossièrement $f(x) = (x + 1)^2 (x - 3)$.

Les racines de ce polynôme sont -1 et 3.

De part et d'autre de $x = -1$, f ne changera pas de signe, car la puissance du facteur $(x + 1)$ est paire; de part et d'autre de $x = 3$, f changera de signe, car la puissance de $(x - 3)$ est impaire.

Déterminons l'image par f de $x = 0$ et dirigeons-nous vers la droite pour tracer la fonction:

$$f(0) = -3.$$

Plaçons donc un point sur la partie négative de l'axe OY et traçons une courbe qui "remonte" vers l'axe OX en passant par le point $(3, 0)$.

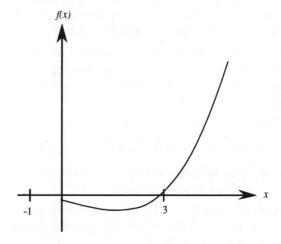

Il a fallu traverser l'axe OX, car il y a changement de signe à $x = 3$.

Traçons maintenant la portion à gauche de $x = 0$.

Partant d'une valeur négative pour $x = 0$, il faut remonter vers le point $(-1, 0)$ mais ne pas traverser l'axe OX, car il n'y a pas de changement de signe de part et d'autre de $x = -1$.

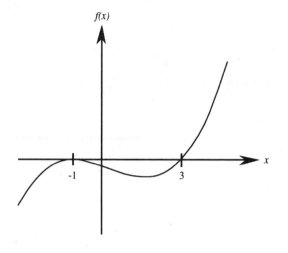

Remarquons qu'il n'y a pas de "pic" en $x = -1$, car une fonction polynomiale est dérivable sur $\mathbb{R}$.

Exemple D-3:
Tracer grossièrement la courbe suivante:

$$f(x) = x^4(-6 - x^2)\ (x + 1)^3\ (x - 8).$$

Les racines sont uniquement -1, 0 et 8, car le binôme $(-6 - x^2)$ n'a aucune racine réelle.

Plaçons-les et choisissons une valeur de x pour commencer à tracer. Disons que nous commençons à $x = 2$. Notons qu'ici, nous ne pouvons pas choisir $x = 0$, car c'est une racine de f.

$f(2) = (16)\ (-10)\ (27)\ (-6)$ est une valeur positive et il n'est pas du tout nécessaire de la calculer pour connaître l'allure générale de la courbe. Si nous désirions par contre le tracé exact de la fonction, il faudrait la déterminer.

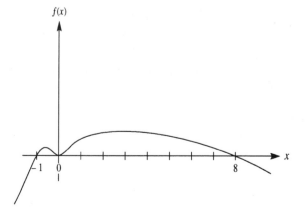

Nous traversons à $x = 8$ et à $x = -1$, car les puissances de $(x - 8)$ et $(x + 1)$ sont impaires.

Nous ne traversons pas l'axe OX en $x = 0$ puisque la puissance de x est paire.

Pratiquons-nous à tracer quelques fonctions polynomiales.

a) $f(x) = x^3\ (x + 4)^6\ (x - 3)$

Cette fonction traversera l'axe OX en $x = 0$ et $x = 3$ et elle sera tangente à OX en $x = -4$. Pourquoi tangente ?

Parce que f est dérivable sur $\mathbb{R}$ et qu'elle ne change pas de signe près de $x = -4$. (Revoir si nécessaire l'exemple D-2)

b) $f(x) = (x - 1)\ (x - 2)\ (x - 3)\ (x - 4)$

La fonction traversera l'axe OX en $x = 1$, $x = 2$, $x = 3$ et $x = 4$, car la puissance de chaque facteur est impaire.

c) $f(x) = (x - 1)^2\ (x - 2)\ (x - 3)^4\ (x - 4)$

Comme dans l'exemple D-3 **b**, les racines de cette équation sont $x = 1$, $x = 2$, $x = 3$ et $x = 4$, mais f traversera l'axe OX uniquement en $x = 2$ et $x = 4$ à cause des puissances impaires des facteurs $(x - 2)$ et $(x - 4)$.

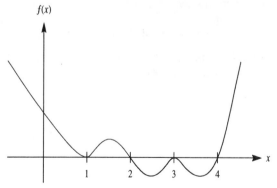

Remarquons que l'expression de $f(x)$ ressemble beaucoup à $x^2\ x\ x^4\ x = x^8$ lorsque x prend de très grandes valeurs. Il est donc naturel que f croisse sans borne lorsque x croît sans borne.

Domaine d'une fonction

Le Serpent est bien utile pour déterminer le domaine d'une fonction comportant un radical ou un logarithme.

Exemple D-4:

Déterminer le domaine de:

$$f(x) = ln\big[(x-1)(x+3)(x-7)\big]$$

Le Serpent nous fait tracer rapidement la fonction qui représente l'argument du logarithme. Nous constatons que $(x-1)(x+3)(x-7)$ est strictement positif lorsque $x \in \,]-3, 1[\cup]7, \infty[$.

Le domaine étant l'ensemble des valeurs de x pour lesquelles l'argument est strictement positif, nous concluons que le domaine est $]-3, 1[\cup]7, \infty[$.

Exemple D-5:

Déterminer le domaine de:

$$f(x) = \frac{5}{\sqrt{x^3\,(x+4)^6\,(x-3)}}$$

Nous référant à ce qui a été dit à l'exemple D-3 **a**, nous déduisons que l'expression sous le radical est négative entre 0 et 3 et nulle lorsque $x = -4$, $x = 0$ et $x = 3$. Partout ailleurs, cette expression est positive. Le domaine de f est l'ensemble des valeurs de x pour lesquelles l'expression sous le radical est strictement positive. Le domaine de f est donc:

$$x \in \,]-\infty, -4[\cup]-4, 0[\cup]3, \infty[$$

Exemple D-6:

Déterminer le domaine de f et tracer $f(x)$:

$$f(x) = \frac{(x+1)^3}{(x+2)^2\,(x-5)}$$

Les valeurs de x qui annulent les facteurs sont -1, -2 et 5.

La puissance de $(x+2)$ est paire, donc la fonction ne changera pas de signe de part et d'autre de $x = -2$.

Les puissances impaires des facteurs $(x-5)$ et $(x+1)$ nous renseignent que la fonction changera de signe de part et d'autre de $x = 5$ et $x = -1$.

Avant de commencer à tracer, réalisons que f n'existe pas en $x = -2$ ainsi qu'en $x = 5$, car il y a division par zéro à ces endroits précis.

Commençons à, disons, $x = 1$ et traçons vers la droite.

$f(1)$ est négatif, donc nous devons partir du quadrant IV et continuer à descendre jusqu'à la gauche de la verticale $x = 5$, car il n'y a pas de changement de signe entre $x = 1$ et $x = 5$. La fonction s'approche donc de $-\infty$.

À $x = 5$, la fonction n'existe pas, mais il y a changement de signe à cet endroit.

Puisque $f(5)$ n'existe pas, nous devons repartir de $+\infty$ pour continuer à tracer vers la droite. À partir de là, il n'y a pas d'autre choix que de redescendre sans jamais couper l'axe OX, car il n'y a pas de changement de signe après $x = 5$.

Traçons l'autre portion de la courbe, c'est-à-dire repartons à $x = 1$ et traçons vers la gauche.

Partant du quadrant IV, il faut remonter vers $(-1, 0)$ et traverser l'axe OX à cause de la puissance impaire du facteur $(x+1)$. Il faut ensuite continuer à monter jusqu'à la droite de $x = -2$, car il n'y a pas de changement de signe entre $x = -1$ et $x = -2$. Par conséquent, la fonction s'approche de $+\infty$.

À $x = -2$, la fonction n'existe pas et il n'y a pas de changement de signe. Il faut donc repartir de $+\infty$ et redescendre sans toucher à l'axe OX, car aucune autre valeur inférieure à -1 n'annule f.

Puisque nous désirons une allure relativement exacte de la fonction, nous devons examiner les limites lorsque x s'approche de $+\infty$ et lorsque x s'approche de $-\infty$. Nous trouvons la valeur "1" tel qu'indiqué sur le graphe à la page suivante.

Il est facile de déterminer la valeur "1" sans calcul élaboré. En effet, lorsque x devient infiniment grand, le numérateur de f devient infiniment près de x^3. Il en va de même du dénominateur qui sera infiniment près de $x^2 \times x$ c'est-à-dire de x^3. Par conséquent, lorsque x devient infiniment grand, le rapport du numérateur divisé par le dénominateur s'approche de $x^3/x^3 = 1$.

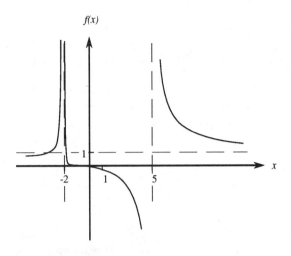

Le domaine de f est $\mathbb{R} \setminus \{-2, 5\}$.

Exemple D-7:

Déterminer le domaine de:

$$f(x) = \frac{\sqrt{x^3 \, (x+4)^6 \, (x-3)}}{ln \left[x^2 - 8x + 17 \right]}$$

Il faut que l'expression sous le radical soit positive ou nulle. Le Serpent nous informe que les valeurs de x acceptables appartiennent à $]-\infty, 0] \cup [3, \infty[$.

Il faut aussi que l'argument du logarithme soit positif. La fonction $y = x^2 - 8x + 17$ ne possède aucune racine réelle, car $b^2 - 4ac = 64 - 68 = -4 < 0$. Puisque $y = x^2 - 8x + 17$ est une parabole ouverte vers le haut qui ne coupe pas l'axe des x, il s'ensuit que $x^2 - 8x + 17$ sera toujours positif.

Il faut aussi que l'expression au dénominateur soit différente de 0. Cette dernière restriction revient à citer l'obligation d'avoir $x^2 - 8x + 17$ différent de 1. Par conséquent, x doit prendre des valeurs différentes de 4 (car $4^2 - 8 \times 4 + 17 = 1$).

L'intersection des deux restrictions nous donne le domaine de la fonction f.

C'est $]-\infty, 0] \cup [3, 4[\cup]4, \infty[$.

Voici une brève explication des signes lorsque les puissances des facteurs sont paires ou impaires.

Pour le tracé de f, nous nous intéressons successivement au signe de f près d'une racine a_i. La fonction étant mise sous forme de facteurs, le seul qui s'annulera lorsque x égalera a_i est $(x - a_i)$ impliquant alors que $(x - a_i)^{p_i}$ sera nul. La fonction f peut alors s'écrire ainsi:

$$f(x) = (x - a_i)^{p_i} \, r(x)$$

où $r(x)$ est le produit de tous les facteurs autres que $(x - a_i)$. C'est donc dire que $r(x)$ ne s'annulera pas lorsque x égalera a_i.

En passant d'un côté à l'autre de a_i, le facteur $(x - a_i)$ passe du signe moins au signe plus ou du signe plus au signe moins (car la valeur de x passe d'une plus petite valeur que a_i à une plus grande valeur que a_i ou vice versa) mais le signe de $r(x)$ ne change pas.

Si la puissance est paire, alors $(x - a_i)$, en passant d'un nombre positif à un nombre négatif, ou d'un nombre négatif à un nombre positif, entraînera que $(x - a_i)^{p_i}$ restera positif à cause de l'exposant pair. Il n'y a donc pas de changement de signe de part et d'autre de a_i et le signe de f est celui de $r(x)$.

Si par contre la puissance est impaire, alors $(x - a_i)$, en passant d'un nombre positif à un nombre négatif, ou d'un nombre négatif à un nombre positif, entraînera un changement de signe au facteur $(x - a_i)^{p_i}$. Il y a donc un changement de signe de part et d'autre de a_i.

ANNEXE E

Induction mathématique
(preuve par récurrence)

Le principe de l'induction est le suivant.

Nous désirons prouver une relation pour tous les entiers naturels, alors nous vérifions si elle est valide pour $n = 1$. Ensuite, nous la supposons vraie pour une entier quelconque n.

Le principe de l'induction entre en jeu à l'étape suivante. Il faut prouver que la relation étant vraie pour un entier quelconque n, alors elle le demeure pour le suivant. C'est-à-dire, il faut prouver que la relation demeure vraie pour l'entier $n + 1$.

Exemple E-1:
Montrer par induction que:

$$\sum_{k=1}^{n} \left(\frac{1}{k+1} - \frac{1}{k} \right) = \frac{1}{n+1} - 1 \qquad (*)$$

• Si $n = 1$, nous avons $\sum_{k=1}^{1} \left(\frac{1}{k+1} - \frac{1}{k} \right) = \frac{1}{2} - \frac{1}{1}$

Si nous remplaçons n par 1, nous vérifions effectivement la relation (*).

• Supposons que la relation est vraie pour les n premiers entiers.

C'est-à-dire, supposons vraie la relation:

$$\sum_{k=1}^{n} \left(\frac{1}{k+1} - \frac{1}{k} \right) = \frac{1}{n+1} - 1$$

• Il faut maintenant montrer que:

$$\sum_{k=1}^{n+1} \left(\frac{1}{k+1} - \frac{1}{k} \right) = \frac{1}{n+1+1} - 1 = \frac{1}{n+2} - 1$$

Procédons:

$$\sum_{k=1}^{n+1} \left(\frac{1}{k+1} - \frac{1}{k} \right) = \left[\sum_{k=1}^{n} \left(\frac{1}{k+1} - \frac{1}{k} \right) \right] + \left\{ \frac{1}{n+2} - \frac{1}{n+1} \right\}$$

Le résultat entre crochets est la somme des n premiers termes. Le résultat entre accolades est le $(n+1)^{\text{ème}}$ terme.

L'expression entre crochets égale $\dfrac{1}{n+1} - 1$ puisque nous l'avons supposée vraie à l'étape précédente.

Nous avons donc:

$$\sum_{k=1}^{n+1} \left(\frac{1}{k+1} - \frac{1}{k} \right) = \frac{1}{n+1} - 1 + \frac{1}{n+2} - \frac{1}{n+1}$$
$$= -1 + \frac{1}{n+2} = -1 + \frac{1}{(n+1)+1}$$

La relation étant vraie pour l'entier $n + 1$, nous déduisons qu'elle sera vraie pour tous les entiers naturels.

Pourquoi? Car, si elle est vraie pour $n = 1$, alors elle est vraie pour $n = 2$. Si elle est vraie pour $n = 2$, alors elle est vraie pour $n = 3$. Si elle est vraie... elle est toujours vraie pour l'entier suivant. Elle est ainsi vraie pour tous les entiers naturels.

QUELQUES IDENTITÉS TRIGONOMÉTRIQUES:

(1) $\sin^2\theta + \cos^2\theta = 1$

(2) $\mathrm{tg}^2\theta + 1 = \sec^2\theta$

(3) $\cot g^2\theta + 1 = \csc^2\theta$

(4) $\sin 2\theta = 2\sin\theta\cos\theta$

(5) $\cos 2\theta = \cos^2\theta - \sin^2\theta$

Étant donné le triangle suivant:

$\sin\theta = b/c$ $\qquad\qquad$ $\csc\theta = c/b$

$\cos\theta = a/c$ $\qquad\qquad$ $\sec\theta = c/a$

$\mathrm{tg}\,\theta = b/a$ $\qquad\qquad$ $\cot g\,\theta = a/b$

Formules d'intégration

A) Formules de base

1. $\int a\,du = au + K$

2. $\int u^n\,du = \dfrac{u^{n+1}}{n+1} + K$, $\quad (n \neq -1)$

3. $\int \dfrac{du}{u} = ln\,|u| + K$

4. $\int e^u\,du = e^u + K$

5. $\int b^{au}\,du = \dfrac{b^{au}}{a\,ln\,b} + K$, $\quad (b > 0)$

6. $\int \dfrac{du}{a^2+u^2} = \dfrac{1}{a}\arctan\dfrac{u}{a} + K$

7. $\int (\sin au)\,du = -\dfrac{1}{a}\cos au + K$

8. $\int (\cos au)\,du = \dfrac{1}{a}\sin au + K$

9. $\int \dfrac{du}{u\sqrt{u^2-a^2}} = \dfrac{1}{|a|}\operatorname{arcsec}\left(\dfrac{u}{a}\right) + K$

10. $\int \dfrac{du}{\sin^2 au} = \int \operatorname{cosec}^2 au\,du = -\dfrac{1}{a}\cot g\,au + K$

11. $\displaystyle\int \frac{du}{\cos^2 au} = \int \sec^2 au\, du = \frac{1}{a}\, \text{tg}\, au + K$

B) Formes contenant $a + bu$

12. $\displaystyle\int (a + bu)^n\, du = \frac{(a + bu)^{n+1}}{(n+1)b} + K, \qquad (n \neq -1)$

13. $\displaystyle\int u^m(a + bu)^n\, du = \begin{cases} \dfrac{u^{m+1}(a+bu)^n}{m+n+1} + \dfrac{an}{m+n+1}\displaystyle\int u^m(a+bu)^{n-1}\, du + K \\[2ex] \text{ou} \\[1ex] \dfrac{1}{b(m+n+1)}\left[u^m(a+bu)^{n+1} - ma\displaystyle\int u^{m-1}(a+bu)^n\, du\right] + K \end{cases}$

14. $\displaystyle\int \frac{du}{a + bu} = \frac{1}{b}\, ln\, |a + bu| + K$

15. $\displaystyle\int \frac{du}{(a + bu)^2} = -\frac{1}{b(a + bu)} + K$

16. $\displaystyle\int \frac{du}{(a + bu)^3} = -\frac{1}{2b(a + bu)^2} + K$

17. $\displaystyle\int \frac{u\, du}{a + bu} = \frac{u}{b} - \frac{a}{b^2}\, ln\, |a + bu| + K$

18. $\displaystyle\int \frac{u\, du}{(a + bu)^2} = \frac{1}{b^2}\left[ln\, |a + bu| + \frac{a}{a + bu}\right] + K$

19. $\displaystyle\int \frac{u\, du}{(a + bu)^n} = \frac{1}{b^2}\left[\frac{-1}{(n-2)(a+bu)^{n-2}} + \frac{a}{(n-1)(a+bu)^{n-1}}\right] + K, \qquad (n \neq 1, 2)$

20. $\displaystyle \int \frac{du}{u(a + bu)} = -\frac{1}{a} \, ln \left| \frac{a + bu}{u} \right| + K$

21. $\displaystyle \int \frac{du}{u(a + bu)^2} = \frac{1}{a(a + bu)} - \frac{1}{a^2} \, ln \left| \frac{a + bu}{u} \right| + K$

22. $\displaystyle \int \frac{du}{u^2(a + bu)} = -\frac{1}{au} + \frac{b}{a^2} \, ln \left| \frac{a + bu}{u} \right| + K$

C) **Formes contenant $U = a + bu$ et $V = c + du$; $k = ad - bc$**

23. $\displaystyle \int \frac{du}{U \cdot V} = \frac{1}{k} \cdot ln \left| \frac{V}{U} \right| + K$

24. $\displaystyle \int \frac{u \, du}{U \cdot V} = \frac{1}{k} \left[\frac{a}{b} \, ln \left| U \right| - \frac{c}{d} \, ln \left| V \right| \right] + K$

25. $\displaystyle \int \frac{du}{U^2 \cdot V} = \frac{1}{k} \left[\frac{1}{U} + \frac{d}{k} \, ln \left| \frac{V}{U} \right| \right] + K$

26. $\displaystyle \int \frac{u \, du}{U^2 \cdot V} = \frac{-a}{bkU} - \frac{c}{k^2} \, ln \left| \frac{V}{U} \right| + K$

27. $\displaystyle \int \frac{u^2 \, du}{U^2 \cdot V} = \frac{a^2}{b^2 kU} + \frac{1}{k^2} \left[\frac{c^2}{d} \, ln \left| V \right| + \frac{a(k - bc)}{b^2} \, ln \left| U \right| \right] + K$

D)   **Formes contenant $r + su^n$ où r et s sont des constantes**

28. $\displaystyle\int \frac{du}{a + bu^2} = \frac{1}{\sqrt{a\,b}} \operatorname{arctg}\left(\frac{u\sqrt{ab}}{a}\right) + K, \quad (ab > 0)$

29. $\displaystyle\int \frac{du}{a + bu^2} = \frac{1}{2\sqrt{-ab}} ln\left|\frac{a + u\sqrt{-ab}}{a - u\sqrt{-ab}}\right| + K, \quad (ab < 0)$

30. $\displaystyle\int \frac{du}{a^2 + b^2u^2} = \frac{1}{ab} \operatorname{arctg}\left(\frac{bu}{a}\right) + K$

31. $\displaystyle\int \frac{u\,du}{a + bu^2} = \frac{1}{2b} ln\left|a + bu^2\right| + K$

32. $\displaystyle\int \frac{u^2\,du}{a + bu^2} = \frac{u}{b} - \frac{a}{b}\int \frac{du}{a + bu^2} + K$

33. $\displaystyle\int \frac{du}{(a + bu^2)^2} = \frac{u}{2a(a + bu^2)} + \frac{1}{2a}\int \frac{du}{a + bu^2} + K$

34. $\displaystyle\int \frac{u\,du}{(a + bu^2)^{m+1}} = -\frac{1}{2bm(a + bu^2)^m} + K$

35. $\displaystyle\int \frac{du}{u^2(a + bu^2)} = -\frac{1}{au} - \frac{b}{a}\int \frac{du}{a + bu^2} + K$

36. $\displaystyle\int \frac{u^2\,du}{a + bu^3} = \frac{1}{3b} ln\left|a + bu^3\right| + K$

37. $\displaystyle\int \frac{u\,du}{a + bu^4} = \frac{1}{2bk}\,\text{arctg}\left(\frac{u^2}{k}\right) + K\,, \quad \left(ab > 0,\ k = \sqrt{\frac{a}{b}}\right)$

38. $\displaystyle\int \frac{u\,du}{a + bu^4} = \frac{1}{4bk}\,ln\left|\frac{u^2 - k}{u^2 + k}\right| + K\,, \quad \left(ab < 0,\ k = \sqrt{-\frac{a}{b}}\right)$

39. $\displaystyle\int \frac{du}{u(a + bu^n)} = \frac{1}{an}\,ln\left|\frac{u^n}{a + bu^n}\right| + K$

40. $\displaystyle\int \frac{du}{(a + bu^n)^{m+1}} = \frac{1}{a}\int \frac{du}{(a + bu^n)^m} - \frac{b}{a}\int \frac{u^n\,du}{(a + bu^n)^{m+1}} + K$

41. $\displaystyle\int u(bu^2 + a)^{m+1/2}\,du = \frac{(bu^2 + a)^{m+3/2}}{(2m+3)b} + K$

42. $\displaystyle\int \frac{du}{u\sqrt{u^n + a^2}} = -\frac{2}{na}\,ln\left|\frac{a + \sqrt{u^n + a^2}}{\sqrt{u^n}}\right| + K$

E) **Formes contenant $c^2 \pm u^2$ ou $u^2 - c^2$**

43. $\displaystyle\int \frac{du}{u^2 - c^2} = \frac{1}{2c}\,ln\left|\frac{u - c}{u + c}\right| + K\,, \quad (u^2 > c^2)$

44. $\displaystyle\int \frac{du}{c^2 + u^2} = \frac{1}{c}\,\text{arctg}\left(\frac{u}{c}\right) + K$

45. $\displaystyle\int \frac{du}{c^2 - u^2} = \frac{1}{2c}\,ln\left|\frac{c + u}{c - u}\right| + K\,, \quad (c^2 > u^2)$

46. $\displaystyle\int \frac{u\,du}{(u^2 - c^2)^{n+1}} = -\frac{1}{2n(u^2 - c^2)^n} + K$

47. $$\int \frac{du}{u\sqrt{c^2 \pm u^2}} = -\frac{1}{c} \, ln \left| \frac{c + \sqrt{c^2 \pm u^2}}{u} \right| + K$$

F)   Formes contenant $c^3 \pm u^3$

48. $$\int \frac{du}{c^3 \pm u^3} = \pm\frac{1}{6c^2} \, ln \left| \frac{(c \pm u)^3}{c^3 \pm u^3} \right| + \frac{1}{c^2\sqrt{3}} \, \text{arctg} \left(\frac{2u \mp c}{c\sqrt{3}} \right) + K$$

49. $$\int \frac{du}{(c^3 \pm u^3)^2} = \frac{u}{3c^3(c^3 \pm u^3)} + \frac{2}{3c^3} \int \frac{du}{c^3 \pm u^3} + K$$

50. $$\int \frac{u \, du}{c^3 \pm u^3} = \frac{1}{6c} \, ln \left| \frac{c^3 \pm u^3}{(c \pm u)^3} \right| \pm \frac{1}{c\sqrt{3}} \, \text{arctg} \left(\frac{2u \mp c}{c\sqrt{3}} \right) + K$$

51. $$\int \frac{du}{u(c^3 \pm u^3)} = \frac{1}{3c^3} \, ln \left| \frac{u^3}{c^3 \pm u^3} \right| + K$$

52. $$\int \frac{du}{u^2(c^3 \pm u^3)} = -\frac{1}{c^3 u} \mp \frac{1}{c^3} \int \frac{u \, du}{c^3 \pm u^3} + K$$

G)   Formes contenant $c^4 \pm u^4$

53. $$\int \frac{du}{c^4 - u^4} = \frac{1}{2c^3} \left[\frac{1}{2} \, ln \left| \frac{c + u}{c - u} \right| + \text{arctg} \left(\frac{u}{c} \right) \right] + K$$

54. $$\int \frac{u \, du}{c^4 + u^4} = \frac{1}{2c^2} \, \text{arctg} \left(\frac{u^2}{c^2} \right) + K$$

55. $$\int \frac{u \, du}{c^4 - u^4} = \frac{1}{4c^2} \, ln \left| \frac{c^2 + u^2}{c^2 - u^2} \right| + K$$

H) **Formes contenant un polynôme du second degré; $P = au^2 + bu + c$; $q = 4ac - b^2$**

56. $\displaystyle\int \frac{du}{a^2 + u^2} = \frac{1}{a} \operatorname{arctg} \frac{u}{a} + K$

57. $\displaystyle\int \frac{du}{u^2 - a^2} = \frac{1}{2a} \ln \left| \frac{u - a}{u + a} \right| + K, \quad (u^2 > a^2)$

58. $\displaystyle\int \frac{du}{P} = \frac{2}{\sqrt{q}} \operatorname{arctg} \left(\frac{2au + b}{\sqrt{q}} \right) + K, \quad (q > 0)$

59. $\displaystyle\int \frac{du}{P} = \frac{1}{\sqrt{-q}} \ln \left| \frac{2au + b - \sqrt{-q}}{2au + b + \sqrt{-q}} \right| + K, \quad (q < 0)$

60. $\displaystyle\int \frac{du}{P^{n+1}} = \frac{2au + b}{nqP^n} + \frac{2(2n - 1)a}{qn} \int \frac{du}{P^n} + K$

61. $\displaystyle\int \frac{u\,du}{P} = \frac{1}{2a} \ln |P| - \frac{b}{2a} \int \frac{du}{P} + K$

62. $\displaystyle\int \frac{u\,du}{P^{n+1}} = -\frac{2c + bu}{nqP^n} - \frac{b(2n - 1)}{nq} \int \frac{du}{P^n} + K$

63. $\displaystyle\int \frac{u^2}{P}\,du = \frac{u}{a} - \frac{b}{2a^2} \ln |P| + \frac{b^2 - 2ac}{2a^2} \int \frac{du}{P} + K$

64. $\displaystyle\int \frac{u^2}{P^2}\,du = \frac{(b^2 - 2ac)\,u + bc}{aqP} + \frac{2c}{q} \int \frac{du}{P} + K$

65. $\displaystyle\int \frac{du}{uP} = \frac{1}{2c} \, ln \left| \frac{u^2}{P} \right| - \frac{b}{2c} \int \frac{du}{P} + K$

66. $\displaystyle\int \frac{du}{u^2 P} = \frac{b}{2c^2} \, ln \left| \frac{P}{u^2} \right| - \frac{1}{cu} + \left(\frac{b^2}{2c^2} - \frac{a}{c} \right) \int \frac{du}{P} + K$

I)   **Formes contenant $\sqrt{a + bu}$**

67. $\displaystyle\int \sqrt{a + bu} \; du = \frac{2}{3b} \sqrt{(a + bu)^3} + K$

68. $\displaystyle\int u\sqrt{a + bu} \; du = -\frac{2\,(2a - 3bu)\,\sqrt{(a+bu)^3}}{15b^2} + K$

69. $\displaystyle\int u^2 \sqrt{a + bu} \; du = \frac{2(8a^2 - 12abu + 15b^2u^2)\,\sqrt{(a+bu)^3}}{105b^3} + K$

70. $\displaystyle\int \frac{\sqrt{a + bu}}{u} \, du = 2\sqrt{a + bu} + a \int \frac{du}{u\sqrt{a + bu}} + K$

71. $\displaystyle\int \frac{\sqrt{a + bu}}{u^2} \, du = -\frac{\sqrt{a + bu}}{u} + \frac{b}{2} \int \frac{du}{u\sqrt{a + bu}} + K$

72. $\displaystyle\int \frac{u \, du}{\sqrt{a + bu}} = -\frac{2\,(2a - bu)}{3b^2} \sqrt{a + bu} + K$

73. $\displaystyle\int \frac{u^2 \, du}{\sqrt{a + bu}} = \frac{2\,(8a^2 - 4abu + 3b^2u^2)}{15b^3} \sqrt{a + bu} + K$

J) **Formes contenant** $U = a + bu$ **et** $V = c + du$; $k = ad - bc$

74. $\displaystyle \int \sqrt{\frac{1+u}{1-u}}\, du = \arcsin(u) - \sqrt{1-u^2} + K$

75. $\displaystyle \int \frac{du}{V\sqrt{UV}} = \frac{-2\sqrt{UV}}{kV} + K$

K) **Formes contenant** $\sqrt{u^2+a^2}$ **ou** $\sqrt{u^2-a^2}$ **ou** $\sqrt{a^2-u^2}$

76. $\displaystyle \int \sqrt{u^2 \pm a^2}\, du = \frac{1}{2}\left[u\sqrt{u^2 \pm a^2} \pm a^2 \, ln \left|u + \sqrt{u^2 \pm a^2}\right| \, \right] + K$

77. $\displaystyle \int \frac{du}{\sqrt{u^2 \pm a^2}} = ln\left|u + \sqrt{u^2 \pm a^2}\right| + K$

78. $\displaystyle \int \frac{du}{u\sqrt{u^2-a^2}} = \frac{1}{|a|}\,\text{arcsec}\left(\frac{u}{a}\right) + K$

79. $\displaystyle \int \frac{du}{u\sqrt{u^2+a^2}} = -\frac{1}{a}\, ln \left|\frac{a+\sqrt{u^2+a^2}}{u}\right| + K$

80. $\displaystyle \int \frac{\sqrt{u^2+a^2}}{u}\, du = \sqrt{u^2+a^2} - a\, ln \left|\frac{a+\sqrt{u^2+a^2}}{u}\right| + K$

81. $\displaystyle \int \frac{\sqrt{u^2-a^2}}{u}\, du = \sqrt{u^2-a^2} - |a|\,\text{arcsec}\left(\frac{u}{a}\right) + K$

82. $\displaystyle \int u\sqrt{u^2 \pm a^2}\,du \;=\; \frac{1}{3}\sqrt{(u^2 \pm a^2)^3} + K$

83. $\displaystyle \int \frac{du}{\sqrt{(u^2 \pm a^2)^3}} \;=\; \frac{\pm u}{a^2\sqrt{u^2 \pm a^2}} + K$

84. $\displaystyle \int \frac{u^2\,du}{\sqrt{u^2 \pm a^2}} \;=\; \frac{u}{2}\sqrt{u^2 \pm a^2} \mp \frac{a^2}{2}\,ln\left|u + \sqrt{u^2 \pm a^2}\right| + K$

85. $\displaystyle \int \frac{u^3\,du}{\sqrt{u^2 \pm a^2}} \;=\; \frac{1}{3}\sqrt{(u^2 \pm a^2)^3} \mp a^2\sqrt{u^2 \pm a^2} + K$

86. $\displaystyle \int \frac{du}{u^2\sqrt{u^2 \pm a^2}} \;=\; \mp \frac{\sqrt{u^2 \pm a^2}}{a^2 u} + K$

87. $\displaystyle \int \frac{\sqrt{u^2 \pm a^2}}{u^2}\,du \;=\; -\frac{\sqrt{u^2 \pm a^2}}{u} + ln\left|u + \sqrt{u^2 \pm a^2}\right| + K$

88. $\displaystyle \int \frac{du}{(u-a)\sqrt{u^2 - a^2}} \;=\; -\frac{\sqrt{u^2 - a^2}}{a(u-a)} + K$

89. $\displaystyle \int \frac{du}{(u+a)\sqrt{u^2 - a^2}} \;=\; \frac{\sqrt{u^2 - a^2}}{a(u+a)} + K$

90. $\displaystyle \int \frac{du}{u\sqrt{u^2 - a^2}} \;=\; \frac{1}{|a|}\arcsec\left(\frac{u}{a}\right) + K$

91. $\displaystyle\int \frac{du}{\sqrt{a^2 - u^2}} + K = \begin{cases} \arcsin \dfrac{u}{|a|} \\ \text{ou} \\ -\arccos \dfrac{u}{|a|} \end{cases}$, $(a^2 > u^2)$

92. $\displaystyle\int \frac{du}{\sqrt{u^2 \pm a^2}} = ln \left| u + \sqrt{u^2 \pm a^2} \right| + K$

93. $\displaystyle\int \sqrt{a^2 - u^2}\, du = \frac{1}{2}\left[u\sqrt{a^2 - u^2} + a^2 \arcsin \frac{u}{|a|} \right] + K$

94. $\displaystyle\int \frac{du}{u\sqrt{a^2 - u^2}} = -\frac{1}{a} ln \left| \frac{a + \sqrt{a^2 - u^2}}{u} \right| + K$

95. $\displaystyle\int \frac{u^2\, du}{\sqrt{a^2 - u^2}} = -\frac{u}{2}\sqrt{a^2 - u^2} + \frac{a^2}{2} \arcsin \frac{u}{|a|} + K$

96. $\displaystyle\int \frac{du}{u^2\sqrt{a^2 - u^2}} = -\frac{\sqrt{a^2 - u^2}}{a^2 u} + K$

97. $\displaystyle\int \frac{\sqrt{a^2 - u^2}}{u^2}\, du = -\frac{\sqrt{a^2 - u^2}}{u} - \arcsin \frac{u}{|a|} + K$

L) **Formes contenant le radical d'un polynôme du second degré**

$P = au^2 + bu + c$; $q = 4ac - b^2$; $k = \dfrac{4a}{q}$

98. $\displaystyle\int \frac{du}{\sqrt{a^2 - u^2}} + K = \begin{cases} \arcsin \dfrac{u}{|a|} \\ \text{ou} \\ -\arccos \dfrac{u}{|a|} \end{cases}$, $(a^2 > u^2)$

99. $\displaystyle\int \frac{du}{\sqrt{u^2 \pm a^2}} = ln\,\left|u + \sqrt{u^2 \pm a^2}\right| + \mathrm{K}$

100. $\displaystyle\int \frac{du}{u\sqrt{u^2 - a^2}} = \frac{1}{|a|}\,\mathrm{arcsec}\left(\frac{u}{a}\right) + \mathrm{K}$

101. $\displaystyle\int \frac{du}{u\sqrt{a^2 \pm u^2}} = -\frac{1}{a}\,ln\,\left|\frac{a + \sqrt{a^2 \pm u^2}}{u}\right| + \mathrm{K}$

102. $\displaystyle\int \frac{du}{\sqrt{P}} = \frac{1}{\sqrt{a}}\,ln\,\left|2\sqrt{aP} + 2au + b\right| + \mathrm{K}\,, \quad (a > 0)$

103. $\displaystyle\int \frac{du}{\sqrt{P}} = -\frac{1}{\sqrt{-a}}\,\mathrm{arcsin}\left(\frac{2au + b}{\sqrt{-q}}\right) + \mathrm{K} \quad (a < 0)$

104. $\displaystyle\int \frac{du}{P\sqrt{P}} = \frac{2(2au + b)}{q\sqrt{P}} + \mathrm{K}$

105. $\displaystyle\int \frac{du}{P^2\sqrt{P}} = \frac{2(2au + b)}{3q\sqrt{P}}\left(\frac{1}{P} + 2k\right) + \mathrm{K}$

106. $\displaystyle\int \sqrt{P}\,du = \frac{(2au + b)\sqrt{P}}{4a} + \frac{1}{2k}\int \frac{du}{\sqrt{P}} + \mathrm{K}$

107. $\displaystyle\int \frac{u\,du}{\sqrt{P}} = \frac{\sqrt{P}}{a} - \frac{b}{2a}\int \frac{du}{\sqrt{P}} + \mathrm{K}$

108. $\displaystyle\int \frac{u\,du}{P\sqrt{P}} = -\frac{2(bu+2c)}{q\sqrt{P}} + K$

109. $\displaystyle\int u^2\sqrt{P}\,du = \left(u - \frac{5b}{6a}\right)\frac{P\sqrt{P}}{4a} + \frac{5b^2-4ac}{16a^2}\int \sqrt{P}\,du + K$

110. $\displaystyle\int \frac{du}{u\sqrt{P}} = -\frac{1}{\sqrt{c}}\,ln\left|\frac{2\sqrt{cP}+bu+2c}{u}\right| + K\,,\quad (c>0)$

111. $\displaystyle\int \frac{du}{u\sqrt{P}} = \frac{1}{\sqrt{-c}}\,\text{arcsin}\left[\frac{bu+2c}{|u|\sqrt{-q}}\right] + K\,,\quad (c<0)$

112. $\displaystyle\int \frac{du}{u\sqrt{P}} = -\frac{2\sqrt{P}}{bu} + K\,,\quad (c=0)$

M) **Formes contenant des fonctions trigonométriques**

113. $\displaystyle\int (\sin au)\,du = -\frac{1}{a}\cos au + K$

114. $\displaystyle\int (\cos au)\,du = \frac{1}{a}\sin au + K$

115. $\displaystyle\int (\text{tg } au)\,du = -\frac{1}{a}\,ln\,|\cos au| + K = \frac{1}{a}\,ln\,|\sec au| + K$

116. $\displaystyle\int (\text{cotg } au)\,du = \frac{1}{a}\,ln\,|\sin au| + K = -\frac{1}{a}\,ln\,|\text{cosec } au| + K$

117. $\displaystyle\int (\sec au)\,du = \frac{1}{a}\,ln\,|\sec au + \text{tg } au| + K = \frac{1}{a}\,ln\,\left|\text{tg}\left(\frac{\pi}{4}+\frac{au}{2}\right)\right| + K$

118. $\int (\operatorname{cosec} au)\, du = \dfrac{1}{a} \ln |\operatorname{cosec} au - \operatorname{cotg} au| + K = \dfrac{1}{a} \ln \left| \operatorname{tg}\left(\dfrac{au}{2}\right) \right| + K$

119. $\int (\sin^4 au)\, du = \dfrac{3u}{8} - \dfrac{\sin 2au}{4a} + \dfrac{\sin 4au}{32a} + K$

120. $\int (\sin^n au)\, du = -\dfrac{\sin^{n-1}au \, \cos au}{na} + \dfrac{n-1}{n} \int (\sin^{n-2} au)\, du + K$

121. $\int (\cos^4 au)\, du = \dfrac{3u}{8} + \dfrac{\sin 2au}{4a} + \dfrac{\sin 4au}{32a} + K$

122. $\int (\cos^n au)\, du = \dfrac{1}{na} \cos^{n-1} au \sin au + \dfrac{n-1}{n} \int (\cos^{n-2} au)\, du + K$

123. $\int \dfrac{du}{\sin^m au} = \int (\operatorname{cosec}^m au)\, du = -\dfrac{1}{(m-1)a} \cdot \dfrac{\cos au}{\sin^{m-1} au} + \dfrac{m-2}{m-1} \int \dfrac{du}{\sin^{m-2} au} + K$

124. $\int \dfrac{du}{\cos^n au} = \int (\sec^n au)\, du = \dfrac{1}{(n-1)a} \cdot \dfrac{\sin au}{\cos^{n-1} au} + \dfrac{n-2}{n-1} \int \dfrac{du}{\cos^{n-2} au} + K$

125. $\int (\sin mu)(\sin nu)\, du = \dfrac{\sin(m-n)u}{2(m-n)} - \dfrac{\sin(m+n)u}{2(m+n)} + K , \quad (m^2 \ne n^2)$

126. $\int (\cos mu)(\cos nu)\, du = \dfrac{\sin(m-n)u}{2(m-n)} + \dfrac{\sin(m+n)u}{2(m+n)} + K , \quad (m^2 \ne n^2)$

127. $\int (\sin au)(\cos au)\, du = \dfrac{1}{2a} \sin^2 au + K$

128. $\int (\sin mu)(\cos nu)\, du = -\dfrac{\cos(m-n)u}{2(m-n)} - \dfrac{\cos(m+n)u}{2(m+n)} + K , \quad (m^2 \ne n^2)$

129. $\int (\sin^2 au)(\cos^2 au)\, du = -\dfrac{1}{32a} \sin 4au + \dfrac{u}{8} + K$

130. $\displaystyle\int (\cos^m au)\,(\sin^n au)\,du = \begin{cases} \dfrac{\cos^{m-1} au\ \sin^{n+1} au}{(m+n)\,a} \\[2mm] \qquad +\dfrac{m-1}{m+n}\displaystyle\int (\cos^{m-2} au)\,(\sin^n au)\,du + K \\[3mm] \text{ou} \\[1mm] -\dfrac{\sin^{n-1} au\ \cos^{m+1} au}{(m+n)a} \\[2mm] \qquad +\dfrac{n-1}{m+n}\displaystyle\int (\cos^m au)\,(\sin^{n-2} au)\,du + K \end{cases}$

131. $\displaystyle\int \frac{\cos au}{\sin^2 au}\,du = -\frac{1}{a\sin au} + K = -\frac{\mathrm{cosec}\ au}{a} + K$

132. $\displaystyle\int \frac{du}{(\sin au)\,(\cos au)} = \frac{1}{a}\,ln\,|\mathrm{tg}\ au| + K$

133. $\displaystyle\int \frac{du}{(\sin^2 au)\,(\cos^2 au)} = -\frac{2}{a}\,\mathrm{cotg}\,(2au) + K$

134. $\displaystyle\int \frac{du}{1 \pm \sin au} = \mp\frac{1}{a}\,\mathrm{tg}\left(\frac{\pi}{4} \mp \frac{au}{2}\right) + K$

135. $\displaystyle\int \frac{du}{1 + \cos au} = \frac{1}{a}\,\mathrm{tg}\left(\frac{au}{2}\right) + K$

136. $\displaystyle\int \frac{du}{1 - \cos au} = -\frac{1}{a}\,\mathrm{cotg}\left(\frac{au}{2}\right) + K$

137. $\displaystyle\int \frac{du}{a + b\cos u} = \frac{2}{\sqrt{a^2 - b^2}}\,\mathrm{arctg}\,\frac{\sqrt{a^2 - b^2}\,\mathrm{tg}\left(\frac{u}{2}\right)}{a + b} + K$

138. $\displaystyle\int \frac{du}{a^2\cos^2 u + b^2\sin^2 u} = \frac{1}{ab}\operatorname{arctg}\left(\frac{b\operatorname{tg} u}{a}\right) + K$

139. $\displaystyle\int u(\sin au)\, du = \frac{1}{a^2}\sin au - \frac{u}{a}\cos au + K$

140. $\displaystyle\int u^m \sin au\, du = -\frac{1}{a} u^m \cos au + \frac{m}{a}\int u^{m-1}\cos au\, du + K$

141. $\displaystyle\int u(\cos au)\, du = \frac{1}{a^2}\cos au + \frac{u}{a}\sin au + K$

142. $\displaystyle\int u^m(\cos au)\, du = \frac{u^m \sin au}{a} - \frac{m}{a}\int u^{m-1}\sin au\, du + K$

143. $\displaystyle\int u(\sin^2 au)\, du = \frac{u^2}{4} - \frac{u\sin 2au}{4a} - \frac{\cos 2au}{8a^2} + K$

144. $\displaystyle\int (\operatorname{tg}^2 au)\, du = \frac{1}{a}\operatorname{tg}(au) - u + K$

145. $\displaystyle\int (\operatorname{tg}^3 au)\, du = \frac{1}{2a}\operatorname{tg}^2 au + \frac{1}{a}\, ln\, |\cos au| + K$

146. $\displaystyle\int (\operatorname{tg}^4 au)\, du = \frac{\operatorname{tg}^3 au}{3a} - \frac{1}{a}\operatorname{tg} u + u + K$

147. $\displaystyle\int (\operatorname{cotg}^2 au)\, du = -\frac{1}{a}\operatorname{cotg}(au) - u + K$

148. $\displaystyle\int (\operatorname{cotg}^3 au)\, du = -\frac{1}{2a}\operatorname{cotg}^2 au - \frac{1}{a}\, ln\, |\sin au| + K$

149. $\displaystyle\int (\operatorname{cotg}^4 au)\, du = -\frac{1}{3a}\operatorname{cotg}^3 au + \frac{1}{a}\operatorname{cotg} au + u + K$

N) Formes contenant des fonctions logarithmiques

150. $\int (ln\ u)\ du\ =\ u\ ln\ u - u + K$

151. $\int u^n\ (ln\ au)\ du\ =\ \dfrac{u^{n+1}}{n+1}\ ln\ au - \dfrac{u^{n+1}}{(n+1)^2} + K$

152. $\int (ln\ u)^n\ du\ =\ u(ln\ u)^n - n\int (ln\ u)^{n-1}\ du + K\ ,\qquad (n \neq -1)$

153. $\displaystyle\int \dfrac{du}{u\ ln\ u}\ =\ ln\ |ln\ u| + K$

154. $\displaystyle\int \dfrac{du}{u\ (ln\ u)^n}\ =\ -\dfrac{1}{(n-1)\ (ln\ u)^{n-1}} + K$

155. $\int u^m\ (ln\ u)^n\ du\ =\ \dfrac{u^{m+1}\ (ln\ u)^n}{m+1} - \dfrac{n}{m+1}\int u^m (ln\ u)^{n-1}\ du + K$

156. $\displaystyle\int \dfrac{ln\ (au+b)}{u^2}\ du\ =\ \dfrac{a}{b}\ ln\ |u| - \dfrac{(au+b)}{bu}\ ln\ (au+b) + K$

O) Formes contenant des fonctions exponentielles

157. $\int e^{au}\ du\ =\dfrac{e^{au}}{a} + K$

158. $\int u^m\ e^{au}\ du\ =\ \dfrac{u^m\ e^{au}}{a} - \dfrac{m}{a}\int u^{m-1}\ e^{au}\ du + K$

159. $\displaystyle\int \dfrac{du}{1+e^u}\ =\ u - ln\ (1+e^u) + K\ =\ ln\left(\dfrac{e^u}{1+e^u}\right) + K$

160. $\int e^{au} [\sin (bu)] \, du = \dfrac{e^{au} [a \sin (bu) - b \cos (bu)]}{a^2 + b^2} + K$

161. $\int e^{au} [\cos (bu)] \, du = \dfrac{e^{au}}{a^2 + b^2} [a \cos (bu) + b \sin (bu)] + K$

162. $\int u^m \, e^{au} [\sin bu] \, du = u^m e^{au} \dfrac{a \sin bu - b \cos bu}{a^2 + b^2}$

$$- \dfrac{m}{a^2 + b^2} \int u^{m-1} \, e^{au} (a \sin bu - b \cos bu) \, du + K$$

163. $\int u \, e^{au} (\cos bu) \, du = \dfrac{u \, e^{au}}{a^2 + b^2} (a \cos bu + b \sin bu)$

$$- \dfrac{e^{au}}{(a^2 + b^2)^2} [(a^2 - b^2) \cos bu + 2ab \sin bu] + K$$

RÉPONSES AUX EXERCICES

Chapitre 2

Réponses de l'exemple 2-4

$e^0 = 1$ $\boxed{\cos(\infty)}$ $e^{-\infty} = 0$ $0^\infty = 0$

$\boxed{1^\infty}$ $e^\infty = \infty$ $\infty^3 = \infty$ $\dfrac{5}{\infty} = 0$

$\dfrac{-6}{0^+} = -\infty$ $\dfrac{-7}{\infty} = 0$ $\boxed{\sin(\infty)}$ $\dfrac{4}{0^-} = -\infty$

$\dfrac{12}{0^+} = \infty$ $\dfrac{-15}{0^-} = \infty$ $\boxed{\dfrac{0}{0}}$ $\infty + \infty = \infty$

$\infty + K = \infty$ $ln(0^-),\ *$ $ln(e) = 1$ $\boxed{\infty^0}$

$12^{1/0^+} = \infty$ $12^\infty = \infty$ $\left(\dfrac{1}{15}\right)^\infty = 0$ $\boxed{0^0}$

$0^9 = 0$ $9^0 = 1$ $1^0 = 1$ $\left(\dfrac{1}{4}\right)^0 = 1$

$\boxed{\dfrac{\infty}{\infty}}$ $\boxed{0 \times \infty}$ $0 + \infty = \infty$ $\dfrac{\infty}{0^-} = -\infty$

$\infty^{-5} = 0$ $\dfrac{\sin(\infty)}{\infty} = 0$ $\boxed{\dfrac{\cos(\infty)}{6}}$ $\boxed{\tan(\infty)}$

$ln(\infty) = \infty$ $ln(0^+) = -\infty$ $ln(1) = 0$ $\dfrac{\infty}{0^+} = \infty$

$\dfrac{0}{\infty} = 0$ $\infty^{-2} = 0$ $\boxed{\infty - \infty}$ $\boxed{-\infty \times 0}$

$\sqrt{0} = 0$ $\sqrt{0^+} = 0^+$ $\sqrt{0^-}\ *$

1) a) 0; b) −1/2; c) 5/3; d) 1; e) 1; **2)** a) $\pi/2$, $3\pi/2$; b) 0; c) π, 2π; d) $c = \pi/6$; **3)** I- c_1 ou c_3; II- aucune valeur n'est plausible. Le théorème de Rolle ne s'applique pas puisque $f(a) \neq f(b)$; III- aucune valeur. De toute façon, le théorème de Rolle ne s'applique pas puisque $f'(c_2)$ n'existe pas; **4)** Figure 2-4: $[a, b]$, $[c_1, c_3]$, $[c_2, c_4]$; Figure 2-5: $[a, b]$; **5)** a) 2; b) 3,5; c) 1/2; d) 17/4; **6)** a) $c \approx 2,3408$; b) $\approx 0,482$; c) $\approx 5,4132$; d) $= -\pi/2$; **7)** I- c_1 ou c_3; II- c_1 [on ne peut pas choisir b, car ce n'est pas une valeur **prévue** par le théorème de Rolle malgré que $f'(b) = 0$]; III- aucune valeur [de toute façon, le théorème de Lagrange ne s'applique pas puisque

$f'(c_2)$ n'existe pas]; **8)** a) c_1 ou c_4; b) c_2; c) aucune parmi celles indiquées: la valeur prévue par le théorème se situe entre c_2 et c_3; **9)** non dérivable en r ou en s, non continue en s; **10)** f n'est pas dérivable en $x = 0$; **11)** Non. Si le théorème de Rolle s'applique, alors $f'(c) = 0$ pour un certain c. Ainsi le théorème de Lagrange s'applique obligatoirement, car la pente de la sécante sur l'intervalle considéré peut être un nombre réel quelconque; **12)** Oui. Il suffit que la pente de la tangente en c ne soit pas nulle; voir la figure 2-11: c_1 et c_2 sont des valeurs prévues par le théorème de Lagrange mais non par le théorème de Rolle; **13)** Oui. Il suffit que les conditions d'application des théorèmes ne soient pas respectées; voir la figure 2-9 concernant la discussion sur le théorème de Rolle; **14)** Oui. Si $f'(c) = 0$. Voir entre autres les figures 2-3, 2-4 et 2-5; **15)** La valeur «c» prévue par le théorème de Lagrange est le moment où l'objet atteint la vitesse moyenne sur l'intervalle de temps $[a, b]$;

16) a) 16 m; b) 0 m; c) $\dfrac{h(t_2) - h(t_1)}{t_2 - t_1}$; d) après 4,31 s;

e) Non, car la fonction est continue et dérivable partout sur $\mathbb{R}$ donc le théorème de Lagrange s'applique; **17)** a) Si x prend des valeurs positives de plus en plus près de 0, alors le rapport $1/x$ devient de plus en plus grand sans borne; b) Si t devient de plus en plus grand positivement, alors e^{-t} s'approche de plus en plus près de 0; c) Même si s devient de plus en plus grand, la valeur du sinus de s ne tend pas vers un nombre réel précis; **18)** a) 0; b) 0; c) 0; d) ∞; e) 4/3; f) 0; g) 0; h) ∞; i) ∞; j) 0; k) 0; **19)** a) ∞; b) 0; c) 3; d) ∞; e) ∞; f) $-\infty$; g) ∞; h) $\pi^+/0^- = -\infty$; i) ∞; j) 0; k) ∞; l) 0; m) 0; n) ∞; o) $-\infty$; p) $-\infty$; **20)** a) 14; b) 2/3; c) e^{-1}; d) 0,15; e) −1; f) ∞; g) −1/2; h) 0; i) 2; j) 1/5; k) 0; l) 0; m) 0; **21)** a) -2; b) 1/2; c) 2; d) $1 - e^{\pi/2}$; e) -7/sin4; f) 1; g) 2; h) $-\infty$; i) $2/ln10$; j) 1; k) 1; l) ∞; **22)** a) 1; b) 1/4; c) $-\infty$; d) 0; e) 0; f) $-\infty$; **23)** a) 0; b) 0; c) 0; d) 0; e) 0; f) 7; g) 15; h) 3; i) ∞; j) $-\infty$; k) ∞; l) 0; m) 1/2; n) $-\infty$; o) 0; p) −1/2; **24)** a) e; b) 1; c) 1; d) 1; e) 1/8; f) 1; g) 1; h) 1; i) 1; j) e; k) ∞; l) $e^{2/3}$; **25)** a) 1; b) 1; c) −1/2; d) n'existe pas; e) 0; f) e^{-2}; g) 0; h) −1/3; i) 0; j) ∞; k) 1; l) − 1; m) 0; n) 1;

o) $-\infty$; p) n'existe pas; q) n'existe pas; r) ∞; s) e^{15}; t) 1; u) e^4; v) 1/2; w) $1/(3c^2)$; x) n'existe pas; y) n'existe pas; z) 1/2; **26)** $-\infty$. Non car e^x croît beaucoup plus vite que $ln\ x$;

28) $\lim\limits_{k \to 0} \dfrac{32}{k}(1 - e^{-kt}) = \lim\limits_{k \to 0} \dfrac{32t\ e^{-kt}}{1} = 32\ t$;

29) $s = 16\ t^2$; **30)** $v = -9,8t + 300$; **31)** $c = 1,2257$;

32) $c = \dfrac{x_2 + x_1}{2}$; **33)** a) $s = 0$; b) $s = 6$; c) $s = 2\pi$, $4\pi, 6\pi,...$ En fait, toutes les valeurs $2\ k\pi$ où k est un entier positif; d) $s = -\pi/2, -3\pi/2, -5\pi/2,...$ En fait, toutes les valeurs de la forme $-(2\ k - 1)\ \pi/2$ où k est un entier positif; **34)** Oui, car $f'(c) = 0$; **35)** $\approx 0,652$; **40)** a) 1/2; b) $-2,6$; c) $e^{3/2}$; d) 1/2; e) 4; f) $-1/3$; g) ∞; h) 0; i) 1; j) $-1/\sqrt{3}$; k) n'existe pas; l) 0; m) $e^i - 1$; n) $M_0\ e^{rn}$; **41)** $h = -4,9t^2 + 300t$;

42) $\lim\limits_{x \to \infty} ln\left[\dfrac{x + 1}{x}\right] = ln\ 1 = 0$. Pour contourner l'indétermination de l'expression écrite entre crochets, il faut procéder comme à la page 20, après avoir écrit $\dfrac{x(1 + 1/x)}{x}\Bigg]$; **43)** a) «e» est obtenu en remplaçant x par $x/2$; b) «e» est obtenu en remplaçant x par $1/x$; **46)** b) $0,9854 < f(2) < 1,7854$;

47) $c = \dfrac{a + b}{2}$; **48)** a) ∞; b) n'existe pas; c) 0;

d) 0; e) 0; f) 0; g) 1/3; h) $\sqrt{2}$;

49) $\left(\dfrac{-3c}{2 - 2c - 2c^2}, \dfrac{3 - 3c^2}{1 - c - c^2}\right)$; (3/2, 0);

Chapitre 3

1) a) $(\cos x - \text{cosec}^2 x)\ dx$; b) $(2x\ ln\ x + x)\ dx$; c) $6x^2 \sec^2 x^3 \text{tg}\ x^3\ dx$; d) $[ln\ x + 1 - 3 \sin (3x + 7)]\ dx$; e) $\left(\dfrac{-1}{x^2} + \dfrac{1}{x} + \text{tg}\ x\right)dx$; **2)** a) 2,99; b) 2,446; **3)** a) 4,125; b) 2,983; c) 1,03; d) 0,105; e) 0,1975; **4)** a) -1; b) -1; c) 0,0349; d) 0,6701; **5)** a) 1,9916; b) $-0,174533$; c) 0,953292; d) 1; e) 0,857299; f) 5,984375; **6)** La valeur de l'ordonnée sur la

tangente en $x = 36$ est plus près de $\sqrt{32}$ que la valeur de l'ordonnée sur la tangente en $x = 25$

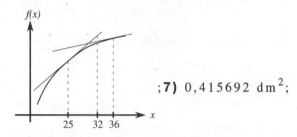

;**7)** $0,415692\ \text{dm}^2$;

8) 540,8; **9)** 7; **10)** 50,516810; **11)** 170,064882 cm^3; **12)** $\pi R/30$; **13)** 1,342184 [il faut utiliser les identités $\cos (a + b)$ et $\sin (a - b)$ en considérant $a = 30°$ et $b = 1°$]; **14)** 6,009375; **15)** En prenant $x = 0$ et $dx = 0,1$, l'approximation est 1,025; **16)** 157,913670 cm^3; **17)** 4954,5414 cm^3; **18)** 4 786,758 cm^3; **19)** 78,956835 cm^3. Aux réponses 11-18 et en 11-19, les approximations calculées sont en fait des valeurs exactes car V est une fonction linéaire de R; **20)** 42; **21)** 0,989796; **22)** 874,974375 cm^2; **23)** 7,5332035;

24) $\dfrac{6 - \sqrt{3}}{12}\ \pi \cdot R^2\ u^2$; **25)** $\dfrac{-9 + 2\pi\ \sqrt{3}}{18\ \sqrt{3}} \cdot r^2\ u^2$;

26) 1 978,24 u^3; **27)** a) 1237,37 cm^3; b) 2051,04 cm^3;

Chapitre 4

1) a) $x^7 \div 7 + K$; b) $-\cos p + K$; c) $-\cot g\ y + K$;

d) $\text{arctg}\ z + K$; e) $2\sqrt{x^3} \div 3 + K$; f) $\dfrac{x^{e + 1}}{e + 1} + K$;

g) $\dfrac{q}{p + q}\ x^{(p+q)/q} + K$; h) $\dfrac{6}{13}\sqrt[6]{x^{13}} + K$;

i) $3\sqrt[3]{x} + K$; j) $x + K$; **2)** a) $8\ x + K$;

b) $1,5\ ln|x| + K$; c) $\sec x + \dfrac{x^3}{3} + K$;

d) $\text{tg}\ x - \dfrac{x^4}{4} + e^x + K$;

e) $\dfrac{4x^3}{3} - 2e^x - \cos x + \cot g\ x + K$;

f) $4e^x + \cos x + ln\,|x| + K$; g) $\dfrac{x^{14}}{14} - \dfrac{1}{12\,x^{12}} + K$;

h) $ln\,|x| - \dfrac{1}{x} + K$; i) $\dfrac{2}{3}\,\sqrt{px^3} + K$;

j) $\dfrac{1}{3}\,ln\,|x| + 3\,\sqrt[3]{x^2} + K$; k) $\dfrac{p^2m^3x^2}{2} + K$;

l) $\dfrac{p^3m^3\,x}{3} + K$; m) $\dfrac{p^2m^4\,x}{4} + K$; n) $p^2\,m^3\,x\,y + K$;

o) $\dfrac{3x^2}{2} - 5yx + 4x + K$; p) $3xy + \dfrac{-5y^2}{2} + 4y + K$;

3) a) $tg\,x + K\ [x \neq k\pi,\, k \in \mathbf{Z}]$; b) $9\,tg\,x + K$;

c) $\dfrac{x^3}{3} - 2x - \dfrac{1}{x} + K$; d) $25a^2\,x - 5ax^2 + \dfrac{x^3}{3} + K$;

e) $\dfrac{x^2}{2} - 2x + K\ [x \neq 0,\, x \neq 1]$;

f) $ln\,|x| - \dfrac{3}{x} + K\ [x \neq -1]$; **4)** a) $\dfrac{(x^3 + x)^{13}}{13} + K$;

b) $\dfrac{3(x^8 + 1)^{4/3}}{4} + K$;

c) $\dfrac{arcsin\,(3x)}{3} + K$; d) $\dfrac{arcsin\,(3x^4)}{12} + K$;

e) $\dfrac{arctg\,(tg^2\,x)}{2} + K$; f) $\dfrac{-\sqrt{1 - 9x^2}}{9} + K$;

g) $\dfrac{x}{2} + 2\sqrt{x} + \dfrac{1}{2}\,ln\,|x| - \dfrac{3}{\sqrt{x}} + K$ [les valeurs absolues ne sont pas essentielles car x est positif sinon $\sqrt{x}$ n'existe pas];

h) $2(1 - \sqrt{x}) - 2\,ln\,|1 - \sqrt{x}| + K = -2\sqrt{x} - 2\,ln\,|1 - \sqrt{x}| + C$;

5) A-b; B-a; C-f; D-h; E-g; F-e; G-l; H-k; I-m; J-c; K-j; L-d; M-i; **6)** a) $\dfrac{5(x^3 + 1)^{6/5}}{6} + K$;

b) $\dfrac{(x^5 - 6)^8}{40} + K$; c) $\dfrac{-7(3 + 5\cos x)^{6/7}}{30} + K$;

d) $\dfrac{-\sqrt{1 - e^{8x}}}{4} + K$; e) $\dfrac{arcsin\,e^{4x}}{4} + K$;

f) $\dfrac{arctg\,x^3}{3} + K$; g) $\dfrac{arctg\,(2x^3)}{6} + K$;

h) $\dfrac{1}{36}\,arctg\left(\dfrac{4x^3}{3}\right) + K$; **7)** a) $ln\,|x^3 - 2x^2| + K$;

b) $ln\,|1 - \cos x| + K$; c) $ln\,|ln\,x| + K$;

d) $\dfrac{3\,(x^2 - 4x)^4}{4} + K$; e) $\dfrac{-2\sqrt{5 - 7x}}{7} + K$;

f) $\dfrac{-3}{2(x^2 + 8x + 17)} + K$;

g) $\dfrac{(16 + 6x)\sqrt{(x - 4)^3}}{15} + K$;

8) a) $\dfrac{x^2}{2} + ln\,|x - 4| + K$;

b) $\dfrac{x^4}{4} + ln\,|x^2 + x + 1| + K$ [note: les valeurs absolues ne sont pas essentielles puisque $x^2 + x + 1 > 0$ pour tout nombre réel x] ; c) $\dfrac{x^2}{2} + ln\,|x + 1| + K$; **9)** En effectuant la mise en évidence de 1/5 avant d'intégrer, la formule (3) de la page 50 nous permet d'écrire $\dfrac{ln\,|x|}{5} + K_1$ et en faisant le changement de variable $u = 5x$, nous obtenons $\dfrac{ln\,|5x|}{5} + K_2 = \dfrac{ln\,5}{5} + \dfrac{ln\,|x|}{5} + K_2$. Les deux réponses ne diffèrent que par la constante $(ln\,5)/5$; **10)** En effectuant la multiplication avant d'intégrer, nous obtenons $\dfrac{x^{15}}{15} + \dfrac{2x^{10}}{5} + \dfrac{4x^5}{5} + K_1$. En faisant le changement de variable $u = x^5 + 2$, nous obtenons:

$$\dfrac{(x^5 + 2)^3}{15} + K_2 = \dfrac{x^{15}}{15} + \dfrac{2x^{10}}{5} + \dfrac{4x^5}{5} + \dfrac{8}{15} + K_2;$$

ces deux réponses ne diffèrent que par une constante, en l'occurrence, 8/15; **11)** a) $\dfrac{1}{2}\,ln\left|x^2 + 1\right| + K$;

b) $\dfrac{1}{3}\,ln\left|x^3 + 5\right| + K$; c) $ln\left|e^x + 5\right| + K$;

d) $\dfrac{1}{6}\,ln\left|e^{6x} + 1\right| + K$; e) $\dfrac{1}{4\,(9 - e^x)^4} + K$;

f) $-e^{1/x} + K$; g) $\dfrac{-1}{a\,(ax+b)} + K$;

h) $\dfrac{-1}{3}\,\sqrt{(2 - x^2)^3} + K$; i) $2\,\sqrt{x - 3} + K$;

j) $-2\sqrt{3-x}+K$; k) $\sqrt{1+x^2}+K$;

l) $\dfrac{1}{2}\sqrt{2x^2+1}+K$; m) $4\,ln\left|2x^3+4x^2+x\right|+K$;

n) $-\cos\,(ln\,x)+K$; o) $\dfrac{ln^4 x}{4}+K$; p) $\dfrac{3\,ln^2 x}{2}+K$ *ou*

$\dfrac{1}{6}\,ln^2\,x^3+K$; q) $\dfrac{-2}{11\,(1+\sqrt{x})^{11}}+K$;

r) $\dfrac{1}{4}\arccos\left(\dfrac{5x}{4}\right)+K$; s) $\dfrac{1}{4}\arcsin\left(\dfrac{4x}{5}\right)+K$;

12) a) $\dfrac{x^2}{2}+ln\,|x|+K$;

b) $\dfrac{x^2}{2}+3x+ln\left|2x^2+5x-8\right|+K$;

c) $3x^{1/3}+3ln\left|x^{1/3}+1\right|+K$;

d) $\dfrac{-2\,(2-3x)}{15}\sqrt{(1+x)^3}+K$;

e) $\dfrac{3}{7}\,(2-x)^{7/3}-\dfrac{3}{2}\,(2-x)^{4/3}+K$;

f) $\dfrac{2\,(40+12x+3x^2)\sqrt{(5-x)^3}}{-21}+K$;

g) $\dfrac{1}{3}\sqrt{(1+x^2)^3}-\sqrt{(1+x^2)}+K$;

h) $\dfrac{2}{75}\,(5x-4)\sqrt{2+5x}+K$;

13) a) $2\,(5+x^4)^{5/2}-\dfrac{50\,(5+x^4)^{3/2}}{3}+K$ *ou*

$\dfrac{(5+x^4)^{3/2}\,(6x^4-20)}{3}+K$; b) $\dfrac{(5+x^3)^{18}}{3\times18\times19}\,(18x^3-5)+K$

ou $\dfrac{(5+x^3)^{19}}{57}-\dfrac{5(5+x^3)^{18}}{54}+K$;

c) $2\sqrt{x}-2\,ln\left|1+\sqrt{x}\right|+K$ [note: le 2 a été incorporé à la

constante K]; d) $\dfrac{1}{3}\arctan e^{3x}+K$; e) $\dfrac{1}{8}\arctan\dfrac{x^2}{4}+K$;

f) $2\arctan\,(x+1)+K$; g) $e^{x/2}-e^{-x/2}+K$;

14) a) $e^{\sec x}+K$; b) $-e^{\arccos x}+K$; c) $\dfrac{tg\,x^5}{5}+K$;

d) $tg\,(\sec x)+K$; e) $\dfrac{2}{3}\sec^3\sqrt{x}+K$; f) $\dfrac{2^{\sin x}}{ln\,2}+K$;

g) $\sin\,ln\,x+K$; h) $\dfrac{1}{4}\,ln^2\left|\arcsin x^2\right|+K$;

i) $\dfrac{ln^2\,(e^x+\sin x)}{2}+K$; j) $2ln\,(\sin x/2)+K$;

k) $\dfrac{-1}{5}ln\,|\cos 5x|+K$ *ou* $\dfrac{1}{5}ln\,|\sec 5x|+K$; l) $\sec\theta+K$;

m) $-ln\,\left|\cos\theta\right|+K$ *ou* $ln\,\left|\sec\theta\right|+K$;

n) $\dfrac{-5}{4}\,(1-\sin x)^{4/5}+K$;

o) $-\sin\,\theta+4\arctan\,(\sin\,\theta)+K$;

p) $\dfrac{(\sin^2 x)}{2}-\sin\,x+3\,ln\,(\sin\,x+1)+K$;

q) $\dfrac{-1}{2}\arctan\left(\dfrac{\cos x}{2}\right)+K$; r) $\dfrac{-\arctan(6\cos^2 x)}{12}+K$;

15) a) $ln\,\left|x^2+2x+2\right|+4\arctan(x+1)+K$ [note: les valeurs absolues ne sont pas essentielles puisque $x^2+2x+2>0$ pour tout nombre réel x];

b) $\dfrac{1}{2}\,ln\,\left|x^2+8x+17\right|-\arctan(x+4)+K$ [note: les valeurs absolues ne sont pas essentielles puisque $x^2+8x+17>0$ pour tout nombre réel x];

c) $2\sqrt{-x^2-2x}+3\arcsin(x+1)+K$;

d) $\dfrac{1}{2}\,ln\,\left|x^2+2x+4\right|+\dfrac{1}{\sqrt{3}}\arctan\left(\dfrac{x+1}{\sqrt{3}}\right)+K$;

16) a) $-\cot g\,x-\text{cosec }x+K$;

b) $-\text{cosec }x+\cot g\,x+x+K$;

c) $\dfrac{1}{2}\,tg\,(2x)-\dfrac{1}{2}\sec\,(2x)+K$;

d) $\dfrac{1}{3}\cot g\,(3x)+\dfrac{1}{3}\text{cosec}\,(3x)+x+K$;

17) a) $\dfrac{k^{x^2}}{2\,ln\,k}+K$;

b) $\dfrac{(1+x^2)^{9/2}}{9}-\dfrac{3\,(1+x^2)^{7/2}}{7}$

$+\dfrac{3\,(1+x^2)^{5/2}}{5}-\dfrac{(1+x^2)^{3/2}}{3}+K$;

c) $x-\dfrac{k}{e^k}\,ln\,\left|e^k\,x+k\right|+K$ *ou*

$\dfrac{e^k x + k}{e^k} - \dfrac{k}{e^k} \ ln \left| e^k x + k \right| + K$; [note: k et e^k sont des

constantes]; d)

$\dfrac{2}{e^2} \left[\dfrac{(10 + ex)^{(4+e)/2}}{(4+e)} - \dfrac{10 \, (10 + ex)^{(2+e)/2}}{(2+e)} \right] + K$;

e) $-\sec x - tg \, x + K$; f) $tg \, (x/2) + K$ ***ou***

$\qquad\qquad\qquad\qquad - \cot g\, x + \cosec \, x + K$;

g) $2 \, ln \left| x^2 + 4x + 5 \right| - \arctg(x + 2) + K$;

h) $ln \left| 2x^2 - 8x + 26 \right| + \dfrac{1}{6} \arctg \left(\dfrac{x-2}{3} \right) + K$;

i) $\sqrt[4]{x} - \arctg \sqrt[4]{x} + K$;

j) $\dfrac{3 \sqrt[3]{x^2}}{2} - 3 \sqrt[3]{x}$

$\qquad\qquad + 3 \, ln \left| \sqrt[3]{x} + 1 \right| + 6 \arctg \sqrt[6]{x} + K$;

k) $\dfrac{6x^{7/6}}{7} - 2x + \dfrac{18x^{5/6}}{5} - 6x^{2/3} + 10 \sqrt{x} - 18 \sqrt[3]{x}$

$\qquad + 42 \sqrt[6]{x} - 48 \, ln \left| x^{1/6} + 1 \right| - \dfrac{6}{x^{1/6} + 1} + K$;

l) $tg^2 \sqrt{s} + 2ln \, \cos\sqrt{s} + 2tg\sqrt{s} + K$;

Chapitre 5

3) a) $y = 3 \, e^{4x}$; b) $y = -2 \, e^{4x-4}$; c) $y = 6 \, e^{-x} + 2$;
4) a) $y = \pm e^{kx+K}$; b) $y^2 = 2x^2 + K$;

c) $y = ln \left| x + 1 \right| + K$; d) $ln \, |y| = - ln \, |x| + K$;

e) $y = \dfrac{x^2}{2} + ln \left| x + 2 \right| + K$;

f) $y = x + \dfrac{x^2}{2} - \dfrac{x^3}{3} + K$;

g) $y = ln \left| e^x + 3 \right| + K$ [note: les valeurs absolues ne sont pas essentielles car $e^x + 3$ est toujours strictement positif];

h) $y^2 = 3x^2 - 8x + K$; i) $y = \dfrac{512x - x^2}{16} + K$

j) $y = \dfrac{A}{B} \sin (Bx + C) + K$; **5)** a) $y = e^{k(x-1)}$;

b) $y = \sqrt{2x^2 - 1}$; c) $y = ln \left| x + 1 \right| + 1 - ln \, 2$;

d) $y = 1/x$; e) $y = \dfrac{x^2}{2} + ln \left| x + 2 \right| + \dfrac{1}{2} - ln \, 3$;

f) $y = (-2x^3 + 3x^2 + 6x - 1)/6$;
g) $y = ln(e^x + 3) - ln(e + 3) + 1$;

h) $y = \sqrt{3x^2 - 8x + 6}$; i) $y = (512x - x^2 - 495)/16$;

j) $y = \dfrac{A}{B} \left[\sin (Bx + C) - \sin (B + C) + \dfrac{B}{A} \right]$;

6) Il faut tracer les courbes d'équation:

a) $y = x^2 + 5$; b) $y = \sqrt{x^2 + 16}$; c) $y = e^{x+4}$;

d) $y = e^x + e$; **7)** $y = x^2 + 1$; **8)** a) $ln \, y = \dfrac{x^2 - 1}{2}$;

b) $ln \, (-y) = \dfrac{x^2 - 1}{2}$; **9)** a) $y = ln \, |x| + K$;

b) $y = ln \, x - 1$; c) $y = ln \, |x| - 1$;

10) $y = -\cos x + \dfrac{\sqrt{2}}{2}$; **11)** $y = e^{x+1} - 1$;

12) a) $y = \sqrt[3]{\dfrac{3 \, x^4 + 32}{4}}$; b) $\sqrt[3]{20}$;

13) a) 13 163.52 \$; b) 9 445.63 \$; **14)** 3 382.49 \$;

15) 2 377.08 \$; **16)** $P = \pm e^{K - ct/w}$; **17)** uranium-234; **18)** Polonium-218. Un peu moins de 30 min;

19) 11,967 années; **20)** a) $M(t) = M_0 \, (1/2)^{t/27}$;
b) 5,143g; c) 89,69 min; **21)** $\mu = 30e^{0,1t}$;

22) $s = \dfrac{-5 \cos 2t}{4} + \dfrac{5}{4}$; **23)** $r = 16t^2$;

24) $R = K \, ln \, |S| + C$; **25)** a) $P(t) = Ce^{0,15 \, t}$;
b) 4 481; **26)** a) $P(t) = P_0 \, (61/60)^t$; b) 41,934 années; c) 66,465 années; **27)** a) $P(t) = P_0 \, (4/5)^t$;
b) 10,319 années; c) 20,638 années; **28)** 2,905 M;
201 983 ≈ 0,202 M; **29)** a) $Q(t) = 100 \, e^{-t/200}$g;
b) 74,08 g; c) 138,63 min;

30) a) $Q(t) = 400 - 400 \, e^{-t/2}$ (en g); b) à 12:01:39;

32) $v = \dfrac{F + e^{-K(t + C)/M}}{K}$; **33)** 1,71 h; **34)** 401,7°C;
10 min et 44 s; **35)** 21,03°C; 10,73 heures;

36) après 45,49 min; **37)** $v = RI \pm e^{K - t/RC}$;

38) $q(t) = \pm \, e^{K - t/RC}$; **39)** 8h, 13 min, 48 s.
b) 7 469 L; **40)** 3,235 g/L ≈ 0,032 kg/L;

41) 59,43 min; **42)** $P = \dfrac{\varepsilon^2 R}{(R + r)^2} + K$;

43) $y = x^2 - 6x + 8$ si $r = 2$; $y = x^2 - 6x + 25/4$ si

$r = 3/2$; **44)** $sy - a\ ln\ |y| =\quad b\ ln\ |x| - rx +$ K;

45) $y = 2x +$ K si $0 < x < 1$;

$y = 3x +$ K $- 1$ si $\quad x = 1$; $y = 2 +$ K si $x > 1$;

46) a) [suggestion: transformer en mètres toutes les unités de

longueur] $\dfrac{F}{f\sqrt{g}}\ \sqrt{2(a-x)}\ = t$ [note: si $t = 0$ alors $x = a$];

b) 2,13 min; c) 3,37 min; d) 3,99 min; **47)** a) voir

la réponse de 5-46 a); b) 5,95 min; c) 9,41 min;

d) 11,14 min; **48)** 3,98 min pour le bain ayant une

surface rectangulaire;   13,92 min pour le bain ayant

une surface circulaire;   **49)** a)$y = K_1 e^{5x} + K_2 e^{7x}$;

b) $y = K_1 e^x + K_2 e^{-x} + K_3 e^{2x} + K_4 e^{-2x}$;

c) $y = K_1 e^{3x} + K_2 e^{-x} - \dfrac{e^{2x}}{3}$;

Chapitre 6

1) a) 55; b) 650; c) 1 680; d) 8 800; e) 567;

f) 15 150; g) 1 264; h) 704; i) –203 616 [notons

qu'il y a cent un termes et non cent dans cette sommation];

2) a) $\dfrac{n(n+1)(n+2)}{3}$;   b) $n^2 - 4n$;   c) $\dfrac{n+7}{2n}$;

d) $\dfrac{(n+1)(4n-7)}{6n^2}$;   e) $2n(n+1)(\Delta x)^2 + n(\Delta x)$;

f) $-7n\Delta x - 2n(n+1)(\Delta x)^2$

$\quad - \dfrac{n(n+1)(2n+1)(\Delta x)^3}{6}$;

5) a) 5/2; b) 16/3; **6)** Lorsque l'aire bornée au-dessus de l'axe OX est égale à l'aire bornée au-dessous de l'axe OX; **7)** Par exemple $f(x) = x^2 - 4$ entre les verticales $x = 3$ et $x = 8$; **8)** Par exemple $f(x) = x^2 - 4$ entre les verticales $x = -2$ et $x = 2$; **9)** Par exemple $f(x) = x^2 - 4$ entre les verticales $x = -2$ et $x = 3$; **10)** Non. Si f est partout positive sur le domaine d'intégration alors l'intégrale sera *égale* à l'aire. En intégrant, nous ne pouvons pas «faire plus» que d'additionner du positif !; **11)** a) 7; b) 0; c) $-8,\dot{6}$; d) 0; **12)** Les intégrales b), c) et d);**13)** $\lim\limits_{n \to \infty}\ (12 + \dfrac{9}{n}) = 12$; **14)** a) $[G(a) + G(c)$ $+G(d) +G(e) +G(f) + G(g) + G(h)]\ \Delta x$ où les Δx sont tous égaux ;

b) $\{G(a)\ [b-a] + G(b)\ [c-b] + G(c)\ [d-c] + G(e)\ [e-d] + G(f)[f-e]\}$; **15)** a) 6,0929; b) 6,168; **16)** a) 6,45; b) 6,3468; **17)** a) 30; b) 84,79102; c) 1,135086; d) $-4,1\dot{6}$; **18)** a) 14; b) 31,192875; c) 1,891888; d) $-2,5\dot{6}$; **19)** a) 21; b) 51,428356; c) 1,724609; d) –3,149206; **20)** Oui, car chaque rectangle considéré couvre moins que la seule surface sous la courbe. La valeur calculée avec les 4 rectangles est 0,6345; **21)** a) 1; b) 1;   c) $2 - e$; **22)** a) $a = 2$, $b = 2$, le membre de gauche égale 1; b) $a = 5$, $b = 2$, le m. de g. égale -15; c) $a = 0$, $b = -4$, $c = 2$, $d = 1$,

le m. de g. égale -17; **23)** a) $\displaystyle\int_9^{49} \cos u\ \ du$;

b) $\dfrac{1}{2}\displaystyle\int_7^{12} \sqrt{u}\,du$; c) $\displaystyle\int_0^{-1} \dfrac{-2(2-u)\,du}{u}$; **24)** a) 1/2;

b) $2(e^5 - e^3)$; **25)** a) 1,17520; b) 0,19712; c) $105,\dot{3}\ \pi$; d) 8,4172; e) $0,\dot{6}$; f) $0,1\dot{6}$; g) 4,44047; h) 0,89822; i) 0,78216; j) 0,54931; k) 0,004929; l) $-0,\dot{3}$; m) 0,7854;   **26)** a) 157;   b) 20,25; **27)** a) 0; b) x; c) N'existe pas. Quelle que soit la valeur de x choisie entre -5 et 1, il est impossible d'intégrer car l'intégrande n'est pas définie dans $\mathbb{R}$

pour des valeurs de t inférieures à 1; d) $x\ \sqrt{x+3}$; e) 2; f) Le résultat de l'intégrale est une valeur constante et quelle que soit cette valeur, la dérivée

sera nulle; **28)** 0,011572; **29)** $t = \sqrt{1+T} - 1$; **30)** Indice: utiliser les lois des exposants après avoir remarqué que le produit des termes est

$a^n \times r^{1+2+3+\dots+(n-1)}$; **33)** $y = \dfrac{8x-32}{a-7}$;

Chapitre 7

1) a) $\dfrac{\sin^8 x}{8} +$ K ; b) $\dfrac{-\cos^8 x}{8} +$ K ; c) $\dfrac{-1}{3\sin^3 x} +$ K ;

d) $\dfrac{e^2 + x^3}{3} +$ K ; e) $\dfrac{\sec^9 x}{9} +$K ; f) $\dfrac{\sqrt{3x^2 + 2}}{3} +$ K ;

g) $-(2 - 3\sqrt{x})^{2/3} +$ K; h) $ln\left|\dfrac{3x^2}{2} + \dfrac{5x^3}{3}\right| +$K   ***ou***

$ln \left|9x^2 + 10x^3\right| + K$; i) $\dfrac{-\cos(\sec x^2)}{2} + K$;

2) a) $x e^x - e^x + K$; b) $x \sin x + \cos x + K$;

c) $x \, ln \, x - x + K$; d) $(x+5) \, ln(x+5) - x + K$;

e) $x \, arctg \, x - \dfrac{ln(1+x^2)}{2} + K$;

f) $x \arcsin x + \sqrt{1-x^2} + K$; g) $\dfrac{x^2}{2} ln \, x - \dfrac{x^2}{4} + K$;

h) $x \, tg x + ln|\cos x| + K$; i) $(x^2 - 2x + 2) e^x + K$;

j) $\dfrac{e^x}{2} (\sin x - \cos x) + K$;

k) $\dfrac{e^{2x}(2\sin x - \cos x)}{5} + K$;

l) $\dfrac{-1}{24}(5 \cos 5x \, \cos x + \sin 5x \, \sin x) + K$ ou

$$-\dfrac{\cos 4x}{8} - \dfrac{\cos 6x}{12} + K \ \ ;$$

m) $x \, ln^2 x - 2 x \, ln \, x + 2x + K$;

n) $\dfrac{e^{2x}}{4}(2x^2 + 2x + 1) + K$; o) $\dfrac{e^{x^2}(x^2-1)}{2} + K$;

3) a) $tg \, x - x + K$; b) $2\sqrt{tg \, x - 2} + K$;

c) $\dfrac{-7}{13}\sqrt[7]{\cot g^{13} x} + K$;

d) $\dfrac{tg \, ax}{a} + K$; e) $\dfrac{\cos^3 x}{3} - \cos x + K$;

4) a) $2 \sin \theta + K$; b) $\sin x - \dfrac{2\sin^3 x}{3} + \dfrac{\sin^5 x}{5} + K$;

c) $\dfrac{tg^{11} x}{11} + \dfrac{tg^{13} x}{13} + K$;

d) $-\dfrac{\cos^8 x}{8} + \dfrac{\cos^{10} x}{5} - \dfrac{\cos^{12} x}{12} + K$

e) $2x - \cot g \, x + K$; f) $2 tg x + K$; g) $tg \, x - \cot g \, x + K$;

h) $ln|\cos x| + \dfrac{\sec^2 x}{2} + K$;

i) $\dfrac{x}{2} - \dfrac{\sin 2x}{4} + K$; j) $\dfrac{x}{2} + \dfrac{\sin 2x}{4} + K$;

k) $\dfrac{3x}{8} - \dfrac{\sin 2x}{4} + \dfrac{\sin 4x}{32} + K$;

l) $\sin x - \cos x - ln|\cosec x - \cot g x| + K$;

m)

$-\dfrac{\cosec x \, \cot g x}{2} + \dfrac{1}{2} ln|\cosec x - \cot g x| + K$;

5) a) $(x+3)^2 + 7$; b) $-2(x+2)^2 + 4$;

c) $2(x+1)^2 + 15$; d) $-3(x-2)^2 + 12$; **6)** Ici, «côtés» signifie les côtés de l'angle droit.

a) hyp.: x côtés: 2 et $\sqrt{x^2-4}$;

b) hyp.: 12 côtés: x et $\sqrt{144 - x^2}$;

c) hyp.: $\sqrt{64x^2+1}$ côtés: 1 et $8x$;

d) hyp.: $\sqrt{x^2+6x+16}$ côtés: $x+3$ et $\sqrt 7$;

e) hyp.: 7 côtés: $3x$ et $\sqrt{49-9x^2}$;

f) hyp.: 2 côtés: $\sqrt{-2x^2-8x-4}$ et $\sqrt 2 (x+2)$;

g) hyp.: $\sqrt{2x^2+4x+17}$, côtés: $\sqrt 2(x+1)$ et $\sqrt{15}$;

h) hyp.: $\sqrt{12}$ côtés: $\sqrt{-3x^2+12x}$ et $\sqrt 3(x-2)$;

7) a) $\dfrac{3x}{20} + \dfrac{5}{\sqrt{25-x^2}} - \dfrac{\sqrt{25-x^2}}{5}$;

b) $\dfrac{\sqrt{25-x^2}}{x} + \arccos \dfrac{x}{5}$ [d'autres façons d'énoncer θ sont expliquées à la fin del'exemple 7-21 à la page 130];

8) a) $\arcsin(x/3) + K$; b) $\dfrac{1}{9} arctg(x/9) + K$;

c) $\dfrac{-\sqrt{1-x^2}}{x} + K$; d) $\dfrac{x}{16\sqrt{x^2+16}} + K$;

e) $\dfrac{x}{9\sqrt{9-x^2}} + K$; f) $\dfrac{1}{4} ln\left|\dfrac{x}{\sqrt{x^2+4}}\right| + K$;

g) $\sqrt{x^2-16} + 4 \arcsin(4/x) + K$;

h) $\dfrac{x}{\sqrt{4-x^2}} - \arcsin\left(\dfrac{x}{2}\right) + K$;

i) $10 \, ln\left|\dfrac{10-\sqrt{20x-x^2}}{x-10}\right| + \sqrt{20x-x^2} + K$;

j) $\dfrac{1}{2}\left[x\sqrt{25-x^2} + 25 \arcsin(x/5)\right] + K$;

k) $-arccosec(e^x) + K$;

l) $\dfrac{-\sqrt{(1-x^2)^3}}{3x^3} - \dfrac{\sqrt{1-x^2}}{x} + K$ **ou**

$$\dfrac{-\sqrt{1-x^2}}{3x^3}[1+2x^2] + K;$$

9) $\dfrac{1}{3}\sqrt{(x^2-16)^3} + 16\sqrt{x^2-16} + K$;

10) a) $\ln|x-1| + 2\ln|x+3| + K$;

b) $\ln|x-1| - \ln|x+3| + \ln|x+4| + K$;

c) $\ln|x| - 2\ln|1-x| + \ln|1+x| + K$ **ou**

$$\ln\left|\dfrac{x(1+x)}{(1-x)^2}\right| + K \;;$$

d) $-\ln|x+5| - 3\ln|x-4| + K = \ln\left|\dfrac{K}{(x+5)(x-4)^3}\right|$;

e) $\ln|x-1| + \ln\sqrt{x^2+1} + \mathrm{arctg}\,x + K$;

f) $-2\ln|x+2| - \dfrac{3}{x+2} + \ln|x-1| + K$;

g) $-2\ln|x+3| - \dfrac{1}{x+3} + \ln|x+1| + K$;

h) $\dfrac{-4}{x} + \dfrac{1}{x+1} + K$;

i) $\ln|x| - \dfrac{2}{x} - \dfrac{1}{2}\mathrm{arctg}(x/2) + K$;

j) $8\ln|\sin x| - \dfrac{20}{3}\ln|3\sin x + 1| + K$;

k) $8\ln\sqrt{x} - \dfrac{20}{3}\ln(3\sqrt{x}+1) + K$ [note: remarquons

la similitude des réponses j et k. Le changement de variable peut transformer deux intégrales à l'allure complètement différente en une seule et même intégrale];

l) $\ln\left|\dfrac{x}{x+1}\right| - \dfrac{2}{x} - \dfrac{1}{2x^2} + K$;

m) $6x - \dfrac{2}{e^x} - \ln|e^x + 1| + K$;

n) $\ln|\sin x - 2| - \dfrac{\cosec^2 x}{2} + K$;

11) Ici, $\dfrac{ds}{169 - 144\,s^2} = dt$;

$t = \dfrac{1}{12\times 26}\ln\left|\dfrac{13+12\,s}{13-12\,s}\right| + K$;

12) Il fallait diviser avant de séparer en fractions partielles. En fait, $I = \int\left[1 + \dfrac{x+1}{x(x-1)}\right]dx$;

13) a) $-\cotg(x/2) + K$; b) $\dfrac{-2}{1+\tg(x/2)} + K$;

14) a) $\dfrac{x^2}{2} - 6x + 9\ln|x| + K$; b) $\dfrac{\tg^{13}x}{13} + K$;

c) $\tg x + K$; d) $(\sin x - 1)e^{\sin x} + K$;

e) $\dfrac{1}{2(5-\ln|x+1|)^2} + K$;

f) $\dfrac{\sin^2 x}{2} + K$ **ou** $\dfrac{-\cos^2 x}{2} + K$; g) $\dfrac{-1}{10(x^2+4)^5} + K$;

h) $\dfrac{-1}{16(x+1)} + K$; i) $x - \ln|x-1| + K$;

j) $\dfrac{1}{16}\cos 4x + \dfrac{x}{4}\sin 4x + K$; k) $\dfrac{\cos^5 x}{5} - \dfrac{\cos^3 x}{3} + K$;

l) $\arcsin\left(\dfrac{(x-2)}{2}\right) + K$;

m) $\dfrac{-1}{100\sqrt{x^2-100}} - \dfrac{1}{1000}\mathrm{arcsec}(x/10) + K$;

n) $\ln|x| - \dfrac{2}{3}\ln|x-1| + \dfrac{23}{3}\ln|x+2| + K$;

o) $\cos x + x\sin x + K$;

p) $\dfrac{-\sqrt{1-x^2}}{x} - \arcsin x + K$;

q) $\dfrac{1}{24}\ln\left|\dfrac{1+6x^2}{1-6x^2}\right| + K$;

r) $\dfrac{\sin x}{2\cos^2 x} + \dfrac{1}{2}\ln|\sec x + \tg x| + K$;

s) $x^3 + K$ [penser à une propriété des logarithmes];

t) $\ln|x| + \dfrac{1}{x} - \dfrac{1}{2x^2} - \ln|x+1| + K$ **ou**

$\dfrac{2x-1}{2\,x^2} + ln\left|\dfrac{x}{x+1}\right| + K$;   u) $e^{e^x}\left[e^x - 1\right] + K$;

v) arctg $e^x + K$;   w) $\dfrac{\cos 2x}{4} - \dfrac{\cos 4x}{8} + K$ *ou*

$$\dfrac{3}{8}\sin x \sin 3x + \dfrac{1}{8}\cos x \cos 3x + K;$$

x) $\dfrac{e^{2x}}{13}\left[2\sin(3x) - 3\cos(3x)\right] + K$;

y) $x\,\text{arccotg}\,2x + \dfrac{1}{4}\,ln\left|1 + 4x^2\right| + K$;

z) $\dfrac{x^2}{2} + ln|x-1| + 2\,ln|x+2| + K$;

15) a) -2;   b) $224{,}23822$;   c) π;   d) $-0{,}14583\dot{}$;
e) $0{,}36603$; f) $0{,}5$; g) $0{,}014255$; h) $0{,}78827$;
i) $-0{,}46906$; j) $2{,}260180$; **16)** Car nous avons intégré de droite à gauche plutôt que de gauche à droite ce qui a entraîné des dx négatifs;
17) a)

$$\dfrac{27\sin(x/3)\,\sin(3x) + 3\cos(x/3)\,\cos(3x)}{80} + K\ ;$$

b) $\dfrac{1}{3}\left[\sqrt{(16+x^2)^3} - 48\sqrt{16+x^2}\right] + K$ *ou*

$$\dfrac{\sqrt{16+x^2}}{3}\left[x^2 - 32\right] + K \quad ;$$

c) $2\,ln\left|x^2 + 2x + 5\right| + \dfrac{1}{2}\,\text{arctg}\left(\dfrac{x+1}{2}\right) + K$;

d) $2\,ln\left|x^2 + 4x + 20\right| + \dfrac{1}{4}\,\text{arctg}\left(\dfrac{x+2}{4}\right) + K$;

e) $\dfrac{x\,ln^2\,x}{2}[x+2] - \dfrac{x\,ln\,x}{2}[x+4] + \dfrac{x}{4}[x+8] + K$;

f) $\dfrac{x}{3\cdot 9^4\,\sqrt{81+x^2}}\left[\dfrac{243 + 2x^2}{81+x^2}\right] + K$;

g) $\dfrac{-\sqrt{4+x^2}}{8x^2} + \dfrac{1}{16}\,ln\left|\dfrac{2+\sqrt{4+x^2}}{x}\right| + K$;

h) $\dfrac{1}{2}\left[x\,\sqrt{x^2-49} - 49\,ln\left|x + \sqrt{x^2-49}\right|\right] + K$;

i) $\dfrac{x-1}{3\,\sqrt{2x-x^2}}\left[\dfrac{1}{2x-x^2} + 2\right] + K$ *ou*

$$\dfrac{(x-1)\,(1+4x-2x^2)}{3\,(2x-x^2)^{3/2}} + K;$$

j) $x + ln\left|x^2 - 1\right| + \dfrac{7}{2}\,\text{arctg}\left(\dfrac{x}{2}\right) + K$;

k) $\sec x + ln\,\text{tg}\left(\dfrac{x}{2}\right) + K$;

l) $\dfrac{-1}{3}\,\sqrt{(1-x^2)^3} + x\,\sqrt{1-x^2} + \arcsin x + K$ *ou*

$$\dfrac{\sqrt{1-x^2}}{3}\left[x^2 + 3x - 1\right] + \arcsin x + K\ ;$$

m) $\dfrac{e^{-x}}{2}\left[-\cos x + \sin x\right] + K$;

n) $\dfrac{-\sqrt{1-\sin\,4x}}{2} + K$ *ou* $\dfrac{-\cos\,4x}{2\sqrt{1+\sin\,4x}} + K$ [note: multiplier par $\sqrt{1-\sin\,4x}$ au numérateur ainsi qu'au dénominateur]; o) $\dfrac{1}{4}\,\text{tg}\,4x - \dfrac{1}{4}\,\sec 4x + K$;

p) $5\,\text{tg}\,(x/2) + ln\left|1 + \cos x\right| + K$ *ou*

$$-5\,\cot g\,x + 5\,\text{cosec}\,x + ln\left|1 + \cos x\right| + K;$$

q) $2\,ln\left|\dfrac{\sqrt{\sqrt{\theta}+1} - 1}{\sqrt{\sqrt{\theta}+1} + 1}\right| + K$;

r) $2\,ln\,\sqrt{x}\,\text{arctg}\,ln\,\sqrt{x} - ln\left|1 + ln^2\,\sqrt{x}\right| + K$ *ou*

$$ln|x|\,\text{arctg}\,ln\,\sqrt{x} - ln\left|1 + \dfrac{ln^2\,|x|}{4}\right| + K\ ;$$

s) $\dfrac{x}{5}\left[2\sin(2\,ln\,x) + \cos(2\,ln\,x)\right] + K$;

t) $(3x^2 - 6)\sin x - (x^3 - 6x)\cos x + K$;

u) $\dfrac{x}{2}\left[\sin(ln\,x) - \cos(ln\,x)\right] + K$;

18) L'erreur a été d'oublier les constantes d'intégration. Il aurait fallu écrire $ln|x| + C = 1 + ln|x| + K$, où $C = 1 + K$; **19)** $\displaystyle\int \dfrac{8\,dx}{\text{arctg}\,x\,(1+x^2)}$

ou $\displaystyle\int \dfrac{8\,dx}{x\,ln\,x}$ ou toute autre intégrale telle que le produit de u par v donnerait 8, et dans la résolution, il faudrait aussi «oublier» les constantes d'intégration; **20)** a) $3 \, ln \, |x - t| - 2 \, ln \, |x| + K$;

b) $-3 \, ln \, |x - t| - \dfrac{2t}{x} + K$;

21) $P(t) = \dfrac{LP_0}{P_0 + (L - P_0) \, e^{-kLt}}$ où P_0 est la popu-

lation initiale. [Remarquons la similitude avec le taux de variation de la chaleur d'un corps ou loi de refroidissement de Newton qui a été vue au chapitre 5];
22) $P(t) = P_0 \, e^{-0,03t}$; dans 153,51 ans;

23) 162,19 s; **24)** $ln \left[\left(\dfrac{n}{N-n} \right) \left(\dfrac{N-n_0}{n_0} \right) \right] = N \, k \, t$;

25) $N(t) = P_0 \left[1 - e^{-kP_0 t} \right] + e^{-kP_0 t}$;

26)a) $-ln \left| \dfrac{1 + \sqrt{1 + sin^2 x}}{sin \, x} \right| + K$;

b) $\dfrac{cos^5 x \, sin \, x}{6} + \dfrac{5x}{16}$

$+ \dfrac{5 \, sin \, 2x}{24} + \dfrac{5 \, sin \, 4x}{192} + K$;

c) $\dfrac{1}{28} \dfrac{sin \, 7x}{cos^4 \, 7x} + \dfrac{3}{56} \dfrac{sin \, 7x}{cos^2 \, 7x}$

$+ \dfrac{3}{56} \, ln \, |sec \, 7x + tg \, 7x| + K$;

d) $\dfrac{1}{2} \, ln \, |1 + tg \, x| + K$;

e) $3 \, ln \, |x - 5| - \dfrac{1}{x + 1} - \dfrac{1}{x^2 - x + 1} + K$ *ou*

$$3 \, ln \, |x - 5| - \dfrac{x^2 + 2}{x^3 + 1} + K \, ;$$

f) $I = \displaystyle\int \dfrac{1}{x} - \dfrac{1}{x^2} + \dfrac{2x + 2}{x^2 + 7} + \dfrac{2x + 15}{(x^2 + 7)^2} \, dx$

$= ln \, |x| + \dfrac{1}{x} + ln \, |x^2 + 7| + \dfrac{43}{14 \sqrt{7}} \, arctg \left(\dfrac{x}{\sqrt{7}} \right)$

$- \dfrac{1}{x^2 + 7} + \dfrac{15x}{14 \, (x^2 + 7)} + K$;

g) $5 \, ln|x| - \dfrac{x}{x^2 + 1} - arctg \, x + K$;

h) $\dfrac{1}{2 \, (1 + sin \, x)} + \dfrac{1}{2} \, ln \, \left| tg \left(\dfrac{\pi}{4} + \dfrac{x}{2} \right) \right| + K$;

27) a) 0,56344; b) 0,26484; c) 0,031398; d) $4 \sqrt{2}$;

28) $y = \dfrac{\left[ABe^{(B-A)kt} - AB \right]}{\left[Be^{(B-A)kt} - A \right]}$; **29)** $\dfrac{e^x}{(x + 1)} + K$;

30) a) $\dfrac{1}{4 \sqrt{2}} \, ln \, \left| \dfrac{cos^2 x - \sqrt{2} \, cos \, x + 1}{cos^2 x + \sqrt{2} \, cos \, x + 1} \right|$

$- \dfrac{\sqrt{2}}{4} \, arctg \left(\dfrac{\sqrt{2} \, cos \, x}{sin^2 x} \right) + K$;

b) $\dfrac{1}{4 \sqrt{2}} \, ln \, \left| \dfrac{e^{2x} - \sqrt{2} \, e^x + 1}{e^{2x} + \sqrt{2} \, e^x + 1} \right|$

$+ \dfrac{1}{2 \sqrt{2}} \, arctg \left(\dfrac{\sqrt{2} \, e^x}{1 - e^{2x}} \right) + K$;

Chapitre 8

Dans les réponses qui suivent, C.V. signifie «changement de variable», M.E., «mise en évidence».
Chaque ligne marquée d'un • indique une étape à franchir dans la résolution de l'intégrale. Le numéro d'une formule est précédé d'un #. Lorsque des opérations se font à la même étape, elle seront parfois séparées de //.

1) •#17 $(u = x, a = 3, b = 7)$; $\dfrac{x}{7} - \dfrac{3 \, ln \, |3 + 7x|}{49} + K$;

2) •#18 $(u = x, a = 5, b = -2)$; $\dfrac{3}{4} \left[ln \, |5 - 2x| + \dfrac{5}{5 - 2x} \right] + K$;

3) •#22 $(u = x, a = 4, b = 1)$ $\dfrac{-16}{x} + 4 \, ln \, \left| \dfrac{4 + x}{x} \right| + K$;

4) •#37 $(u = x, a = 4, b = 1, k = 2)$ $\dfrac{1}{4} \, arctg \left(\dfrac{x^2}{2} \right) + K$;

5) •#38 $(u = x, a = 4, b = -1, k = 2)$ $\dfrac{-1}{8} \, ln \left(\dfrac{x^2 - 2}{x^2 + 2} \right) + K$;

6) •#86 $(u = x, a^2 = 16)$ $\dfrac{\sqrt{x^2 - 16}}{16 \, x} + K$;

7) •#96 $(u = x, a^2 = 16)$ $\dfrac{\sqrt{16 - x^2}}{-16 \, x} + K$;

8) •#108 $(u = x, a = 2, b = 3, c = -4, q = -41, k = -8/41)$

$$\frac{2\,(3x-8)}{41\,\sqrt{2x^2+3x-4}}+K;$$

9) •#128 $(u=x, m=8, n=5)$ $\dfrac{-\cos(3x)}{6}-\dfrac{\cos(13x)}{26}+K;$

10) •#139 $(u=x, a=3)$ $\dfrac{\sin(3x)}{9}-\dfrac{x\cos(3x)}{3}+K;$

11) •#124 $(u=x, a=1, n=3)$ •#127 $(u=x, a=1)$

$$\frac{\sec x\,\mathrm{tg}\,x+ln|\sec x+\mathrm{tg}\,x|]}{2}+K;$$

12) • #125 $(u=x, m=8, n=5)$ $\dfrac{\sin 3x}{6}-\dfrac{\sin 13x}{26}+K;$

13) • #129$(a=1)$ *ou* • #130 du haut $(m=n=2, a=1)$
• #120 $(n=2, a=1)$ *ou* • #130 du bas $(m=n=2, a=1)$

• #122 $(n=2, a=1)$ $\dfrac{-\sin 4x}{32}+\dfrac{x}{8}+K;$

14) • #85 $(u=x, a^2=9)$ $\dfrac{1}{3}\sqrt{(x^2-9)^3}+9\sqrt{x^2-9}+K;$

15) • M.E. de 3 et #31 $(a=2, b=5)$
$\dfrac{3}{10}ln(2+5x^2)+K;$

16) • #34 $(a=6, b=13, m=4)$ $\dfrac{-1}{104\,(6+13x^2)^4}+K;$

17) • #29 $(u=x, a=2, b=-5)$ $\dfrac{3}{2\sqrt{10}}ln\left|\dfrac{2+x\sqrt{10}}{2-x\sqrt{10}}\right|+K;$

18) •M.E. de −1 •#48$(u=x,\ c=\sqrt[3]{5}$, il faut prendre le signe du bas)

$$\frac{1}{6\sqrt[3]{25}}ln\left|\frac{\left(\sqrt[3]{5}-x\right)^3}{5-x^3}\right|-\frac{1}{\sqrt{3}\,\sqrt[3]{25}}\,\mathrm{arctg}\left(\frac{\sqrt[3]{5}+2x}{\sqrt{3}\,\sqrt[3]{5}}\right)+K;$$

19) •#62 $(P=1+x^2, u=x, a=1, b=0, c=1, q=4, n=1)$
•#58 $(P=1+x^2, u=x, a=1, b=0, c=1, q=4)$
ou • #34 $(u=x, a=1, b=1, m=1)$ La solution est beaucoup plus rapide avec #34. $\dfrac{-1}{2\,(1+x^2)}+K;$

20) •M.E. de 3 •#58 $(P=2+5x^2, a=5, b=0, c=2, q=40)$

$$\frac{3}{\sqrt{10}}\,\mathrm{arctg}\,\frac{x\sqrt{10}}{2}+K$$

21) • #97 $(a=1\ u=x)$ $\dfrac{-\sqrt{1-x^2}}{x}-\mathrm{arcsin}\,x+K$

22) • #87 $(a=1$, et prendre le signe du haut)

$$\frac{-\sqrt{x^2+1}}{x}+ln\left|x+\sqrt{x^2+1}\right|+K\quad;$$

23) • #151 $(a=1, n=3)$ $\dfrac{x^4}{4}ln|x|-\dfrac{x^4}{16}+K$;

24) • #105 $(P=2x-x^2, a=-1, b=2, c=0, q=-4, k=1)$

$$\frac{x-1}{6\sqrt{2x-x^2}}\left[\frac{1+4x-2x^2}{2x-x^2}\right]+K\quad;$$

25) •C.V.: $u=e^x$ •#20 $(a=2, b=1)$

$$\frac{-ln(2+e^x)}{2}+\frac{x}{2}+K;$$

26) •C.V.: $u=\sin x$ •#20 $(a=-3, b=1)$

$$\frac{1}{3}ln\left|\frac{\sin x-3}{\sin x}\right|+K;$$

27) •C.V.: $u=\cos x$ M.E. de −1 •#53 $(c=3)$

$$\frac{-1}{54}\left[\frac{1}{2}ln\left|\frac{3+\cos x}{3-\cos x}\right|+\mathrm{arctg}\left(\frac{\cos x}{3}\right)\right]+K;$$

28) •C.V.: $u=\sin x$ •#36 $(a=5, b=-2)$

$$\frac{-1}{6}ln(5-2\sin^3 x)+K;$$

29) •C.V.: $u=ln x$ •#68 $(a=2, b=-1)$

$$\frac{-2\,(4+3\,ln\,x)\sqrt{(2-ln\,x)^3}}{15}+K;$$

30) •C.V.: $u=\sec x$ •#73 $(a=5, b=-2)$

$$\frac{(50+10\sec x+3\sec^2 x)\sqrt{5-2\sec x}}{-15}+K.$$

31) •C.V. $u=e^x$ #48 $(u=x, c=1$ avec le signe du haut)

$$\frac{1}{6}ln\left|\frac{(1+e^x)^3}{1+e^{3x}}\right|+\frac{1}{\sqrt{3}}\mathrm{arctg}\left(\frac{2e^x-1}{\sqrt{3}}\right)+K;$$

32) •C.V. $u=\sqrt{1+x}$ •M.E. de 2 et #72 $(a=1, b=1)$ $\dfrac{4\sqrt{1+x}-8}{3}\sqrt{1+\sqrt{1+x}}+K$;

33) • C.V. $u=x^5$ • M.E. de 1/5 et #77 $(a=3$ et les signes du haut) *ou* • C.V. $u=x^5$• M.E. de 1/5 et #102 $(P=9+u^2, a=1, b=0, c=9)$

$$\frac{1}{5}ln\left|x^5+\sqrt{9+x^{10}}\right|+K\quad;$$

34) • C.V. $u=x^3$ • M.E. de 1/3 et #91 $(a=3)$ *ou* • C.V. $u=x^3$ • M.E. de 1/3 et #103 $(P=9-u^2, a=-1, b=0, c=9, q=-36)$

$$\frac{1}{3}\mathrm{arcsin}\,\frac{x^3}{3}+K\quad;$$

35) • C.V. $u=x^5$ • M.E. de 1/5 et #102 $(P=16u^2+u+1, a=16, b=1, c=1)$ $\dfrac{1}{20}ln\left|8\sqrt{16x^{10}+x^5+1}+32x^5+1\right|+K;$

36) • C.V. $u = x^5$ • M.E. de 1/5 et #102 ($P = 16u^2+u$, $a = 16, b = 1, c = 0$) $\dfrac{1}{20} ln \left| 8\sqrt{16x^{10} + x^5} + 32x^5 + 1 \right|$ +K;

37) • C.V. $u = e^x$ • #104 ($P = u^2 + 4u - 5, a = 1, b = 4$;

$c = -5; q = -36$) $\dfrac{e^x + 2}{-9\sqrt{e^{2x} + 4e^x - 5}}$ + K

38) • C.V. $u = e^{2x}$ • M.E. de 1/2 • #59 ($P = u^2 + 4u - 12$, $a = 1, b = 4, c = -12, q = -64$) $\dfrac{1}{16} ln \left(\dfrac{e^{2x} - 2}{e^{2x} + 6} \right)$ +K;

39) • C.V. $u = 1 + e^{2x}$ • M.E. de 1/2 et #150

$\dfrac{1}{2}\left[(e^{2x} + 1) ln(e^{2x} + 1) - e^{2x} - 1 \right]$ + K   Notons que les valeurs absolues peuvent être supprimées car $e^{2x} + 1$ est toujours positif;

40) • C.V. $u = x + 1$ • #151 ($n = 4, a = 3$)

$\dfrac{(x + 1)^5}{5} ln \left| 3x + 3 \right| - \dfrac{(x + 1)^5}{25}$ + K ;

41) •C.V. $u = x + 2$ #156($a = 1, b = -1$)

$- ln \left| x + 2 \right| + \dfrac{(x+1)}{(x+2)} ln(x + 1)$+K; **42)** •C.V. $u = x+3$ #110

(ou #79) $- ln \left| \dfrac{1 + \sqrt{(x+3)^2 + 1}}{x + 3} \right|$ +K;

43) • Effectuer le produit et séparer en trois intégrales

• #120 ($a = 1, n = 2$)// C.V. $u = \cos x$ //#114 ($a = 1$) • #2 ($n = 1/2$)

$\dfrac{- \sin x \cos x}{2} + \dfrac{x}{2} + \dfrac{4}{3}\cos^{3/2} x + \sin x$ + K ;

44) • C.V. $u = 1 + e^{2x}$ • séparation en trois intégrales après avoir effectué $(u - 1)^2$ • #151($n = 2, a = 1$) // #151($n = a = 1$) // #150

$\dfrac{u\, ln|u|}{6}\left[u^2 - 3u + 3 \right] - \dfrac{u}{36}\left[2u^2 - 9u + 18 \right]$ + K

Il faut évidemment ensuite remplacer u par $1 + e^{2x}$;

45) • Procéder comme à l'exemple 4-26

• M.E. de 4 et #59 ($P = x^2 + 8x + 7, u = x, a = 1, b = 8, c = 7$,

$q = -36$) $2\, ln \left| x^2 + 8x + 7 \right| - \dfrac{25}{6} ln \left| \dfrac{x + 1}{x + 7} \right|$ + K

46) • Séparer en deux intégrales

• M.E. de 4 et #61 ($u = x; P = x^2 + x + 7; a = 1; b = 1; c = 7$)

• M.E. de -11 après avoir regroupé les deux intégrales qui nécessiteront la formule #58 • #58 ($u = x; P = x^2 + x + 7; a = 1; b = 1; c = 7; q = 27$)

$2\, ln \left| x^2 + x + 7 \right| - \dfrac{22}{3\sqrt{3}} \arctg \left(\dfrac{2x + 1}{3\sqrt{3}} \right)$ +K;

47) • séparer en deux intégrales

• M.E. de 2 et #61 ($P = x^2 + 2x + 2, a = 1, b = c = 2, q = 4$)

• #58 ($P = x^2 + 2x + 2, a = 1, b = c = 2, q = 4$)

$ln(x^2 + 2x + 2) + \arctg(x + 1)$ + K;

48) •C.V.: $u = x^2 + x$ •#123   ($m = 3; a = 1$) •#118 ($a = 1$)

$\dfrac{-\cos(x^2 + x)}{2\sin^2(x^2 + x)} + \dfrac{1}{2}\left[ln \left| \text{cosec}(x^2 + x) - \text{cotg}(x^2 + x) \right| \right]$ +K ;

49) • #158 ($u = x; m = 3; a = 1$)   • #158 ($u = x; m = 2$)
• #158 ($u = x; m = 1; a = 1$)   • #157 ($u = x; a = 1$)

$x^3 e^x - 3x^2 e^x + 6x\, e^x - 6\, e^x$ + K ;

50) • #120 ($a = 5, n = 6$) • #119

$\dfrac{-\sin^5 5x \cos 5x}{30} + \dfrac{5}{6}\left[\dfrac{3x}{8} - \dfrac{\sin 10x}{20} + \dfrac{\sin 20x}{160} \right]$ + K   ;

51) • #122 ($n = 7; a = 1; u = x$) • #122 ($n = 5; a = 1; u = x$)
•#122   ($n = 3; a = 1; u = x$)   •#8 ($a = 1$)

$\dfrac{\cos^6 x \sin x}{7} + \dfrac{6\cos^4 x \sin x}{35} + \dfrac{8\cos^2 x \sin x}{35} + \dfrac{16 \sin x}{35}$ + K

52)   • #130, celle du haut   ($m = 3; n = 2, a = 1$)
   • #130, celle du bas   ($m = 1; n = 2$)
   • #114   ($a = 1$)

$\dfrac{\sin^3 x \cos^2 x}{5} + \dfrac{2\sin^3 x}{15}$ + K ;

53) • #130, celle du haut ($m = 3; n = 5, a = 1$)• C.V. $u = \sin x$

• #2 ($n = 5$) $\dfrac{\sin^6 x \cos^2 x}{8} + \dfrac{\sin^6 x}{24}$ + K;

54) • C.V. $u = x^5$ • M.E. de 1/5 • #23 ($U = u, V = 16u + 1$, $a = 0, b = 1, c = 1, d = 16, k = -1$) *ou* • C.V. $u = x^5$
• M.E. de 1/5 • #59 ($P = 16u^2 + u, a = 16, b = 1, c = 0, q = -1$)

$-\dfrac{1}{5} ln \left| \dfrac{1 + 16x^5}{x^5} \right|$ + K;

55) •Il faut séparer en trois intégrales et utiliser dans chacune d'elles: $U = x + 3; V = x + 1; b = c = d = 1; a = 3; k = 2$

•#25 // #26 // #27 $\dfrac{-1}{x + 3} + ln \left| x + 1 \right| - 2ln \left| x + 3 \right|$ + K ;

56) •Séparer en trois intégrales
• #155 ($m = n = 2$)//M.E. de 6 #155 ($m = 1; n = 2$)//M.E. de 3 #152($n = 2$) • #155 ($m = 2, n = 1$)//#151 ($n = a = 1$) // #150

$\dfrac{ln^2 x}{3}\left[x^3 + 9x^2 + 9x \right] - \dfrac{ln\, x}{9}\left[2x^3 + 27x^2 + 54x \right]$

$+ \dfrac{2x^3}{27} + \dfrac{3x^2}{2} + 6x$ +K

57) • C.V. $u = \sqrt{x + 1}$ • #66 ($P = u^2 + 1, a = 1, b = 0, c = 1$)

•#58 ($P = u^2 + 1, a = 1, b = 0, c = 1, q = 4$) *ou* • C.V. $u = \sqrt{x + 1}$
•#35 ($a = 1, b = 1$) • #28 ($a = 1, b = 1$)

$$\frac{-1}{\sqrt{x+1}} - \text{arctg}\,\sqrt{x+1} + K;$$

58) • #130 (bas), #122 (2 fois), #114

ou •#130 du haut (2 fois), #130 du bas, #114

$$\frac{-\sin 3x\cos^6 3x}{21} + \frac{1}{7}\left[\begin{array}{l}\frac{1}{15}\sin 3x\cos^4 3x \\ + \frac{4}{5}\left(\frac{\sin 3x}{9}\left(\cos^2 3x + 2\right)\right)\end{array}\right] + K;$$

59) •#152 (4 fois), #150

$$\frac{(2x+1)}{2}\left[\begin{array}{l}ln^5|2x+1| - 5\,ln^4|2x+1| + 20\,ln^3|2x+1| \\ -60\,ln^2|2x+1| + 120\,ln|2x+1| - 120\end{array}\right] + K;$$

À partir de l'exercice 60, c'est parfois uniquement l'ordre des formules utilisées ainsi que la réponse qui seront indiqués.

60) •C.V., #39 ou #65 $\frac{1}{2}\,ln\left(\frac{e^{2x}}{1+e^{2x}}\right) + K;$

61) •Aucune des formules ne donne le résultat directement. Il faut faire une substitution trigonométrique et, selon le triangle bâti, utiliser la formule #120 ou #122.

$$\frac{x}{20(x^2+4)^{5/2}} + \frac{x}{60(x^2+4)^{3/2}} + \frac{x}{120\,(x^2+4)^{1/2}} + K;$$

62) •Il faut écrire des fractions partielles, la factorisation du dénominateur étant $(x+2)(x^2-2x+5)$. Utiliser ensuite #3, #61, #58.

$$ln|x+2| - \frac{1}{2}\,ln\,|x^2-2x+5| + \frac{3}{2}\text{arctg}\left(\frac{x-1}{2}\right) + K;$$

63) •C.V., #152, # 150

$$\frac{1}{2}\left[\arcsin x^2 ln^2|\arcsin x^2| - 2\arcsin x^2 ln\,|\arcsin x^2| + 2\arcsin x^2\right] + K$$

Les valeurs absolues ne sont pas essentielles puisque l'intégrale ne peut être résolue si $\arcsin x^2 < 0;$

64) •C.V., #158 et #157 $e^{\sin x}(\sin^2 x - 2\sin x + 2) + K;$

65) •C.V., #158 et #157 $-e^{\cos x}(\cos^2 x - 2\cos x + 2) + K;$

66) •#120 ($n = 5,\ a = 5$) $\frac{\cos 5x}{75}[-3\sin^4 5x - 4\sin^2 5x - 8] + K;$

67) •C.V., intégration par parties, #120

$$\frac{-x^3\cos x^3}{9}(\sin^2 x^3 + 2) + \frac{\sin x^3}{27}(\sin^2 x^3 + 6) + K;$$

68) •C.V., #158 $e^{e^x}(e^x - 1) + K;$

69) •C.V., intégration par parties, #120

$$\frac{-x^3\cos 7x^3}{63}(\sin^2 7x^3 + 2) + \frac{\sin 7x^3}{147\ (9)}(\sin^2 7x^3 + 6) + K;$$

70) •C.V., C.V., #40 (voir la note au bas de la page 159), #29 et

#32 $\frac{3}{16}\,ln\left|\frac{2-\sqrt{4+x^2}}{2+\sqrt{4+x^2}}\right| + \frac{1}{4}\sqrt{4+x^2} + K;$

71) •Séparer en deux intégrales, #158 pour chacune d'elles

$$\frac{x^3 e^{2x}}{2} - \frac{3}{4}x^2 e^{2x} + \frac{5}{2}\left[\frac{e^{2x}(2x-1)}{4}\right] + K;$$

72) •C.V., intégration par parties à l'aide de #119, C.V. pour l'argument du sinus

$$\frac{x^6}{16} - \frac{x^3\sin 2x^3}{12} + \frac{x^3\sin 4x^3}{96} - \frac{\cos 2x^3}{24} + \frac{\cos 4x^3}{384} + K$$

73) •C.V. $u = x^2 + 1$; séparer en trois intégrales; #151 et #150

$$\frac{ln\,|u|}{6}(u^3 - 3u^2 + 3u) - \frac{u}{36}(2u^2 - 9u + 18) + K$$

[note: il faut ensuite remplacer u par $x^2 + 1$ dans cette réponse];

74) •C.V. , multiplier par l'expression conjuguée et ensuite #109

$$\frac{-x^2}{2} - \frac{2x+1}{4}\sqrt{x^2+x} + \frac{1}{8}\,ln\left|2\sqrt{x^2+x} + 2x+1\right| + K;$$

Chapitre 9

2) positive dans les deux cas; **3)** L'aire est du signe opposé de celui de l'intégrale; **4)** 5. Oui;
5) -6; **6)** 21 ou 11;

7) $\displaystyle\int_a^b (y_2 - y_1)\,dx\,;$

8) a) $\displaystyle\int_0^b (y_1 - y_3)\,dx + \int_b^c (y_2 - y_3)\,dx\,;$

b) $\displaystyle\int_0^a (x_2 - x_1)\,dy\,;$ **9)** $\displaystyle\int_c^d (x_2 - x_1)\,dy\,;$ **10)** $\displaystyle\int_0^a y_1\,dx\,;$

11) a) $\displaystyle\int_0^d (y_1 - y_2)\,dx\,;$

b) $\displaystyle\int_c^a (x_3 - x_2)\,dy + \int_a^b (x_3 - x_1)\,dy\,;$

12) $\displaystyle\int_d^e (x_1 - x_3)\,dy + \int_e^f (x_1 - x_2)\,dy\,;$ **13)** a)$10,\dot{6}u^2;$

b) $15,3u^2;$ c) $4u^2;$ d) $10,\dot{6}u^2;$ **14)** a) $14,91u^2;$ b) $4,5u^2;$
15) a) 2; b) −1, parce qu'il y a plus de surface sous l'axe OX qu'au-dessus; c) 0, car l'aire au-dessus de l'axe OX est égale à l'aire sous ce même axe; d) $4u^2;$ **16)** $1,\dot{3}u^2;$ **17)** $4,5u^2;$ **18)** $36u^2;$
19) $6,75u^2;$ **20)** $0,\dot{3}u^2;$ **21)** $9u^2;$ **22)** $44\ u^2;$
23) a) $1,722389u^2;$ b) $11,786938u^2;$ c) $3,570796u^2;$

24) $15,125\ u^2$; **25)** a) $2u^2$; b) $1,\dot{3}u^2$; c) $0,25u^2$;
26) a) $4,91\dot{6}u^2$; b) $7,58\dot{3}u^2$; c) $6,1\dot{6}\ u^2$; **27)** $32u^2$;
28) $847,\dot{6}u^2$; **29)** $5/3u^2$; **30)** $8,1\dot{6}u^2$; **31)** $20,8\dot{3}u^2$;
33) $5,66964 = 9/(4^{1/3})$;

34) a) $c = -2,3362$; b) $c = -1,8420$; **35)** $0,21220659$.
Car l'aire au-dessus de l'axe OX est supérieure à
celle sous OX; **36)** $-0,21221$. Le résultat est
négatif car la portion d'aire entre $x = \pi/2$ et $x = 3\pi/2$
[qui est au-dessous de l'axe OX] est plus gande que
celle entre $x = 0$ et $x = \pi/2$ [qui est au-dessus de l'axe
OX]; **37)** $1,\dot{3}$; **38)** a) 15; b) -2; **39)** Il y a deux
possibilités: • 9 si f est positive entre $x = c$ et $x = d$;
•• 7 si f est négative entre $x = c$ et $x = d$; **40)** Tous
les intervalles suivants répondent à l'exigence: $[c, 0]$,
$[c,a]$, $[c,b]$, $[0,a]$, $[0,b]$, $[a,b]$; **41)** $26,799u^2$. Car

$y > 0$ lorsque $x > 0$; **42)** $0,058653u^2$; **43)** $\dfrac{a^2}{6}\ u^2$;

44) $5,93657\ u^2$; **45)** $\pi ab\ u^2$; **46)** $45,98961u^2$;
47) $a = 3$ [$a = 0$ est à refeter car a doit être positif.
De toute façon, l'aire de chaque région serait nulle...
ce qui ne serait pas vraiment intéressant!]; **48)** $9u^2$;
49) $c = 1$ et $c = 3$; **50)** $c = 4/3$, $c = 8/3$ et $c = 4$;
51) $1,\dot{3}$; **52)** a) $49,05$ m/s; b) $52,05$ m/s;
c) $13,206$ m/s; d) $13,617$ m/s; e) $130,625$ m/s;

f) $15,407$ m/s; **53)** $\dfrac{(4-a^2)^2}{4a} - \dfrac{16-12\,a+a^3}{3}\Bigg]\ u^2$;

54) $0,0061498\ u^2$ si l'angle du rayon est $-60°$ par
rapport à l'horizontale; $2,423054\ u^2$ si l'angle du
rayon est $+60°$ par rapport à l'horizontale;
55) a) $1,1861847$ si les rayons font des angles de
$45°$ et $60°$ par rapport à l'horizontale; b) $2,01461187$
si les rayons font des angles de $60°$ et $-45°$ par
rapport à l'horizontale; c) $0,01461187$ si l'angle des
rayons sont $-60°$ et $-45°$ par rapport à l'horizontale;
d) $0,84303899$ si les angles des rayons sont $-60°$ et
$45°$ par rapport à l'horizontale;

56) $(0,51176; 0,26189)$; **58)** $0,332825u^2$;

59) $4\pi u^2$; **60)** $0,4\ u^2$; **61)** $6\ u^2$; **62)** a) $2,75\ u^2$;
b) $44,75\ u^2$; **63)** $2\ u^2$. C'est en fait un cosinus
déphasé; **64)** $1,3229978\ u^2$. Attention, à certains
endroits, la fonction est sous l'axe OX;

Chapitre 10

1) $33,510\ u^3$; **2)** $10,0531\ u^3$; **3)** $107,233u^3$; **4)** $12\pi\ u^3$;
5) $96\pi\ u^3$; **6)** $2,3812\ u^3$; **7)** a) ici $R = 15\ u$. Si le
cercle tourne autour de $x = 0$, c'est qu'il y a rota-
tion autour d'un diamètre et cela engendre une
sphère dont le volume est $4500\ \pi\ u^3$; b) Volume $= 4500\ \pi\ u^3$; **8)** Les rectangles horizontaux
entraîneraient des calculs plus complexes car,
tournant autour de $x = \pi/2$, ils nous obligeraient à
déterminer $\pi/2 - x_4$ et $\pi/2 - x_1$ qui sont
respectivement les rayons r et R des disques troués.
Puisque l'élément différentiel serait alors dy, il
faudrait écrire x_1 en fonction de y. Ici, $x_1 = \arcsin y$;
9) $16,755\ u^3$; **10)** a) $\pi\ u^3$; b) $10,40\ u^3$; **11)** a) $16\pi\ u^3$;
b) $32\pi/3u^3$; c) $589,0486\ u^3$; d) $31\pi/30\ u^3$;

12) $\displaystyle\int_0^H \pi R^2\,dy = \pi R^2 \int_0^H dy = \pi R^2 y\ \Bigg|_0^H = \pi R^2 H$;

13) Car, en tournant autour de $x = 2$, le quart de
cercle situé dans le quadrant I engendre un volume
plus petit que celui engendré par le quart de cercle
situé dans le quadrant II; **14)** $83,776u^3$; **15)** a) $8\pi/5u^3$;
b) $523,598776\ u^3$; **16)** a) $6,894\ u^3$; b) $6,645\ u^3$;
17) $16\pi/15u^3$; **18)** $8\pi\ u^3$; **19)** $12\pi\ u^3$;
20) $14,13717\ u^3$; **21)** $0,94248\ u^3$; **22)** $261,799\ u^3$;

23) $204,8\ u^3$; **24)** $42,\dot{6}\ u^3$; **25)** $170,\dot{6}\ u^3$;
26) $31,4159u^3$; **27)** $5901,92\ u^3$; **28)** $98,96u^3$;
29) a) $4394\pi^2\ u^3$; b) $5070\pi^2\ u^3$; c) $6225,84\ \pi\ u^3$;

30) $592,176\ u^3$; **31)** $2,\dot{6}\ u^3$; **32)** a) $0,\dot{6}\ u^3$; b) $1u^3$;

33) a) $53,616514\ u^3$; b) $546,1\dot{3}\ u^3$; **34)** $8\pi\ u^3$;
[Notons que l'aire de la surface est $6u^2$ et que la
longueur du parcours effectué par le centre de
gravité est $4\pi/3u$]; **35)** $78,9568\ u^3$; **36)** $50\ \pi^2 b\ u^3$;

37) $851,39\ \pi u^3$; **38)** $3,1235\ u^3$; **39)** $\dfrac{256\pi}{3}$ cm^3;

40) $34,1\dot{3}\ \pi\ u^3$; **41)** $42,\dot{6}\pi\ u^3$; **42)** $428,932117u^3$;
43) $89,3609\ u^3$; **44)** a) $22,888\ u^3$; b) $515,929\ u^3$;

Chapitre 11

1) a) $\int_0^1 \sqrt{1 + (2ax+b)^2} \ dx$;

b) $\int_0^1 \sqrt{1 + (2x + 3\sec^2 x)^2} \ dx$;

2) a) $\int_0^1 \sqrt{1 + \cos^2 x} \ dx$;

b) $\int_0^{\sin 1} \sqrt{\dfrac{2 - y^2}{1 - y^2}} \ dy$; **3)** circonférence $= 2\pi R$;

4) $2\sqrt{2}\,\pi\ u$; **5)** 0,881374 u; **6)** $2\pi^2 a\ u$; **7)** a) $\pi\ u$;
b) 10,62815 u; **8)** a) 1,43971 u; b) 8,123944 u;
c) 6,085925 u;   d) 9,293568 u; e) 7,633705 u;
9) Richard suggère le trottoir au coût de 820,85$. [L'autre alternative coûte 1 000 $]; **10)** Six longueurs de ruban mesurant chacune 8,409 mètres. Par conséquent, il faut 50,454 mètres de ce ruban; **11)** a) C'est la deuxième balle qui fait la plus longue courbe dans les airs avec 118,3154 m; b) 114,78 m; **12)** 2,8794 u. C'est en fait deux fois la longueur de l'une ou l'autre des deux portions de courbes car $y = x^{3/2}$ et $x = y^{3/2}$ sont symétriques par rapport à la droite $y = x$; **13)** 28$; **14)** 2,430017$u$; **15)** a) 54,05615 u; b) 3,196199 u;
17) a) 10,513125 u; b) 1,316958 u; c) 1,316958 u (indice pour c: calculer selon y); **18)** 148,1299 u;

19) a) $2\int_0^1 \sqrt{\dfrac{16 - 4x^3 + (4 - 3x^2)^2}{4\,(4x - x^3)}} \ dx$. Il faut

multiplier par 2, car la courbe est symétrique par

rapport à l'axe OX; b) $2\int_0^1 \dfrac{t}{\sqrt{t^2 - x^2}} \ dx$. Il faut

multiplier par 2, car il y a deux portions de cercle pour lesquelles x varie de 0 à 1: celle qui est dans le quadrant I et celle qui est dans le quadrant IV;

20) a) $2\int_{\sqrt{t^2-1}}^{t} \left[\dfrac{t}{\sqrt{t^2 - y^2}}\right] dy$;

b) $\int_3^{11} \sqrt{\dfrac{4y - 7}{4y - 8}} \ dy$. Pour ceux qui sont curieux, la valeur de cette intégrale est 8,26815 u; **21)** a) $2\sqrt{5}\ u$; b) 0. Nous additionnons une longueur «positive» avec une même longueur «négative» donc le résultat est zéro; **22)** $a\,[e - 1/e]\ u$;
23) a) $\dfrac{k}{2}\left[\sqrt{2} + ln\,(1 + \sqrt{2})\right]$; b) Ici, $k = 1$ et la longueur est 2,295587 u [la parabole est symétrique par rapport à l'axe OY]; **24)** 2,75003 u [indice: calculer en fonction de dy]; **25)** ∞, car il y a une asymptote verticale en $x = \pi$, ce qui entraîne une courbe de longueur infinie; **26)** 284,3162 u;
27) $67,5422u = 2\pi R_1 + 2\pi R_2$ – réponse de l'exercice 11-26; **28)** 12,21089 u;

Chapitre 12

1) $48\,\pi\,\sqrt{5}\ u^2$; **2)** $\sqrt{2}\,\pi\,u^2$

[attention: ici $\sqrt{(\cos t)^2} = |\cos t| = -\cos t$ à cause de l'intervalle d'intégration considéré]; **3)** 36,177 u^2. La portion entre $x = -2$ et $x = 0$ engendre le même volume que celle entre $x = 0$ et $x = 2$; **4)** 36,177 u^2. La valeur est la même que la réponse de l'exercice 12-3, car la surface engendrée par la courbe entre $x \doteq 0$ et $x = 1$ coïncide avec celle située entre $x = 0$ et $x = -1$; **5)** 48,743 u^2; **6)** a) 189,612 u^2; b) 338,242 u^2; **7)** a) 296,8726 u^2; b) 91,498 u^2; **8)** a) 561,9852 u^2; b) 765,7048 u^2; **9)** a) 278,08 u^2; b) 244,807 u^2; **10)** a) 128,902 u^2; b) 270,714 u^2; **11)** 78,957 u^2; **12)** a) 72,3538 u^2; b) 233,573 u^2; c) 102,826 u^2;

13) $\left[\dfrac{\pi\,(1 + 4a^4)^{3/2} - \pi}{6\,a^2} + \pi a^2 + 2\pi a^4\right] u^2$;

14) 2732,63 u^2 [Nous pouvons utiliser le résultat de 12-13 en posant $a = 4$]; **15)** a) 268,152 u^2; b) 268,152 u^2; c) 294,51 u^2; d) 361,929 u^2 [Pour calculer l'aire de la surface engendrée par les portions de cercle aux sous-questions c) et d), il faut transformer l'expression de la fonction]; **16)** 20,837353u^2; **17)** a) $(291,966 + 40\,\pi)\ u^2 = 417,63\ u^2$; b) $(164,845 + 80\pi)\ u^2 = 416,173\ u^2$;

18) 106,452 u^2; **19)** a) 206,98 u^2; b) 127,121 u^2 [Notons que nous pouvons utiliser le résultat de 12-18 pour répondre très rapidement à la sous-questions a)]; **20)** a) 143,467 u^2; b) 664,456 u^2; **21)** 6,979 u^2; **22)** k peut prendre une valeur réelle quelconque, car la seule chose que k fait varier, c'est la translation de la courbe parallèlement à l'axe OX. Quelle que soit la valeur de k choisie, la surface engendrée aura une aire égale à $8\pi^2 u^2$. La courbe est un cercle centré en $(k, 2)$;

Chapitre 13

1) a) $\lim\limits_{a \to -\infty} \int_a^0 \dfrac{dx}{x-1}$;

b) $\lim\limits_{a \to 3^-} \int_2^a \dfrac{dx}{x^2-9} + \lim\limits_{b \to 3^+} \int_b^5 \dfrac{dx}{x^2-9}$;

c) $\lim\limits_{a \to -\infty} \int_a^0 e^x\,dx + \lim\limits_{b \to \infty} \int_0^b e^x\,dx$ [note: 0 pourrait être remplacé par tout autre nombre réel.]

d) $\lim\limits_{a \to 0^+} \int_a^2 \dfrac{dx}{1-e^x} + \lim\limits_{b \to \infty} \int_2^b \dfrac{dx}{1-e^x}$ [note: 2 pourrait être remplacé par tout autre nombre réel positif.];

e) $\lim\limits_{a \to 0^-} \int_{-1}^a \dfrac{dx}{1-e^x} + \lim\limits_{b \to 0^+} \int_b^2 \dfrac{dx}{1-e^x}$

$+ \lim\limits_{c \to \infty} \int_2^c \dfrac{dx}{1-e^x}$;

[note: 2 pourrait être remplacé par tout autre nombre réel positif.]; **3)** a) une borne infinie; b) une borne infinie; c) une borne infinie; d) fuite à l'infini en $x=3$; e) une borne infinie; f) fuite à l'infini en $x=10/3$; g) deux bornes infinies; h) fuite à l'infini en $x=1$; i) fuite à l'infini en $x=\pi/2$; j) une borne infinie; k) fuite à l'infini en $x=0$; l) une borne infinie;

m) une borne infinie; n) fuite à l'infini en $x=\pm2$; **4)** a) diverge car la limite n'existe pas; b) ∞; c) 1/6; d) 6; e) 0,3536; f) 3/2; g) 0 [Le résultat était prévisible puisque la fonction est symétrique par rapport à l'origine, et l'intégrale sur le domaine $[0, \infty[$ converge]; h) 9; i) ∞;{réponses des autres exercices pour les intéressés: j) $(ln2) \div 2 = 0,347$; k) ∞; l) -1; m) $-5,340$; n) π}; **5)** 1; **6)** A/R u^2; **7)** ∞ u^2; **8)** $3A/(2R)$ u^2; **9)** a) 29/3; b) 29/3 u^2; c) Car f n'est jamais négative sur le domaine d'intégration; **10)** Oui, vers 1/2; **11)** 21,25 u^2; **12)** $C = 2$; **13)** $K = n - 1$; **14)** Car c'est une intégrale impropre: il y a une fuite à l'infini en $x=1$, donc il faut scinder l'intégrale de départ en trois intégrales élémentaires; **15)** a) fuite à l'infini en $x=23$ et $x=-2$. Le résultat est $-\infty$; b) fuite à l'infini en $x=0$. Le résultat est -1; c) une borne infinie et fuite à l'infini en $x=0$. Le résultat est ∞; d) une borne infinie et fuite à l'infini pour tout x de la forme $(2k+1)\pi/2$ où k est positif ou nul; **16)** 13 u^2;

17) a) $4 - k^2$; b) $k = -2$; c) Non, car il y a une portion de courbe qui est sous l'axe OX; d) $k = -2$; **18)** πu^2; **19)** $\pi B^{1/2}/2$ u^2;

20) Indice: multiplier le numérateur et le dénominateur par $\sqrt{1 + \cos\theta}$ lorsque l'intégrande est

$\sqrt{1 - \cos\theta}$; **22)** $\left[2R \arcsin\left(\dfrac{a}{R}\right) + \pi R\right]u$;

Chapitre 14

1) a) $\{0, 3/4, 8/5, 15/6, ...\}$; b) $\{1, 2 + ln\ 2, 3 + ln\ 3, ...\}$; c) $\{-2, 1/2, 4/3, 7/4, 2, ...\}$; d) $\{2, 2, 0, -4, -10, ...\}$; e) $\{0,540; -0,208; -0,330; -0,163; 0,057; ...\}$; f) $\{1, 2, 3/2, 2/3, 5/24, ...\}$; g) $\{-0,5403; -0,2081; 0,3299; -0,1634, ...\}$; h) $\{2, 2, 4/3, 2/3, ...\}$;

2) a) $3n + 6$; b) $\dfrac{(n-1)^2}{n+1}$; c) $\dfrac{n-1}{2n}$; d) $\dfrac{9n}{(n+2)^2}$;

3) a) $\{3n + 6\}$ diverge car le terme général tend vers ∞; b) $\left\{\dfrac{(n-1)^2}{n+1}\right\}$ diverge car le termne général tend vers ∞; c) $\left\{\dfrac{n-1}{2n}\right\}$ converge vers 1/2; d) $\left\{\dfrac{9n}{(n+2)^2}\right\}$

converge vers 0; **4)** a) diverge; b) diverge; c) converge vers 3; d) diverge; e) converge vers 0; f) converge vers 0; g) converge vers 0; h) converge vers 0; **5)** a) 0; b) ∞; c) 2; d) n'existe pas; e) 0; f) n'existe pas; g) 0; h) 1; **6)** Les termes de la suite $\{s_k\}$ s'approchent de 1/3 ou de −1/3 selon que k est impair ou pair, elle ne converge donc pas car les signes oscillent de plus à moins indéfiniment; $\{t_k\}$ diverge car le terme général tend vers ∞; **7)** a) Vrai, par définition de la convergence d'une suite; b) Faux, si la limite existe, alors, quelle que soit la valeur de cette limite, il est certain que la suite convergera;

8) Il en est ainsi car $a'_n = \dfrac{-3}{(n+1)^2}$; **9)** Croissante pour $n = 1, 2, 3, 4$ et décroissante lorsque $n > 4$; **10)** a) strictement croissante; b) strictement croissante; c) strictement croissante; d) décroissante; e) ni croissante ni décroissante; f) ni croissante ni décroissante; g) ni croissante ni décroissante; h) décroissante; **11)** Non. Il suffit de penser à la suite c) de l'exercice 14-1; **12)** {−2, 1, −8/9, 1, −32/25, ...} converge vers 0 et elle est ni croissante ni décroissante; **13)** a) inf.: 0, sup.: aucune; b) inf.: 1, sup.: 6; c) inf.: −2, sup.: 3; d) inf.: aucune, sup.: 12; e) inf.: −0,208, sup.: 0,540; f) inf.: 0, sup.: 2; g) inf.: −1, sup.: 1 ; h) inf.: 0, sup.: 2; **14)** a) inf.: tout nombre inférieur ou égal à 9, il n'existe aucune borne supérieure; b) inf.: 0, il n'y a aucune borne supérieure car le terme général tend vers ∞; c) inf.: tout nombre plus petit ou égal à 0, sup.: tout nombre supérieur ou égal à 1/2; d) inf.: 0, sup.:100 [En fait, tout nombre plus petit ou égal à 0 constitue une borne inférieure pour notre suite et tout nombre supérieur ou égal à 9/8 constitue une borne supérieure.]; **15)** $2b − a$; $3b − 2a$; $4b − 3a$; **16)** 30°, 60°, 90°; **17)** a) $x = 4$; b) $x \in \mathbb{R}$; c) $x \in \varnothing$; d) $x = 4/3$; e) $x = 0$ ou $x = -1/2$; f) $x = -3$ ou $x = 1$; g) $x = -2$; **18)** a) 3; b) 1/3; c) 1/12; **19)** a et b sont des progressions arithmétiques; c et d sont des progressions géométriques; **20)** a) Strictement croissante et convergente vers 1; b) Ni croissante, ni décroissante [croît pour $n = 1, 2, 3, ..., 7$ et décroît pour $n = 8, 9, ...$] et la suite converge vers 0; c) diverge [la limite n'existe pas] et la suite est ni

croissante ni décroissante; **21)** a) Vrai, il suffit de penser entre autres à une parabole ouverte vers le bas qui aurait son sommet à une abscisse plus près de 1 que de 2 [pensons par exemple à $f(x) = -x^2 + 2,2x$: la suite correspondante $\{-n^2 + 2,2n\}$ est strictement décroissante]; b) Vrai, la suite $\{-n^2 + 3,6n\}$ est ni croissante ni décroissante; **22)** a) $x = 2$; b) $x = 5$; c) $x = -5$; **23)** a) $x = 42$ ou $x = 30$. Lorsque $x = 42$, le terme qui vient immédiatement avant est 1/25 et celui qui vient immédiatement après est 25 et $r = 5$. Lorsque $x = 30$, le terme qui vient immédiatement avant est 1, celui qui vient immédiatement après est 1 et $r = -1$; b) $x = 6$ [avant: 1/4, après: 64, $r = 4$] ou $x = -2$ [avant: −1/4, après: − 64, $r = -4$]; c) $x = 5$ [avant: 2/9, après: 18, $r = 3$]; d) $x = 6$ [avant: 5/3, après: 135, $r = 3$] ou $x = -1/2$ [avant: 32, après: 1/8, $r = -1/4$]; e) $x \in \varnothing$; **24)** 4 [La raison est 2];

25) $0,000457247 = \dfrac{1}{2\,187}$ [La raison est 1/3];

26) $r = 1/2$ et c'est une suite géométrique, car après chaque demi-vie, exactement la moitié des atomes radioactifs présents dans l'échantillon au début de l'intervalle de temps demeurent inchangés dans l'échantillon à la fin de l'intervalle; il y a un rapport de 1/2 entre les termes successifs de la suite; **27)** 85 $ pour l'agathe centrale et 3605 $ pour le collier; **28)** Si nous écrivons $a_i = e^{kx_i}$ et $x_i = x_{i-1} + r$, nous réussirons à prouver que $a_i = a_{i-1}\,e^{kr}$; **29)** Nous pouvons nous aider de l'annexe E où une preuve par récurrence est explicitée;

Chapitre 15

1) a) vrai, en vertu du théorème 15-5 à la page 251;

b) faux: les séries $\sum\limits_{k=1}^{\infty} -1$ et $\sum\limits_{k=1}^{\infty} 1$ divergent, et la série dont le terme général est formé de la somme des termes généraux des deux séries initiales converge. En effet, $\sum\limits_{k=1}^{\infty} (-1 + 1) = \sum\limits_{k=1}^{\infty} 0 = 0$.

2) a) 1; b) 1/2; **3)** Le terme général ne tend pas vers 0, il tend vers: a) 1; b) $-\infty$; c) ∞; d) -1/4;

4) Nous obtenons $s_n = \dfrac{n}{r\,(r+n)}$ en additionnant les n premiers termes de la série. En calculant la limite, nous avons le résultat demandé;

5) $\lim\limits_{n\to\infty} s_n = \lim\limits_{n\to\infty} ln\,(n+1) = \infty$; **6)** a) $r = 0{,}1$ converge vers 10/9; b) $r = -3/2$ diverge; c) $r = -4$ diverge; d) $r = -1$ diverge; e) $r = e/4$ converge vers $e^2/(4-e)$; f) $r = e/2$ diverge. La somme est ∞; g) $r = 0{,}2$ converge vers 0,75; h) $r = -5/6$ converge vers -125/396; i) $r = 4/9$ converge vers -4/5; j) $r = -e^2/8$ converge vers $e^3/(8+e^2)$; **7)** a) (4, 7); b) (1, 2); **8)** Convergente: a, b, c, f, g, h. Divergente: d, e; **9)** a) diverge; b) diverge; c) converge; d) diverge; e) converge; f) converge; **10)** a) diverge; b) diverge; c) converge; d) diverge; e) diverge; f) diverge; g) converge; **11)** Séries alternées: a, d. Série à termes positifs: e. Série à termes négatifs: b. Série à termes de signes quelconques: c; **13)** a) conv. abs.; b) conv. cond.; c) diverge; d) conv. abs.; e) conv. abs.; f) diverge; g) conv. abs.; h) conv. cond.; **14)** a) Faux. Elle converge vers π; b) Vrai. Le terme général d'une série qui tend vers 0 représente une condition nécessaire de convergence; c) Vrai. La raison de cette série géométrique est 3/5; d) Faux. Elle diverge toujours; e) Faux. Le terme général s'approche obligatoirement de 0 puisque s'il n'en était pas ainsi, la série divergerait et, à ce moment-là, la valeur de r obtenue par le critère de d'Alembert ne serait pas inférieure à 1; **15)** a) diverge; b) conv. cond.; c) converge; d) converge; e) diverge; f) converge; g) conv. abs.; h) converge; i) conv. abs.; j) conv. abs.; k) diverge; l) diverge; m) diverge [Le terme général ne tend pas vers 0];n) converge; o) diverge [Le terme général est -2]; p) converge conditionnellement; q) diverge [le terme général s'approche de 1]; r) diverge [Le terme général de cette série est en fait $-1/\sqrt{n+1}$]; s) converge [remarque générale: Lorsqu'une série à termes positifs converge, nous pouvons dire qu'elle converge absolument puisque la série à étudier est égale à la série des valeurs absolues.];**16)** a) [-1, 1[; b)]-1, 1[; c)]-2, 2[; d) [-4, -2[; e)[4, 6]; f) [1, 5/3[; g) converge sur $\mathbb{R}$; h)]1, 5/3]; **17)** Cela signifie que nous devons trouver une série convergente dont la somme représente la fonction en question;

18) $\dfrac{1}{e}\left[1 + x + \dfrac{x^2}{2!} + ...\right]$

19) $ln\,(1-x) = -x - \dfrac{x^2}{2} - \dfrac{x^3}{3} - \dfrac{x^4}{4} - \dfrac{x^5}{5} \cdots$ converge sur [-1, 1[;

20) a) $xe^x = x + x^2 + \dfrac{x^3}{2!} + \dfrac{x^4}{3!} + \dfrac{x^5}{4!} \cdots + \dfrac{x^n}{(n-1)!}$;

b)

$e^{-x} = 1 - x + \dfrac{x^2}{2!} - \dfrac{x^3}{3!} + \dfrac{x^4}{4!} \cdots + \dfrac{(-1)^{n-1}\,x^{n-1}}{(n-1)!} + ...$;

c) $x\,e^{-x} = x - x^2 + \dfrac{x^3}{2!} - \dfrac{x^4}{3!} + ... + \dfrac{(-1)^{n-1}\,x^n}{(n-1)!} + ...$;

d) $1 + \dfrac{x^2}{2!} + \dfrac{x^4}{4!} + \dfrac{x^6}{6!} + \dfrac{x^8}{8!} + ... + \dfrac{x^{2n-2}}{(2n-2)!} + ...$;

e) $1 - x^2 + \dfrac{x^4}{2!} - \dfrac{x^6}{3!} + \dfrac{x^8}{4!} - ... + \dfrac{(-1)^{n-1}\,x^{2n-2}}{(n-1)!} + ...$;

f)

$-3 + \dfrac{9x}{2!} - \dfrac{27x^2}{3!} + \dfrac{81x^3}{4!} - \cdots + \dfrac{(-3)^n x^{n-1}}{n!} + ;..$

g) $1 + 2x + \dfrac{3x^2}{2} + \dfrac{2x^3}{3} + \dfrac{5x^4}{24} + \dfrac{x^5}{20} \cdots$

$+ \dfrac{nx^{n-1}}{(n-1)!} + ...$;

h) $\dfrac{1}{e^2}\left[1 + x + \dfrac{x^2}{2!} + ... + \dfrac{x^{n-1}}{(n-1)!} + ...\right]$. Toutes ces séries convergent sur $\mathbb{R}$; i) La factorielle entraînera toujours un rapport égal à 0 pour le critère de d'Alembert appliqué à la série des valeurs absolues. Cela impliquant donc une convergence absolue sur les Réels pour ces 8 séries;

21) a) $1 + x + x^2 - x^4 - x^5 - x^6 + x^8 + x^9 + ...$;

b)

$1 + x + 2\,x^2 + 3\,x^3 + 5\,x^4 + ... + (a_{n-2} + a_{n-1})x^n + ...$

[La suite des termes qui composent les coefficients des cette série est appelée la *suite de Fibonacci*]; c) Le terme général de la série ne tend pas vers 0 (il égale 1) lorsque $x = 1$ donc la série ne peut pas converger pour cette valeur de x. Il est par conséquent illogique de remplacer x par 1 dans ce développement en série; **22)** La série exposée est une série géométrique de raison $r = -x$. Nous savons qu'elle convergera uniquement si $|r| = |-x| < 1$. En choisissant $x = 1$, nous ne sommes plus dans l'intervalle de convergence; **23)** a) $ln\left(\dfrac{1}{1-x}\right) = \displaystyle\sum_{k=1}^{\infty} \dfrac{x^k}{k}$, l'intervalle de convergence est [-1, 1 [;

24) $ln\,2 + \dfrac{x}{2} - \dfrac{x^2}{8} + \dfrac{x^3}{24} - \dfrac{x^4}{64} + ...$;

$ln\,2{,}01 \approx 0{,}6981$, cela fait une différence d'environ 10^{-10}. La différence est très faible car la valeur de x choisie pour le développement de Maclaurin est très près de 0. Sachons qu'une série convergera d'autant plus vite que la valeur choisie pour x sera près de la valeur autour de laquelle nous développons en série;

26)

$ln\,(x+1) = ln\,2 + \dfrac{(x-1)}{2} - \dfrac{(x-1)^2}{8} + \dfrac{(x-1)^3}{2^3\,3} - \dfrac{(x-1)^4}{2^4\,4} + ...$

Cette série converge sur [-1, 3[;

27) Pour vérifier ce développement, il faut développer lnx en série de Taylor autour de a et remplacer ensuite x par $x + a$;

a) $x - \dfrac{x^2}{2} + \dfrac{x^3}{3} - \dfrac{x^4}{4} + ...$ converge sur]-1, 1];

b) $ln\,a - \dfrac{x}{a} - \dfrac{x^2}{2a^2} - \dfrac{x^3}{3a^3} - ...$ converge sur [-a, a[

Notons que a doit obligatoirement être positif à cause du terme lna;

c) $-x - \dfrac{x^2}{2} - \dfrac{x^3}{3} - \dfrac{x^4}{4} - ...$ converge sur [-1, 1[;

d) Nous ne pouvons pas remplacer a par -1 dans le développement explicité puisque nous aurions $ln(-1)$ qui n'est pas défini. Par contre, nous pouvons

remplacer a par 1 et x par $x-2$ pour nous permettre d'écrire $ln(a + x) = ln(1 + x - 2) = ln(x - 1) = (x - 2) - \dfrac{(x-2)^2}{2} + \dfrac{(x-2)^3}{3} - \dfrac{(x-2)^4}{4} + ...$ qui converge sur]1, 3];

rayon de convergence: a) 1; b) $|a| = a$ car a n'est pas négatif; c) 1; d) 1;

28) a) $e\left[-x - \dfrac{(x+1)^2}{2!} - \dfrac{(x+1)^3}{3!} + \dfrac{(x+1)^4}{4!} - ...\right]$;

b) $e^{-2}\left[3 - x - \dfrac{(x-2)^2}{2!} - \dfrac{(x-2)^3}{3!} + \dfrac{(x-2)^4}{4!} - ...\right]$

Ce développement peut être obtenu à partir du résultat trouvé à la sous-question a) en remplaçant x par $x - 3$;

c) $\dfrac{\sqrt{2}}{2}\left[1 - (x - \pi/4) - \dfrac{(x - \pi/4)^2}{2!} + \dfrac{(x - \pi/4)^3}{3!} + ...\right]$;

29) Oui. Nous obtenons la valeur 8,1649;

30) L'approximation est 3,00416602013 et la valeur donnée par une calculatrice est de 3,00416602395: une erreur de $3{,}82\times 10^{-9}$;

31)

$lnx \approx ln\,2 + \dfrac{x-2}{2} - \dfrac{(x-2)^2}{2\,2^2} + \dfrac{(x-2)^3}{3\,2^3} - \dfrac{(x-2)^4}{4\,2^4}$

0,712949807;

32) a) 1,429; b) 0,946; c) 1,316; d) 1,158; e) Avec l'intégration par parties, nous trouvons la valeur exacte qui est 0,113670586537 et avec le développement en série, nous obtenons 0,118910952; **33)** $y = x^2 + 2$;

34) $x \in]-1, 1[$, l'intégrale égale 0,487;

35) a) $2\{1 + x^2 + x^4 + x^6 + \cdots\}$ la série converge sur]−1, 1[; b) La première intégrale est $\approx 1{,}0983$ si nous considérons les 5 premiers termes non nuls. Il est impossible d'évaluer la deuxième intégrale car $[0, 2] \not\subset]-1, 1[$;

36) $e^{-x^2/2} = 1 - \dfrac{x^2}{2} + \dfrac{x^4}{8} - \dfrac{x^6}{48} + \dfrac{x^8}{384} - ...$;

37) -1,371; **40)** b) Cette constante est le produit des extrêmes; **41)** Ces n nombres forment une série arithmétique de raison 2. D'après la théorie exposée dans le chapitre, nous écrivons:

$S = \dfrac{(1 + 2n - 1)\,n}{2} = \dfrac{2n\,n}{2} = n^2$; **42)** a) diverge car le terme général ne tend pas vers 0; b) diverge car le terme général ne tend pas vers 0 (il est constamment égal à 1); c) converge; d) diverge car le terme général tend vers ∞; e) converge; f) diverge car le terme général ne tend pas vers 0 (il tend vers $1/e$); **43)** Cette série converge $\forall x \in \mathbb{R}$;

44) $e^{(x+1)(x-1)} = e^{x^2 - 1} = \dfrac{e^{x^2}}{e}$

$$= \dfrac{1}{e}\left[1 + x^2 + \dfrac{x^4}{2!} + \dfrac{x^6}{3!} + \ldots\right];$$

45) $v \approx 32t - 16kt^2 + \dfrac{16}{3}\,k^2 t^3$;

46) $-16\,t^2 + 1000t$;

48) $(1 + x)^n = \displaystyle\sum_{k=0}^{n} \dfrac{n!\,x^k}{(n-k)!\,k!}$; **49)** a) Il faut additionner les séries terme à terme après avoir remplacé 1/2 et 1/3 dans le développement de l'arctangente. Avec les 4 premiers termes non nuls de chacune des séries, nous obtenons un total de 0,785212641 ce qui est une valeur assez proche de la vraie valeur $\pi/4$. Avec seulement les quatre premiers termes non nuls des deux séries, nous concluons que $\pi = 3{,}140850564$. L'erreur est très minime; b) Il faut remplacer x par 1/2 dans le développement en série de Maclaurin de arcsin x. Avec les quatre premiers termes non nuls, nous calculons 3,141155134;

50) $\dfrac{1}{x - k} = \dfrac{1}{x} + \dfrac{k}{x^2} + \dfrac{k^2}{x^3} + \dfrac{k^3}{x^4} + \ldots$ En remplaçant x par 100 et k par 2, nous obtenons 0,01020408163264...; **51)**

$$ln(x - 1) = (x - 2) - \dfrac{(x-2)^2}{2} + \dfrac{(x-2)^3}{3} - \dfrac{(x-2)^4}{4} + \ldots$$

52) Non, car $[5, 7] \not\subset$ intervalle de convergence. Tel que vu à l'exercice 15-27d), l'intervalle de convergence est $]1, 3]$; **53)** divergente;

54) $e^{\sin x} = 1 + x + \dfrac{x^2}{2} - \dfrac{x^4}{8} - \dfrac{x^5}{15} - \dfrac{x^6}{240} \ldots$;

55) 7 157.35 \$;**56)** 3 640 \$;

57) b) $k\,[\sqrt{2} + ln\,(1 + \sqrt{2})]$; c) La longueur exacte est $k[e^2 - 1]/e$. Remarquer que la courbe de g se rapproche de la courbe y autour de $x = 0$ [tout comme c'est le cas pour e^x et la courbe (1) sur la figure 15-2 de la page 286]; **58)** Voici des éléments de solution:

$$x\,ln\,(1 - x) = \sum_{k=1}^{\infty} \dfrac{-x^{k+1}}{k}$$

et $x\,ln\,(1 + x) = \displaystyle\sum_{k=1}^{\infty} \dfrac{(-x)^{k+1}}{k}$;

59) $-0{,}0931058767753$.

INDEX

GRAPHIQUES

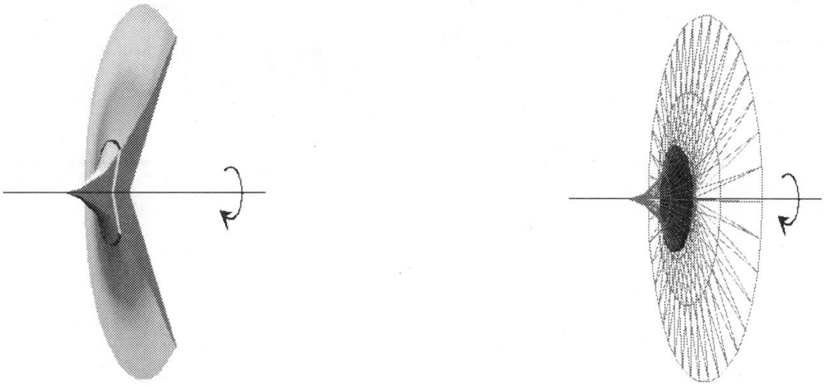

Figure 10-1

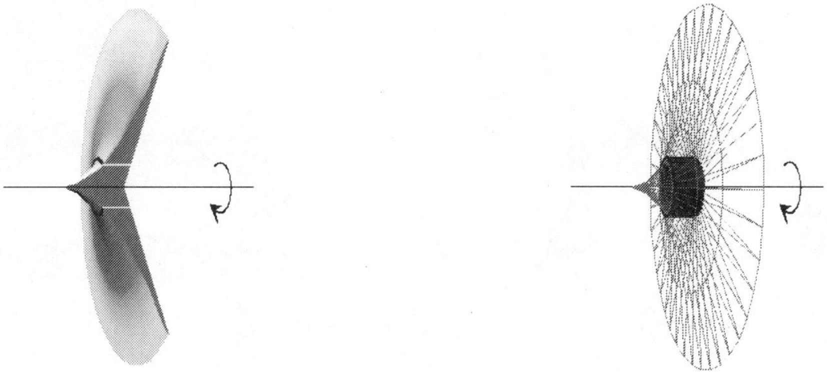

Figure 10-2

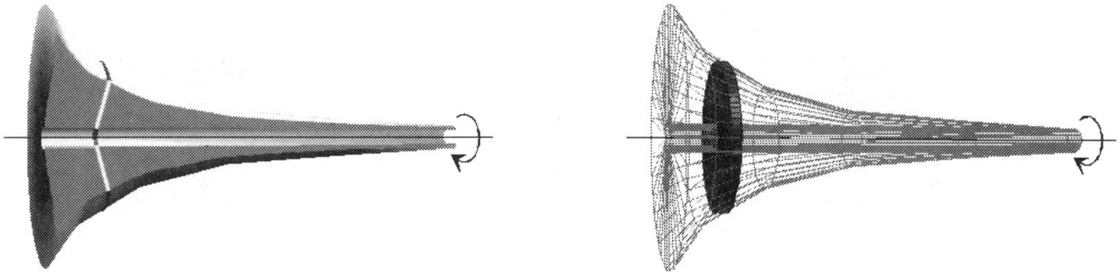

Figure 10-3 (b)

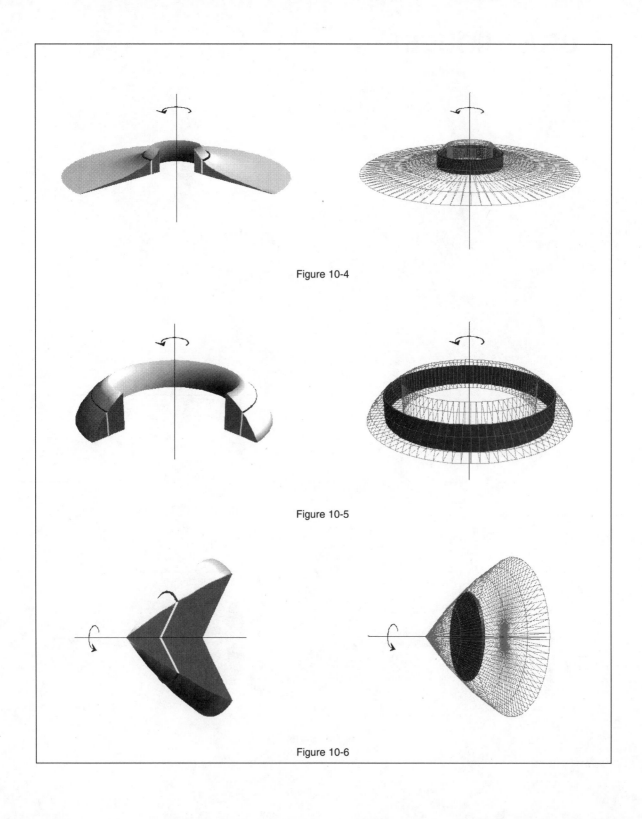

Figure 10-4

Figure 10-5

Figure 10-6

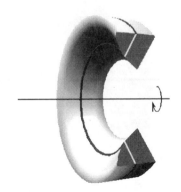
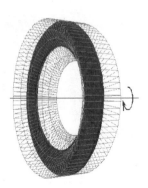

Figure 10-7

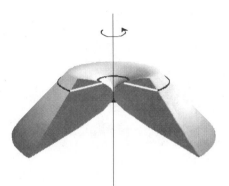
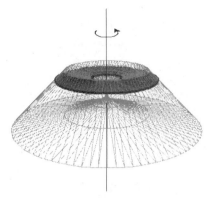

Figure 10-8

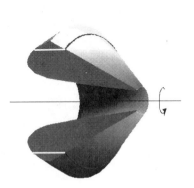

Figure 10-9

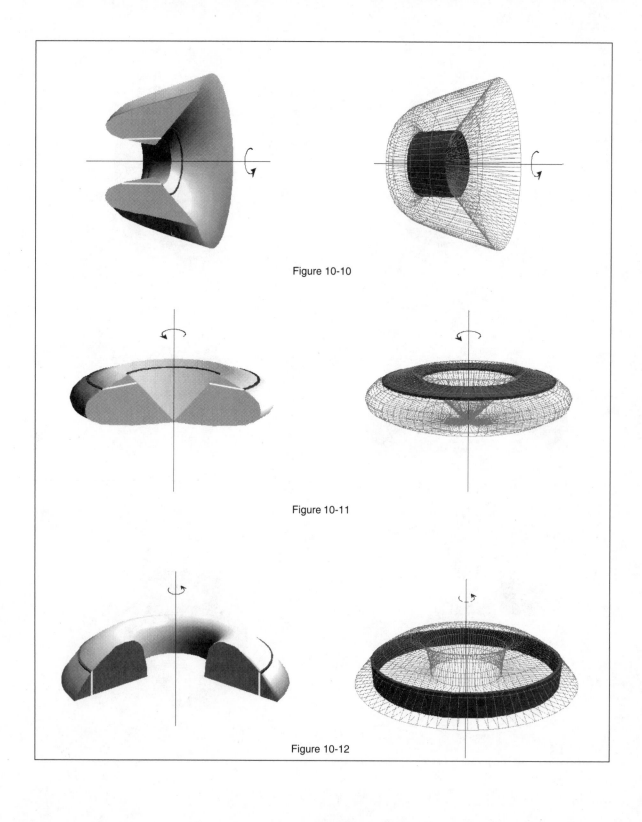

Figure 10-10

Figure 10-11

Figure 10-12